高等学校导航工程专业规划教材

天文与深空导航学

魏二虎 刘经南 李征航 邹贤才 编著

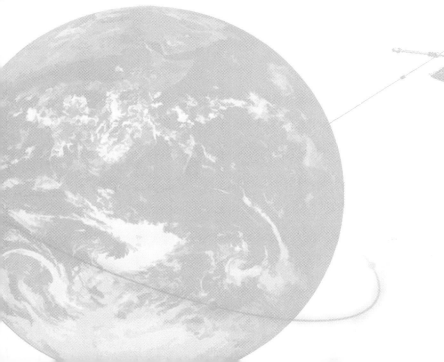

WUHAN UNIVERSITY PRESS
武汉大学出版社

图书在版编目（CIP）数据

天文与深空导航学/魏二虎等编著．—武汉：武汉大学出版社，2018.8
高等学校导航工程专业规划教材
ISBN 978-7-307-20343-3

Ⅰ．天…　Ⅱ．魏…　Ⅲ．航空导航—高等学校—教材　Ⅳ．V249.3

中国版本图书馆 CIP 数据核字（2018）第 145591 号

责任编辑：鲍　玲　　责任校对：汪欣怡　　整体设计：汪冰滢

出版发行：**武汉大学出版社**　（430072　武昌　珞珈山）
　　　　（电子邮件：cbs22@whu.edu.cn　网址：www.wdp.com.cn）
印刷：湖北民政印刷厂
开本：787×1092　1/16　印张：19　字数：449 千字　插页：1
版次：2018 年 8 月第 1 版　　2018 年 8 月第 1 次印刷
ISBN 978-7-307-20343-3　　定价：40.00 元

前　言

　　天文导航(Celestial Navigation)是一门通过观测自然天体获得方向或角度观测值以确定航行器运行轨迹和姿态的古老艺术与科学。天文导航起源于航海，是古代航海最重要的导航方式之一。在 20 世纪 60 年代左右，天文导航因其具有无需地面辅助、全球覆盖、无法干扰信号源和被动接收信号等特点为美、俄等国的军事导航定位应用部门所看重，并将该技术成功应用于导弹导航。紧接着该技术即被应用于深空导航中，焕发出新的活力，并结合其他深空导航技术成功将"阿波罗"飞船送上月球并返回。直到今天的深空探测任务，天文导航技术仍然具有实际的应用价值，如火星"快车号"就是利用星敏感器以测定其姿态。

　　利用基于地面测控系统支持的统一 S 波段技术(USB)和甚长基线干涉测量技术(VL-BI)进行深空探测器的导航已经成为深空导航的经典方法。但是上述两种以地面测控系统支持的深空导航方式存在严重不足：一是地面测控站的协调和维护极为复杂且成本昂贵；二是地面测控网跟踪测量的测控信号强度随距离的增加而衰减，因而导航精度也随着距离的增加而下降；三是囿于政治原因，深空测控网无法全球均匀布设，从而探测器总有不可见时段。天文导航因其自主性在深空导航中占有重要地位。该技术整体上克服了需要地面系统支持的问题，具有广阔的发展潜力。而 X 射线脉冲星导航(X-Ray Pulsar Navigation)技术的出现弥补了传统天文导航技术导航精度较低的缺点，是未来星际旅行自主导航的发展趋势。若将上述深空导航技术进行融合，实现组合导航，可以实现提高深空导航的可靠性，降低星际旅行风险的目标。

　　本书是在吸收国际最新研究成果和项目组自主创新研究的基础上撰写而成的，最初是作为相关课程的讲义，并取得了良好的教学效果。本书系统地阐述了天文导航和深空导航的基本概念和原理、基础理论和方法、数学模型和算法、经典技术及其应用。全书共分为 8 章：第 1 章为天文导航与深空导航的基础知识，简要介绍了天文与深空导航的基本概念、历史发展、技术应用特点、球面三角、导航的时空基准，以及导航天文学；第 2 章着重讨论了天文导航的天体敏感器，包括天体敏感器的分类以及恒星敏感器、太阳敏感器、地球敏感器、其他天体敏感器的基本组成和工作原理；第 3 章在概述低轨地球卫星自主天文导航的基础上，介绍了直接敏感地平、间接敏感地平和纯天文几何解析法自主天文导航的基本原理，并分析各个技术在低轨地球卫星导航应用中的性能，探讨了基于直接敏感地平和间接敏感地平的组合导航方式；第 4 章为深空探测器的自主天文导航原理与方法，详细阐述了深空探测的定义和重要性，介绍了地月转移轨道上的天文导航方法和相应的动力学方程、测量方程，主要介绍了月球卫星的天文导航方法和相应的动力学方程、测量方程，最后介绍了深空探测器纯天文几何解析定位方法的基本原理和测量方程；第 5 章详细论述 VLBI 用于深空探测器导航的原理及方法，分别介绍了经典 VLBI 深空导航原理及应用、差分 VLBI(D-VLBI) 深空导航原理及基本数学模型、同波束 VLBI(SBI) 深空导航原理及基本数学模型和影响因素；第 6 章在简要阐述 USB 基本概念的基础上，介绍了 USB 技术用于深空探测器测距、测速的基本数学模型和集成 USB-VLBI 技术的相关应用；第 7 章详细论述 X 射线脉冲星自主导航这一新型天文导航方法的基本原理、导航数学模型、误差分析、基于 X 射线脉冲星的航天器自主导航滤波算法、脉冲星在深空探测中的应用、美国的 X 射线脉冲星导航计划；第 8 章概括论述了美国、俄罗斯、欧洲、日本和中国的深空探测计划。

我们的课题组从 2000 年开始就已经开展深空探测的各项技术和算法的研究工作。在课题研究和本书撰写过程中，感谢武汉大学测绘学院 2012 年本科专业综合改革教学研究项目(201220)的资助；感谢刘经南院士、李征航教授和邹贤才教授参加教学项目的研究和帮助；感谢桑吉章教授所提供的资料；感谢王凌轩博士、刘建栋博士、李智强硕士、张帅硕士对本书应用实例的研究和内容编著。

由于天文导航与深空导航是一项极为复杂的工作，涉及天文学、空间大地测量学、导航学、物理学、计算机科学等众多学科；涉及时空基准的维持与转换、航天器轨道动力的数学模型、相关数学算法等技术难点，因而需要学科交叉融合的宏观视野和深厚的专业修养能力，虽然在成书过程中广泛参考了相关前沿研究成果，并几易其稿，但成书时间仓促，加之作者水平所限，因此书中难免有疏漏甚至错误，敬请广大读者批评指正、不吝赐教，我们将不胜感激。

作　者
2017 年 9 月，于武汉

目　　录

第1章 天文与深空导航的基础知识

1.1 绪 论

天文导航技术是一门既古老又年轻的技术，起源于航海，发展于航空，辉煌于航天。现代天文导航是以已知准确空间位置的自然天体为基准，通过天体测量仪器被动探测天体位置，经解算确定测量点所在载体的导航信息。现代天文导航因其具有自主性、误差不随时间积累和精度较高的特点，成为现代高科技战争中的一种重要导航手段，这也是美、俄等军事强国仍致力于发展该技术的重要原因。

1.1.1 引言

根据导航系统发展的时间先后顺序和导航方式的不同，常用的导航系统可以分为天文导航、惯性导航、无线电导航和卫星导航等几种类型。根据不同的导航模式，可以分为自主导航和非自主导航。所谓自主导航技术是指在导航过程中不与外界进行信息交换、不依赖于地面人工设备支持的定位导航技术，自主导航完全依赖自身携带的设备获得观测信息，并结合预先注入设备中的先验数据，自主完成导航任务；反之称为非自主导航。

无线电导航和卫星导航属于非自主导航；现代天文导航和惯性导航同属于自主导航技术，但与惯性导航相比天文导航具有误差不随时间积累的优势。本章首先介绍天文导航的特点，这些特点决定了天文导航在航天、航空和航海领域的广泛应用，决定了天文导航成为深空探测、载人航天和远洋航海必不可少的关键技术和卫星、远程导弹、运载火箭、高空远程侦察机等的重要辅助导航手段；然后，综述了天文导航从航海到航天的发展历史和现状。

1.1.2 天文导航技术的特点和应用

地面测控技术有以下三个无法弥补的缺陷：

①导航过程需要持续的人为操作和频繁的地面测控站与航天器的通信。由于深空探测航天器与地球相距遥远，深空探测航天器与地面测控站的通信延迟巨大，通信信号还可能被太阳及其他天体遮挡，这极大降低了地面测控站应对突发事件的能力，尤其对于载人深空探测任务是十分危险的。

②地面测控资源消耗大。随着深空探测航天器数目的增多，地面测控的负担日益加重。深空探测航天器的运行时间都比较长，从几年到几十年，在这么长的时间内完全依赖地面站测控实现航天器的导航，需要占用大量的地面测控资源。

③导航精度低、实时性差。深空探测航天器针对深空天体的接近、飞越、撞击等任务，要求航天器能够精确获得航天器相对目标天体的位置、速度等信息。然而，深空探测的目标天体距离地球远，特别是对于小天体而言，其轨道参数等信息存在较大的不确定性，仅依靠地面测控技术无论是导航精度还是实时性，都难以满足这些特殊空间任务的实际需要。

航天器自主运行是指在不依赖地面设施的条件下，在轨完成飞行任务所要求的功能或操作。航天器要实现自主运行，首先要求实现自主导航。这样可极大地降低对人力、物力和地面设施的要求，降低航天计划的成本。特别是当地面系统遭到破坏和干扰或航天器与地面的信息传输发生中断阻塞时，航天器仍然能够完成轨道确定、轨道保持等任务，具有较强的生存能力。这对于大型载人航天器和深空探测器实现自主导航和管理具有特别重要的意义。

美国"阿波罗"计划的早期研究认为地面站的跟踪不能完全满足远距离载人航天器的导航精度与可靠性要求，宇航员具有不依赖地面测控站自主确定其位置的能力是非常必要的。当时的 Draper 试验室为此目的研究了几种自主定轨的方法，包括量测某些电磁波谱的地平辐射或星光通过大气时的各种效应(即散射和折射)来敏感地平。

日月星辰构成的准(似)惯性参考系，具有无可比拟的精确性和可靠性。将导航方法建立在恒星和行星参考系基础上，具有直接、自然、可靠、精确的优点。天文导航系统依靠天体测量仪器测得的天体方位角、高度角等信息，以确定运动体位置和姿态，按预定的计划和要求引导运动体，从而实现定位导航。天文导航具有以下优势：

① 被动式测量、自主式导航。天文导航以天体为导航信标，不依赖于其他外部信息，也不向外部辐射能量，被动接收天体辐射或反射的光，进而获取导航信息，是一种完全自主的导航方式，工作安全、隐蔽。

②导航误差不随时间积累，精度较高。天文导航与其他导航方法相比精度并不是最高的，短时间内的导航精度低于惯性导航的精度；但其误差不随时间积累，这一特点对长期运行的载体来说非常重要。天文导航的定位精度主要取决于天体敏感器的精度。定位精度可达百米或千米量级。

③抗干扰能力强，可靠性高。天体辐射覆盖了 X 射线、紫外线、可见光和红外线整个电磁波段，具有极强的抗干扰能力。此外，天体的空间运动不受人为干扰，保证了以天体为导航信标的天文导航信息的完备和可靠。

④可同时提供位置和姿态信息。天文导航不仅可以提供载体的位置、速度信息，还可以提供姿态信息，且通常不需要增加硬件成本。

⑤设备简单，成本低廉。天文导航系统由天体测量仪器组成，设备简单、经济，成本相对低廉。

⑥适合长时间自主运行和导航定位。由于从地球到恒星的方位基本保持不变，因此天体测量仪器就相当于惯导系统中没有漂移的陀螺仪，虽有像差、视差和地球极轴的章动等，但这些因素造成的定位导航误差极小，因此天文导航非常适合长时间自主运行和导航定位精度要求较高的领域，例如：航空领域中的远程侦察机、运输机、轰炸机等；航天领域中的卫星、飞船、空间站、深空探测器、远程导弹等；航海领域中的舰船、潜艇等。

虽然天文导航具有上述优点，但是也存在不足之处，例如：输出信息不连续，定位时间长；在某些情况下会受到外界环境的影响，如在航空、航海领域的应用容易受到气候条件的影响等。

1.1.3　天文导航的历史和发展现状

1. 天文导航的历史

天文导航最早从航海发展而来，起源于中国。天文航海技术主要是指在海上观测天体来决定船舶位置的各种方法。中国古代航海史上，人们很早就知道观看天体来辨明方向。西汉《淮南子·齐俗训》中记载："夫乘舟而惑者，不知东西，见斗极则悟矣。"意思是在大海中乘船可利用北极星确定方向。晋代葛洪的《抱朴子外篇·嘉遯》上也说："夫群迷乎云梦者，必须指南以知道；并乎沧海者，必仰辰极以得反。"意思是如在云梦（古地名）中迷失了方向，必须靠指南车来引路；在大海中迷失了方向，必须观看北极星来辨明航向。东晋法显从印度搭船回国的时候说，当时在海上见"大海弥漫，无边无际，不知东西，只有观看太阳、月亮和星辰而进"。一直到北宋以前，航海中还是"夜间看星星，白天看太阳"，只是到北宋才加了一条"在阴天看指南针"。

大约到了元、明时期，我国天文航海技术有了很大的发展，已能通过观测星的高度来定地理纬度。这种方法当时叫"牵星术"。牵星术使用的工具叫牵星板。牵星板用优质的乌木制成，一共 12 块正方形木板，最大的一块每边长约 24 cm，以下每块递减 2 cm，最小的一块每边长约 2 cm。另有用象牙制成一小方块，四角缺刻，缺刻四边的长度分别是上面所举最小一块边长的 1/4、1/2、3/4 和 1/8。比如用牵星板观测北极星，左手拿木板一端的中心，手臂伸直，眼看天空，木板的上边缘是北极星，下边缘是水平线，这样就可以测出所在地的北极星距水平的高度。高度高低不同可以用 12 块木板或象牙块替换调整使用。求得北极星高度后，就可以计算出所在地的地理纬度，如图 1-1 所示。

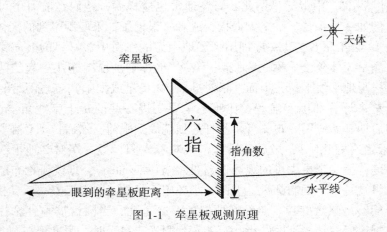

图 1-1　牵星板观测原理

元代意大利人马可·波罗在游记中记载了当时我国海船和航海的情况，其中便有观测北极星高度的记录，可见那时中国航海家已经掌握了牵星术。据明代一些航海书籍记载，远洋海船上就配有阴阳官、阴阳生专管观测天象。明末郑和船队把航海天文定位与导向仪器罗盘结合起来应用，大大提高了测定船位和航向的精度。在七下西洋中，郑和船队以"过洋牵星图"为依据，"惟观日月升坠，以辨东西，星斗高低，度量远近"，结果收到了"牵星为准，所实无差，保得无虞"的出奇效果。这种天文航海技术代表了 15 世纪初天文导航的世界水平。明代牵星，一般都是牵北极星；但在低纬度（北纬 6°）下北极星看不见时，改牵华盖星（小熊座 β、γ 双星）。明代在航海中还定出了方位星进行观测，以方位星的方位角和地平高度来决定船舶夜间航行的位置，当时叫观星法。观星法也属牵星术范围之内。

关于求天象出没时间，明代航海家也有些规定。流传下来的明末抄本航路专书中有太阳、月亮的出没时间表，还有《定太阳出没歌》和《定太阴出没歌》。《定太阳出没歌》文是：

> 正九出乙没庚方；　二八出兔没鸡场；
> 三七出甲从辛没；　四六生寅没犬藏；
> 五月出艮归乾上；　仲冬出巽没坤方；
> 惟有十月十二月，　出辰入申仔细详。

这是把 12 个月的太阳出没时辰用一首歌诀来概括。正月、九月太阳出在乙时没在庚时，乙时在卯时和辰时之间，庚时在申时和酉时之间。"兔"指卯时，"鸡"指酉时。甲时在寅时和卯时之间，辛时在酉时和戌时之间。"犬"指戌时。艮时在丑时和寅时之间，乾时在戌时和亥时之间。巽时在辰时和巳时之间，坤时在未时和申时之间。五月是夏至所在的的月份，所以太阳出的时间较早，没的时间较晚。仲冬是十一月，是冬至所在的月份，所以太阳出的时间较晚，没的时间较早。这样计时和天象实际相比有些误差，但大致还适用。

同中国的牵星术一样，欧洲人很早也知道了测量天体角度来定位的原理。古代希腊人称之为"迪奥帕特拉"。中世纪早期北欧海盗通常也这样做，他们在航海中可以利用任何简陋的工具，例如一只手臂、一个大拇指，或者一根棍子，来使观察到的天体角度不变以保持航向。在 1342 年左右，这一原理用到了地中海的航海中，这里的航海家使用一种很简单的仪器来测量天体角度，称之为"雅各竿"。雅各竿是顶端连在一起的两根竿子，观测者将底下一根与地平线平行，上面一根对准天体（星星或太阳），就能量出天体高度角。然后利用高度角来计算纬度和航程。比雅各竿要先进一些的是十字测角器（cross staff），大约在中世纪后期开始应用。观测者将竖杆的顶端放到眼前，然后拉动套在竖杆上的横杆（或横板，一般也有好几块），最后使横杆一端对着太阳，另一端对着地平线，这样就得出了太阳的高度。另一个更先进的观测仪器是星盘（astrolabe），据说哥伦布航海时就带了这两种东西。星盘是一个铜制圆盘，上面一小环用于悬挂。圆盘上安一活动指针，称照准规（alidade），能够绕圆盘旋转。照准规两端各有一小孔，当圆盘被垂直悬挂起来时，观测者须将照准规慢慢移动，到两端小孔都能看到阳光或星光时，照准规在圆盘上所指的角度也就是星体或太阳的高度。这种星盘虽然在中世纪后期才普遍应用，但实际上 8 世纪法兰克著名文学家圣路易就已在祈祷文中进行过描述。

虽然利用上述方法可以比较成功地确定纬度，但确定经度却非常困难。因此，"纬度航行"的方法在西欧被普遍采用。早期的北欧海盗虽然还没有纬度的概念，但也已懂得利用等纬圈上天体高度不变的原理，把自己置于与目的地相同的纬度线上，然后保持在这条线上航行，直到目的地。这一方法沿用至15世纪都没有多大改变，甚至连哥伦布的西航也采用了这一方法。他先南下到自认为与印度相同的纬度后，再直线往西航行。指南针约在12世纪传入欧洲，指南针的使用大大提高了欧洲的航海水平。与此同时，其他一些航海仪器也相继投入使用。如测量船体运动速度的"水钟"（water clock）采用后，便可以计算航行的距离。

清朝，中国闭关锁国，而此时的欧洲资本主义兴起，工业发展迅速，为追求更多的资本和财富，欧洲各国纷纷远渡重洋，去争夺海外殖民地，极大地促进了天文航海技术的发展。1731年，英国人哈德利发明了反射象限仪。1757年，坎贝尔船长把象限仪弧度扩大，用来量120°的夹角，这样象限仪便变成了六分仪，可以方便地测到角度并计算出该船处在的纬度，以保证船舶沿正确的航线行驶。约翰·哈里森于18世纪发明了航海天文钟，为后世的航海者们提供了精密的计时器。测纬度的六分仪和测经度的天文钟的发明，极大促进了天文导航的发展。1837年美国船长沙姆那发现了等高线，可同时测经纬度，1875年法国人圣西勒尔发明了高度差法，成为现代天文航海的重要基础。

2. 天文导航发展现状

在当今航海中，无线电导航、全球定位系统GPS的出现使导航定位翻开了崭新的一页，同时也对其他导航定位方法的改进提供了可靠的保证和有效的手段。虽然天文导航在导航定位方法中是比较古老的方法，但是天文导航的自主性决定了它的不可替代性，即便是在无线电导航系统高度发展、舰船定位的准确性和及时性都得到较好解决的今天，其导航地位依然不容动摇。在《STCW 78/95公约》（即《经1995年修正的1978年海员培训、发证和值班标准国际公约》）中仍要求航海人员必须具有利用天体确定船位和评定船位精度的能力以及利用天体确定罗经差的能力。目前，一些装备现代化的舰船也非常重视天文导航的作用，以GPS定位为值班系统，用天文定位为常备系统的趋势已在欧美兴起。俄罗斯"德尔塔"级弹道导弹核潜艇采用天文/惯导组合导航系统，定位精度为0.463 km（0.25 nmile）；法国"胜利"级弹道导弹核潜艇上装有M92光电天文导航潜望镜；德国212型潜艇上也装备了具有天文导航功能的潜望镜。美国和俄罗斯的远洋测量船和航空母舰上也装备有天文导航系统。

天文导航系统由于受地面大气的影响较大，因而其应用平台更适合于包括导弹在内的各种高空、远程飞行器。目前，美国的B252、FB2111、B21B、B22A中远程轰炸机、C2141A大型运输机、SR271和EP23高空侦察机等都装备有天文导航设备。俄罗斯的TU216、7U295、TU2160等轰炸机上也都装有天文导航设备。国外早在20世纪50年代就采用天文/惯性组合导航系统，利用天文导航设备得到的精确位置和航向数据来校正惯性导航系统或进行初始对准，尤其适用于修正机动发射的远程导弹。美国在20世纪50年代开始研制弹载天文/惯性组合制导系统。早期在空-地弹"空中弩箭"和地-地弹"娜伐霍"上得到应用。20世纪70年代在"三叉戟"I型水下远程弹道导弹中采用了天文/惯性组合制导系统，射程达7 400 km，命中精度为370 m。20世纪90年代研制的"三叉戟"II型弹道导弹的射程达11 100 km，命中精度为240 m。苏联在弹载天文/惯性制导系统方面的发展也很快，SS2N28 导弹射程达 7 950 km，命中精度为 930 m；SS2N218 导弹射程达 9 200 km，命中精度为 370 m。这两型导弹都采用了天文/惯性组合制导方式。上述弹载天文导航设备仍为小视场系统，采用"高度差法"导航原理，也只能作为惯导的校准设备使用，不能作为一种独立的导航手段使用。近些年，由于基于星光折射的高精度自主水平基准的出现，使天文导航技术再度成为弹载导航系统研究的热点。

天基平台是天文导航技术的最佳应用环境，国外从 20 世纪 80 年代开始研制，以美、德、英、丹麦等国较为突出，至今已有多种产品在卫星、飞船、空间站上得到应用。

20 世纪中叶，载人航天技术极大地促进了天文导航技术在航天领域的发展，"阿波罗"登月和苏联空间站都使用了天文导航技术。早在 20 世纪 60 年代，国外就开始研究基于天体敏感器的航天器天文导航技术。与此同时，不断发展与天文导航系统相适应的各种敏感器，包括地球敏感器、太阳敏感器、星敏感器和自动空间六分仪等。例如，美国的"林肯"试验卫星-6，"阿波罗"登月飞船，苏联"和平号"空间站以及与飞船的交会对接等航天任务都成功地应用了天文导航技术。

近年来，航天器自主天文导航技术的发展方向主要包括新颖的直接敏感地平技术和通过星光折射间接敏感地平技术。基于直接敏感地平的天文导航方法的第一种方案是采用红外地平仪与星敏感器和惯性测量单元构成天文定位导航系统，这种常用的天文导航系统成本较低、技术成熟、可靠性好，但定位精度不高，原因是地平敏感精度较低。研究表明，当地平敏感精度为 $0.02°(1\sigma)$、星敏感器的精度为 $2''(1\sigma)$ 时，定位精度为 $500\sim1\,000$ m，显然在有些场合这一定位精度不能满足要求。直接敏感地平进行空间定位的第二种方案是自动空间六分仪（天文导航和姿态基准系统 SS/ANARS，Space Sextant-Autonomous Navigation and Attitude Reference System），美国自 20 世纪 70 年代初开始研究，1985 年利用航天飞机进行空间试验，于 20 世纪 80 年代末投入使用。由于采用了精密而复杂的测角机构，利用天文望远镜可以精确测量恒星与月球明亮边缘、恒星与地球边缘之间的夹角，经过实时数据处理后三轴姿态测量精度达 $1''$（RMS），位置精度达 $200\sim300$ m(1σ)，但仪器结构复杂且成本很高、研制周期长。这种方案定位精度较高的原因是提高了地平的敏感精度。

基于星光折射间接敏感地平的天文导航方法是 20 世纪 80 年代初发展起来的一种航天器低成本天文导航定位方案。这一方案完全利用高精度的 CCD 星敏感器，以及大气对星光折射的数学模型及误差补偿方法，精确敏感地平，从而实现航天器的精确定位。研究结果表明，这种天文导航系统结构简单、成本低廉，并能达到较高的定位精度，是一种很有前途的天文导航定位方案。美国于 20 世纪 80 年代初开始研制，1989 年进行空间试验，90 年代投入使用的 MADAN 导航系统（多任务姿态确定和自主导航系统，Multitask Autonomous Navigation System）便利用了星光折射敏感地平原理。试验研究的结果表明，通过星光折射间接敏感地平进行航天器自主定位，精度可达 100 m(1σ)。

美国 Microcosm 公司还研制了麦氏自主导航系统 MANS（Microcosm Autonomous Navigation System）。MANS 利用专用的麦氏自主导航敏感器对地球、太阳、月球的在轨测量数据，实时确定航天器的轨道，同时确定航天器的三轴姿态，该系统是完全意义上的自主导航系统。1994 年 3 月，美国空军在范登堡空军基地发射"空间试验平台-零号"航天器，其有效载荷为"TAOS(Technology for Autonomous Operational Survivability，自主运行生存技术)"飞行试验设备。通过飞行试验对 MANS 天文导航系统及其关键技术进行了检验，验证结果公布的导航精度为：位置精度 100 m(3σ)，速度精度 0.1 m/s(3σ)。

20 世纪 90 年代，美国、法国、日本等国又重新掀起深空探测的热潮，随着抗空间辐射能力强、便于集成的 CMOS 器件的出现和 CMOS 敏感器技术发展，基于 CMOS 天体敏感器的深空探测器自主定位导航技术正在被深入研究和广泛应用。表 1-1 给出了国际上航天器自主天文导航系统的发展过程。

表 1-1　　　　　　　　　　　　自主天文导航系统的发展过程

时间	系统名称	测量类型	测量仪器	最高定位精度(1σ)
1977—1981 年	空间六分仪自主导航和姿态基准系统(SS/ANARS)	恒星方向，月球(地球)边缘	空间六分仪	224 m
1979—1985 年	多任务姿态确定和自主导航系统(MADAN)	恒星方向，地平方向	星敏感器与地平仪	100 m
1988—1994 年	麦氏自主导航系统(MANS)	对地距离(用光学敏感器测量)，对地、对日及对月的方向	MANS 天体敏感器	30 m

从表 1-1 中可以看出，随着天文导航系统的不断发展，其精度也在不断提高，图 1-2 为给出的几种典型自主导航系统定位精度的比较(Frank Tai，Pete D.，1989)。

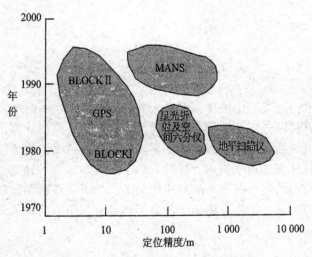

图 1-2　几种典型自主导航系统定位精度比较

我国也一直在进行航天器自主天文导航技术的研究和探索。李勇(2002)、魏春岭等学者对当前的几种自主导航系统进行了深入的分析研究，对比了他们的性能和优缺点，指出天文导航技术是自主定位导航技术的一个重要研究方向。北京航空航天大学、西北工业大学、哈尔滨工业大学、中国空间技术研究院、中国科学院等单位都对自主天文定位导航技术进行了研究，其中周凤岐（2002）、荆武兴（2003）、解永春（2003）、孙辉先（2004）、王国权（2004）、金声震（2004）等学者对地球卫星的自主天文导航技术进行了深入研究，林玉荣与邓正隆（2002）研究了地球卫星的自主天文定姿技术。

崔平远与崔祜涛（2002）等针对小行星探测，研究了一种使用星上光学相机和激光雷达的自主导航方法。航天五院502所在20世纪90年代初就曾跟踪探索过利用星光折射间接敏感地平的自主天文定位导航问题，并分析了美国MANS系统的精度。

北京航空航天大学多年来一直进行高精度星敏感器和天文导航技术研究，"九五"期间承担了航天"863"青年基金项目"空间站自主定位导航方法与系统方案设计"，"十五"期间完成国家自然科学基金项目"航天器新颖自主天文导航方法与仿真试验研究"、国家"863"计划项目"基于天体敏感器的自主导航技术"、国家民用航天重点预研项目"小型CMOS天体敏感器及自主天文导航技术"等，在航天器自主天文导航研究方面取得了很大进展。在基于轨道动力学的航天器新颖自主天文定位导航方法研究方面提出了一种新颖的星光折射间接敏感地平导航方法，并对误差影响因素进行了系统全面的分析研究；由于航天器自主天文导航系统模型的严重非线性，将UKF、PF滤波方法应用于航天器自主天文导航中，显著提高了导航系统的定位精度；提出了基于信息融合的卫星直接敏感地平和星光折射间接敏感地平相结合的自主天文导航新方法，提高了导航系统的精度和可靠性。并自主研制了一套天文导航半物理仿真系统，研制了相应的星图模拟器和星敏感器模拟器，并构成完整的半物理仿真系统。此外，还对星图匹配、识别方法等进行了深入研究和探索。但总的说来，国内天文导航技术及应用研究与国外先进水平相比还存在着较大差距。

1.2　球面几何和球面三角形

1.2.1　引言

尽管地球形状更接近于一个椭球，但是天文观测是在大尺度时空背景下进行的，距离太阳系最近的恒星也是以光年计算的，故在天文导航中为了简化计算，通常将地球近似为一个球体，这样所带来的位置误差可以满足导航所需要的精度。为了能更好地理解天文导航原理，就必须掌握球面三角学知识。球面三角学是数学的一个分支，它主要是研究球面上的三个大圆弧所构成的闭合图形之间的边角关系，是天文导航课程的数学基础之一。本节以天文导航技术为背景，主要介绍球面三角形和导航三角形的相关知识。

1.2.2　球面三角形

1. 球面几何

球面几何学对于理解天体的位置和运动是必需的。像平面几何一样，球面几何研究球体表面上的边角关系。本节将会介绍一些球面几何的基础知识。

（1）球和球面

一个半圆绕着它的直径旋转一周所得的旋转面，叫做球面，如图1-3所示。被球面所包围的实体叫做球。连接球心与球面上任意点的线段，叫做球的半径；连接球面上两点且通过球心的线段，叫做球的直径。同一球体的半径或直径均相等。

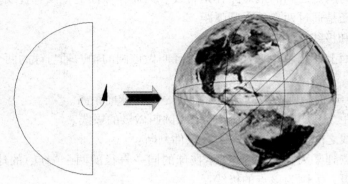

图1-3 球面的定义

（2）球面三角形的边——大圆弧

1）球面上的圆

大圆被定义为过球心的平面和球面的交线。如果平面不过球心，则它和球面的交线定义为小圆，如图1-4所示。

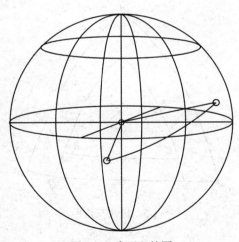

图1-4 球面上的圆

大圆有以下五个特性：

①大圆的平面过球心，大圆的圆心即球心；

②大圆把球和球面分成相等的两部分；

③两个大圆平面的交线是球的直径也是两个大圆的直径；

④过球面上不在同一直径上两点，只能做一个大圆；

⑤过球面上在同一直径上两点，可以做无数个大圆。

2）球面上两点间的距离

①在球面上两点之间的球面距离为两点间的大圆弧距（劣弧）。

②在平面上的两点之间的最短路径是直线。然而在球面上，没有直线。在球面上的两点之间的最短路径是通过两点的大圆弧距。

3）极、极距和极线

①极：与球面上任意圆相垂直的球的直径叫做该圆的轴，轴与球的两个交点叫做该圆的极。

②极距（Δ）：球面上圆的极到该圆上任意一点的球面距离。

③极线：极距为 90° 的圆必为大圆，该大圆叫做极的极线。

确定极和极线之间的关系，可按下述条件判断：

①球面上一点到某大圆任意两点（不在球的同一直径的两个端点）的球面距离为 90°，则该点为大圆的极，大圆为该点的极线；

②若两个大圆同时垂直于另一个大圆，则前两个大圆的交点必为另一个大圆的极。

③极线三角形。

如图 1-5 所示，设球面三角形 $\triangle ABC$，各边 a，b，c 的极分别为 A^*、B^*、C^*，且 AA^*、BB^*、CC^* 都小于 90°，则过 A^*、B^*、C^* 作大圆弧构成另一个球面三角形 $\triangle A^*B^*C^*$，此球面三角形叫做原球面三角形 $\triangle ABC$ 的极线三角形。

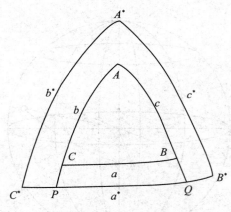

图 1-5 极线三角形

原球面三角形与其极线三角形的关系如下：

①若一球面三角形是另一球面三角形的极线三角形，则这一球面三角形也是前一球面三角形的极线三角形，即二者互为极线三角形。

②极线三角形的边（角）与原球面三角形的角（边）互补。

$$a + A^* = 180°；b + B^* = 180°；c + C^* = 180° \tag{1-1}$$
$$A + a^* = 180°；B + b^* = 180°；C + c^* = 180° \tag{1-2}$$

（3）球面三角形的角——球面角

1)球面角

球面上两个大圆弧相交构成的角叫做球面角，大圆弧叫做球面角的边，大圆弧的交点叫做球面角的顶点，如图1-6所示。

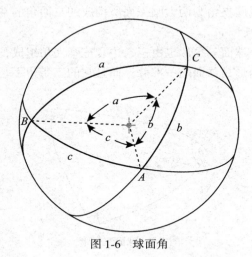

图1-6 球面角

2)球面角的度量

球面角的大小由两个大圆平面所构成的二面角确定。由立体几何知，二面角是由其平面角度量的。如图1-7所示，设两个大圆弧 AC、BD 相交于 P，构成球面角 $\angle DPC$，大圆 CD 为顶点 P 的极线。

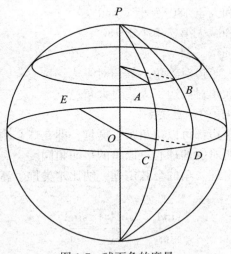

图1-7 球面角的度量

度量球面角的常用方法有以下三种：

①用球心角 $\angle DOC$ 度量，因为 DO 和 CO 都垂直于两个大圆平面的交线，$\angle DOC$ 为两

大圆平面所构成的二面角的平面角。

②用顶点 P 的极线的弧长 $\overparen{CD}$ 度量，因为 $\overparen{CD}$ 与 $\angle DOC$ 同度。

③过顶点 P 做两个大圆的切线，用两切线间的夹角度量，因为两条切线都垂直于两大圆平面的交线，两切线间夹角为两大圆平面所构成的二面角的平面角。

2. 球面三角形

同平面三角形一样，球面三角形也由三条边和三个夹角组成，统称为球面三角形的六个元素。但是，球面三角形是球面的一部分，而且它的三条边不是直线而是大圆弧，如图 1-8 所示。

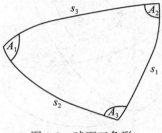

图 1-8　球面三角形

（1）球面三角形的边角基本性质

1）边的基本性质

①球面三角形三边之和大于 0°，小于 360°。

②球面三角形两边之和大于第三边，两边之差小于第三边。

2）角的基本性质

①球面三角形三角之和大于 180°，小于 540°。

②球面三角形两角之和减去第三角小于 180°。

3）边、角间的基本性质

①边角存在对应关系，等边对等角，等角对等边。

②在球面三角形中，大角对大边，大边对大角。

（2）球面三角形的边和角的函数关系

球面三角形的任何一条边都可以用角距来度量，即在球心测得的相邻顶点之间的角距离。球面三角形的边与其所对应的球心三面角的平面角同度。夹角和边之间的几何关系可通过正弦定理、边的余弦定理、角的余弦定理、纳比尔类推、高斯公式来描述。

正弦定理：

$$\frac{\sin A_1}{\sin s_1} = \frac{\sin A_2}{\sin s_2} = \frac{\sin A_3}{\sin s_3} \tag{1-3}$$

边的余弦定理：

$$\left.\begin{array}{l} \cos s_1 = \cos s_2 \cdot \cos s_3 + \sin s_2 \cdot \sin s_3 \cdot \cos A_1 \\ \cos s_2 = \cos s_1 \cdot \cos s_3 + \sin s_1 \cdot \sin s_3 \cdot \cos A_2 \\ \cos s_3 = \cos s_1 \cdot \cos s_2 + \sin s_1 \cdot \sin s_2 \cdot \cos A_3 \end{array}\right\} \tag{1-4}$$

角的余弦定理：

$$\left.\begin{aligned}\cos A_1 &= -\cos A_2 \cdot \cos A_3 + \sin A_2 \cdot \sin A_3 \cdot \cos s_1 \\ \cos A_2 &= -\cos A_1 \cdot \cos A_3 + \sin A_1 \cdot \sin A_3 \cdot \cos s_2 \\ \cos A_3 &= -\cos A_1 \cdot \cos A_2 + \sin A_1 \cdot \sin A_2 \cdot \cos s_3\end{aligned}\right\} \quad (1\text{-}5)$$

纳比尔类推：

$$\left.\begin{aligned}\tan\frac{A_1+A_2}{2} \cdot \tan\frac{A_3}{2} &= \frac{\cos\dfrac{s_1-s_2}{2}}{\cos\dfrac{s_1+s_2}{2}} \\[4mm] \tan\frac{A_1-A_2}{2} \cdot \tan\frac{A_3}{2} &= \frac{\sin\dfrac{s_1-s_2}{2}}{\sin\dfrac{s_1+s_2}{2}}\end{aligned}\right\} \quad (1\text{-}6)$$

$$\left.\begin{aligned}\frac{\tan\dfrac{s_1+s_2}{2}}{\tan\dfrac{s_3}{2}} &= \frac{\cos\dfrac{A_1-A_2}{2}}{\cos\dfrac{A_1+A_2}{2}} \\[6mm] \frac{\tan\dfrac{s_1-s_2}{2}}{\tan\dfrac{s_3}{2}} &= \frac{\sin\dfrac{A_1-A_2}{2}}{\sin\dfrac{A_1+A_2}{2}}\end{aligned}\right\} \quad (1\text{-}7)$$

高斯公式：

$$\left.\begin{aligned}\frac{\sin\dfrac{A_1+A_2}{2}}{\cos\dfrac{A_3}{2}} &= \frac{\cos\dfrac{s_1-s_2}{2}}{\cos\dfrac{s_3}{2}} \\[6mm] \frac{\cos\dfrac{A_1+A_2}{2}}{\sin\dfrac{A_3}{2}} &= \frac{\cos\dfrac{s_1+s_2}{2}}{\cos\dfrac{s_3}{2}}\end{aligned}\right\} \quad (1\text{-}8)$$

$$\left.\begin{aligned}\frac{\sin\dfrac{A_1-A_2}{2}}{\cos\dfrac{A_3}{2}} &= \frac{\sin\dfrac{s_1-s_2}{2}}{\sin\dfrac{s_3}{2}} \\[6mm] \frac{\cos\dfrac{A_1-A_2}{2}}{\sin\dfrac{A_3}{2}} &= \frac{\sin\dfrac{s_1+s_2}{2}}{\sin\dfrac{s_3}{2}}\end{aligned}\right\} \quad (1\text{-}9)$$

如果已知球面三角形六元素(三条边和三个夹角)中的任意三个值,通过以上公式以及它们的导出式便可推出球面三角形的其他三个未知值。

通常在导航解算中比较常用的是边的余弦定理。

例 1-1　设地球的平均半径是 6 370 km,把海里(nmile)和节(kn,1 kn = 1 n mile/h)转换成千米(km)和千米/小时(km/h)。

解:地球的周长 = 2π×6 370 km

因为 1′ 所对应的弧长为 1 海里,则 1 nmile = (2π×6 370/21 600)km = 1.85 km,1 kn = 1.85 km/h。

例 1-2　假设菲尔德和彼得堡位于相同的纬度 53°23′N,其经度分别是 1°28′W 和 158°42′E,飞机的速度为 500 kn。图 1-9 中的 A 和 B 分别代表菲尔德和彼得堡,弧 $\overset{\frown}{ARB}$ 表示小圆弧航线,弧 $\overset{\frown}{AYB}$ 表示大圆弧航线。子午线 PAC 和 PBD 分别从北极 P 经过 A 点和 B 点到达赤道 CD,$\triangle PAYB$ 是一个球面三角形。计算按大圆弧航线和一个小圆弧航线从菲尔德飞往彼得堡,分别需用多长时间?

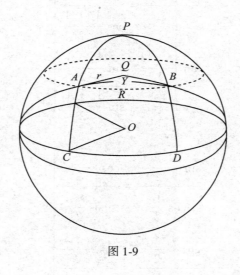

图 1-9

解:应用余弦公式,可以得到:

$$\overset{\frown}{AP} = \overset{\frown}{BP} = 90° - 53°23′ = 36°37′ = 36.616\ 7°$$

$$\overset{\frown}{APB} = 1°28′ - (-158°42′) = 160°10′ = 160.166\ 7°$$

$$\cos\overset{\frown}{AYB} = \cos\overset{\frown}{AP}\cos\overset{\frown}{BP} + \sin\overset{\frown}{AP}\sin\overset{\frown}{BP}\cos\overset{\frown}{APB}$$

$$= (\cos36.616\ 7°)^2 + (\sin36.616\ 7°)^2\cos160.166\ 7°$$

$$\overset{\frown}{AYB} = 71.966\ 3° = 71°58′ = 4\ 318′$$

因此菲尔德和彼得堡之间的大圆弧航线距离是 4 318 nmile,该航线所需时间为

$(4\ 318/500)h=8.636\ h$。

计算菲尔德和彼得堡之间小圆弧航线的距离公式为:

在纬度53°23′N的圆弧周长为$2\pi r$,

其中,$r=R\cos\widehat{AOC}$,$\widehat{AOC}=53°23'=53.383\ 3°$。

则$\widehat{ARB}=(160.166\ 7°/360°)\times2\pi\times3\ 443\times\cos(53.383\ 3°)=5\ 741\ \text{nmile}$

因此,经由弧$\widehat{ARB}$完成菲尔德到彼得堡之间的旅程将会需$5\ 741/500\ h=11.482\ h=$ 11h29min,显然沿着大圆弧航线要比小圆弧航线快2h51min。

(3)球面直角三角形

当球面三角形的一个角为直角时,问题往往相对简单,如图1-10所示。利用纳比尔记忆规则(推导球面直角形公式的大字形法则),只要已知球面直角三角形六元素(三条边和三个夹角)中的任意两个值(不包括直角),就可以推出其他三个未知值。

球面直角三角形中,直角的两边(s_1,s_2)、其余两角(A_1,A_2)的余角以及直角对边(s_3)的余角可组成一个分为5个扇区的圆盘(同平面三角形),如图1-11所示。

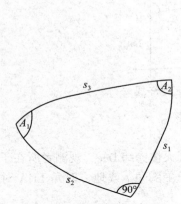
图1-10　球面直角三角形

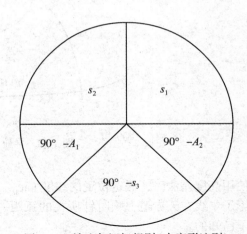
图1-11　纳比尔记忆规则(大字形法则)

纳比尔记忆规则(大字形法则):圆盘图中任一部分的正弦值等于其相邻两部分正切值的乘积,也等于对面两部分余弦值的乘积,即

$$
\left.\begin{array}{l}
\sin s_1=\tan s_2\cdot\tan(90°-A_2)=\cos(90°-A_1)\cdot\cos(90°-s_3)\\
\sin s_2=\tan(90°-A_1)\cdot\tan s_1=\cos(90°-s_3)\cdot\cos(90°-A_2)\\
\sin(90°-A_1)=\tan(90°-s_3)\cdot\tan s_2=\cos(90°-A_2)\cdot\cos s_1\\
\sin(90°-s_3)=\tan(90°-A_2)\cdot\tan(90°-A_1)=\cos s_2\cdot\cos s_1\\
\sin(90°-A_2)=\tan s_1\cdot\tan(90°-s_3)=\cos s_2\cdot\cos(90°-A_1)
\end{array}\right\}\quad(1\text{-}10)
$$

经化简,得

$$\left.\begin{array}{l} \sin s_1 = \tan s_2 \cdot \cot A_2 = \sin A_1 \cdot \sin s_3 \\ \sin s_2 = \cot A_1 \cdot \tan s_1 = \sin s_3 \cdot \sin A_2 \\ \cos A_1 = \cot s_3 \cdot \tan s_2 = \sin A_2 \cdot \cos s_1 \\ \cos s_3 = \cot A_2 \cdot \cot A_1 = \cos s_1 \cdot \cos s_2 \\ \cos A_2 = \tan s_1 \cdot \cot s_3 = \cos s_2 \cdot \sin A_1 \end{array}\right\} \tag{1-11}$$

1.2.3　导航三角形

1. 导航三角形的概念

导航三角形(通常是指斜三角形)是地球表面上由北极 N、观测者假定位置 AP 和天体投影点 GP 构成的球面三角形,如图 1-12 所示。所有的天文导航都是在导航三角形的基础上完成的。

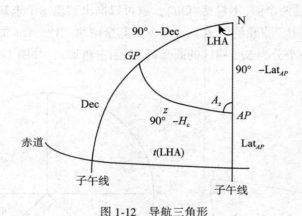

图 1-12　导航三角形

当使用高度差法时,假定位置的纬度 Lat_{AP},观测天体赤纬 Dec,观测者所在子午线到天体投影子午线在天赤道上顺时针所夹的弧距——子午圈角 t 或地方时角 LHA 对观测者来说都是已知的。

(1)通过边的余弦公式来计算导航三角形的边 z(天体顶距)

$$\cos z = \cos(90° - \text{Lat}_{AP}) \cdot \cos(90° - \text{Dec}) + \sin(90° - \text{Lat}_{AP}) \cdot \sin(90° - \text{Dec}) \cdot \cos t \tag{1-12}$$

因为 $\cos(90° - x) = \sin x$,反之亦然,故上述方程可简化为:

$$\cos z = \sin \text{Lat}_{AP} \cdot \sin \text{Dec} + \cos \text{Lat}_{AP} \cdot \cos \text{Dec} \cdot \cos t \tag{1-13}$$

边 z 不仅是 AP 和 GP 间的大圆弧长而且是天体和等高圆之间的天体顶距。用计算高度 H_c 代替天体顶距 z,可得

$$\sin H_c = \sin \text{Lat}_{AP} \cdot \sin \text{Dec} + \cos \text{Lat}_{AP} \cdot \cos \text{Dec} \cdot \cos t \tag{1-14}$$

解方程得

$$H_c = \arcsin(\sin \text{Lat}_{AP} \cdot \sin \text{Dec} + \cos \text{Lat}_{AP} \cdot \cos \text{Dec} \cdot \cos t) \tag{1-15}$$

(2)利用边的余弦公式计算 A_z

被观测天体的方位角 A_z 依然通过边的余弦公式计算得出,

$$\cos(90° - \text{Dec}) = \cos(90° - \text{Lat}_{AP}) \cdot \cos z + \sin(90° - \text{Lat}_{AP})\sin z \cdot \cos A_z \quad (1\text{-}16)$$

化简,得

$$\sin \text{Dec} = \sin \text{Lat}_{AP} \cdot \cos z + \cos \text{Lat}_{AP} \cdot \sin z \cdot \cos A_z \quad (1\text{-}17)$$

用计算高度 H_c 代替天体顶距 z 可得出如下方程:

$$\sin \text{Dec} = \sin \text{Lat}_{AP} \cdot \sin H_c + \cos \text{Lat}_{AP} \cdot \cos H_c \cdot \cos A_z \quad (1\text{-}18)$$

求解上述方程,得到方位角 A_z 的公式如下:

$$A_z = \arccos \frac{\sin \text{Dec} - \sin \text{Lat}_{AP} \cdot \sin H_c}{\cos \text{Lat}_{AP} \cdot \cos H_c} \quad (1\text{-}19)$$

得到的方位角 A_z 总是在(0,180°)范围内变化,因此未必总是等于导航中常用的真实方位角 A_{zN}((0,360°)从真北极顺时针)。若 t 为负,即 GP 在 AP 东方时,$A_z = A_{zN}$;反之,若 t 为正,即 GP 在 AP 西方时,如图 1-12 所示,$A_{zN} = 360° - A_z$。

(3)使用萨姆纳方法

当使用萨姆纳方法时,Dec 和 Lat_{AP} 均为已知量,z(或 H_c)由测量得出,子午圈角 t(或地方时角 LHA)是被计算量。

仍使用边的余弦公式可得

$$\cos z = \cos(90° - \text{Lat}_{AP}) \cdot \cos(90° - \text{Dec}) + \sin(90° - \text{Lat}_{AP}) \cdot \sin(90° - \text{Dec}) \cdot \cos t \quad (1\text{-}20)$$

$$\sin H_c = \sin \text{Lat}_{AP} \cdot \sin \text{Dec} + \cos \text{Lat}_{AP} \cdot \cos \text{Dec} \cdot \cos t \quad (1\text{-}21)$$

由上述式(1-20)和式(1-21),可得

$$\cos t = \frac{\sin H_c - \sin \text{Lat}_{AP} \cdot \sin \text{Dec}}{\cos \text{Lat}_{AP} \cdot \cos \text{Dec}} \quad (1\text{-}22)$$

$$t = \arccos \frac{\sin H_c - \sin \text{Lat}_{AP} \cdot \sin \text{Dec}}{\cos \text{Lat}_{AP} \cdot \cos \text{Dec}} \quad (1\text{-}23)$$

在中天时观测天体,地方时角为 0,导航三角形变得无限窄。在这种特殊情况下,不需使用球面三角形的公式,球面三角形的各边就可通过简单的加减计算得出。

2. 分割导航三角形

一种常用的求解导航三角形的方法是过 GP 点构造一个大圆弧与本地子午线垂直相交于 X,这样就把导航三角形分割成两个球面直角三角形,如图 1-13 所示。

图 1-13 中,两个直角三角形分别为 $\triangle GP\text{-}N\text{-}X$ 和 $\triangle GP\text{-}X\text{-}AP$。辅助量 R 和 K 是计算 z(或 H_c)和 A_z 的中间量,K 为 X 到赤道的角距离。这两个三角形都可以通过纳比尔记忆规则(大字形法则)求解,如图 1-14 所示。

根据纳比尔记忆规则,H_c 和 A_z 可通过下列公式计算得出:

$$\sin R = \sin t \cdot \cos \text{Dec} \Rightarrow R = \arcsin(\sin t \cdot \cos \text{Dec}) \quad (1\text{-}24)$$

$$\sin \text{Dec} = \cos R \cdot \sin K \Rightarrow \sin K = \frac{\sin \text{Dec}}{\cos R} \Rightarrow K = \arcsin \frac{\sin \text{Dec}}{\cos R} \quad (1\text{-}25)$$

当 $|t| > 90°$ 或(90° < LHA < 270°)时,式(1-25)中的 K 用 180° - K 代替。

$$\sin H_c = \cos R \cdot \cos(K - \text{Lat}_{AP}) \Rightarrow H_c = \arcsin[\cos R \cdot \cos(K - \text{Lat}_{AP})] \quad (1\text{-}26)$$

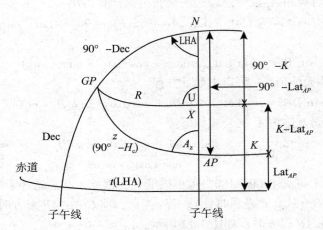

图 1-13 分割导航三角形

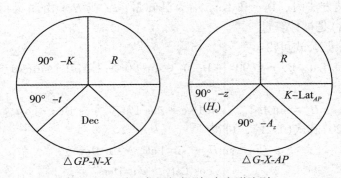

图 1-14 纳比尔记忆规则(大字形法则)

$$\sin R = \cos H_c \cdot \sin A_z \Rightarrow \sin A_z = \frac{\sin R}{\cos H_c} \Rightarrow A_z = \arcsin \frac{\sin R}{\cos H_c} \qquad (1\text{-}27)$$

当 K 和 Lat 异号或 $|K| < |Lat|$ 时,式(1-27)中的 A_z 用 $(180° - A_z)$ 代替。

为得到真实方位角 $A_{zN}(0° \sim 360°)$,用到下列公式:

$$A_{zN} = \begin{cases} -A_z, & Lat_{AP} > 0(N) \text{ 且 } t < 0(180° < LHA < 360°) \\ 360° - A_z, & Lat_{AP} > 0(N) \text{ 且 } t < 0(0° < LHA < 180°) \\ 180° + A_z, & Lat_{AP} < 0(S) \end{cases} \qquad (1\text{-}28)$$

利用正割和余割公式($\sec x = 1/\cos x$, $\csc x = 1/\sin x$),得到分割导航三角形的方程如下:

$$\csc R = \csc t \cdot \sec Dec \qquad (1\text{-}29)$$

$$\csc K = \frac{\csc Dec}{\sec R} \qquad (1\text{-}30)$$

当 $|t| > 90°$ 时,式(1-30)中的 K 用 $(180° - K)$ 代替。

$$\csc H_c = \sec R \cdot \sec(K - Lat) \qquad (1\text{-}31)$$

$$\csc A_z = \frac{\csc R}{\sec H_c} \qquad (1\text{-}32)$$

当 K 和 Lat 符号相反或 $|K| < |\text{Lat}|$ 时，式（1-32）中的 A_z 用（ $180° - A_z$ ）代替。

上述公式用对数形式表示如下：

$$\left.\begin{array}{l} \log(\csc R) = \log(\csc t) + \log(\sec \text{Dec}) \\ \log(\csc K) = \log(\csc \text{Dec}) - \log(\sec R) \\ \log(\csc H_c) = \log(\sec R) + \log[\sec(K - \text{Lat})] \\ \log(\csc A_z) = \log(\csc R) - \log(\sec H_c) \end{array}\right\} \qquad (1\text{-}33)$$

把角的正割和余割取对数，就可以把计算简化为简单的加减，从而简化计算。

1.3 导航坐标系

1.3.1 引言

导航的目的是获取舰船、航天器等载体的位置、速度、姿态信息。要描述载体的位置坐标和测量天体的方位坐标就离不开坐标系，因此本章对天文导航中涉及的几种常用坐标系进行了简单介绍，主要包括天球坐标系、地球坐标系、载体坐标系、月球坐标系、火固坐标系、行星坐标系、银河坐标系。

坐标系统（Coordinate System）是一种在给定维数的空间中用选定的一组基的坐标来表示点的方法，它是测量参照系的核心数学元素。坐标系的种类很多，根据选取的基向量的不同，有坐标轴相互垂直的笛卡儿坐标系和由多个截面所组成的曲线坐标系等。在不同的坐标系中，表示坐标的方法也是不同的，例如天球坐标系中用赤经、赤纬表示天体的空间位置，而在三维笛卡儿坐标系中则用原点至点的矢径在各个坐标轴上的投影长度来表示坐标。

虽然坐标系统的定义明确而严密，但却非常抽象，且不利于使用，必须通过一种具体的形式加以实现，才具有实际意义。在实践中，坐标系统是通过参考框架（Reference Frame）来实现的。参考框架是一组具有相应坐标系统下坐标及其时间演变的点。例如，天球参考框架是一组空间位置已知的恒星和类星体，而地球参考框架则是坐标及其速度已知的一组地面点。

参考框架与坐标系统的关系是：参考框架中参考点的坐标可以用不同形式表示，即同一参考框架可以对应不同的坐标系；参考框架的目的是提供一个使坐标系具体化的方法，以便于用它来定量描述地球上（地球参考框架）或天球上（天球参考框架）的位置和运动。坐标系是总体概念，参考框架才是具体的应用形式。

一个完整的坐标系统应包括：①一组模型和常数；②一套理论和数据处理方法；③一个参考框架。总之，只要涉及与空间位置有关的问题，就会涉及坐标系统；涉及坐标系统，就必将涉及参考框架。

坐标系统的确定和建立无论对于大地测量还是深空大地测量的研究，都是最为基础的工作，另外，对于月面测量等深空探测任务，不仅涉及月球坐标系统的建立，而且确定与地球坐标系统转化之间的关系也是非常重要的研究内容。下面介绍常用的坐标系统和参考框架理论，它们是建立月球坐标系统和相应参考框架的基础。

1.3.2　天球坐标系

天球坐标系在天文导航中起着重要的作用，是观测天体的基础，坐标系的选取直接影响天文导航的计算精度和复杂程度。下面介绍几种常用的天球坐标系。

1. 天球及其基本点、线、圆

天文导航中，扁平地球被视为一个球体。虽然这只是一个近似，但是将球面几何应用于天文导航中还是很成功的，而且由地球的扁平所引起的误差通常在导航计算中是可以忽略的。经过地心的平面与地球表面相交形成的圆周称为一个大圆。大圆的直径是在地球表面上的所有圆中最大的。任意一个不经过地心的平面与地球表面相交形成的圆周称为一个小圆。赤道是唯一与地轴垂直的大圆，同时也是纬度圈中唯一的大圆，任何其他的与赤道平行的纬度圈都是小圆。子午圈是经过地极的大圆。

（1）天球

天球一般是指以地球球心为中心，半径无限大的想象球体。所有天体不管其距离地球的远近，一律把它们投影到天球的球面上。确定天体的位置，就是确定天体在天球上的位置。虽然天球并不是宇宙的准确模型，但却很有用，一方面它给出了不同天体方位的一个方便、直观的表达方式，另一方面可以使用球面几何来进行相关的计算。

（2）天球上的基本点、线、圆

天球上的基本点、线、圆是由地球上的基本点、线、圆扩展到天球上去而形成的。如图 1-15 所示，将地轴无限延长与天球相交所得的天球直径，叫做天轴。天轴与天球面相交的两点，叫做天极（南天极 P_S、北天极 P_N）。将赤道平面无限扩展与天球球面相交的大圆，叫做天赤道。将测者（D）的铅垂线无限延长与天球相交的两点，在测者头顶正上方的一点，叫做天顶点（Z），在测者正下方的一点，叫做天底点（n），这两者的连线叫做测者垂直线（Z_n）。在地球上，过测者和地球两极的大圆叫做测者子午圈。过地球中心垂直于测者垂直线的平面扩展与天球球面相交的大圆，叫做测者真地平圈。测者真地平圈把天球等分为两个半球，包含天顶的半球称为上天半球，上天半球的天极叫做高极；天底点所在的半球称为下天半球，下天半球的天极叫做低极。测者真地平圈与测者子午圈相交于两点，靠近天北极的一点为正北点；靠近天南极的一点为正南点；真地平圈与天赤道相交于两点，测者面向正北，则右手方向的一点为正东点（E）；左手方向的一点为正西点（W）。

天球上重要的面、线、点总结如下：

①天轴和天极。过天球中心并平行于地球自转轴的直线称为天轴。天轴与天球的交点称为天极。其中 P_N 称为北天极，P_S 称为南天极。

②天球赤道面及天球赤道。通过天球中心 M 作一个与天轴垂直的平面，该平面称为天球赤道面。天球赤道面与天球的交线称为天球赤道。天球赤道是天球上的一个大圆。

③天球子午面与子午圈。通过天轴及某点的天顶所做的平面称为天球子午面，天球子午面与天球的交线称为天球子午圈，它也是一个大圆。

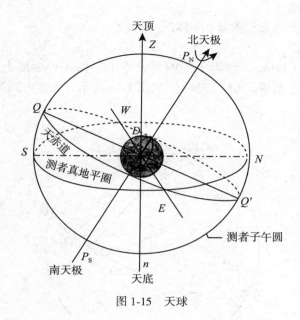

图 1-15 天球

④黄道。地球绕日公转的轨道平面与天球的交线称为黄道。从地球上对太阳进行观测时，太阳就在黄道上进行视运动。黄道平面和赤道平面之间的夹角称为黄赤交角，其值约为23.5°。

⑤黄极。过天球中心作垂直于黄道平面的垂线，该垂线与天球的交点称为黄极。靠近北天极的交点为北黄极，靠近南天极的交点为南黄极。

⑥春分点。黄道和赤道的交点称为春分点和秋分点。其中，太阳从天球南半球穿过赤道进入北天球时的交点称为春分点(在每年的3月21日前后)，反之，太阳从天球北半球穿过赤道进入南天球时的交点称为秋分点(在每年的9月23日前后)。

2. 赤道坐标系(地心)

天球坐标系(地心)由基本大圆、基本点和天体坐标度量方式组成。由于所选择的基本大圆和基本点不同，可得到不同的天球坐标系。

赤道坐标系(地心)是以天球赤道作为基本大圆构造的天球坐标系，根据坐标轴指向依据点的不同，又可分为第一赤道坐标系和第二赤道坐标系。因为岁差和章动的影响，在相当长的时间间隔下所做的观测，就必须注明所使用的特殊历元，为行星、恒星、星系等的位置做记录。现在使用的历元是 J2000.0，稍早期使用的是 B1950.0。这两个坐标系一般用来标记天体的位置，大部分天体的位置记录就是通过这个坐标系体现的。利用天文导航进行深空探测需要预先注入探测器的先验信息就包括天体的赤道坐标系下的坐标。它的元素是：赤纬(δ)和赤经(α)。赤纬在上述第一和第二坐标系内分别表述为时角 LHA 和赤经 RA。

(1)第一赤道坐标系

1)坐标系的组成

基本大圆：天赤道。

坐标起算原点：天赤道和测者子午圈的交点（Q'）。

2）坐标

①天体地方时角（LHA）。测者子午圈到天体子午圈在天赤道上顺时针所夹的弧距 $Q'D$，用"LHA"表示，范围为 0° ~ 360°，如图 1-16 所示。天体时圆为过天体和南北极的半个大圆。

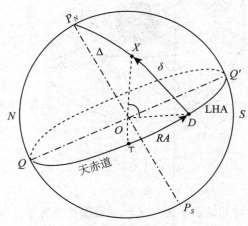

图 1-16　赤道坐标系

②天体赤纬（δ）和天体极距（Δ）。天体赤纬是从天赤道上点 D 开始沿着天体时圆到天体位置 X 上所夹的弧距，用 δ 表示；天体极距是从高极到天体在天体时圆上所夹的弧距，用"Δ"表示。天体赤纬和天体极距的代数和为 90°。

3）天体位置和该天体投影点位置的关系

在天球上表示天体位置的天体格林时角（GHA）和天体赤纬（δ），与该天体在地球上投影点的位置——经度（λ）、纬度（φ）相对应。天体的格林时角即天体投影点的经度；天体的赤纬即天体投影点的纬度。天体的格林时角，即 0°经线处的地方时角。

（2）第二赤道坐标系

1）坐标系的组成

基本大圆：天赤道。

坐标起算原点：春分点。

2）坐标

①天体赤经（RA，α）。从春分点向东到天体时圆在天赤道上所夹的弧距，用"RA"或"α"表示，范围为 0° ~ 360°。

②天体赤纬（δ）和天体极距（Δ）。同第一赤道坐标系。

综上所述，从坐标系统的实现方法——坐标框架来讲：赤道坐标系的时角系统被固定在地球的表面上；而赤经系统被固定于恒星上（实际上要考虑岁差和章动的影响）。

例 1-3　已知天体 A 的格林时角为 120°，赤纬为 40°N，测者 1 的地理位置为 80°E，

25°N，测者 2 的地理位置为 40°W，30°S。求天体 A 分别相对于测者 1 和 2 的地方时角和极距。

解： 由于测者 1 的经度为东经，天体 A 相对于测者 1 的地方时角就等于天体 A 的格林时角与测者 1 的经度之和，天体 A 的赤纬与测者 1 的纬度同名，所以天体 A 的极距就等于 90°减去天体赤纬，即

$$\text{LHA}_{A1} = \text{GHA}_A + \lambda_1 = 120° + 80° = 200°$$
$$\Delta_{A1} = 90° - \delta_A = 90° - 40° = 50°$$

由于测者 2 的经度为西经，天体 A 相对于测者 2 的地方时角就等于天体 A 的格林时角与测者 2 的经度之差，天体 A 的赤纬与测者 2 的纬度异名，所以天体 A 的极距就等于 90°加上天体赤纬，即

$$\text{LHA}_{A2} = \text{GHA}_A - \lambda_2 = 120° - 40° = 80°$$
$$\Delta_{A2} = 90° + \delta_A = 90° + 40° = 130°$$

3. 地平坐标系

建立地平坐标系的目的是确定观测者与天体之间的相对位置关系。实际观测天体是在地平坐标系下进行的，获得的观测值需要进一步转换为赤道坐标系下的坐标。

（1）坐标系的组成

①基本大圆：测者真地平圈。

②坐标原点：正北点或正南点。

（2）坐标

①天体方位。从正北点开始沿着地平线顺时针到天体方位圆在真地平圈上所夹的弧距，用"A_z"表示。过天顶和天底的半个大圆叫做方位圆，过天体的方位圆即天体方位圆。

②天体高度和天体顶距。

天体高度：从测者真地平圈到天体在天体方位圆上所夹的弧距，用"h"表示，范围为 0°~90°，天体在上天半球，高度为"+"；天体在下天半球，高度为"-"。

天体顶距：从测者天顶点到天体在天体方位圆上所夹的弧距，用"z"表示，范围为 0°~180°，如图 1-17 所示。

该坐标系固定在地球上。地平坐标系在测量天体的出没上非常好用，当一个天体的高度为 0°，就表示它位于地平线上。此时若其高度增加，就代表上升；若高度减少，便是下降。

（3）地平坐标系与赤道坐标系的相互转换

只要知道观测者的地理纬度（ϕ）与时间（HA，$HA = GHA - RA$），就可以将地平坐标转换成赤道坐标，或是反过来将赤道坐标转换成地平坐标。以下不加证明地给出二者的转换公式：

①赤道坐标转换为地平坐标：

$$\begin{cases} \sin h = \sin\phi\sin\delta + \cos\phi\cos\delta\cos HA \\ \cos A_z \cos h = \cos\phi\sin\delta - \sin\phi\cos\delta\cos HA \\ \sin A_z \cos h = -\cos\delta\sin HA \end{cases} \quad (1\text{-}34)$$

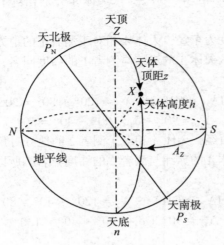

图 1-17　地平坐标系

②地平坐标转换为赤道坐标：

$$
\begin{cases}
\sin\delta = \sin\phi\sin h + \cos\phi\cos h\cos HA \\
\cos\delta\cos HA = \cos\phi\sin h - \sin\phi\cos h\cos A_z \\
\cos\delta\sin HA = -\sin A_z\cos h
\end{cases}
\tag{1-35}
$$

4. 黄道坐标系

黄道坐标系特别适合标示太阳系内天体的位置，大多数行星(水星和冥王星除外)与许多小行星轨道平面与黄道的倾角都很小，故其黄纬值(β)都不大。在星际探测的轨道设计中，使用该坐标系较为方便。

(1)坐标系的组成

①基本大圆：黄道。

②坐标起算原点：春分点。

(2)坐标

①黄经(λ)：自春分点沿黄道到天体黄经圈逆时针计量的弧长，范围为 0°~360°。天体黄经圈是过天体和南北黄极的半个大圆。

②黄纬(β)：自黄道沿黄经圈到天体所夹的弧长，向北为正，向南为负，范围为 0°~±90°，如图 1-18 所示。

因为地轴有进动现象，此坐标系的两个黄极亦会因岁差影响而使坐标数值逐渐移动，计算时必须说明坐标系参照的历元。现常采用的是 J2000.0 历元(之前的出版物多以 B1950.0 历元)，在天文年历这类精度较高的刊物中，则参考当天或当月之瞬时分点计算。

(3)黄道坐标系与赤道坐标系的转换关系

若已知黄赤交角 ε，则可以利用下述两公式进行黄道坐标与赤道坐标的转换。

①黄道坐标转换为赤道坐标：

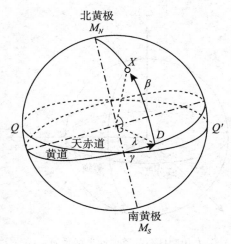

图 1-18 黄道坐标系

$$\begin{cases} \sin\delta = \sin\varepsilon\sin\lambda\cos\beta + \cos\varepsilon\sin\beta \\ \cos\alpha\cos\delta = \cos\lambda\cos\beta \\ \sin\alpha\cos\delta = \cos\varepsilon\sin\lambda\cos\beta - \sin\varepsilon\sin\beta \end{cases} \tag{1-36}$$

②赤道坐标转换为黄道坐标:

$$\begin{cases} \sin\beta = \cos\varepsilon\sin\delta - \sin\alpha\cos\delta\sin\varepsilon \\ \cos\lambda\cos\beta = \cos\alpha\cos\delta \\ \sin\lambda\cos\beta = \cos\varepsilon\sin\alpha\cos\delta + \sin\varepsilon\sin\delta \end{cases} \tag{1-37}$$

1.3.3 空间坐标系

载体在空间中的位置和其运动规律必须选择适当的坐标系统加以描述,不同的载体在不同的情况下应选择不同的坐标系。例如,深空探测器的导航通常选择太阳系质心惯性坐标系,地球卫星和远程武器的导航通常选择地心惯性坐标系,飞机、舰船通常选择地理坐标系等。本小节对(准)惯性坐标系、地理坐标系和载体坐标系进行了介绍。

1. (准)惯性坐标系

(1)日心黄道惯性坐标系

日心黄道惯性坐标系 $O_s x_s y_s z_s$。如图 1-19 所示,原点位于太阳质心 O_s,日心黄道坐标系的坐标轴 $O_s x_s$ 在黄道面内,指向春分点;$O_s z_s$ 轴垂直于黄道面,与地球公转角速度矢量一致;$O_s y_s$ 轴与 $O_s x_s$ 轴和 $O_s z_s$ 轴垂直,且 $O_s x_s y_s z_s$ 构成右手直角坐标系。

日心黄道坐标系主要应用在火星探测器的轨道动力学方程中,在设计星际转移轨道时,由于太阳系各个行星的轨道大致在黄道面上,故采用该坐标系进行数学建模十分方便。

(2)太阳系质心坐标系

为了描述太阳系内行星的运动,建立了以整个太阳系质量中心(SSB)为原点的太阳系

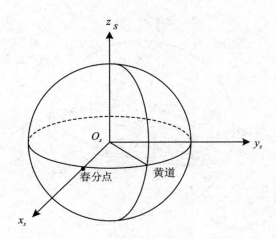

图 1-19　日心黄道惯性坐标系 $O_s x_s y_s z_s$

质心参考系。坐标系的原点位于太阳系的质量中心，X-Y 参考面与地球赤道面平行，X 轴与 J2000 地球春分线平行，Z 坐标轴与 J2000（TDB）地心天球坐标系的 Z 轴平行，Y 轴与 X-Z 平面垂直构成右手坐标系。实际上，J2000（TDB）太阳系质心坐标系和 J2000（TT）协议地球赤道惯性系只存在一个平移量。

　　该坐标系目前广泛用于 X-射线脉冲星导航中，如图 1-20 所示。这是由于脉冲到达时间的数学模型建立在该坐标系的基础上，到达相位模型的各个系数也是基于这个模型计算的。

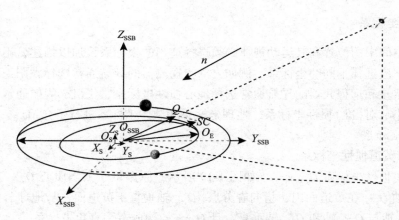

图 1-20　太阳系质心坐标系在脉冲星导航中的应用

　　（3）地心赤道惯性坐标系

　　地心坐标系的坐标原点在地心。常用的地心惯性坐标系有地心黄道惯性坐标系和地心赤道惯性坐标系，在此仅介绍地心赤道惯性坐标系。地心赤道坐标系在各类人造地球卫星的定轨定位和大地测量中有广泛应用。

如图 1-21 所示为地心赤道惯性坐标系 $O_e x_e y_e z_e$。坐标轴 $O_e x_e$ 在赤道面内,指向春分点;$O_e z_e$ 轴垂直于赤道面,与地球自转角速度矢量一致;$O_e y_e$ 轴与 $O_e x_e$ 轴和 $O_e z_e$ 轴垂直,且 $O_e x_e y_e z_e$ 构成右手直角坐标系。

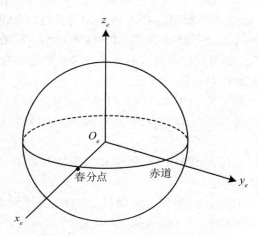

图 1-21　地心赤道惯性坐标系 $O_e x_e y_e z_e$

(4)国际地球参考系(ITRS)

IUGG 于 1991 年决定由 IERS 负责国际地球参考系的定义、实现和维持。决议推荐地球参考系的定义如下:

①协议地球参考系 CTRS 定义为地心非旋转参考系通过一个适当的空间旋转而得到的准笛卡儿坐标系;

②地球质心非旋转参考系指的是由 IUA 决议所定义的地球质心参考系 GRS;

③CTRS 和 GRS 的时间坐标采用的是地心坐标时(TCG);

④CTRS 的原点应该是包含海洋和大气的整个地球的质量中心;

⑤CTRS 相对地球表面的水平运动来说没有整体性的剩余旋转。

ITRS 的以上定义必须满足下面的条件:

①是地心参考系,原点定义在包括海洋和大气的整个地球的质量中心;

②长度单位是 SI 米,对于地心局部参考系来说,这一尺度与 IAU 和 IUGG 定义的 TCG 时间尺度一致,并由一定的相对论模型来得到;

③坐标轴的定向最初由国际时间局(BIH)在 1984.0 的定向给出;

④定向随时间的演变遵循沿整个地球表面的水平板块运动无整体旋转的条件。

ITRS 通过 IERS 的 ITRS 产品中心(ITRS-PC)以国际地球参考框架(ITRF)的形式提供。IERS 数据分析中心根据不同的测地技术(VLBI, LLR, SRL, GPS 和 DORIS)得到各自单独的 TRF(主要包括测站坐标、速度以及 SINEX 格式提供的完整协方差矩阵),利用相应处理方法对各种 TRF 进行综合处理,最后得到一个统一的 ITRF。这种组合的方法就是利用具有两个或更多的测地技术的并置站进行局部联结,局部联结是实现 ITRF 的关键,因此，它们必须具有很高的精度或至少与实现 TRF 的某一空间大地测量技术的精度相当。

（5）国际地球参考框架（ITRF）

ITRF 通过 IERS 大地网确定，目前的 IERS 大地网包括了各种类型的新技术，例如 SLR、LLR、VLBI，等等。

建立一个高精度完整的 ITRF，需要某些地区、国际组织的基准网的综合处理。除了 VLBI、LLR、SLR、GPS 和 DORIS 观测的基本核心站外，ITRF2000 也由阿拉斯加，南极洲，亚洲，欧洲，南北美洲和太平洋等区域 GPS 网络加密。IERS 分析中心通过可去约束，弱的或者最小约束等，对不同技术实现的地球参考系进行综合。

基准定义方面，ITRF2000 具有以下特征：

①ITRF2000 的尺度：通过把 ITRF2000 与 VLBI、SLR 实现的地球参考系之间的尺度及时间演化设置为零来实现，不同于 ITRF97 采用的 TCG 时间尺度，ITRF2000 采用的时间尺度是地球时 TT；

②ITRF2000 的原点：通过把 ITRF2000 和 SLR 实现的参考架之间的平移参数及其时间导数的加权平均设置为零来确定；

③ITRF2000 的定向及其随时间演化：定向与 ITRF97 在历元 1997.0 一致；定向的变化率按照惯例遵循地学模型 NNR-NUVEL-1A，依据 ITRS 的定义，这是对无整体旋转条件的一个间接的应用。ITRF2000 的定向以及它的变化率选用一组高精度的，满足下面标准的测站来确定：a. 至少连续观测三年；b. 测站远离板块边界和形变区；c. 速度精度优于 3mm/a；d. 至少对于三种不同的技术来说，速率残差小于 3mm/a。

经过多年的等待，最新的 ITRF2005 也已面世，其在解的生成上与 ITRF2000 相比主要有两方面区别：① ITRF2000 的解来自各种技术的各个分析中心各自建立地球参考框架 TRF（包括测站的历元站坐标和速度场，以及地球定向参数（EOP）序列），通过 14 个转换参数（7 个 H 氏坐标转换参数和 7 个速度场转换参数）和用方差、协方差严格加权的方法，将各个 TRF 综合成 ITRF2000 的综合解和在该框架内的 EOP 序列；ITRF2005 由 IVS、ILRS、IGS 和 IDS 的站坐标时间序列和其对应的方差、协方差，生成各技术观测站对应的历元（2000.0）站坐标和速度场，即 TRF(X, V)。然后由各技术的 TRF (X, V) 加上 EOP 时间序列，通过并置台站的归心测量值（local ties）实现并置台站间的连接，综合生成 ITRF2005 的综合解；② 为了实现各技术解算结果的比较和检核，在 ITRF 中同一地区（site）经常设置若干个不同技术的并置观测站（colocation station）。两个观测站间的坐标由归心测量值（local ties）进行连接，归心测量值的精度为毫米级。ITRF2000 以及以前的 ITRF 序列中，同一个 DOMES 下不同技术的并置观测站采用同一速度场，它由不同技术求得的速度场综合而成。

ITRF2005 解生成中相对于 ITRF2000 所作的改进，得益于最近五年来 GPS 等空间技术观测精度的提高和观测资料的积累，以及 IVS、ILRS 和 IDS 的建立。根据当前空间技术定位的精度，ITRF2005 提供的站坐标残差时间序列文件已不完全是空间技术定位的噪声，其中包含了各种地球物理因素引起的测站非线性运动的有用信息。

根据以上分析，ITRF2005 基准的定义如下：

原点：ITRF2005 的原点定义为，在历元 2000.0 时刻 ITRF2005 与 ILRS 的 SLR 时间序

列间的平移参数及其速率为零。

尺度：ITRF2005 的尺度定义为，在历元 2000.0 时刻 ITRF2005 与 IVS 的 VLBI 时间序列间的尺度因子及其速率为零。

定向：ITRF2005 的定向定义为，在历元 2000.0 时刻 ITRF2005 与 ITRF2000 间的旋转参数及其速率为零。这两个条件适用于 ITRF 的一个核心网，包括 38 个 GPS 站、21 个 VLBI 站和 11 个 SLR 站。

2. 地球固联坐标系

地球固联坐标系 $O_1x_1y_1z_1$ 的坐标原点在地心。坐标轴 O_1x_1 在赤道面内，指向零度经线；O_1z_1 轴垂直于赤道面，与地球自转角速度矢量一致；O_1y_1 轴与 O_1x_1 轴和 O_1z_1 轴垂直，且 $O_1x_1y_1z_1$ 构成右手直角坐标系。

从地球固联坐标系(l)转换到惯性坐标系(e)的坐标变换矩阵为(粗略描述)

$$\boldsymbol{R}_l^e = \begin{bmatrix} \cos\omega_1 t & -\sin\omega_1 t & 0 \\ \sin\omega_1 t & \cos\omega_1 t & 0 \\ 0 & 0 & 1 \end{bmatrix} \tag{1-38}$$

式中，ω_1 为地球自转角速度；t 表示时间。

(1)地理坐标系(站心地平坐标系)

该地理坐标系特指导航中应用的东北天地理坐标系。坐标原点在载体重心 O_0。 图 1-22 所示为地理坐标系 $O_ox_oy_oz_o$。 坐标轴 O_ox_o 在 O_o 点的水平面内，指向正东；O_oy_o 在 O_o 点的水平面内，指向正北；O_oz_o 轴垂直于水平面，且 $O_ox_oy_oz_o$ 构成右手直角坐标系。

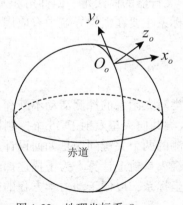

图 1-22 地理坐标系 $O_ox_oy_oz_o$

从地理坐标系(o)转换到地球固联坐标系(l)的坐标变换矩阵为

$$\boldsymbol{R}_o^l = \begin{bmatrix} -\sin\lambda & -\sin\varphi\cos\lambda & \cos\varphi\cos\lambda \\ \cos\lambda & -\sin\varphi\sin\lambda & \cos\varphi\sin\lambda \\ 0 & \cos\varphi & \sin\varphi \end{bmatrix} \tag{1-39}$$

式中，φ、λ 为载体的经纬度。

(2)载体坐标系

载体坐标系的坐标原点在载体质心。如图 1-23 所示为载体坐标系 $O_b x_b y_b z_b$。坐标轴 Ox_b 沿着载体横轴方向向右（航向）；$O_b y_b$ 轴沿着载体纵轴方向向前，$O_b z_b$ 轴与 $O_b x_b$ 轴和 $O_b y_b$ 轴垂直，且 $O_b x_b y_b z_b$ 构成右手直角坐标系。

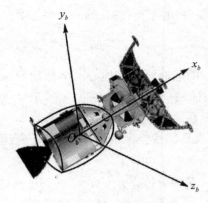

图 1-23　载体坐标系

从载体坐标系（b）转换到地理坐标系（o）的坐标变换矩阵为

$$\boldsymbol{R}_b^o = \begin{bmatrix} \cos r\cos y - \sin r\sin y\sin p & -\sin y\cos p & \cos y\sin r + \sin y\sin p\cos r \\ \cos r\sin y + \sin r\cos y\sin p & \cos y\cos p & \sin y\sin r - \cos y\sin p\cos r \\ -\cos p\sin r & \sin p & \cos p\cos r \end{bmatrix} \quad (1\text{-}40)$$

式中，(r, p, y) 分别表示飞行器的横滚角、俯仰角和航向角。

上述地理坐标系和载体坐标系主要在惯性导航中有应用，载体坐标系也用于天文深空导航中，一般用于姿态解算。

1.3.4　火星坐标系统

随着空间技术的发展，人类对太阳系的探测活动不断深入，其中火星探测是最活跃的领域之一。自 1960 年以来，人类共向火星发射了 35 个探测器，实现了绕火星轨道的探测和无人火星着陆探测。火星探测的两个关键问题是如何设计从地球到火星附近的转移轨道和如何实现任务探测期间的环绕火星轨道计算。为了描述探测器相对于火星的运动，首先需要建立基于火星中心的参考坐标系，以便于动力学方程的简化及描述探测器相对于火星的位置和速度。

1. 火星赤道惯性坐标系 S_{MCI}

火星赤道惯性坐标系的原点位于火星中心，参考平面 $Ox_{MI}y_{MI}$ 与火星赤道平面重合，Ox_{MI} 轴沿火星公转平面和火星赤道面的交线，指向春分点；Oz_{MI} 轴沿火星自转轴指向火星北极。值得注意的是，火星的自转轴同样存在进动，但是通常忽略火星绕太阳公转引起的惯性力，将此坐标系作为惯性系处理。此处所提到的火星赤道平面和火星自转轴，以及下文中提到的地球赤道平面和地球自转轴都是指对应于 J2000 时刻的值。

2. 地-火赤道交线坐标系 S_{NI}

地-火赤道交线坐标系同样是一个惯性系,坐标原点 O 位于火星中心,平面 $Ox_{NI}y_{NI}$ 与火星赤道面重合,Ox_{NI} 轴沿火星和地球赤道的交线,沿 IAU 矢量方向。IAU 矢量(如图 1-24 所示)是 J2000 时刻火星赤道和地球赤道的交线,以 OQ 方向为正,Q 点是火星赤道面相对于地球赤道面的升交点。Oz_{NI} 轴沿火星自转轴,指向火星北极。此坐标系是为了方便描述从地球惯性系到火星惯性系的转换引入的中间坐标系。

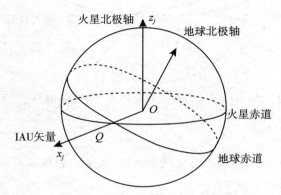

图 1-24 IAU 和相关坐标系的关系

3. 火星中心地球赤道惯性系 S_{ECI}

为了建立火星惯性系与地球惯性系的联系,引入此坐标系。坐标原点 O 位于火星中心,平面 Ox_iy_i 与地球平赤道面平行,Ox_i 轴与地球春分线平行。Oz_i 轴平行于地球自转轴,指向地球北极。更明确地说,此坐标系就是将地球赤道惯性系的原点平移到火星中心。在轨道动力学中,常常忽略地球春分点的微小摆动,并且忽略由地球绕太阳运动引起的惯性力,因而此坐标系可视为惯性坐标系。火星中心地球赤道惯性系 S_{ECI} 与地-火赤道交线坐标系 S_{NI} 的相互关系如图 1-25 所示。火星赤道惯性系和地-火赤道交线系的相互关系如图 1-26 所示。

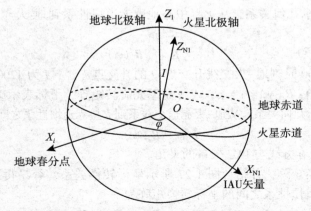

图 1-25 火星中心地球赤道惯性系和地-火赤道交线系的相互关系

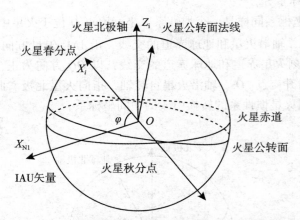

图 1-26　火星赤道惯性系和地-火赤道交线系的相互关系

1.3.5　地-火坐标系的转换

火星赤道惯性系 S_{MCI}、地-火赤道交线系 S_{NI}、火星中心地球赤道惯性系 S_{ECI} 之间的转换关系如图 1-27 所示。

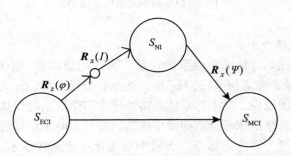

图 1-27　各坐标系之间的转换关系

根据图 1-25 所示几何关系，从火星中心地球赤道惯性系到地-火赤道交线系之间的转换矩阵为

$$L_{NE} = R_x(I)\,R_z(\varphi) \tag{1-41}$$

式中，φ 为 J2000 时刻地-火交线升交点 Q 的升交点赤经；I 为 J2000 时刻火星自转轴和地球自转轴的夹角；$R_i(\gamma)$，$i = x$，y，z 是基元旋转矩阵，下标表示旋转轴。

根据图 1-26 所示几何关系，从地-火赤道交线系到火星赤道惯性系之间的转换矩阵为

$$L_{MN} = R_z(\psi) \tag{1-42}$$

式中，ψ 为火星春分线与 IAU 矢量的夹角。

根据上述两转换矩阵，并结合图 1-27 所示坐标转换关系，容易得到火星中心地球赤道惯性系到火星赤道惯性系之间的坐标转换矩阵为

$$L_{ME} = L_{MN} \cdot L_{NE} = R_z(\psi)R_x(I)R_z(\varphi) \tag{1-43}$$

三个角度 φ，I，ψ 都是 J2000 纪元时刻的瞬时值，下面具体论述上述 φ，I，ψ 的计算

方法。首先，考虑 φ，I 的计算。要计算 φ 和 I，实际上就是要确定火星自转轴在纪元时刻在地球赤道惯性系下的方位。在国际天球系下，太阳和各行星的自转轴的指向是已知的，用赤经 α 和赤纬 δ 表示，如图 1-28 所示。

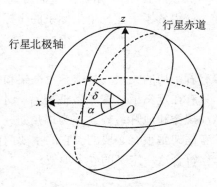

图 1-28　天球系下行星自转轴的指向

火星和地球在任意时刻自转轴相对天球坐标系的方位的参考值如下：

地球：
$$\alpha_0 = 0.00 - 0.614T$$
$$\delta_0 = 90.00 - 0.557T$$

火星：
$$\alpha_0 = 317.68143 - 0.1061T$$
$$\delta_0 = 52.8865 - 0.0609T$$

式中，时间 T 纪元时刻为 J2000.0；α_0 和 δ_0 的单位为度。

从上述参考值可以看到，在纪元时刻，地球的自转轴和天球系的自转轴是重合的。因此，从火星自转轴和天球系坐标轴的几何关系，可以直接求得纪元时刻火星自转轴和地球自转轴的关系。由图 1-28 中的几何关系，容易知道：

$$I = 90° - \delta_0(0) = 37.1135°$$
$$\varphi = \alpha_0(0) + 90° = 47.6814° \tag{1-44}$$

有了上述两值，就可以从火星中心地球赤道惯性系到地-火赤道交线系的坐标转换矩阵公式，计算得到该坐标转换矩阵 $\boldsymbol{L}_{NE}$。

下面讨论 ψ 的计算方法。ψ 定义为 IAU 矢量和火星春分线的夹角，而通过前面的计算已经求得 IAU 矢量。因此，计算的关键是如何确定火星春分点的位置。依照地球春分点的定义，定义火星春分点为火星的公转轨道在火星赤道面的升交点。于是，问题转化为火星公转轨道平面方位的确定。考虑到火星和太阳的二体问题，火星绕太阳运动的公转平面也是太阳绕火星的运动平面。根据二体问题轨道动力学的知识，可以根据纪元时刻太阳相对于火星的位置和速度矢量计算得到太阳绕火星的运动平面，即火星绕太阳运动的公转平面。具体算法如下：

若已知在纪元时刻火星相对于太阳的位置矢量 $\boldsymbol{r}$ 和速度矢量 $\boldsymbol{v}$，则得到太阳相对于火星的位置和速度矢量分别为 $\boldsymbol{r}_{sm} = -\boldsymbol{r}$ 和 $\boldsymbol{v}_{sm} = -\boldsymbol{v}$，于是得到太阳绕火星的运动平面的动量矩矢量为：

$$H = r_{sm} \cdot v_{sm} = r \cdot v \tag{1-45}$$

设火星极轴的单位矢量为 k，则火星春分线矢量为 $R_{ve} = k \cdot H$，根据图 1-25 所示空间几何关系，就能够计算出 IAU 矢量和 R_{ve} 的夹角 ψ，进而得到从地-火交线系到火星赤道惯性系的转换矩阵 L_{MN}。这样，就得到了上述三个坐标系的坐标转换关系。

1.3.6　月球坐标系统

天体的运动与参考框架有着密切的关系。月球参考框架和坐标系统的建立，对于月球几何测量和定位十分关键。只有在定义了月球参考框架后，才能够确定月球的坐标系统，以便能够精确地研究月球运动规律和地月系统，并为以后进一步开发月球资源提供基础。因此，建立高精度的月球参考框架是很有必要的，它的主要内容包括从理论上建立月球参考系的定义和模式，以及建立符合这一定义的参考框架。

1. 月球的运动

月球和地球组成地月系，共同围绕着公共质心运转不息。作为地球的卫星，月球具有其特有的运动规律和特性，在环绕地球作椭圆运动的同时，也伴随地球围绕太阳公转，每年一周。月球不但处于地球引力作用下，同时也受到来自太阳引力的影响，所以具有十分复杂的轨道运动。对月球运动规律和特性的了解，是建立月球坐标系统的基础。

（1）月球轨道根数

与人造卫星一样，月球轨道运动也可以用 6 个轨道根数来表示。不同的是，月球的轨道根数应在以地心、黄道和春分点为基准的地心黄道坐标系中描述。

如图 1-29 所示，月球的 6 个轨道根数为：

a_L 为长半轴；e_L 为偏心率；$\tilde{\Omega}_L$ 为升交点黄经；$\tilde{i}_L$ 为轨道倾角；$\tilde{\Gamma}_L$ 为近地点黄经；$\tilde{L}_L$ 为历元时刻的月球平黄经。

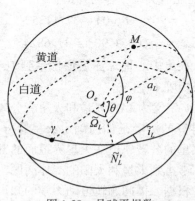

图 1-29　月球平根数

在地月系中仅考虑两者间相互的引力作用时，6 个经典轨道根数应为常数。但由于地球非球形产生的摄动、地球潮汐以及太阳的引力，其他还有行星的摄动力等原因，使轨道根数不是常数，其数值随时间不断变化。考虑长期变化的 6 个轨道根数可由以下各式计算（式中 T 为自 J2000.0 起算的儒略日）：

$$\begin{cases} a_L = 384\ 747.981 \\ e_L = 0.054\ 879\ 905 \\ \sin\dfrac{\tilde{i}_L}{2} = 0.044\ 751\ 305 \\ \tilde{L}_L = 218°18'59''.96 + 481\ 267°52'52''.833T - 4''.787T^2 \\ \tilde{\Gamma}_L = 83°21'11''.67 + 4\ 069°00'49''.36T - 37''165T^2 \\ \tilde{\Omega}_L = 125°02'40''.40 - 1934°08'10''.266T + 7''.476T^2 \end{cases} \tag{1-46}$$

（2）月球天平动

月球赤道面同它的轨道面有 6°41″ 的倾角（图 1-29）。因为这一倾角的存在和月球绕转速度的不均匀等原因，在月球运动过程中，地面上某一点的观测者会看出月面边沿前后的摆动，这种摆动称为月球天平动。天平动可分为几何天平动和物理天平动。

1）几何天平动

几何天平动，或称光学天平动，是月球天平动的一种。"月球常以同一面对着地球"的说法只是一种不严格的、近似的说法。由于几何方面的原因，地球上的观测者会觉察到月球有上下左右的"摇晃"，因而能看到的月面部分不是整个月面的一半而是整个月面的 59%，其中的 18% 时多时少，时隐时现。月球有三种光学天平动，即纬度天平动、经度天平动和周日天平动。其中，前两种天平动也可以用月、地中心连线的月面交点的月面坐标来表示。

严格地说，这三种天平动都不是月球本身真正的摆动，只是由于观测者位置改变造成的。为了与物理原因所引起的月球天平动区别开来，把它们合称为光学天平动。

2）物理天平动

物理天平动是月球天平动的一种，也就是月球的实际自转状态和卡西尼定则之差。1693 年，天文学家 G. D 卡西尼（Cassini）根据长期的观测归纳出了 3 条描述月球自转的经验定则——卡西尼定则：

①月球绕其最短的惯量主轴匀速自转，自转周期与绕地球的公转周期相等，均为一个恒星月；

②月球赤道面对黄道面的倾角 $\tilde{I}_L$ 为一常数，有 $\tilde{I}_L = 1°32'32.7'' = 5\ 552.7''$；

③月球赤道面、黄道面和月球轨道面（白道面）三者交于同一直线，且黄道面位于中间（即白道的升交点与月球赤道的降交点重合）。

因此，白道和黄道之间的夹角 $\tilde{i}_L$ 也为常数，$\tilde{i}_L = 5°09'$。所以，月球赤道面和白道的夹角 $\tilde{i}_L + \tilde{I}_L$ 也是常数，$\tilde{i}_L + \tilde{I}_L = 6°41'$。月球的自转周期为 27.321 66 平太阳日，故月球自转角速度为：

35

$$\omega_L = \frac{2\pi}{27.321\ 66 \times 3\ 600} = 2.661\ 699 \times 10^{-6}(\text{rad/s}), \quad 约\ 13.2\ 度/天。$$

通常用 ρ、σ、τ 三个量来表示月球物理天平动。ρ 为纬度天平动,它表示月球自转轴与黄极交角的变化;σ 为交点天平动,它反映了月球自转的不均匀性;τ 为经度天平动,它反映了月面沿经度方向的摆动。物理天平动的研究还表明,月球重心和几何中心并不重合,重心偏向地球 2km。

2. 月球椭球体

如前所述,月球参考框架和坐标系统的建立对于月球探测起着关键作用,而任何的月球测量都必须要有一个基准,这个基准只有在确定了月球参考椭球大小,坐标系的指向和尺度之后才可以确定。因此,有必要对月球椭球体进行介绍。

根据地球测绘的经验,要顺利地开展月球测绘工作,需要建立一个与月球形状结合密切的规则参考数学体,将空间观测量和月面观测量投影到该数学体的表面上。月球参考框架的实现需要的是一个理想的参考椭球,这个椭球有理想的几何性质和物理性质,比如是一个旋转椭球体,或者是一个惯量椭球。另外,还经常假设参考椭球是一个理想刚体或是流体平衡体,基于这些假设可以确定月球理想的运动状态。由于存在各种摄动因素或者是模型的误差,将导致观测值和理论值出现较大的差异,基于这些信息就可以确定月球的一些运动规律,如自转、公转、极移、章动等。

月球不是一个正球体,但扁率很小,只有 1/3 476。一般都把月球当作旋转椭球体看待。目前建立的月球参考框架中通常将月球体看作半径为 1 737 400.0m 的正球体,然而更为精确的月球空间参考系统的建立参考了表 1-2 所示的旋转椭球体,将其作为月球参考椭球:

表 1-2　　　　　　　　　　　　　　　月球参考椭球基本参数

参数名称	参 数 数 值
平均赤道半径	$a_e = 173\ 800\text{m}$
扁率	$f = 0.000\ 318\ 84$
月心引力常数	$GM = 4.902\ 709\ 345\ 5 \times 10^{12}\,\text{m}^3/\text{s}^2$
参考平面	月球赤道面
经度起点	从月心指向地球的平均方向与月球自转轴所形成的半个子午面(朝向地面)

月球椭球的建立包括以下两个方法:

①根据月球的地形表面来确定。根据目前所能采用的光学测月、雷达测月、激光测月、VLBI、摄影和月球探测器对月球地形的测量,初步获得了月球表面地形和月球大地测量的常数。一般选取最佳符合月球地形表面的球面作为月球的大地参考面(球),球半径取月球的平均半径,球心与月球质心重合。

②根据月球大地水准面形状确定。月球上的物质分布都受到月球重力的约束,所以月球形状从物理上最接近的是一个重力位等位面——月球大地水准面。一般选取最佳符合月

球大地水准面形状的水准椭球面作为月球的大地参考面，从而初步建立了月球参考椭球（图 1-30）。它也是研究月球坐标系统和高程系统的参考数学体。

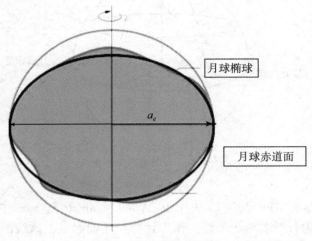

图 1-30　月球参考椭球

在建立参考椭球的基础上，可以定义基准面，基准面是用来测量月球表面的参照系，它定义了经线和纬线的原点和方向。一个基准面是由一个椭球体与月球的相对位置来定义的。有两种类型的基准面，一种是月心基准面，它是目前已知的以月球质心为球心的正球体表面；另一种是本地基准面，它更靠近某一待定区域，以便它能更精确地反映月球表面这一区域。目前，月球基准面采用前面所述在正球体的表面来描述。

3. 常用的月球坐标系统

（1）月球地理坐标系

月球除了绕地球旋转外，还绕自己的轴线旋转，月球自转轴（即月轴）与月面相交于两点，这两点就是月球的两极，北极和南极。垂直于月轴，并通过月心的平面叫月球赤道面，月球赤道面与月球表面相交的大圆圈（交线）叫月球赤道。平行于赤道的各个圆圈叫纬圈（纬线）（Parallel），显然赤道是最大的一个纬圈。通过月轴垂直于赤道面的平面叫作经面或子午圈（Meridian），所有的子午圈长度彼此都相等。

下面介绍月球的纬度和经度，如图 1-31 所示：

纬度（Latitude）：设椭球面上有一点 P，通过 P 点作椭球面的垂线，称之为过 P 点的法线。法线与赤道面的交角，叫做 P 点的月球地理纬度（简称纬度），通常以字母 ϕ 表示。纬度从赤道起算，在赤道上的纬度为 0 度，纬线离赤道愈远，纬度愈大，极点的纬度为 90 度。赤道以北叫北纬，赤道以南叫南纬。

经度（Longitude）：过 P 点的子午面与本初子午面交角的二面角，叫做 P 点的月球地理经度（简称经度），通常用字母 λ 表示。当我们在月球上看地球，月球总是以确定的半个球面（这半个球面的中点记为 Q）对地球，这意味着，地球总是位于月球表面 Q 点的正上方，所以说，以月球表面为参考系时，地球不移动（地球的中心不移动）。国际上目前

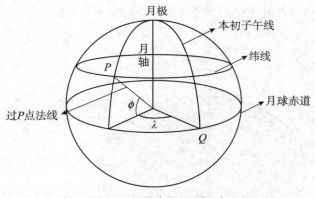

图 1-31　月球地理坐标系

通用的月球地理坐标系"The Mean Earth/Polar Axis Coordinate System"中定义月球表面经过上述 Q 点的子午线为月球本初子午线，作为计算经度的起点，该线的经度为 0 度，向东 0～180 度叫东经，向西 0～180 度叫西经。

　　月面上任一点的位置，通常用经度和纬度来决定。经线和纬线都是月球表面上两组正交的曲线，这两组正交的曲线构成的坐标，称为月球地理坐标系。月球表面某两点经度之差称为经差，某两点纬度之差称为纬差。

　　（2）月球地图投影的选择

　　定义了月球地理坐标系后，可以表示月面上点的位置，为绘制月球地图提供基础。在月球地图的绘制过程中，投影方式的选择十分重要，它将直接影响到月球地图的精度和实用价值。

　　选择月球地图投影，要考虑的因素主要有：月球地图的内容和用途、制图区域的范围、形状和在月球表面的位置、月球地图数据库建立的数据框架、月球地图出版的方式、图面配置及其他一些特殊的要求，其中制图区域的范围、形状和在月球表面的位置是主要因素。

　　对全月进行制图，通常采用 UTM（横轴墨卡托投影）；对于半球月，东、西半球图常选用横轴方位投影，南、北半球图常选用正轴方位投影，如图 1-32 所示；对于中、小范围的投影选择，须考虑到它的轮廓形状和在月球表面的位置，等变形线尽量与制图区域的轮廓形状一致，以便减少图上变形。因此，圆形地区一般适于采用方位投影，在两极附近则采用正轴方位投影，以赤道为中心的地区采用横轴方位投影，在中纬度地区采用斜轴方位投影，在东西延伸的中纬度地区，一般多采用正轴圆锥投影，在赤道两侧东西延伸的地区，则宜采用正轴圆柱投影，在南北方向延伸的地区，一般采用横轴圆柱投影等。

　　（3）月心直角坐标系（月固坐标系）

　　月心直角坐标系是一种常用的月球三维坐标系统，又称月固坐标系。

　　同大地测量引用地心坐标系一样，月球测量也引用一个月球的月心坐标系，月面点及月球引力场都以该坐标系为参考。这个坐标系（X、Y、Z）的坐标原点位于月球质心，参考

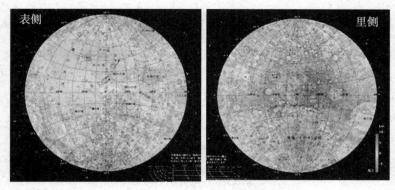

图 1-32 月球表面投影图

平面为月球的赤道面(真赤道)，Z 轴与月球自转轴一致并正交于月球赤道面，而 X 轴指向地球的平均位置(根据卡西尼第一定律，若月球通过轨道升交点，而此升交点又与月球的近地点或远地点重合，则 X 轴从月心指向地心)，Y 轴与 X 轴正交，形成右手三轴直角坐标系，如图 1-33 所示，具体定义见表 1-3。

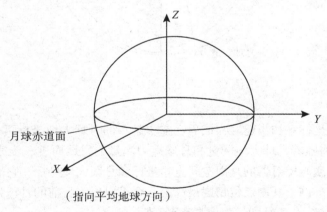

图 1-33 月心直角坐标系

表 1-3 月心直角坐标系

坐标系名称	均地/极轴坐标系
Z-AXIS	指向天月球北极方向(月球自转轴方向)
X-AXIS	指向经度零点方向(定义为在月球赤道面内，并指向平均地球方向)
Y-AXIS	垂直于 X 轴、Z 轴所在的平面并组成右手坐标系(X 轴、Y 轴在月球赤道面内)
坐标原点	月球质心
表示参数	$(X、Y、Z)$或(经度、纬度)

月固坐标系的参考面可取为一个球面，其中心亦即坐标原点与月球的质心重合，半径为 1 737.7km（月球椭球），高程从参考球面起算。

（4）月心月固大地坐标系

月心月固大地坐标系的原点位于月球质心，参考平面为月球赤道面，经度(L')起点为从月心指向地球质心的平均方向与月球自转轴所形成的半个子午面（朝向地面），月球上任何一个点沿月球参考椭球法线方向到月球参考椭球面的距离就是月球大地高程 H'，如图 1-34 所示。

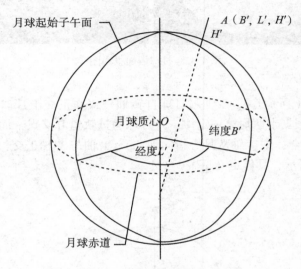

图 1-34　月心月固大地坐标系

月心月固大地坐标系初步建立完成后，空中某点的月球大地坐标可表达为（纬度，经度，大地高），并将随着月球大地测量和月球重力测量的发展而进一步完善。由激光测距可以确定月面 5 个激光反射器的月固空间直角坐标和月固大地坐标，它们组成月球大地测量和地形测量的基准网，其中点位精度最高的一个可以作为目前的月球大地原点，它是全月的月面大地坐标（纬度，经度，大地高）起算点。

（5）月心天球坐标系

当月球探测器方程基于月心描述时可使用该坐标系。

月心天球坐标系 $O_L - x'y'z'$ 的原点为月球的质心，参考平面为平行于地球的 J2000.0 平赤道，$O_L x'$ 轴指向 J2000.0 平春分点，$O_L z'$ 轴顺月球自转方向，该坐标系亦为右手坐标系。它可以认为是将地心天球坐标系平移至月球的质心得到的（图 1-35）。

（6）月心赤道坐标系

要建立月球卫星轨道理论，了解轨道变化的规律，或直接反映月球卫星相对月心坐标系的几何状况，还必须采用月心赤道坐标系，而不是月心地球赤道坐标系（即月心天球坐标系），为了与历元（J2000.0）地心赤道坐标系相联系，可给出月心赤道坐标系的定义如下：

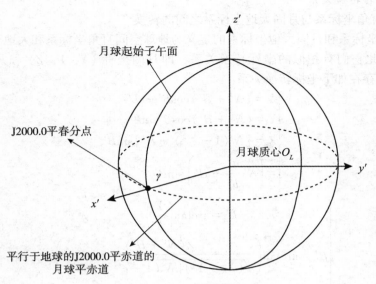

图 1-35　月心天球坐标系

月心赤道坐标系 $O_L - xyz$ 通常可如下定义：取 J2000.0 历元的月球平赤道为参考面，过月球质心且垂直于该赤道面的直线为 z 轴，方向为顺月球自转方向，x 轴取历元 J2000.0 的平春分点在月球赤道面上的投影方向，y 轴垂直 xOz 平面构成右手坐标系，如图 1-36 所示。

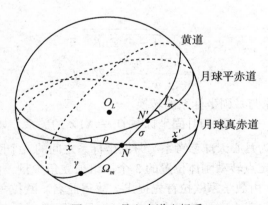

图 1-36　月心赤道坐标系

月心赤道坐标系可通过月球物理平天动（σ，ρ，τ）与月固坐标系建立联系。

除了以上常用的月球坐标系统外，一些特殊的月球探测工作也会根据自身的应用需要建立特殊的月球坐标系，比如小型月球探测器高精度姿态指向控制中就将用到月心惯性平移坐标系（即地心赤道惯性系平移到月心）、月心黄道惯性系、环月轨道坐标系等坐标系统，它们都是由以上坐标系统派生得到的。

4. 月球坐标系的转换关系

（1）月固直角坐标系与月固大地坐标系之间的转换

月固直角坐标系和月固大地坐标系的定义与地球空间直角坐标系和大地坐标系的定义十分类似，因此它们有相似的坐标转换关系，即月固坐标 (X, Y, Z) 和月固大地坐标 (B', L', H') 存在如下坐标转换关系：

$$\begin{cases} X = (N' + H')\cos B'\cos L' \\ Y = (N' + H')\cos B'\sin L' \\ Z = \left[N'(1 - e'^2) + H' \right]\sin B' \\ \quad = \left(N'\dfrac{a_e^2}{b_e^2} + H' \right)\sin B' \end{cases} \tag{1-47}$$

$$\begin{cases} L' = \arctan\left(\dfrac{Y}{X} \right) \\ B' = \arctan\left(\dfrac{Z(N' + H')}{\sqrt{(X^2 + Y^2)}\left[N'(1 - e'^2) + H' \right]} \right) \\ H' = \dfrac{\sqrt{X^2 + Y^2}}{\sin B'} - N'(1 - e'^2) \end{cases} \tag{1-48}$$

其中，N' 为月球卯酉圈（过月球椭球一点的与该点子午面相垂直的法截面同月球椭球面截成的闭合圈）的半径；a_e 为月球椭球长半轴；b_e 为月球椭球短半轴；e' 为月球椭球偏心率。

f 为月球椭球扁率，即 $f = \dfrac{a_e - b_e}{a_e}$，且

$$N' = \frac{a_e}{\sqrt{1 - e'^2\sin B'^2}} \tag{1-49}$$

$$e'^2 = \frac{a_e{}^2 - b_e{}^2}{a_e{}^2} = 2f - f^2 \tag{1-50}$$

（2）月心天球坐标系与月固坐标系的转换

月心天球坐标系 $O_L - x'y'z'$ 和月固坐标系 $O_L - XYZ$ 的关系，如图 1-37 所示。

图中 $\hat{\Omega}_L$、$\hat{u}_L$ 和 $\hat{i}_L$ 为月心天球参考系与月固坐标系之间的三个欧拉角。

欧拉角是用来确定定点转动刚体位置的 3 个一组独立角参量，由章动角、旋进角（即进动角）和自转角组成，由数学家欧拉首先提出，故得此名。欧拉角可根据不同方法而选取不同的表示形式，以上三个欧拉角可直接查行星/月球历表 DE403/LE403 获得。

设 $\boldsymbol{r}'$ 为月心天球坐标系的位置矢量，$\boldsymbol{r}$ 为月固坐标系的位置矢量，则从月心天球坐标系到月固坐标系的位置矢量的转换关系为

$$\boldsymbol{r} = (M_1)\boldsymbol{r}' \tag{1-51}$$

$$M_1 = R_Z(\hat{u}_L)R_X(\hat{i}_L)R_Z(\hat{\Omega}_L) \tag{1-52}$$

DE403/LE403 还给出了三个欧拉角的变率 $\dfrac{\mathrm{d}\hat{\Omega}_L}{\mathrm{d}t}$、$\dfrac{\mathrm{d}\hat{u}_L}{\mathrm{d}t}$、$\dfrac{\mathrm{d}\hat{i}_L}{\mathrm{d}t}$，则月球探测器在月固坐标

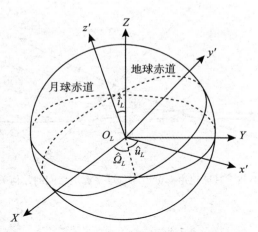

图 1-37 月心天球坐标系与月固坐标系的关系

系中的速度矢量 $\boldsymbol{v}$（式中 $\boldsymbol{v}'$ 为月球探测器在月心天球坐标系中的速度矢量）可表示为

$$\boldsymbol{v} = \frac{\mathrm{d}R_Z(\hat{u}_L)}{\mathrm{d}\hat{u}_L} R_X(\hat{i}_L) R_Z(\hat{\Omega}_L) \frac{\mathrm{d}\hat{u}_L}{\mathrm{d}t} \cdot \boldsymbol{r}' + R_Z(\hat{u}_L) \frac{\mathrm{d}R_X(\hat{i}_L)}{\mathrm{d}\hat{i}_L} R_Z(\hat{\Omega}_L) \frac{\mathrm{d}\hat{i}_L}{\mathrm{d}t} \cdot \boldsymbol{r}'$$

$$+ R_Z(\hat{u}_L) R_X(\hat{i}_L) \frac{\mathrm{d}R_Z(\hat{\Omega}_L)}{\mathrm{d}\hat{\Omega}_L} \frac{\mathrm{d}\hat{\Omega}_L}{\mathrm{d}t} \cdot \boldsymbol{r}' + R_Z(\hat{u}_L) R_X(\hat{i}_L) R_Z(\hat{\Omega}_L) \cdot \boldsymbol{v}' \qquad (1-53)$$

上述转换直接将月心天球坐标系中的某一位置矢量转化为至月面真赤道坐标系中，从历表中查取的欧拉角包含了月球的物理天平动。当然，也可利用月球的平根数与物理天平动完成上述转换。

对于月球平赤道，根据卡西尼定则，月球轨道，黄道与月球平赤道交于一点 N（月球赤道降交点），如图 1-38 所示。有

$$\begin{cases} \psi = \Omega_m \\ I = I_m \\ \varphi = L_m - \Omega_m + \pi \end{cases} \qquad (1-54)$$

式中，Ω_m、I_m、L_m 表示月球的平根数，分别为月球轨道升交点平黄经，平倾角和月球平黄经。

对于月球真赤道（直接与月固坐标系相连），如图 1-39 所示。有

$$\begin{cases} \psi' = \Omega_m + \sigma \\ I' = I_m + \rho \\ \varphi' = L_m - \Omega_m + \pi + (\tau - \sigma) \end{cases} \qquad (1-55)$$

平赤道与真赤道之间的差异 τ，σ，ρ 就是物理天平动的经度分量、倾角分量和节点分量。若采用月心天球坐标系 $O_L - x'y'z'$，$x'y'$ 坐标面为月球赤道面。在该坐标系中分别采用两种天平动表达形式的坐标转换关系为

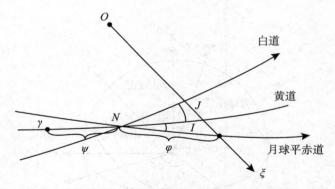

图 1-38 月球轨道、黄道与月球平赤道之间的几何关系

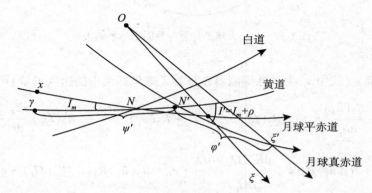

图 1-39 月球真赤道与月球平赤道之间的关系

$$R = (M_1)r' = (M_2)r' \tag{1-56}$$

$$M_2 = R_Z(\varphi' - \pi)R_X(I')R_Z(\psi' - \pi)R_X(\varepsilon) = R_Z(\varphi')R_X(-I')R_Z(\psi')R_X(\varepsilon) \tag{1-57}$$

上述两种变换实为同一转换关系，差别取决于 (τ, σ, ρ) 的取项大小。

（3）月心赤道坐标系与月心天球坐标系的转换

月心赤道坐标系 $O_L - xyz$ 与月心天球坐标系 $O_L - x'y'z'$ 的转换关系，有

$$r_e = (N)r' \tag{1-58}$$

$$(N) = R_Z(-\Omega_m)R_X(-I_m)R_Z(\Omega_m)R_X(\varepsilon) \tag{1-59}$$

r_e 可以是通过定轨或预报给出的月心平赤道坐标系中的月球卫星位置矢量。利用上述转换关系亦可由 r_e 获得卫星在月固坐标系中的精确位置 R：

$$R = (M_1)r' \quad r' = (N)^T r_e \tag{1-60}$$

可见，这里的变换矩阵 (N) 并不涉及物理天平动的表达形式，转换的精度只取决于月球卫星定轨或预报的精度。

1.3.7 地-月坐标系的转换

在对月球的探测过程中，对月球探测器的观测和控制大部分是在地球上进行，因此，

除了了解各种月球坐标系统之间的转换关系之外，建立月球参考框架和地球参考框架的实时联系显得尤为重要。通常，月球参考框架和地球参考框架的联系是通过准惯性系（ICRS）联系在一起的。要将某一历元月球参考系中的点位换算到当前历元地球参考系中的位置，可通过以下步骤完成：①将点位从月固坐标系旋转至月心天球坐标系；②从月心天球坐标系平移至地心天球参考系（GCRS）；③从 GCRS 旋转至 ITRS。

另外，为了建立月球卫星轨道理论，了解轨道的变化规律，或直接反映月球卫星相对月心坐标系的几何状况，又必须建立月心赤道坐标系，而不是由地心天球参考系平移至月心的月心天球坐标系，这正是下文中介绍各种月球坐标系的原因。下面对地-月坐标系转换的具体过程进行介绍。

1. 天球上有关的圈、线、点和角

图 1-40 为地心天球图，表示地球赤道、月球赤道、黄道、白道、月球起始子午线在天球上的投影。其中，γ 为春分点、ε_s 为黄赤交角、$\tilde{I}_L$ 为月球赤道相对于黄道的倾角、$\tilde{i}_L$ 为黄道与白道的交角。

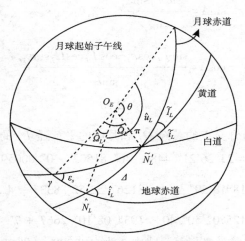

图 1-40　天球上有关的圈、线、点

根据卡西尼第三定律，月球赤道、黄道和白道交于两点。如图 1-40 所示，交点 $\tilde{N}_L'$ 为白道相交于黄道的降交点。设白道升交点的黄经为 $\tilde{\Omega}_L$，则 $\tilde{N}_L'$ 的黄经为 $\tilde{\Omega}_L-\pi$，θ 为月球起始子午线至 $\tilde{N}_L'$ 的夹角。

设月球的平黄经为 $\tilde{L}_L$。当 O_Lx' 轴指向降交点 $\tilde{N}_L'$ 时，由于 O_Lx' 轴在月球上指向地球方向，因此月球在升交点；当 O_Lx' 轴以月球自转角速度转过 θ 时，由于月球的自转速度与月球公转的平均速度相等，因而月球在白道上以平角速度转过的角度为 $\tilde{L}_L-\tilde{\Omega}_L$，故有

$$\theta=\tilde{L}_L-\tilde{\Omega}_L \tag{1-61}$$

如图 1-40 所示，设 $\tilde{N}_L$ 为月球赤道相对于地球赤道的交点，并设 $\tilde{\Omega}_L$ 为该升交点的赤经、$\hat{u}_L$ 为该升交点至月球起始子午线的角度、$\hat{i}_L$ 为月球赤道相对于地球赤道的倾角。可以看出，$\hat{\Omega}_L$、$\hat{u}_L$、$\hat{i}_L$ 为从地心天球坐标系到月固坐标系的三个欧拉角。

设 Δ 为 $\hat{N}_L$ 和 $\tilde{N}_L'$ 之间的夹角。在球面三角形 $\gamma\,\hat{N}_L\tilde{N}_L'$ 中有：

$$\cos\hat{i}_L = \sin\tilde{I}_L\cos\tilde{\Omega}_L\sin\varepsilon_s + \cos\tilde{I}_L\cos\varepsilon_s \tag{1-62}$$

$$\sin\tilde{\Omega}_L = \frac{-\sin\tilde{I}_L\sin\tilde{\Omega}_L}{\sin\tilde{i}_L}$$

$$\cos\tilde{\Omega}_L = \frac{\cos\tilde{I}_L\sin\varepsilon_s - \sin\tilde{I}_L\cos\tilde{\Omega}_L\cos\varepsilon_s}{\sin\hat{i}_L} \tag{1-63}$$

$$\sin\Delta = \frac{-\sin\tilde{I}_L\sin\varepsilon_s}{\sin\hat{i}_L}$$

$$\cos\Delta = \frac{\sin\tilde{I}_L\cos\varepsilon_s - \cos\tilde{I}_L\cos\tilde{\Omega}_L\sin\varepsilon_s}{\sin\hat{i}_L} \tag{1-64}$$

$$\hat{u}_L = \Delta + \theta \tag{1-65}$$

其中，黄赤交角 ε_s、白道升交点的黄经 $\tilde{\Omega}_L$ 和月球的平黄经 $\tilde{L}_L$ 的平均值可按下式来计算：

$$\varepsilon_s = 23°26'21''.448 - 46''.8150T - 0''.00059T^2 \tag{1-66}$$

$$\tilde{L}_L = 218°18'59''.96 + 481267°52'52''.833T - 4''.787T^2 \tag{1-67}$$

$$\tilde{\Omega}_L = 125°02'40''.40 - 1934°08'10''.266T + 7''.476T^2 \tag{1-68}$$

这组数据对应于地心黄道坐标系，式中 T 为自 J2000.0（即 2000 年 1 月 1 日 12^hTDT）起算的儒略世纪数。如果需要求解 ε_s、$\tilde{\Omega}_L$、$\tilde{L}_L$ 对标准历元平春分点的值，只需要进行岁差改正。

另外，当把探测器的速度矢量从地心天球坐标系转换到月固坐标系时，还需要三个欧拉角的变率。近似计算中可取：

$$\frac{\mathrm{d}\hat{\Omega}_L}{\mathrm{d}t} = 0$$

$$\frac{\mathrm{d}\hat{i}_L}{\mathrm{d}t} = 0 \tag{1-69}$$

$$\frac{\mathrm{d}\hat{u}_L}{\mathrm{d}t} = \frac{\mathrm{d}\theta}{\mathrm{d}t} = 13.2(°/\text{Day})$$

精确的欧拉角 $\hat{\Omega}_L$、$\hat{u}_L$、$\hat{i}_L$ 及其变率 $\dfrac{\mathrm{d}\hat{\Omega}_L}{\mathrm{d}t}$、$\dfrac{\mathrm{d}\hat{i}_L}{\mathrm{d}t}$、$\dfrac{\mathrm{d}\hat{u}_L}{\mathrm{d}t}$ 可查数值的行星/月球历表计算得到。

2. 月球坐标系和地球坐标系的转换

在从地心天球参考系到月心地球天球参考系中，如忽略相对论效应的影响，两个坐标系之间的转换为简单的平移，即

$$r = R - R_L \tag{1-70}$$
$$v = V - V_L \tag{1-71}$$

其中，r、v 为月心地球天球参考系中的位置和速度矢量，R、V 为地心天球参考系中的位置和速度矢量，R_L、V_L 为月球质心在地心天球参考系中的位置和速度矢量，可通过相关月球运动理论近似计算，也可通过月球历表查取获得。

1.3.8 银道坐标系

由于脉冲星是太阳系外天体，航天领域常用的地心赤道坐标系对研究银河系内的天体及其动力学不合适，因此，在 X 射线脉冲星天文观测中常用的坐标基准是银道坐标系。银道坐标系是根据银河的结构所建立的天球坐标系统，其坐标由银经和银纬组成，如图 1-41 所示。

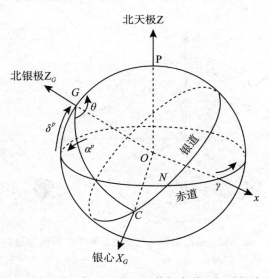

图 1-41　银道坐标系的定义及其与赤道坐标系的关系

为了研究银河系结构、动力学和运动学，需要建立合适的银道坐标系，使得它的 X-Y 平面与银道面重合，而轴的方向与银河系的中心重合。在研究了历史观测资料之后，IAU 于 1958 年正式在 FK4 参考系下定义了银道坐标系，规定其坐标平面与银河系内盘的中性氢平面重合，而经度的起算点（即 X 轴的方向）与当时观测的银心方向重合。这个定义对

中性氧的连续谱观测起到了主要作用，而光学资料则是用来检验射电观测。银道坐标系的原点是太阳系质心，即坐标平面通过太阳 1958 年，在基本参考系 FK4 的框架下，IAU 定义了历元 B 1950.0 的银道坐标系（Blaauw et al.，1960）。这个坐标系的原点在太阳系质心，三个坐标轴分别指向银心、银河系旋转方向和北银极方向。在 1976 年的 IAU 大会上，基本参考系 FK4（历元 B1950.0）被 FK5（历元 J2000.0）取代，同时采用了一组新的天文常数，包括岁差常数，等等。FK4 星表和 FK5 星表中恒星的位置和自行转换在很多文献中已经讨论过（Standish 1982；Aoki et al.，1983）。Murray（1989）通过转换，得到了在 FK5 框架下的银道坐标系，并假设 FK4 和 FK5 参考系只有指向的偏差。

前面提到，银道坐标系是为研究银河系而建立的，它不像基本参考系一样需要特别精确的定义，如赤道、春分点。银道坐标系是基于中性氧分布的统计结果，但是它必须和某个基本参考系固连，即与 FK4、FK5 或 ICRS 连接。

银道坐标系的基圈是银道，用 Π 表示北银极，P 表示北天极。银道系与赤道坐标系的具体几何关系如图 1-42 所示，图中 $o-x_g y_g z_g$ 表示银道坐标系，$o-xyz$ 表示赤道坐标系；Ω 为银道对赤道的升交点，其赤经为 $\Omega = 282.25°$；i 为银道面和赤道面的交角。国际天文协会于 1958 年协定，根据世界天文观测结果，北银极在赤道坐标系中的方向是：赤经 $A = 12h49min$，赤纬 $D = +27.4°$（1950.0）；银赤交角 $i = 90 - D = +62.6°$；国际天文协会还规定，银经计算不从升交点 Ω 算起，而从地球到银心方向（若从 Ω 点逆时针算起，银心方向为 $l = 327.69°$，$b = -1.40°$，在半人马座附近）作为银经零点。

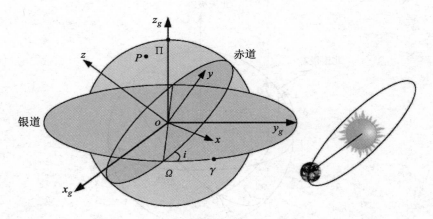

图 1-42　银道坐标系与赤道坐标系的转换关系

因此，给定银河系内某天体的银道坐标银经 l 和银纬 b 后，可按照下式计算它在赤道坐标系的坐标赤经 α 和赤纬 δ 为

$$\left.\begin{aligned}
\sin\delta &= \sin b\cos i + \cos b\sin i\sin(l - l_\Omega) \\
\sin(\alpha - \Omega)\cos\delta &= -\sin b\sin i + \cos b\cos i\sin(l - l_\Omega) \\
\cos(\alpha - \Omega)\cos\delta &= \cos b\cos(l - l_\Omega)
\end{aligned}\right\} \tag{1-72}$$

反之，给定银河系内某天体在赤道坐标系中的赤经 α 和赤纬 δ 后，该天体在银道坐标

系中的坐标为

$$
\left.\begin{array}{l}
\sin b = \sin\delta\cos i - \cos\delta\sin i\sin(\alpha - \Omega) \\
\sin(l - l_\Omega)\cos b = \sin\delta\sin i + \cos\delta\cos i\sin(\alpha - \Omega) \\
\cos(l - l_\Omega)\cos b = \cos\delta\cos(\alpha - \Omega)
\end{array}\right\}
\tag{1-73}
$$

1.4　时间系统

1.4.1　引言

载体和天体运动规律的建立是由相应的时间系统决定的。为描述载体和天体的运动，需要知道与其位置对应的时刻和时间系统。本章介绍时间的基本概念、各种时间系统的定义及其相互关系以及历法的相关知识。

1.4.2　时间的基本概念

时间本是一种运动，假如宇宙静止不动，就没有所谓的时间了。时间的定义最初由天体的运行界定。不需要什么"测量准则"，也可以知道现在究竟是白昼，还是黑夜；然而假如要在昼夜循环之间确定出某个时刻，则非有一些"测量准则"不可。随着人类社会的发展，时间才有了精确划分。就时间的计量而言，"时间原点"以及"时间单位"是两个基本的概念，有了这两个概念，就可以算出人类各种活动的时间。

时间测量需要有一个标准的公共尺度，称为时间基准或时间频率基准。一般而言，时间尺度宏观上可以分为：

积分的（integrated）时间尺度：其基本的数据是由某种周期性物质运动定义一种单位时间间隔，连续的累加这种单位时间间隔，并约定一个计时原点，则可构成一个均匀的时间尺度。如国际原子时。

动力学的（dynamical）时间尺度：其主要数据由对一种数学模式描述的动力学的物理系统的观测而得到。其中，时间是无歧义地确定该系统状态的一个参数。时间测量因而变成一种位置测量，时间单位则定义为相应的物理过程中的特定间隔。这里，要求所涉及的位置测量尽可能的精确，从而不至于影响时间单位的理想实现，如世界时及历书时。

一般来说，任何一个观测到的周期性运动，如果能满足下列条件都可作为时间基准：

①该运动是连续的、周期性的；

②运动周期必须稳定；

③运动周期必须是可观测复现的，即要求在任何时间和地点都可以通过观测和试验来复现这种周期运动。

自然界中具有上述特性的运动很多，如早期的燃香、沙漏、日晷等；游丝摆轮的摆动，石英晶体的振荡，原子谐波振荡，脉冲星的脉冲信号等。迄今为止较为精确的时间基准主要有以下几种：

①地球自转，它是建立世界时的时间基准，其稳定度为 1×10^{-8}（UT2）；

②行星绕太阳或月球绕地球的公转运动，它是建立历书时的时间基准，其稳定度为

1×10^{-10};

③电子、原子的谐波振荡，它是建立原子时的时间基准，其稳定度为 1×10^{-14}，最新的铯原子喷泉钟稳定度可达 1×10^{-16}，光钟有望达到原子钟准确度的极限 1×10^{-18};

④脉冲星的自传周期，其稳定度可达 1×10^{-19} 甚至更好。

时间的基本单位是国际单位制秒(SI)，用字母 s 表示。1967 年 10 月在国际度量衡 (BIPM)大会第 13 次会议上，对秒长做出了如下规定：在零磁场中，位于海平面的铯 133 原子基态两个超精细能级间跃迁辐射振荡 9192631770 周所持续的时间为 1 秒。该秒长能以 1×10^{-12} 的精度复现。

大于 1 秒的时间单位，如分、小时、日等以及小于 1 秒的时间单位，如毫秒(ms)，微秒(μs)，纳秒(ns)等均可以从秒派生出来。广义相对论和现代量子理论认为，时间可划分的最小单位为普朗克时间 $t_P = \sqrt{\dfrac{\hbar G}{c^5}} \approx 5.391\,21(40) \times 10^{-44} s$。时间单位公式：

$$1s = 10^3 ms = 10^6 \mu s = 10^9 ns = 10^{12} ps = 10^{15} fs = 10^{18} as = 10^{21} zs = 10^{24} ys \qquad (1\text{-}74)$$

1.4.3　时间在物理学上的解释

目前最先进的关于时间的物理理论是阿尔伯特·爱因斯坦的相对论。在相对论中，时间与空间一起组成四维时空，构成宇宙的基本结构。与空间一样，时间的同时性不是绝对的，根据测量仪器的相对运动以及测量点的时空结构，所测量到的时间的流逝是不同的：一个相对来说运动中的测量仪器测量到的时间流逝比一个相对来说不动的测量仪器测量到的时间流逝要慢。同样，质量所造成的重力场会扭曲时空的结构，所以在大质量附近的测量仪器测量到的时间流逝比在离大质量较远的地方测量到的时间流逝要慢。相对论对时间所做的预言在现有的仪器精密度下都被试验所证实了。

就今天的物理理论来说时间是连续的、不间断的，也没有量子特性。但一些至今还没有被证实的，试图将相对论与量子力学结合起来的理论，如量子重力理论、弦论、膜论，预言时间是间断的、有量子特性的。一些理论猜测普朗克时间可能是时间的最小单位。

古时人们就知道时间是不可逆的。从经典力学的角度上来看，时间的不可逆性是无法解释的。两个粒子弹性相撞的过程顺过来反过去没有实质上的区别。时间的不可逆性只有在统计力学和热力学的观点下才可被理论地解释。热力学第二定律说在一个封闭的系统中，熵只能增大，不能减小。可以将宇宙看成最大的可能的封闭系统，宇宙中的熵只增大，不能减小，因此时间是不可逆的。

1.4.4　时间在哲学上的解释

一切物质运动过程都具有的持续性和不可逆性构成了它们的共同属性，这种共同属性就叫做时间。所谓持续性，包括了过程的因果性和不间断性；所谓不可逆性，则指过程能重复但不可能返回过去的性质。

时间是一种客观存在。时间的概念是人类认识、归纳和描述自然的结果，其本意原指四季更替或太阳在黄道上的位置轮回。《说文解字》曰："时，四时也。"《管子·山权数》说："时者，所以记岁也。"随着认识的不断深入，时间的概念涵盖了一切有形与无形的运动。《孟子·篇叙》注："谓时曰支干五行相孤虚之属也。"可见时是用来描述一切运动过程的统一属性的，这就是时的内涵。由于古代人们研究的问题基本上都是宏观的、粗犷的、慢节奏的，所以只重视了"时"的问题；后来因为研究快速的、瞬时性的对象需要，补充进了"间"的概念。于是，时间便涵盖了运动过程的连续状态和瞬时状态，其内涵得到了最后的丰富和完善，"时间"一词也就最后定型了。

1.4.5　时间计量工具的发展

为了精确地测量时间，人类发明了各种时间计量工具。计时工具的发展经历了从简单到复杂，从不精确到精确的过程，其大概发展历程如下：

①太阳、月亮和星星。古代，人们仰望天空来判断时间。太阳显示日期，月亮显示月份。古巴比伦人把一天分成24个部分，也就是24 h。

②日晷。人们注意到，随着太阳由东向西移动，树木和岩石投下的影子从一边移到另一边，以此可确定一天时间的变化。

③水计时。古罗马人和古希腊人使用水钟计量时间。

④火计时。古代中国人通过燃烧一根以固定间隔打结的湿绳子来计时。后来，人们记下了燃烧一根蜡烛或一盏油灯里的油所需的时间。

⑤沙漏。沙子以均匀的速率从一个容器流到另一个容器。

⑥机械钟。第一台机械钟使用重物驱动转轮，带动指针计时。

⑦钟摆(17世纪末)。由钟摆控制的走时准确的钟。

⑧航海钟(18世纪)。英国钟表匠约翰·哈里森在1735年发明了第一台"航海天文钟"。

⑨电子钟(19世纪初)。由电池提供动力的钟。

⑩石英钟(1929年)。利用石英表面因压电效应导致的振动信号计时的钟。

⑪原子钟(1949年)。原子钟是最精确的，在37万年里快慢误差不会超过1s。

⑫脉冲星计时体系。采用VLBI方式观测脉冲星，获取脉冲星到达时间(TOA)观测量。

1.4.6　恒星日、太阳日和平太阳日

1. 恒星日和太阳日

自古以来，地球的运动很自然地给人们提供了计量时间的依据，给出两种天然的时间单位，这就是日和年。"日"是指昼夜更替的周期，古时人们用日晷测日影的方法来测定"日"的长度，如某天正午太阳位于正南方时，表影最短，从这一时刻起算到第二天正午，太阳再次位于正南的时间间隔就是一天，也就是一个真太阳日。

地球自转是一种连续性的周期性运动。早期由于受观测精度和计时工具的限制，人们认为这种自转是均匀的，所以被选作时间基准。有人将以地球自转作为时间基准的时间系统称为世界时系统。但上述名称容易和格林尼治的平太阳时(世界时)混淆，故未加沿用。世界时在1960年以前曾被广泛应用。它是以地球的绕轴自转为标准的。地球绕轴自转这种运动是唯一的，其复现性是显然的。在实际测量中，它是在地球以外寻找与地球自转无关的一个不动点作为观察标，测量地球上的观察者相对于观察标的转动角度来计时，随观

51

察标的不同，以地球自转为基础的世界时系统就出现了几种不同的时间。恒星时和太阳时都是以地球自转作为时间基准的，其主要差异在于量测自转时所选取的参考点不同。

地球自转一周为一日。根据测量基准（参考点）的不同，又可分为恒星日、真太阳日和平太阳日。

某地测者子午圆两次经过同一恒星的时间间隔叫做恒星日，恒星日是以恒星为参考的地球自转周期。

如果把时间单位定义为某地测者子午圆两次对向太阳圆面中心（即太阳圆面中心两次上中天）的时间间隔，则这个时间单位就称作真太阳日，简称真时，也叫视时。它是以太阳为参考的地球自转周期。

真太阳时是以太阳中心作为参考点的，太阳连续两次通过某地的上子午圈的时间间隔称为一个真太阳日。以其为基础均匀分割后得到真太阳时系统中的"小时"、"分"和"秒"。因此，真太阳时是以地球自转为基础，以太阳中心作为参考点而建立起来的一个时间系统。真太阳时在数值上等于太阳中心相对于本地子午圈的时角。然而，由于地球围绕太阳的公转轨道为一椭圆。据开普勒行星运动三定律知，其运动角速度是不相同的。在近日点处运动角速度最大，远日点处运动角速度最小。再加上地球公转是位于黄道平面，而时角是在赤道平面量度这一因素，故真太阳时的长度是不相同的。也就是说真太阳时不具备作为一个时间系统的基本条件。

恒星日总是比真太阳日要短一些。这是因为地球离恒星非常遥远，从这些遥远天体来的光线是平行的，无论地球处于公转轨道上的哪一点，某地子午圆两次对向某星的时间间隔都没有变化；而太阳离地球较近，从地球上看，太阳沿黄道自西向东移动，一昼夜差不多移动 1°。对于某地测者子午圆来说，当完成一个恒星日后，由于太阳已经移动，地球自转也是自西向东，所以地球必须再转过一个角度，太阳才再次经过这个测者子午圆，完成一个真太阳日，如图 1-43 所示。

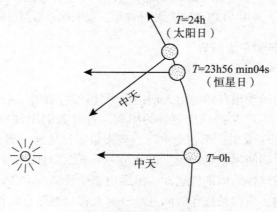

图 1-43　恒星日和太阳日

恒星日只在天文工作中使用，实际生活中所用的"日"是指昼夜更替的周期，显然更接近于真太阳日。根据真太阳日制定的时间系统称为"真太阳时"。

2. 平太阳日

由于太阳的周年视运动是不均匀的，太阳运行至近日点时最快，至远日点时最慢，同时因为黄道与赤道并不重合，存在黄赤交角，因而根据太阳来确定的真太阳日有长短不一的问题。

为了解决这个问题，使计时系统均匀化，人们假想了一个辅助点——"平太阳"。它沿着天赤道匀速运行，速度等于太阳在一年内的平均速度，并且和太阳同时经过近地点（即地球过近日点）和远地点（即地球过远日点）。将这个"平太阳"连续上中天的时间间隔叫做"平太阳日"。根据这个系统计量时间所得的结果，就叫做"平太阳时"，简称"平时"，这就是日常生活中所使用的时间。

以"平太阳日"作为计量时间的基本单位，是从 19 世纪末期开始的。为了计算方便，纽康（S. Newcomb，1835—1909）首先假设了一个"平太阳"。近代以来，测时精度提高，人们发现地球自转并不是绝对均匀的，当然，它的速度变化极其微小，根本不影响历法的制定。这里就不详细地叙述了。

3. 时差

视时和平时的差叫做时差，即时差＝视时－平时。

由于真太阳的周年视运动是不均匀的，而平太阳的周年视运动是均匀的，所以时差不是一个固定值，有时为正，有时为负，它在一年中由 － 14.3min 变化到 ＋ 16.4min，并有 4 次等于零。时差随时间的变化曲线叫时差曲线，如图 1-44 所示。

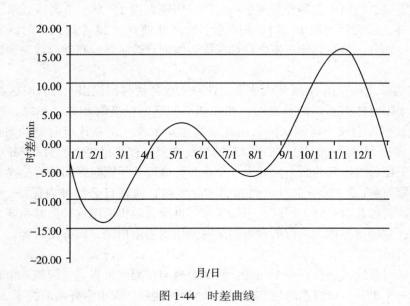

图 1-44 时差曲线

1.4.7 地方时和区时

1. 地方时

由于地球一刻不停地自西向东自转，一般来说，东边的地点比西边的地点先看到日出，也就是说东边地点的时刻比西边地点的时刻早。古时候，各地都把当地正午太阳位置最高的时刻定为 12 点，因而各地的 12 点是不同的。这种因地而异的时刻，称为地方时，古代使用地方时，符合人们日出而起、日落而息的习惯。

恒星时、视时、平时都由时角定义，而时角是从子午圆量起的，对于地面上不同地理经圈的地方，它们的子午圆是不同的，时角也就不同。因此，以地方子午圆为基准所决定的时间，叫做地方时。在同一计量系统内，同一瞬间测得地球上任意两点的地方时刻之差，在数值上等于这两点的地理经度差。

2. 世界时

地方时的意义是显而易见的。它的时刻同当地的天象相联系，也符合当地人们的起居和生活习惯。人类曾经长期使用地方时，早期使用的是地方视时，以后，地方平时取代了地方视时。随着近代交通事业发展和地区间联系的日益频繁，地方时各自为政的缺陷就显得日益突出。广大地区间需要有时间上的"共同语言"，科学研究工作，特别是天体运行的观测和推算工作，需要有一种全球通用的时间，这就是世界时，即格林尼治时间。从 1767 年开始，它作为一种国际通用的时间，在最早的天文历书中出现。它首先是为航海定位服务的。世界时本来是格林尼治视时，1834 年改为格林尼治平时。因为各地与格林尼治的经度差就是它们本身的经度，所以世界时与地方时之间的换算很简单。

3. 区时

世界时区的划分以本初子午线为标准。从西经 7.5° 到东经 7.5°（经度间隔为 15°）为零时区。由零时区的两个边界分别向东和向西，每隔经度 15° 划一个时区，东、西各划出 12 个时区，东十二时区与西十二时区相重合，全球共划分成 24 个时区。时区界线原则上按照地理经线划分，但在具体实施中往往根据各国的行政区界或自然界线来确定，以方便使用。

"区时"的概念首先在 1879 年由加拿大铁路工程师伏列明提出，即各时区都以中央经线的地方平太阳时作为本区的标准时，相邻两个时区的标准时相差一小时。这个建议在 1884 年的一次国际会议上得到认同，由此正式建立了统一世界计量时刻的"区时系统"。"区时系统"在很大程度上解决了各地时刻的混乱现象，使得世界上只有 24 种不同时刻存在，而且由于相邻时区间的时差恰好为 1 个小时，这样各不同时区间的时刻换算变得极为简单。当人们向东（西）从一个时区到相邻的时区时，就将自己的钟表拨快（慢）1 小时，走过几个时区就拨几个小时。因此，一百年来，世界各地仍沿用这种区时系统。在飞机场等交通中心，常将世界各大城市所对应的区时，用图表示出来，以方便旅客。

4. 日界线

规定了区时系统，还存在一个问题：假如由西向东周游世界，每跨越一个时区，就会把表向前拨一个小时，这样当跨越 24 个时区回到原地后，表也刚好向前拨了 24 小时，也就是第二天的同一钟点了；相反，当由东向西周游世界一圈后，表指示的就是前一天的同一钟点。为了避免这种"日期错乱"现象，国际上统一规定 180° 经线为"国际日期变更线"。当由西向东跨越国际日期变更线时，必须在计时系统中减去一天；反之，由东向西跨越国际日期变更线，就必须加上一天。实际上的国际日期变更线并不是一条直线，为了适应太平洋上不同国家的需要，国际日期变更线实际上是一条曲线。

1.4.8 各种时间系统

人们通过科学实践，相继选用了各种周期性运动过程作为时间的测量标准，即时间的计量单位。然而，无论采用什么计量单位，均应同时满足三个要求：第一，该运动是连续的、周期性的；第二，周期运动的稳定性(均匀性)；第三，周期运动的复现性(重复性)。这就是说，只能用一种均匀的、具有连续重复周期的运动作为时间的计量单位。历史上，时间计量单位的发展反映了不断满足上述要求的过程。迄今为止时间计量标准基本上可分为四类：

①建立在地球自转基础上的世界时系统；

②建立在地球公转基础上由力学定律所确定的历书时系统；

③建立在原子能级跃迁频率基础上的原子时系统；

④建立在脉冲星自转周期上的脉冲星计时系统。

1. 世界时系统

世界时系统(universal time system)是建立在地球自转运动基础上的时间系统。也就是说，以地球自转周期作为时间的计量单位。地球上的人们无法直接测量地球的自转周期，但是，可以选择地球以外的一点作为参考点，观测该点的周日视运动的周期来间接地测出地球自转的周期，从而得到时间的计量单位。选择不同的参考点，得到的时间计量单位也不同。

以春分点为参考点得到：恒星时(sidereal time)；

以真太阳为参考点得到：视时(apparent time)；

以平太阳为参考点得到：平时(mean time)或世界时(universal time，UT，GMT)。

在相当长的一段时间内，人们把世界时作为均匀的时间来使用，即认为地球自转的速率是均匀的。随着观测资料年复一年的积累和精密时钟的出现，人们才从实测中证实地球自转的速率是不均匀的，并具有相当复杂的表现形式，从而导致以地球的自转周期作为时间的计量单位也是不均匀的。另外，地球在自转的过程中还存在"扭动"现象，从而使地极产生移动，简称极移。极移使地球上各点的经纬度发生变化，导致世界各地天文台测得的世界时之间存在微小的差别。

(1)地球自转不均匀性

以上所讲的地球自转速度，都是指地球自转的平均速度，即把地球看成匀速自转情况下的转动速度。实际上，地球自转的速度并不均匀。在很早以前，人们就曾对地球自转速度的均匀性产生过怀疑。直到 20 世纪 20 年代末石英钟问世以后，这个问题才得到了澄清。用石英钟测定地球自转周期的结果证明，地球自转速度确实是不均匀的。

地球自转速度的不均匀，主要表现为长期变慢、周期性变化和不规则的变化。地球自转速度，从长期看是逐渐变慢的，变慢的幅度大约是每一百年内，一日增长 1~2 ms。地球自转的长期变慢，主要是月球等天体在地球上产生的潮汐引力影响造成的。地球自转速度的周期性变化，主要表现为年周期变化、半年周期变化、月以及半月周期变化。这些周期性变化的幅度，一般只有 1~25 ms。这些周期性的自转速度变化，主要是大规模的气团移动、太阳和月球的潮汐作用等影响所造成的。地球自转速度还有不规则的变化，表现为地球的自转时快时慢，而这种变化没有一定的周期性规律。地球自转速度的不规则变化，主要是由于地球内部物质运动等原因造成的。

（2）极移

地极移动，简称为极移，是地球自转轴在地球本体内的运动。1765 年，欧拉最先从力学上预言了极移的存在。1888 年，德国的屈斯特纳从纬度变化的观测中发现了极移。1891 年，美国天文学家张德勒指出，极移包括两个主要周期成分：一个是周年周期，另一个是近 14 个月的周期，称为张德勒周期。前者主要是由于大气的周年运动引起地球的受迫摆动，后者是由于地球的非刚体性引起的地球自由摆动。极移的振幅约为 0.4″，相当于在地面上一个 12 m×12 m 的范围。

尽管由于地球自转不均匀性和极移等引起的时刻误差很小，但是，随着科学的发展，人们对时间的精确性的要求也越来越高。1955 年国际天文学联合会决定自 1956 年起，对直接观测到的世界时作两项修正。因此，世界时 UT 又可分为以下三种：

①UT0：直接由天文观测得到的世界时。由于极移的影响，使世界各地的天文台测得的 UT0 有微小的差别。

②UT1：UT0 经极移修正后得出的世界时，这是真正反映地球自转的统一时间。

③UT2：UT1 经过季节修正后得出的世界时。UT2 是 1972 年以前国际上公认的时间标准。但是，它仍然还受地球自转速率长期变化和不规则变化的影响，所以 UT2 还是不均匀的。

2. 历书时系统

力学的发展使得人们根据力学规律可以精确计算出各时刻运动物体所处的位置，反之如果能够观测到运动物体的位置，也就可以确定运动体在该位置的时刻。在浩瀚的宇宙中，将地球看作一个质点，在地球质点上观测其他星体的位置，例如，由于地球公转，太阳相对地球的位置不断发生变化。同样月球绕地球公转，月球相对地球位置也在不断发生变化。由观测太阳或月亮相对地球的位置就可以确定时间，这种时间系统不受地球自转的影响，是均匀的，称为历书时。历书时的初始历元取为 1900 年初附近，太阳几何平黄经为 279° 41′48″ 的瞬间，秒长定义为 1900.0 年回归年长度的 1/31 556 925.974 7。1958 年国际天文学联合会决议决定，自 1960 年开始用历书时代替世界时作为基本的时间计量系统。由于实际测定历书时的精度不高，而且提供结果迟缓，从 1984 年开始，历书时就完全被原子时所代替。

3. 星历时间系统(T_{eph})

星历时间系统是 JPL 星历程序中采用的独立时间变量。在数值上 T_{eph} 与 ET 和 TDB 几乎相等，但仍然存在一些差别。另外，T_{eph} 与新定义的质心坐标时（TCB）在数学和物理上都是等价的，它们之间仅存在一个补偿和固定速率差。

4. 原子时系统

原子时系统是建立在原子能级跃迁频率基础上的时间系统。

第十三届国际计量大会（1967 年 10 月）作出规定：铯原子 133 基态的两个超精细能级之间跃迁振荡 9 192 631 770 周期所经历的时间为一个原子时秒。原子时秒具有极高的稳定性，其准确度可达 $10^{-13} \sim 10^{-14}$。国际单位制中的秒长就是按照上述规定在海平面上得到的。

①原子时(atomic time,AT):以铯(Cs)133原子基态超精细能级跃迁的电磁振荡9 192 631 770周期所经历的时间间隔定义为原子时1 s的长度。原子时的起始历元为1958年1月1日0时(世界时UT2)。

②协调世界时(Coordinated Universal Time,UTC):以原子时秒为基准的时间计量单位,在时刻上与世界时UTl相差保持在0.9 s之内。协调世界时满足上述条件是通过"跳秒"来实现的。协调世界时UTC从1972年1月1日世界时00h开始实施。由于协调世界时UTC与世界时UT1相差不超过±0.9s,也就是说,协调世界时UTC是采用以世界时UT1制约的原子时系统,它的体制仍沿用世界时的体制。因此,1972年以后时间系统的更换对人们的生活、工作无任何明显的影响。

③原子时是由原子钟来确定和维持的。但由于电子元器件及外部运行环境的差异,同一瞬间每台原子钟所给出的时间并不严格相同。为了避免混乱,有必要建立一种更为可靠、更为均匀、能被世界各国所共同接受的统一的时间系统——国际原子时TAI。TAI是1971年由国际时间局(BIH)建立的。

目前,国际原子时是由国际计量局(Bureau International des Poids et Mesures—BIPM)依据全球58个时间实验室(截至2006年12月)中大约240台自由运转的原子钟所给出的数据,采用ALGOS算法将得到自由原子时EAL,再经时间频率基准钟进行频率修正后求得的。每个时间实验室每月都要把UTC(k)-clock(k,i)的值发给BIPM。其中,UTC(k)为该实验室所维持的区域性的协调世界时,k是该实验室的编号,i为各原子钟的代码。它反映了实验室内各台原子钟与该实验室统一给出的区域性协调世界时之间的差异,是表征原子钟性能的一项重要指标。EAL则是所有原子钟的加权平均值。BIPM就是根据这些数据通过特定算法得到高稳定度、高准确度的"纸面"的时间尺度TAI的。

为了使国际原子时能够与世界时相衔接,规定原子时起算历元1958年1月1日0^{h}其值与UT2相同,即原子时在起始时刻与UT2重合。但事后发现上述目标并未达到,该瞬间这两者间实际相差0.003 9秒。

1.4.9 脉冲星时间

1. 脉冲星(Pulsar)

脉冲星是一种快速自转的中子星。恒星演化到晚期,内部的能量几乎消耗尽,辐射压剧烈减小,无法提供正常的热压力,从而导致星体坍塌。原子中的电子被压缩到原子核中与质子生成中子。这种星称为中子星。中子星的体积很小,其直径一般只有10~20km,是宇宙中最小的恒星。但质量却和太阳等恒星相仿。整个中子星是由紧紧挨在一起的原子核所组成,其中心密度可达10^{15} g/cm³,表面温度可达1×10^8℃,中心温度则高达600×10^8℃,中心压力可达10^{28}个大气压,磁场强度达10^8T以上。在这种难以想象的极端物理条件下,星体将产生极强的电磁波,包括微波、红外线、可见光、紫外线及X射线、γ射线等。其平均辐射能量为太阳的100万倍。

如图1-45所示,这些带电粒子将从中子星的两个磁极喷射而出,形成一个方向性很强的辐射束,其张角一般仅为数度。中子星的自转轴与磁轴一般并不一致,随着中子星的自转，这些辐射束正好扫过地球，那么地球上的观测者就能周期性地观测到这些"脉冲信号"。这就是我们将这些快速旋转的中子星称为脉冲星的原因。反之，如果这些电磁波辐射束没有扫过地球，虽然这些中子星在宇宙中客观存在，但我们却无法发现它们。

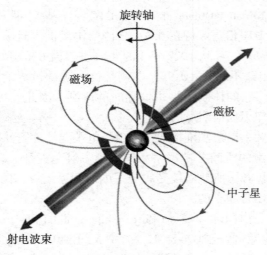

图 1-45　脉冲星

由于中子星在坍塌的过程中体积骤然变小，根据角动量守恒定律，它们的自转角速度将迅速增加，其自转周期从数毫秒至数秒不等。其中，自转周期小于 20ms 的脉冲星被称为毫秒脉冲星。毫秒脉冲星的自转周期非常稳定。大部分毫秒脉冲星的自转周期变化率小于 10^{-14}s/s，某些毫秒脉冲星的自转周期变化率可小于 10^{-20}s/s。这些脉冲星可成为自然界中最好的时钟。

专家们认为，从理论上讲，辐射流量大于 0.3mJy 的脉冲星数量有 $20\times10^4\sim50\times10^4$ 个。若其中有 20% 的脉冲星辐射束可扫过地球的话，那么地球上就能观测到 $4\times10^4\sim10\times10^4$ 个脉冲。而当前已发现的脉冲星只有 2 000 个左右，其中约有 20% 为毫秒脉冲星。当前世界各国正在利用射电望远镜和 X 射线探测器等设备大力搜寻新的脉冲星。

2. 脉冲星时(Pulsar Time)及其计时原理

旋转周期为毫秒级的脉冲星有很高的稳定度：10^{-14} 或更高，其脉冲到达时间(TOA)的观测使我们将地球原子钟和脉冲星时联系起来。虽然不可能用它定义时间尺度，但同原子时相比，脉冲星时可洞察原子时的长期稳定性。现在，已发现了近千颗脉冲星，毫秒脉冲星有 50 多颗，极其稳定者也有近 10 颗，这样，就有可能用长期的稳定算法推断出平均时间尺度。这一整个平均时间就可能减少来自脉冲星和其他噪声源的不稳定性。

毫秒脉冲星频率源的观测分析模型主要是通过对许多弱脉冲信号进行一定时间(2~20min)的累积而获得脉冲 TOA，由此即可获得在观测频率上的平均脉冲轮廓。因此，最好选取脉冲尖峰作为信号检测基准点。毫秒脉冲星计时观测是对选定的毫秒脉冲星在确定频段上获得一系列周期性脉冲进行叠加。观测采样的周期间隔应采用等间隔采样原理，即每几天或几周进行连续等间隔时间的观测。在观测到的任意两个 TOA 之间，所对应的脉冲星自转周期一般不为整数。同时，还必须考虑一些系统性误差修正，抑制各种噪声，以利于提高计时的精确度。

图1-46为脉冲星计时观测系统示意图，包括了 TOA 测量的基本步骤：脉冲星在自转的同时发射射电脉冲束，射电脉冲束穿过星际介质到达射电望远镜，由射电望远镜接收到一系列脉冲信号，然后将接收到的脉冲信号经过一个高灵敏度的接收机对脉冲信号进行放大处理，最后对放大了的脉冲信号进行消色散和累积处理得到一个主脉冲轮廓。选取脉冲轮廓上的尖峰作为基准点，它对应于脉冲星辐射区的一个固定点。TOA 指的是接近于积分时间中点的脉冲基准点的到达时间，TOA 的测量是以原子钟为参考的，所参考的原子钟必须保证定期和国际上重点原子时实验室进行比对，以便最终使 TOA 的测量能够以国际原子时系统如 TAI 等为参考。脉冲星计时观测要求对选定的毫秒脉冲星在固定的观测频率上，获得一系列 TOA 值，观测时间间隔一般在几周之内，且能够连续多年进行监测。由观测得到的 TOA 序列分析获得脉冲星时间 PT，首先是建立脉冲星时间的分析模型。在脉冲星固有参考框架中，毫秒脉冲星自转相位可以用级数展开来表示：

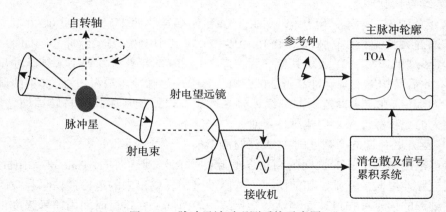

图 1-46　脉冲星计时观测系统示意图

$$\phi_t = \phi_0 + f(t - t_0) + \dot{f}\frac{(t-t_0)^2}{2!} + \ddot{f}\frac{(t-t_0)^3}{3!} + \cdots \tag{1-75}$$

式中，ϕ_t 为 t 时刻的相位，ϕ_0 为 t 时刻的初始相位，$f = 1/p$（p 为脉冲星自转周期），为自转频率，$\dot{f}$ 和 $\ddot{f}$ 为自转频率的一阶和二阶导数。对多数脉冲星而言，我们主要关心至二阶导数，高阶项影响几乎可以忽略。这种连接脉冲星自转相位与时间 t 的物理过程，提供了在脉冲星固有参考框架中，由测量脉冲星的自转相位来实现时间 t 的可能性。由于我们对毫秒脉冲星的计时观测是在地面上的观测站实现的，我们必须把得到的 TOA 转换到脉冲星的固有参考框架，一般只转换到太阳系质心就可以了。

对计时观测得到的 TOA 进行最小二乘拟合，得到脉冲星的自转周期及其周期变化率、脉冲星的位置、自行、距离等参数。拟合得到脉冲星基本参数的同时也就确定了 TOA 的分析模型，可以预报以后的脉冲到达时刻。也就是说，由毫秒脉冲星的观测定义了一个时间尺度。理论上，任何事件都可以与脉冲到达时刻联系在一起，正如任何事件可与原子钟的秒信号联系在一起一样。

如果 A 代表某观测站第 i 颗脉冲星第 n 个脉冲的到达，则 $PT_i(A)$ 就是由分析计算得到的脉冲到达时刻，对于某个脉冲，$PT_i(A)$ 是预报该脉冲的到达时刻，而 $TA(A)$ 为以原子时 TA 为参考记录的该脉冲到达时刻，因此，TOA 资料分析最终得到的是观测参考的原子时 TA 与预测的脉冲星时 PT_i 的差值，即 $TA-PT_i$。

已发现的脉冲星的周期分布表明：普通脉冲星的周期在 0.1~2s 的范围内，平均周期约 0.7s，最长周期是 5.1s。而另外一部分脉冲星的周期大多在 1.5~60ms，其中大多数周期在 100ms 以下。根据观测和分析，这部分脉冲星起源于相互作用的双星系统，是具有质量吸引历史的中子星，它们的快速自转速率是自伴星吸积物质而"再加速"的结果，这部分脉冲星就是毫秒脉冲星。相比于以周期对毫秒脉冲星的界定比较任意的情况（出现过 <60ms、<30ms、<20ms 及 <100ms 等多种界定范围）．这样的界定看来更具清晰的物理意义。要利用它们的自转周期作为时间基准进而来建立一种可供实用的高精度的时间系统，还有许多基础性的工作要做。

（1）继续寻找脉冲星

1967 年英国天文学家休伊什（Hewish, A）和他指导的博士研究生贝尔（Bell, J. L）用射电望远镜首次发现了射电脉冲星 PSR 1919+21。其中 PSR 表示脉冲星（Pulsar），1919 表示其赤经为 19^h19^m，+21 表示其赤纬为北纬 $21°$。1982 年首次发现了毫秒脉冲星 PSR B 1937+21。此后又相继发现脉冲星近 2 000 颗，其中毫秒脉冲星约占 20%，X 射线脉冲星约 140 颗。今后还需在全天球范围内继续搜寻脉冲星，以便能从中找出自转周期特别稳定，信号强度大的毫秒脉冲星来构建脉冲星时。

（2）广泛开展长期的高精度的 TOA 计时测量

在全球范围内广泛开展长期的高精度的脉冲星信号到达时间（Time of Arrival，TOA）测量是建立脉冲星时的基础。如前所述，从脉冲星中发射出来的电磁波信号在空间呈圆锥形，该圆锥形的信号束扫过地面测站时会持续一段时间，在这段时间内信号强度也会随时间而变化（见图 1-47）。图中的横轴为相位，以周为单位。纵轴为信号的相对强度（最强的信号强度记为 1）。这种表示在一个周期内信号强度随时间而变化的曲线称为脉冲轮廓线。每个脉冲星的脉冲轮廓互不相同，故脉冲轮廓就成为脉冲星的"身份识别证"。空间飞行器利用脉冲星进行导航时，就是根据脉冲轮廓来识别脉冲星的。当然在地面观测时还可依据脉冲星的方位来加以识别。

通常我们都是把信号强度最大的这一瞬间（图 1-47 中的虚线所对应的时刻），作为脉冲星信号到达的时刻。这样，虽然脉冲信号会持续一段时间（如图中的 PSR B 1855+09 星的脉冲就持续了 0.2 周），但仍可以较精确地测定 TOA。

目前，测定脉冲信号到达时间的技术已较为成熟，最好的测定精度已达 ±70ns。国际上有许多射电望远镜都在常规性地进行 TOA 计时测量，对选定的多个脉冲星信号（从几个到 20 多个）进行长期的测量。其中有一些中、小射电望远镜已停止其他工作转为专门进行脉冲星计时测量。

只有在广泛开展高精度的长时间的 TOA 测量的基础上，我们才有可能精确测定各个脉冲星的自转周期以及它们的变化率，进而建立各脉冲星的钟模型：

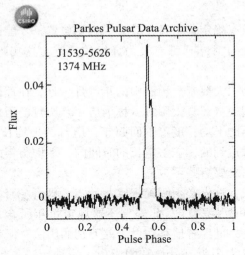

图 1-47　脉冲星脉冲轮廓

$$\phi_i = \phi_0 + f(t - t_0) + \frac{\mathrm{d}f}{\mathrm{d}t}\frac{(t - t_0)^2}{2!} + \frac{\mathrm{d}^2 f}{\mathrm{d}t^2}\frac{(t - t_0)^3}{3!} + \cdots \qquad (1\text{-}76)$$

从而为建立脉冲星时奠定基础。

（3）制定统一规定，协调各国工作，为建立统一的脉冲星时创造条件

要建立国际公认的全球统一的脉冲星时，还需要建立一个国际机构，制定统一的规定，组织协调各国的工作，统一进行数据处理，提供时间服务。目前国际计量局 BIPM 和美国海军天文台 USNO 正在开展这一工作。预计在未来 5 年内，利用全球的脉冲星计时观测阵列的资料，有望建立一个由 10 个左右的脉冲星所组成的综合脉冲星时间基准。为提高原子时的精度和行星历表的精度以及引力波的探测研究等创造良好的条件。

目前的脉冲星计时观测资料表明，某些脉冲星一年以上的长期稳定度已可优于 10^{-15}，利用多个脉冲星的观测资料采用合适的算法所求得的综合脉冲星时可检核原子钟的长期稳定度。由于受 TOA 测定精度的限制，目前脉冲星时的短期稳定度还不如原子时。国际上还在实施的 SKA 计划（建造有效接收面积 $\geqslant 1\mathrm{km}^2$ 的射电望远镜）的目的之一就是搜寻更多的脉冲星并进行计时测量。将来的 SKA 可以观测几百颗毫秒脉冲星，能为建立脉冲星时创造很好的条件。

我国也开展了脉冲星观测和理论研究工作。1992 年，北京天文台成功研制了脉冲星单通道观测系统，首次开展了脉冲星观测工作。1996 年，乌鲁木齐天文台用口径为 25m 的射电望远镜观测脉冲星，对数十颗脉冲星的自转周期、周期跃变、脉冲轮廓、频谱特征等进行的测定和研究。同时，国家授时中心也开展了相关的理论研究和分析工作。2016 年 9 月 25 日落成启用的射电望远镜（FAST）口径为 500m，这种射电望远镜具有口径大、频谱宽、灵敏度高等优点，天区覆盖可达 70%，它的建成必将大大增强我国巡天观测脉冲星的能力。脉冲星的计时观测精度有望提高到 $\pm 30\mathrm{ns}$。

1.4.10 历法的基本概念

在时间的长河中，只有确定每一日在其中的确切位置，才能记录历史、安排生活。日常使用的日历，对每一天的"日期"都有极为详细的规定，这实际上就是历法在生活中最直观的表达形式。

年、月、日是历法的三大要素。历法中的年、月、日，在理论上应当近似等于天然的时间单位——回归年、朔望月、真太阳日，称为历年、历月、历日。理想的历法，应该使用方便，容易记忆，历年的平均长度等于回归年，历月的平均长度等于朔望月。实际上，这些要求是根本无法同时达到的，在一定长的时间内，平均历年或平均历月都不可能与回归年或朔望月完全相等，总要有些零数。

任何一种具体的历法，首先必须明确规定起始点，即开始计算的年代，叫做"纪元"；还要规定一年的开端，叫做"岁首"。此外，还要规定每年所含的日数，如何划分月份，每月有多少天等。历史上，世界各地存在过千差万别的历法，但就其基本原理来讲，不外乎三种，即太阴（阴历）、太阳历（阳历）和阴阳历。三种历法各自有各自的优缺点，目前世界上通行的"公历"实际上是一种太阳历。

1. 太阴历

太阴历又叫阴历，也就是以月亮的圆缺变化为基本周期而制定的历法。

世界上现存阴历的典型代表是伊斯兰教的阴历，它的每一个历月都近似等于朔望月，每个月的任何日期都含有月相意义。历年为 12 个月，平年 354 天，闰年 355 天。每 30 年中有 11 年是闰年，其他 19 年是平年。纯粹的阴历，可以较为精确地反映月相的变化，但无法根据其月份和日期判断季节，因为它的历年与回归年实际没有关系。

从世界范围看，最早人们都是采用阴历的，这是因为朔望月的周期比回归年的周期易于确定。后来，知道了回归年，出于农业生产的需要，多改用阳历或阴阳历。现在，只有伊斯兰教国家在宗教事务上还使用纯阴历。

2. 太阳历

太阳历又称为阳历，是以地球绕太阳公转的运动周期为基础而制定的历法。太阳历的历年近似等于回归年，1 年 12 个月，这个"月"，实际上与朔望月无关。阳历的月份、日期都与太阳在黄道上的位置较好地符合，根据阳历的日期，在一年中可以明显看出四季寒暖变化的情况，但在每个月份中，看不出月球的朔、望和两弦。

阳历并称公历，是以太阳的周年视运动为依据而制定的。太阳中心连续两次通过春分点所经历的时间间隔为一个回归年，其长度为

$$1 \text{ 回归年} = 365.242\,189\,68 - 0.000\,006\,16 \times T(\text{日}) \tag{1-77}$$

其中，T 为从 J2000.0 起算的儒略世纪数，即

$$T = \frac{\text{JD} - 2\,451\,545\,0}{36\,525} \tag{1-78}$$

2009 年 1 月 1 日所对应的回归年长度为 365.242 189 13（日）。

如今世界通行的公历就是一种阳历，平年 365 天，闰年 366 天，每 4 年 1 闰，每满百年少闰一次，到第 400 年再闰，即每 400 年中有 97 个闰年。公历的历年平均长度与回归

年只有 26 s 之差，要累积 3 300 年才差 1 日。

3. 阴阳历

阴阳历是兼顾月球公转周期和地球公转周期而制定的历法。阴阳历历月的平均长度接近朔望月，历年的平均长度接近回归年，是一种"阴月阳年"式的历法。它既能使每个年份基本符合季节变化，又使每一月份的日期与月相对应。它的缺点是历年长度相差过大，制历复杂，不利于记忆。我国的历法在几千年的过程中，不断改进、充实、完善，逐渐演变为现在所用的农历。农历实质上就是一种阴阳历，以月球运动周期为主，同时兼顾地球绕太阳运动的周期。

1.5 导航天文学

1.5.1 引言

天文导航的前提是必须知道导航天体的位置，而天体是不停地运动的，因此要研究天文导航技术必须对天体、天体的运动以及天体识别方法有清晰的理解。本章对天体、天体视运动以及天体的辨认和识别等进行了介绍。

1.5.2 宇宙和天体

1. 宇宙

(1) 宇宙是什么

《淮南子·原道训》中记载"四方上下曰宇，古往今来曰宙"。四方上下是指三维空间，而古往今来是时间，所以宇宙是一个四维的时空概念。按照现代物理学的观点，宇宙是指广袤空间和其中存在的各种天体以及弥漫物质的总称，并且宇宙处于不断的运动和发展之中。人类对宇宙的认识进程，先从地球开始，再从地球伸展到太阳系，进而延展到银河系，然后扩展到河外星系、总星系。

(2) 宇宙的形状

宇宙是什么形状？是像地球一样的圆形，还是像银河系一样的扁平？这同样是令人费解的一个问题。经过多年的探索，一个由多国天文学家组成的研究小组首次向人们展示了宇宙形成初期的景象，显示出当时的宇宙只相当于现代宇宙的千分之一，而且温度比较高。通过再现宇宙形成初期的景象，天文学家证实了这样一种观点：宇宙自形成以来一直在不断扩展，如图 1-48 所示。

(3) 宇宙的结构

整个宇宙是由星云、星团、星系等组成，基本上是多重旋转结构。其中，银河系的直径有 8.15 万光年，而太阳系的直径约有 120×10^8 km。银河系中像太阳系这样的恒星系约有 2 000 亿个，其中可能有生命的有 100 万个。太阳系中以太阳为中心，有九大行星绕其运行公转，而每个行星本身又在不停地自转。推测其他类似太阳系的星系运动也大同小异。银河系是由无数恒星系组成。从上鸟瞰，银河系呈螺旋状渐开线结构；而从侧面看，银河系就像一个扁扁的大铁饼，中间厚，边缘薄。太阳系则位于这个扁铁饼的外侧边缘。

图 1-48　宇宙

这个铁饼厚就有 $0.6×10^4$ 光年。银河厚度最大的中心处称银核，较薄的边缘称银盘。太阳位于银盘中部，离银核有 $3×10^4$ 光年。银河系以银核为中心不停地旋转，规律为里慢外快，在太阳处的旋速为 250 km/s；而银河系整体还围绕一个中心作公转运动，周期尚不清楚，天文界估计银河公转周期是 $1.76×10^8$ 年。

除银河系外，类似银河系的河外星系还有很多，它们都是巨大的恒星集团，现已观测到的就有上千亿个。星系形态丰富多彩，主要有四种类型：

①不规则星系：形状无规律，无明显中心，无旋涡，如猎犬座中的 NGC4631 等星系。

②棒状星系：有旋涡，中心为棒状，两端延伸出长短不一的旋臂。

③旋涡星系：有旋臂，多为二条，从中心向外旋卷。其中又分为旋臂向外舒展的；旋臂向中心卷缩合拢的；介于前二者之间的。银河系属于旋涡星系。

④椭圆星系和圆形星系：星系形状呈椭圆或圆形。如狮子座的 NG3379 就是圆形星系。

星系的形成演变过程公认的有：不规则形—棒形—旋涡形—椭圆形—圆形。关于这些不同形状的星系结构形成原因，至今不明，尚在探索中。

总之，宇宙中现已充满着星云、星团、星系、总星系、总体呈多重旋转结构的宏观体系，而且还包括由基本粒子组成的微观体系。

(4) 宇宙的运动

宇宙的运动是绝对的，静止是相对的。正如行星有自转和公转，恒星亦有自转和公转，而星系也在作快速的旋转，所以宇宙也必然在作不停的运动和变化。根据科学家们的观测，发现远方的银河正在以极高的速度远离我们，这说明宇宙正在不断地膨胀着，就像我们站在一个正在充气的气球上，宇宙间绝大多数星系都在飞离我们而去。而且从时间上来说，"宇宙大爆炸论"认为，宇宙总是周而复始地从诞生到消亡，再诞生，再消亡，现在的这个宇宙只是从过去到未来的无限多的宇宙中的一个而已。所以，宇宙从运动上来说是不断膨胀的；而从时间上来说则是循环的，只不过这个循环的周期很长而已。

人类是生活在地球上，更确切说实际上是生活在一个运动不止，噪声、干扰不断的行星上，并时时刻刻在作宇宙旅行，并且随时都有与其他小行星相撞的可能。据天文计算得知，与 10 km 直径的小行星相撞的概率是 106 年一次；与 100 km 直径小行星相撞的概率是 107 年一次，碰撞后必将产生爆炸，产生声、光、电效应。所有行星（如火星、金星、水星等）及卫星（如月球）都遭遇到上述来自宇宙炮弹——陨石、小行星的轰击，因此这些星球上都有环形山的痕迹。此外，宇宙中还有无数的周期和非周期彗星在穿行。太空中充满各种光子流、粒子流、宇宙尘埃……人们所不知道的可能比人们所知道的还多得多。可以说，宇宙中几乎没有不运动的星体。

（5）宇宙的年龄

目前，天文学上有很多关于宇宙年龄的报道，而且关于宇宙年龄的测量手段也各种各样，但是所有关于宇宙年龄的估计值都还没有进行过严格验证，而且误差都很大。宇宙年龄是和宇宙起源联系在一起的问题，首先承认宇宙是有年龄的也就承认了宇宙是有开端的。

2001 年 2 月份的 *Nature* 上发表了一篇关于宇宙年龄的报道。该报道通过测量一颗古老的恒星 CS31082-001 上的放射性元素钍和铀的年龄为大约 125 亿年，从而推测宇宙的年龄也至少有 125 亿年，当然包括了 33 亿年的误差。此外，美国宇航局公布了探测器拍到的宇宙"婴儿期照片"，为宇宙大爆炸理论提供了新的依据。根据这些照片，科学家还精确地测量出了宇宙的实际年龄是 137 亿年。据报道，这些珍贵的照片是美国宇航局科学家通过威尔金森各向异性微波探测器经过一年时间的观测获得的结果。照片中包含了许多令人震惊的信息，为支持宇宙大爆炸和宇宙膨胀理论提供了新的依据，同时为揭开暗能量之谜指引了道路。据有关人士估计，这项成果是近几年宇宙研究中最重大的发现之一。

2. 天体

天体，广义上是指宇宙中各种物质的总和，狭义上是指星体。

（1）恒星

古代的天文学家认为恒星在星空的位置是固定的，所以称之为"恒星"，意思是"永恒不变的星"。可是人们今天知道它们在不停地高速运动着，比如太阳就带着整个太阳系在绕银河系的中心运动。但别的恒星离我们实在太远了，以致难以觉察到它们位置的变动。

恒星发光的能力有强有弱。天文学上用"光度"来表示它。所谓光度，就是指从恒星表面以光的形式辐射出的功率。恒星表面的温度也有高有低。一般说来，恒星表面的温度越低，它的光越偏红；温度越高，光则越偏蓝。而表面温度越高，表面积越大，光度就越大。

恒星诞生于太空中的星际尘埃，科学家形象地称之为"星云"或者"星际云"。恒星的"青年时代"是一生中最长的黄金阶段——主星序阶段。这一阶段占据了它整个寿命的90%。在这段时间，恒星以几乎不变的恒定光度发光发热，照亮周围的宇宙空间。在此以后，恒星将变得动荡不安，变成一颗红巨星；然后，红巨星将在爆发中完成它的全部使命，把自己的大部分物质抛射回太空中，留下的残骸，也许是白矮星，也许是中子星，甚至黑洞。

（2）光年

光在一年内所走过的距离（光速 299 792 km/s，一光年约为 9.46×10^{12} km）。离地球最近的半人马座 α 星，距地球约为 4.3 光年。

（3）星等

星等是天文学上对天体明暗程度的一种表示方法，分为视星等和绝对星等，分别记为 x^m 和 x^M。视星等是直接用肉眼感觉到或用仪器测量得到的天体亮度。绝对星等是把恒星置于 10 秒差距（1 秒差距＝3.261 光年）处得到的视星等，反映了恒星的实际亮度。通常意义上的星等是指视星等。视星等越小（包括负数），星越亮，视星等数每相差 1，星的亮度相差约 2.5 倍。肉眼能够看到的最暗的星约为 6 等星（6^m 星）。天空中亮度在 6^m 以上（即星等小于 6）的星有 6 000 多颗。满月时月球的亮度相当于 -12.6^m；太阳是我们看到的最亮的天体，它的亮度可达 -26.7^m；当今世界上最大的天文望远镜能看到暗至 24^m 的天体。

3. 太阳系

（1）太阳系简介

一般认为太阳系是由一团星云在距今约 46 亿年前由于自身引力的作用逐渐凝聚而成的，是一个在很大范围内由多个天体按一定规律排列组成的天体系统。太阳系包括 1 颗恒星、8 颗行星、至少 63 颗卫星、约 100 万颗小行星和无数彗星等。

太阳是太阳系的中心天体，是距离地球最近的恒星，其质量占整个太阳系总质量的 99.87%。它强大的引力控制着大小行星、彗星等天体的运动，是唯一可以详细研究表面结构的恒星，是一个巨大的天体物理试验室。太阳作为银河系内 1 000 亿颗恒星中普通的一员，位于银河系的一支旋臂中，距离银河系中心约 33 000 光年，在银道面以北约 26 光年。它一方面绕着银心以 250 km/s 的速度旋转，另一方面又相对于周围恒星以 19.7 km/s 的速度朝着织女星方向运动。

（2）太阳

距今大约 50 亿年以前，飘浮在宇宙中的无数星际气体和微尘，开始像旋涡般聚拢起来，形成一个巨大的云团，而质量也愈来愈大，中心温度和密度更是随之急剧增加，终于产生了核融合反应，慢慢转变成一颗稳定的发亮星球，这就是太阳。再过 50 亿年后，太阳将会不断地膨胀，最后变成一颗红色的大星球，称为红巨星，直径约为现在的 100 倍；当太阳膨胀成红巨星后，能量逐渐耗尽，便会急剧收缩成一颗发出白光的小星球——白矮星；最后又变成完全不发光的黑色星球——黑矮星，而静悄悄地结束一生。

太阳严格上是等离子态球体或椭球体，半径约为 $70×10^4$ km，一般将太阳简单分成四个部分：内核心、光层、色层与日冕。在太阳的大气中，也会出现各种暂时的现象，称为太阳活动，其中以太阳黑子、太阳风对地球的影响较大。除了太阳之外，其他恒星也被证实会吹出气体，称为星风，与太阳风极为类似。

（3）八大行星和矮行星冥王星

八大行星和冥王星根据距离太阳的远近以地球轨道为界线可分为内行星和外行星。水星和金星的轨道位于地球轨道内侧，比地球更接近太阳，称为内行星。火星、木星、土星、天王星、海王星和冥王星的轨道位于地球轨道外侧，是外行星。

由于水星离太阳太近，被强烈的太阳光所淹没，一般肉眼看不见，不能观测，而天王星、海王星和冥王星距地球太远，反射的光线很暗，用天文望远镜才能观测到。所以，航海上常用的行星是金星、火星、木星和土星，统称航用四大行星。

八大行星的运行特点：

①公转的方向：所有行星绕太阳公转的方向都是自西向东；

②公转轨道面与黄道面的交角都比较小，最大才17°，几乎同在一平面上；

③轨道偏心率都比较小，最大才0.25，即轨道接近正圆。

1.5.3 天体视运动

1. 天体周日视运动

(1)天体周日视运动及其成因

观察星空、辨认星座，就会发现所有的星星都像太阳与月球一样，每天都是有规律地重复出现，有着东升西落的运动规律，故叫做天体的"周日视运动"。天体周日视运动是地球自转的反映。地球每天绕自转轴自西向东旋转一周，天球就相对于地球自东往西旋转一周。天体的周日视运动虽然周期相同，但视速度不一，赤纬0°处最大，随赤纬增高而减小，到南北天极为0。不仅如此，从不同的纬度看天体的周日视运动，有不同的运行状况。在北极看，天体以天顶为中心，作与地平面平行的圆周视运动。因此，在那里看来，天体既不升，也不落，永远保持在一个高度，但南半天球的天体却完全看不到；在南极则与此相反。在赤道与两极之间的地区，天体周日视运动的路线与地平面斜交。有些天体每日上升和下落，有些天体永不上升或永不下落。在赤道上看来，天体视运动的路线是沿着垂直于地平面的圆周，自东向西作周日视运动，所以那里的人们看到天体是直上直下地移动。在这里，同一天晚上，既可以看到天球北半部的天体，也可以看到天球南半部的天体。

天体周日视运动的轨迹是与赤道平行的小圆圈，称为天体赤纬圈，各天体都沿着各自的赤纬圈作周日视运动。如图1-49所示。

图1-49　天体周日视运动

(2)天体周日视运动的现象

天体周日视运动的现象，依测者纬度和天体赤纬的不同而不同。下面以北纬的测者为例，分析天体周日视运动的现象。

1）天体的出没

在天体周日视运动中，天体通过真地平圈时，叫做天体的出没。天体从下天半球到上天半球通过测者真地平圈时，叫做天体的升出；天体从上天半球到下天半球通过测者真地平圈时，叫做天体的降没。有出没的天体，它的赤纬圈与测者真地平圈相交，如图 1-50 所示。

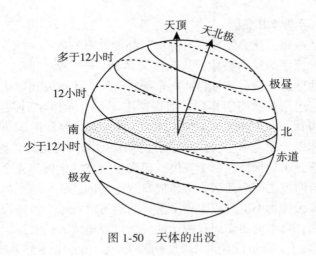

图 1-50　天体的出没

天体有出没的条件是：e，ω。其中，δ 为天体赤纬，φ 为测者纬度。

当 $\delta > 90° - \varphi$ 时：同名，永不降没；异名，永不升出。

2）天体在上天半球的方位变化范围

在周日视运动中，有出没的天体，方位变化与天体赤纬的命名有关，北纬的测者，北赤纬的天体，升出 NE 象限，降没 NW 象限；南赤纬的天体，升出 SE 象限，降没 SW 象限；赤纬为零的天体，升出正东，降没正西。

在周日视运动中，天体在上天半球行经的象限是不同的。只有赤纬圈与东西圆相交的天体，才经过四个象限，否则只经过两个象限。

天体行经四个象限的条件是：$\delta < \varphi$ 且同名。

3）天体中天

在周日视运动中，当天体中心经过测者子午圈时，称天体中天。

天体中心经过测者子午圈上半圈时称天体上中天，天体中心经过测者子午圈下半圈时称天体下中天。

天体中天时，天体时圆与测者子午圆重合。当天体上中天时，天体子午圈与测者子午圈上半圈重合，这时天体地方时角 $t = 0°$；天体下中天时，天体时圆与测者子午圈下半圈重合，这时天体地方时角 $t = 180°$。天体中天时的高度，叫做子午高，用 H 表示。天体上中天时的高度最高，下中天时的高度最低。

天体通过天顶的条件是：天体赤纬与纬度同名，且大小相等。在周日视运动中，除在地极的测者之外，所有的天体都有中天现象。

（3）测者在赤道和地极所见天体周日视运动的特殊现象

1）测者位于赤道上（ $\varphi = 0°$ ）

如图 1-51 所示，天轴与测者真地平圈共面，天赤道面和测者垂直线共面。

①所有天体均有出没，且在上、下天半球所经过的时间相等；

②所有天体均不通过东西圈，所以只经过两个象限，北赤纬的天体，升出 NE 象限，降没 NW 象限；南赤纬的天体，升出 SE 象限，降没 SW 象限；赤纬为零的天体，升出正东，降没正西，中天时过测者天顶。

2）测者位于两极（ $\varphi = 90°$ ）

如图 1-52 所示，天赤道与测者真地平圈相重合，天轴和测者垂直线重合。

①所有天体均没有出没现象，赤纬与纬度同名的天体，永不降没；赤纬与纬度异名的天体，永不升出。

②由于测者在地极，无法确定东、南、西、北的方向，所以也无法确定天体方位。

每年 3 月 21 日到 9 月 23 日，太阳赤纬 δ 为北纬 "N" （ h ）时，北极该半年为白昼，称极昼，南极则为黑夜，称极夜；下个半年正相反。所谓极昼、极夜现象实际上是指测者能见太阳不没或不出的现象。太阳不出没的条件是其赤纬 Dec $\geqslant 90° - \varphi$ ，故当测者纬度 $\varphi \geqslant 90° - \delta$ ， φ 与 δ 同名时，会发生极昼现象，与 δ 异名时会发生极夜现象。

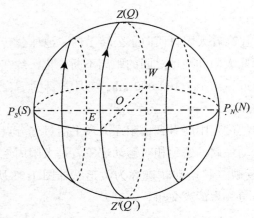

图 1-51　时的天体周日视运动

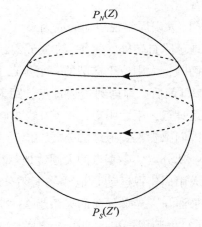

图 1-52　时的天体周日视运动

（4）周日视运动中天体坐标的变化

1）天体赤纬基本不变

由于天体周日视运动的轨迹——赤纬圈基本平行于天赤道，所以，天体赤纬基本不变。

2）天体西行时角等速增加

由于地球匀速自转，所以，天体周日视运动中，当天体上中天时，天体的地方西行时角为 0° ，以后天体等速离开午半圆，西行时角逐渐增加到 360° ，周而复始。

3）天体赤经基本不变

在一天的时间段内春分点的位置可视为固定不变的，因此它与恒星之间的相对位置也是不变的，所以天体赤经基本不变。

4）天体高度不断变化

天体周日视运动中，天体高度不断发生变化。天体升出时，高度等于 0°，以后逐渐增大，上中天达到最大值，然后逐渐下降，降没时高度又为 0°。高度变化速度时快时慢，有时变化比较均匀，有时变化不均匀。

5）天体方位不断变化

天体周日视运动中，在上半天球经过不同象限，说明天体方位在不断变化。天体在不同位置上，方位变化速度时快时慢。

2. 太阳的周年视运动

昼夜交替的现象表明了太阳的周日视运动，而一年四季的循环则表明了太阳赤纬、赤经的周期变化。若于某地夜间观察星空，就会发现四季星空在逐渐变化，但在每年同一季节星空是相同的。四季星空的循环改变说明太阳在星座间的移动，即太阳赤经的周期变化。如果注意观察太阳，就会发现其中天高度以及出没方位均以一年为周期在循环变化（产生了一年四季），即太阳赤纬的周期变化。太阳这种以一年为周期的运动称为太阳的周年视运动。

（1）太阳周年视运动的成因

地球除自转外，每年（约 365.242 2 日）还绕着太阳自西向东公转 1 周。地球公转轨道为一椭圆，太阳位于椭圆的一个焦点上，因此太阳和地球之间的距离不断变化，约在每年 1 月 2 日前后，地球到达近日点，距太阳最近，约 147 100 000 km；7 月 4 日前后，地球到达远日点，距太阳最远，约 152 100 000 km。

人们感觉不到地球的公转，但是在公转的过程中能看到太阳在天球上沿过春分点、夏至点、秋分点、冬至点的大圆绕地球相对运动一周。这种相对运动现象就是太阳周年视运动，太阳周年视运动是地球绕太阳公转的反映，其运动轨迹称为黄道，如图 1-53 所示。黄道平面与天赤道平面的夹角为 23°27′，该角称为黄赤交角。

（2）太阳周年视运动中赤经、赤纬的变化

由于黄赤交角的存在，使得太阳在黄道上的视运动中赤经 $\alpha\odot$、赤纬 $\delta\odot$ 不断变化。

1）太阳赤经、赤纬变化的范围

①每年 3 月 21 日前后太阳运行到春分点，$\alpha\odot = 0°$，$\delta\odot = 0°$；

②每年 6 月 22 日前后太阳运行到夏至点，$\alpha\odot = 90°$，$\delta\odot = 23°26′N$；

③每年 9 月 23 日前后太阳运行到秋分点，$\alpha\odot = 180°$，$\delta\odot = 0°$；

④每年 12 月 22 日前后太阳运行到冬至点，$\alpha\odot = 270°$，$\delta\odot = 23°26′S$。

在太阳周年视运动中，赤经的变化范围 0° ~ 360° 赤纬的变化范围 23°26′N ~ 23°26′S。

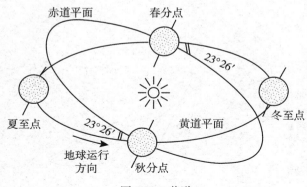

图 1-53 黄道

2）太阳赤经、赤纬日变量

太阳每日赤经、赤纬变化不等的原因如下：

①地球绕太阳公转的轨道是一椭圆。太阳位于椭圆的一个焦点，与轨道各点的距离是不相等的。根据开普勒第二定律：星体的向径在相等的时间内扫过的面积相等。由此可知，地球公转运动是不等速的，距太阳近时快，远时慢。因此，太阳周年视运动也是不等速的。

②黄道和天赤道有 23°27′ 的交角。由于黄赤交角的原因，即使太阳在黄道上视运动速度相等，太阳的每日赤经、赤纬变化量也不等。太阳赤经日变化量在至点附近变化大，分点附近变化小。在近似计算时，太阳平均赤经日变化量可取 1°。太阳赤纬日变化量在至点附近变化小，分点附近变化大。

（3）太阳周年视运动现象

由于太阳在周年视运动中，赤经赤纬不断变化，所以，在一年中，某地测者所见的太阳周日视运动的现象是不同的。下面以北纬 40° 测者为例加以说明。

1）太阳出没的方位不断变化

太阳出没方位的变化是因为太阳赤纬不断变化所引起的。每年 3 月 21 日到 9 月 23 日，太阳的赤纬为北赤纬，升出于 NE 象限，降没于 NW 象限；9 月 23 日到次年 3 月 21 日，太阳的赤纬为南赤纬，升出于 SE 象限，降没于 SW 象限。由于太阳的赤纬每天都在变化，所以太阳每天出没的方位也就不同，如图 1-54 所示。

2）太阳上中天的高度不断变化

太阳上中天高度的改变也是由于太阳赤纬不断变化所引起的。太阳上中天的高度 $H = 90° - \varphi \pm \delta$。

a. 夏至时，太阳赤纬 $\delta = 23°27′N$，太阳上中天高度 $H = 73°27′$；

b. 冬至时，太阳赤纬 $\delta = 23°27′S$，太阳上中天高度 $H = 26°33′$；

c. 春秋分时，太阳赤纬 $\delta = 0°$，太阳上中天高度 $H = 50°$。

如图 1-55 所示。

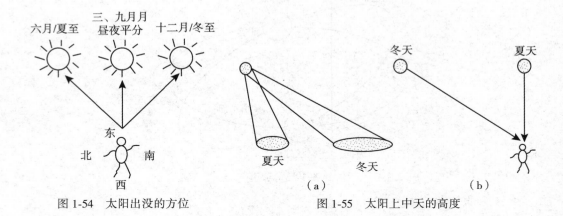

图 1-54　太阳出没的方位　　　　　　　　　　图 1-55　太阳上中天的高度

3）昼夜长短不等

昼夜长短不等是由于太阳赤纬不断改变所引起的。太阳在北赤纬时，$\delta < \varphi$，且同名，经过四个象限，在上天半球经过的时间长，下天半球经过的时间短；太阳在南赤纬时，$\delta < \varphi$，且异名，经过两个象限，在上天半球经过的时间短，下天半球经过的时间长。

4）四季所见星空不同

四季所见星空不同是因为太阳赤经不断改变所引起的。太阳的赤经每天东移约 $1°$，一年移动 $360°$。

（4）在不同纬度地区太阳周日视运动的主要现象

由于测者纬度不同，太阳赤纬不断变化，所以地球上各地区测者在一年中所见的太阳周日视运动的现象都不一样。

1）热带（23°26′N ～ 23°26′S）

这一地区所见太阳主要现象有：

①$\delta < 90° - \varphi$，太阳每日皆有出没；

②一年中一般太阳有两次过天顶，至少有一次过天顶；

③中天高度都很高，在 43°06′ 以上；

④$\delta < \varphi$ 且同名时，过东西圆，经过四个象限；$\delta > \varphi$ 且同名时，不过东西圆，经过两个象限。δ 与 φ 同名的半年中，昼长夜短；δ 与 φ 异名的半年中，昼短夜长。赤道上的测者，昼夜相等。

2）温带（23°26′N ～ 66°34′N，23°26′S ～ 66°34′S）

这一地区所见太阳主要现象有：

①$\delta < 90° - \varphi$，太阳每日皆有出没；

②$\delta < \varphi$，太阳永不过天顶；

③δ 与 φ 同名的半年中，过东西圆，经过四个象限，昼长夜短；δ 与 φ 异名的半年中，不过东西圆，经过两个象限，昼短夜长。

3）寒带（66°34′N/S 以上）

这一地区所见太阳主要现象有:

①$\delta < 90° - \varphi$ 时,其现象与温带相同;

②$\delta > 90° - \varphi$ 时,若 δ 与 φ 同名,太阳永不降没,出现极昼现象;若 δ 与 φ 异名,太阳永不升出,出现极夜现象;

③太阳中天高度低,都在46°54′以下。

3. 月球视运动

(1)月球绕地球的运动

月球是地球的卫星,在地球引力作用下,沿着椭圆轨道自西向东绕地球每月公转一周。地球位于轨道的一个焦点上,月球轨道的近地点距离为 356 400 km,远地点距离为 406 700 km,平均距离约为 384 401 km。

由于地月间距离不断变化,所以在地球上看月球视半径在 14.7′ ~ 16.8′ 之间变化。

(2)月相

月球本身并不发光,只反射太阳光,它的亮度随日月间角距和地月间距离的改变而变化。满月时亮度平均为 -12.7^m。

随着月球每天在星空中自西向东移动,在地球上所看到的月球被日光照亮部分的形状也在不断地变化着,这就是月球相位变化,叫做月相。如图1-56所示。

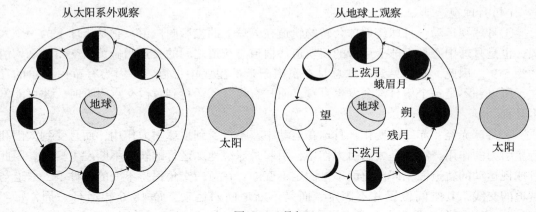

图1-56 月相

每当月球运行到太阳与地球之间,被太阳照亮的半球背对着地球时,人们在地球上就看不到月球,这一天称为"新月",也叫"朔日",这时是农历初一。

过了新月,月球顺着地球自转方向运行,亮区逐渐转向地球,在地球上就可看到露出一丝纤细银钩似的月球,出现在西方天空,弓背朝向夕阳,这一月相叫"蛾眉月",这时是农历初三、初四。

随后,月球在天空里逐日远离太阳,到了农历初七、初八,半个亮区对着地球,人们可以看到半个月球(凸面向西),这一月相叫"上弦月"。

当月球运行到地球的背日方向,即农历十五、初十六、初十七,月球的亮区全部对着地球,我们能看到一轮圆月,这一月相称为"满月",也叫"望"。

满月过后，亮区西侧开始亏缺，到农历二十二、二十三，又能看到半个月球（凸面向东），这一月相叫做"下弦月"。在这一期间月球日渐向太阳靠拢，半夜时分才能从东方升起。

又过四五天，月球又变成一个蛾眉形月牙，弓背朝向旭日，这一月相叫"残月"。

当月球再次运行到日地之间，月相又回到"朔"。

月相就是这样周而复始地变化着。如果用月相变化的周期（即一次月相变化的全部过程）来计算，从新月到下一个新月，或从满月到下一个满月，就是一个"朔望月"，时间间隔约 29.53d。中国农历的一个月长度，就是根据"朔望月"确定的。

（3）月球绕地球运动的周期

①恒星月和朔望月：月球与某一恒星两次同时中天的时间间隔叫做"恒星月"，恒星月是月球绕地球运动的真正周期。中国早在西汉的《淮南子》一书中就已得出恒星月周期为 27.321 85d，达到了很高的精度。

月相变化的周期，也就是从朔到望再从望到朔的时间，叫做朔望月。观测结果表明，朔望月的长度并不是固定的，有时长达 29d19h 多，有时仅为 29d6h 多，它的平均长度为 29d12h44min3s。

②朔望月比恒星月长的原因：朔望月比恒星月长 2.21d。这是因为月球不仅绕地球运行，而且伴随着地球一同围绕太阳运行。

（4）月球视运动

①月球视运动：月球绕地球公转的轨道在天球上的投影叫白道。它是天球上的一个大圆，也是月球中心在天球上运行的视轨道。白道与黄道之间的交角叫做黄白交角，平均值约为 5°9′。因此，我们见到月球总是在黄道附近的星座中徘徊。正因为有黄白交角的存在，所以并不是每个望日都会发生月食，而只有当月球运行到黄白交点附近时，才可能发生月食。

②月球赤经、赤纬的变化：月球在运动中，不仅受到地球引力作用，而且受到太阳和行星引力的作用，特别是太阳引力作用，引起月球绕地球运行的轨道不断发生变化。因此月球视运动的轨道面，即白道面不是固定不变的，在黄白交角保持不变的条件下，白道与黄道的交线，其空间位置并不固定，而是不断地向西运动，每 18.6 年运行一周，每年19.3°。这一现象叫做交点西退，早在东汉末年就为刘洪所发现，并用于月食预报计算中。

在一个恒星月中，月球在白道上视运动一周，赤经变化了 360°，平均每日 13.2°，但由于白道对天赤道的倾角和地月距离的变化，月球赤经每日实际变化量在 10.2°～17.3°范围内变动。月球赤纬的变化比较复杂，月球视运动一周，赤纬在 18°18′N～18°18′S 范围内变化。

③月球中天时间每天推迟约 49′。

4. 行星视运动

行星的视运动是指观测者所见到的行星在天球上的移动。由于行星绕太阳运行，地球也绕太阳运行，从地球上看去，行星的视运动相对于恒星的视运动要复杂得多。

（1）行星视运动的特点

1）行星视运动的轨道总是在黄道附近

如表 1-4 所列，八大行星和冥王星的轨道倾角都很小，所以其视运动的轨道面与黄道面的夹角也很小。

表 1-4 　　　　　　　　　　　　　**太阳系天体数据**

天体	距离（AU）	半径（地球=1）	质量（地球=1）	自转周期（地球=1）	卫星个数	轨道与黄道交角	轨道偏心率	黄赤交角	密度/（g·cm⁻³）
太阳	0	109	332,800	25~36*	9	—	—	—	1.410
水星	0.39	0.38	0.05	58.8	0	7	0.205 6	0.1°	5.43
金星	0.72	0.95	0.89	244	0	3.394	0.006 8	177.4°	5.25
地球	1.0	1.00	1.00	1.00	1	0.000	0.016 7	23.45°	5.52
火星	1.5	0.53	0.11	1.029	2	1.850	0.093 4	25.19°	3.95
木星	5.2	11	318	0.411	16	1.308	0.048 3	3.12°	1.33
土星	9.5	9	95	0.428	18	2.488	0.056 0	26.73°	0.69
天王星	19.2	4	17	0.748	15	0.774	0.046 1	97.86°	1.29
海王星	30.1	4	17	0.802	8	1.774	0.009 7	29.56°	1.64
冥王星	39.5	0.18	0.002	0.267	1	17.15	0.248 2	119.6°	2.03

* 太阳赤道处的自转周期最短，约为 25 日，两极处的自转周期最长，约为 36 日。

2）行星视运动的周期各不相同

由于各行星与太阳的距离不同，运行速度也不同，所以行星视运动的周期各不相同，由不及一年到几百年。水星视运动周期为 87d，冥王星视运动周期为 80 900d。

3）行星视运动的方向有顺行、逆行和留的现象

行星自西向东的运动，即沿赤经增加方向运动，叫做顺行；自东向西的运动，即沿赤经减少方向运动，叫做逆行；行星由顺行转向逆行的折点或由逆行转向顺行的折点，称为留。行星在天球上的运动实际上是行星与地球两者轨道运动的合成。

4）行星分内行星和外行星

水星和金星是太阳系中的内行星，它们比地球更接近太阳。火星、木星、土星、天王星、海王星和冥王星是太阳系中的外行星，它们比地球较远离太阳。

内行星和外行星相对于太阳的视运动是不同的。内行星总是在太阳附近来回摆动，它同太阳的角距限制在一定范围内。外行星同太阳的角距不受限制，可以在 0°~360° 之间变化。水星同太阳之间的视角距不超过 28°，最亮时星等为-1.9 m。金星同太阳的最大视角距是 48°，亮度最大时星等为-4.4 m。由于水星、金星和地球的轨道都不是正圆，所以最大角距随着它们之间相对位置变化而有所变化。水星的变化范围在 18°~28°，金星的变化范围在 44°~48°。

（2）行星视运动现象

1）内行星视运动的现象

从地球上观看，太阳与某一颗行星之间的角度称为"距角"。距角为 0°时称为"合"，90°时称为"方照"，180°时则称为"冲"。

从图 1-57 可知，水星、金星有上合、下合(两者与太阳黄经相同)以及东大距、西大距(两者与太阳黄经分别相差行星环 90°和 270°)。当它们在太阳以东时即表现为出现在西方天空的昏星；反之为晨星，出现在黎明前的东方。水星的大距在 18°~28°之间，所以不易见到；明亮的金星大距则有 45°~48°，因而特别引人注目。内行星连续两次上合或者两次下合的时间间隔叫做会合周期。水星的会合周期是 115.88d，金星的会合周期是 583.92d。

内行星在下合的时候，从地球上看去有时会从日面经过，这种现象叫做凌日。由于内行星围绕太阳公转的轨道与地球的轨道并不是在同一平面上，内行星凌日现象并不是每年都会发生。

2)外行星视运动的现象

外行星相对于太阳的视运动也有四个特殊位置：合、冲、东方照、西方照，如图 1-58 所示。在合的时候，外行星和太阳在同一个方向上，看不见它。合后若干时间，外行星西移到离太阳有一定的角距时，日出前出现在东方的地平线上，以后西移到西方照，后半夜都可以见到。过西方照后外行星继续西移，逐渐提早从东方升起。当外行星到达冲的时候，太阳刚落山，它就从东方升起，整夜可以见到，是观测它的最好时机。冲过后，外行星继续西行，移到东方照时，上半夜都可以见到。以后逐渐靠近太阳，移到合的附近又看不见了。外行星连续两次合或冲的时间间隔叫做会合周期。火星的会合周期是 779.94d，木星的会合周期是 398.88d，土星的会合周期是 378.09d。

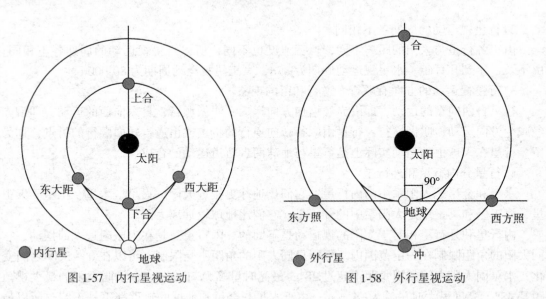

图 1-57　内行星视运动　　　　　　图 1-58　外行星视运动

5. 岁差和章动

在外力的作用下，地球自转轴在空间并不保持固定的方向，而是不断发生变化。地轴的长期运动称为岁差，而其短周期运动则称为章动。岁差和章动引起天极和春分点在天球上的运动，对恒星的位置有所影响。

公元前二世纪古希腊天文学家喜帕恰斯是岁差现象的最早发现者。公元四世纪，中国晋代天文学家虞喜根据对冬至日恒星的中天观测，独立地发现岁差并定出冬至点每50年后退一度。牛顿是第一个指出产生岁差的原因是太阳和月球对地球赤道隆起部分的吸引。在太阳和月球的引力作用下，地球自转轴绕着黄道面的垂直轴旋转，在空间绘出一个圆锥面，绕行一周约需26 000年。在天球上天极绕黄极描绘出一个半径约为23°26′(黄赤交角)的小圆，即春分点每26 000年旋转一周。这种由太阳和月球引起的地轴的长期运动称为日月岁差。德国天文学家贝塞耳首次算出日月岁差为5 035.05″(历元1 755.0)，今值为5 029.096 6″(历元2 000.0)。

英国天文学家布拉德雷在1748年分析了1727—1747年的恒星位置的观测资料后，发现了章动。月球轨道面(白道面)位置的变化是引起章动的主要原因。白道的升交点沿黄道向西运动，约18.6年绕行一周，因而月球对地球的引力作用也有同一周期的变化。在天球上表现为天极(真天极)在绕黄极运动的同时，还围绕其平均位置(平天极)作周期为18.6年的运动。

岁差和章动的共同影响使得真天极绕着黄极在天球上描绘出一条波状曲线，如图1-59所示。

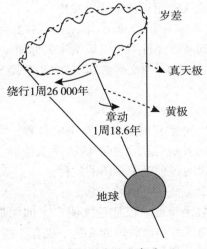

图1-59 岁差和章动

6. 光行差

光行差指运动中的观测者所观测到的天体的视方向与在同一瞬间、同一地点静止的观测者所观测到的同一天体的真方向之差。光行差的大小与观测者的运动速度成正比，与光速成反比，也与观测者至天体的视方向和观测者运动方向之间的夹角有关。位于地球表面的观测者随着地球运动，观测者看到的由光行差引起的天体位置的偏离，其大小和方向随时在变化。地球运动包含各种成分，由此产生各种相应的光行差。地球绕日公转造成的光行差称为周年光行差，其最大值可达20.5″。地球自转造成的光行差称为周日光行差，其值仅十分之几角秒。太阳系的天体(包括地球)随太阳在太空中运动(包括太阳本动和银河系自转两种运动）所产生的光行差称为长期光行差，由太阳本动产生的长期光行差约为 13″，但方向不变；由银河系自转产生的光行差约为 100″，但周期很长，在一般问题中这两项都不予考虑。

1.5.4　天体的辨认和识别

1. 星座、星名

中国古代把星空划分成 3 垣 28 宿。古人将沿黄道和赤道的天区分成大小不等的 28 个区，称作 28 宿；把 28 宿以外的星区划分为 3 垣：紫微垣、太微垣和天市垣。古人还对明亮的恒星加以命名，可以归纳为：根据恒星所在的天区命名，如天关星、北河二、北河三、南河三、天津四、五车二和南门二等；根据神话故事的情节来命名，如牛郎星、织女星、北落师门、天狼星和老人星等；根据中国 28 宿命名，如角宿一、心宿二、娄宿三、参宿四和毕宿五等；根据恒星的颜色命名，如大火星（即心宿二）；还有根据古代的帝王将相官名来命名等。

1928 年，国际天文学联合会决定，将全天划分成 88 个星区，叫星座。星座是由亮星组成的图形，结合神话故事，用人物、动物和器具给予命名的。88 个星座中，沿黄道天区有 12 个星座。这 88 个星座大小不一，形态各异，范围最大的是长蛇座，它东西经度跨过 102°；范围最小的星座是南天极附近的南十字星座。

1603 年，德国业余天文学家拜尔（Johann Bayer，1572—1625）建议的恒星命名方法是：每个星座中的恒星从亮到暗顺序排列，以该星座名称加一个希腊字母顺序表示。如猎户座 α（中文名参宿四）、猎户座 β（中文名参宿七）、猎户座 γ（中文名参宿五）、猎户座 δ（中文名参宿三）。

2. 星图、星表

星图、星表简明地表示出星座和恒星在天空中的位置，可以用来辨认星座，寻找星云、星团等深空天体。星图的发展经历了由早期的手工绘制、印制，摄影星图、导引星表、卫星星图，再演变成现代的各种电子星图的过程。

（1）古代星图

星图的绘制可以上溯到数千年前。巴比伦文明出土的泥板，大约是五千年以前的文物，已经有黄道十二星座的简图，中国敦煌的文物中也有一些古星图。在西方文明中最著名、具有传承地位的星图，是由希腊天文学家依巴谷（Hipparchus，190—120 BC）大约在公元前 130 年所制作的一份包含 850 颗恒星的星图与星表，记录了各恒星的坐标与亮度。中国古代最著名的星图，当推南宋时期黄裳（1146—1194）所绘制的"天文图"，是现存最大与星数最多的古星图之一。

（2）现代星图的启蒙与兴起

拜尔在 1603 年出版了近代第一份包含南天极的全天星图。到了欧洲文艺复兴时期，各种技术，像印刷术、投影绘图技巧的改良以及望远镜的发明，都有助于星图的制作。波兰天文学家赫维留（Hevelius，1611—1687）出版的星图在精确度、便利性、开创性与影响力各方面，是一份可以与拜尔星图相匹配的星图。弗拉姆斯提德（John Flamsteed，1646—1719）是第一位皇家天文学者，在英王查理士二世的任命下，建立格林尼治皇家天文台，任务是观测恒星与月亮的精确位置。弗拉姆斯提德辛勤观测的结晶在他逝世后，集结成大不列颠星表，在 1725 年出版，同时也在 1729 年出版了星图。这个星图星表是使用望远镜观测的第一份星图星表，包含 2 848 颗恒星的位置，精准度超越以往，把英国推到当代天文的尖端，提供了当代恒星与行星最精确的位置。到了 19 世纪，德国的阿格蓝德（Friedrich Wilhelm August Argelander，1799—1875）从 1859 年到 1862 年出版了四卷本波恩星表，给出了 457 848 颗恒星的位置。直到今天，波恩星表仍然被天文学家广泛使用着。

（3）摄影星图

摄影技术加入天文观测后，在天文各领域都成为一个有力的工具，也改写了星图的制作方式，提高了天体坐标测量的精确度。在摄影技术引进天文学以前，要绘制星图，必须先测量各星的坐标、亮度，再绘制成图。但是天文摄影直接便获得影像，俨然就是星图，事后再测量各星在影像上的位置，把数据加以几何投影处理就可获得各星的坐标。其中最具代表性的就是美国耶鲁大学天文台在 1914—1956 年间发表的耶鲁星表和帕罗玛天文台星空扫描摄影星图（Palomar Observatory Sky Survey，POSS）。但是这些摄影星图只能供天文学家参考，并没有提供影像中各天体的坐标和数量。

（4）导引星表

为满足哈伯太空望远镜的任务需要，美国航空太空总署同样使用史密特望远镜，以比较短的曝光时间（20 分钟）重新拍摄一组星空，经过数字化处理后，获得一份暗至 15m 的星表，称为"导引星表"（Guide Star Catalog，GSC），约有 1 800 万个星的坐标，足够哈伯太空望远镜导引的需求。

美国海军天文台使用精密测量仪器针对所有玻片进行测量并数字化，再加上欧南天文台（European Southern Observatory）的星空扫描星图，一共得到五亿多颗恒星的数据，称为美国海军天文台 A2.0 星表（USNO A2.0 Catalog），是目前星数最多的星表。

（5）依巴谷天文卫星星图

进入太空时代后，许多望远镜被送入太空进行各种天文观测。避免了地球的大气扰动，观测的质量与精确度都达到望远镜的光学极限。

欧洲太空总署在 1989 年把依巴谷（Hipparcos）天文观测卫星送入环绕地球的轨道中，它是第一颗在太空中专门探测天体位置、距离与亮度的人造卫星。依巴谷全名是高精度视差精准卫星（High Precision Parallax Collecting Satellite）。依巴谷天文观测卫星从 1989 年 11 月起到 1993 年 3 月为止，共测量了一百万多颗恒星的位置与亮度。目前依巴谷卫星的观测结果已集结成星表、星图出版，星表全名是"依巴谷与第谷星表"（Hipparcos and Tycho Catalog）。

（6）电子星图

经过两千年的演变，星图由肉眼观测、手绘成图，到使用望远镜观测、刻版印制，再进入底片摄影、印刷的精致星图，最后进入电子相机（CCD）拍摄的数字星图，同时以印刷形式与电子形式出版。目前，以计算机、PDA 等使用的电子星图数量激增，且广泛被业余者与专业者使用，并常被统合在星空导览、望远镜自动追踪导引操作系统中。目前常用的电子星图，例如 The Sky、Guide、Starry Night 等仍以第一代"导引星表"、"依巴谷与第谷星表"为主。

3. 常用恒星的识别

（1）恒星的特点

①恒星之间的相对位置在较长时间内看不出明显变化，相对位置稳定，便于认星；

②恒星的亮度和颜色一般比较稳定，在一个星座中，最亮的一般是 α 星；

③由于地球公转，在同一地区各星座的出现随着季节有规律变化。

下面按季节介绍常用恒星的识别方法。

（2）春季星空的识别

春季星空如图 1-60 所示。

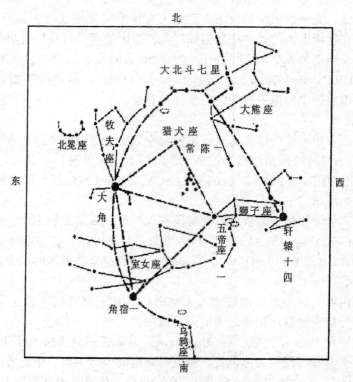

春季星空：北斗七星、春季大曲线、春季大钻石

图 1-60　春季星空

①先从北天找到北斗七星开始，在春季北天仰角颇高处可找到。北斗七星属于大熊座。

②沿北斗七星斗勺口二星连线，往勺口方向延伸 5 倍左右的距离，在大约正北方 20 多度仰角处，可看到附近唯一较亮的星，就是北极星。北极星属于小熊座。

③沿北斗七星斗柄第二、第三颗星的连线往东方看，可以看到呈碗状的北冕座。

④沿北斗七星斗柄方向，顺势往东南方拉出一条大弧线，沿途即会经过大角星及角宿一这两颗亮星，就是春季大曲线，因而又认出了牧夫座及室女座两个星座。

⑤由大角星及角宿一连线的中点，往西方延伸，即可找到狮子座的亮星之一：五帝座一，它的特色是和另外两颗星组成一个小三角形。

⑥大角星、角宿一及五帝座一连成一个正三角形，就是春季大三角；若能往北斗七星方向再找到猎犬座，常陈一则可连成春季大钻石。

⑦狮子座最亮的星不是五帝座一(狮子尾)，而是更西边的轩辕十四(狮子头)，狮子头是呈问号型，而轩辕十四位于问号底部，很容易辨认。

(3)夏季星空的识别

夏季星空如图1-61所示。

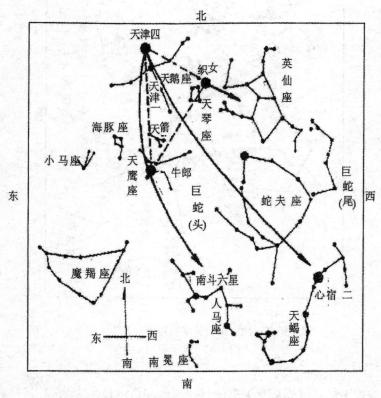

夏季星空：牛郎织女、天鹅天蝎、夏季大三角

图1-61 夏季星空

①先找到夏夜星空中最亮的恒星——织女星，在夏夜中常可在天顶附近的星空找到。

②由织女星往南找呈扁担型的三星组，中间最亮的那颗就是牛郎星。

③由织女星与牛郎星连线的中点往东北方找呈大"十"字形的星座，十字的顶端最亮的星就是天津四。

④织女星、牛郎星与天津四连成一直角三角形，织女星位于直角，就是夏季大三角。织女星、牛郎星与天津四分属于天琴、天鹰与天鹅座。

⑤顺着天鹅座"十"字形的中轴(脖子)方向延伸就是银河，顺着银河往南看，就可以

看到南天的天蝎座。天蝎成一个倒立的问号勾入银河，其中最亮的星是红色的心宿二。

（4）秋季星空的识别

秋季星空如图1-62所示。

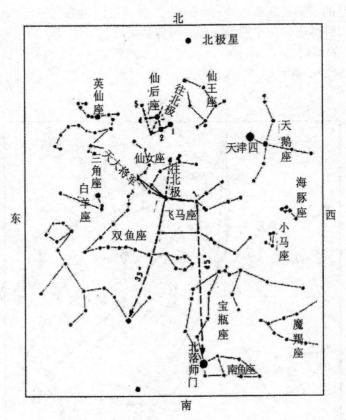

秋季星空：仙后座、秋季四角形、秋季大勺子

图1-62　秋季星空

①秋季星空较平淡，可先从北天呈倒"W"形的仙后座找起。

②从仙后座倒"W"的两边延伸线交点，与倒"W"的中间那颗星的连线，朝倒"W"开口方向延伸5倍左右的距离，在大约正北方20多度仰角处，可看到附近唯一较亮的星，就是北极星。北极星属于小熊座。

③从北极星往仙后座倒"W"形的西侧星空向南延伸，可找到一个大的四边形，就是飞马座的肚子，也就是秋季四边形。在秋夜中常可在天顶附近的星空找到它。

④往北看，飞马是倒挂在天空，它的马头是朝向西南方。前马脚（西北角）指向夏季的天鹅座；后马脚（东北角）就是仙女座；马尾（东南侧）附近的星空则可找到呈大"V"字形的双鱼座。

⑤顺着飞马前胸（西侧）往南延伸，在南天偏低仰角处可找到一颗亮星，就是南鱼座

的北落师门。

(5)冬季星空

冬季星空如图 1-63 所示。

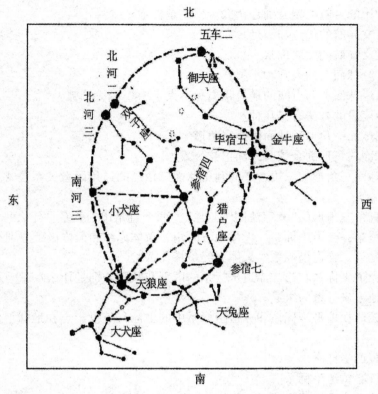

冬季星空：猎户、天狼、冬季"大三角"、冬季大椭圆

图 1-63 冬季星空

①先从猎户座找起，它的造型或亮度都非常明显，其腰部由三颗星排列而成(腰带)，双肩及双腿则各有一颗亮星，其中右肩那颗参宿四呈红色，而左腿的参宿七则呈偏蓝色。

②顺着猎户的腰带三星往东南延伸，绝不会错过耀眼璀璨的天狼星，因为它是四季夜空中最亮的恒星。天狼星属于大犬座。

③顺着猎户的双肩二星往东方延伸，可找到另一颗亮星南河三。南河三属于小犬座。

④天狼、南河三与参宿四连成一等腰三角形，就是冬季大三角。

⑤顺着天狼星和猎户的左肩(参宿五)连线往西北延伸，可找到金牛座的亮星毕宿五(位于牛角)，金牛角呈"V"字形，很容易辨认；再顺同一方向继续往西北，则可找到金牛座赫赫有名的疏散星团——昴宿(七姊妹)星团。

⑥把天狼、南河三、参宿七、毕宿五连成一个弧线，再继续连成一个椭圆，就是冬季大椭圆，就找到了御夫座(五边形)的五车二及双子座(像个"北"字形)的北河二与北河三。

◎ **思考题与习题**

1. 什么叫自主导航？试阐述其定义。

2. 四种常用的导航类型分别是什么？哪些是自主导航？

3. 叙述天文导航的优点和不足。

4. 试述天文导航的发展现状。

5. 如何区分球面上的大圆和小圆？

6. 为什么说球面上两点间的最短距离是不大于 $180°$ 的大圆弧？

7. 球面角度量的方法有哪几种？

8. 什么叫球面三角形和球面极线三角形？

9. 叙述球面三角形的余弦公式和正弦公式。

10. 给出球面三角形的三边，如何利用球面三角形的边角函数关系公式判定该三角形是否成立？

11. 球面直角三角形的"大字法则"是什么？两个直角边的关系是什么？

12. 什么是第一赤道坐标系？天体地方时角、天体赤纬和天体极距分别是指什么？

13. 什么是第二赤道坐标系？天体赤经是指什么？

14. 第一赤道坐标系和第二赤道坐标系的区别和联系分别是什么？

15. 试述地平坐标系的组成。

16. 说明天体在地平坐标系和赤道坐标系中的坐标与其投影点在地球上的坐标有何联系。

17. 简述黄道坐标系。

18. 简述日心黄道坐标系。

19. 简述地心赤道惯性坐标系。

20. 简述地球固联坐标系。

21. 举例说明惯性坐标系、地理坐标系和载体坐标系在导航中的应用。

22. 什么是火星赤道惯性坐标系？

23. 什么是地-火赤道交线坐标系。

24. 什么是火星中心地球赤道惯性坐标系？它与地球赤道惯性坐标系有何联系？

25. 月球轨道根数由哪六项组成？

26. 什么是月球天平动？几何天平动与物理天平动的定义是什么？

27. 月心直角坐标系的定义是什么？

28. 理解月心直角坐标系和月球地理坐标系之间的转换。

29. 什么是月心月固大地坐标系？

30. 什么是月心赤道坐标系？

31. 时间基准的定义是什么？制定时间基准的运动应符合什么特点？

32. 积分的时间尺度和动力学时间尺度的定义是什么？

33. 时间的最小单位是什么？

34. 迄今为止较为精确的时间基准主要有哪几种?

35. 简述恒星日、太阳日的形成和差异。

36. 阐述地方时、世界时和区时的定义和相互关系。

37. 为什么真(视)太阳日不能作为时间计量的单位。

38. 船舶向东航行,经过时区边界线如何调整时间?经过日界线如何调整日期?

39. 什么叫协调世界时?它与世界时的关系是什么?

40. 1996 年 5 月 1 日,北京 $\lambda_1 = 116°28'.0E$ 的地方平时 $LMT_1 = 10h30min$,求该时日本东京 $\lambda_2 = 139°32'.5E$ 和美国华盛顿 $\lambda_3 = 77°31'.0W$ 的地方平时和区时。

41. 什么叫时差?

42. 简述 UT0、UT1 和 UT2。

43. 什么是 UTC、TAI?

44. 理解脉冲星时间系统原理。

45. 试结合世界各地现行历法,说明阴历、阳历和阴阳历的区别。

46. 什么是天体周日视运动?其成因是什么?

47. 太阳周年视运动是怎样形成的?简述它的轨迹、方向、速度和周期。

48. 什么叫做岁差、章动和周年光行差?

49. 为什么太阳赤经和赤纬的日变量是不同的?何处最大,何处最小?

◎ 参考文献

[1] 王安国. 导航战背景下的天文导航技术[J]. 天文学进展,2001,19(2):326-330.

[2] 刘安,等. 淮南子·原道训[M]. 广州:广州出版社,2004.

[3] 刘景华. 中世纪欧洲造船和航海技术的考察[J]. 长沙电力学院学报,1996,3:81-88.

[4] 朱宝义,翟立新,唐正平. 天文航海[M]. 青岛:海军潜艇学院出版社,1999.

[5] 吴广华. 天文定位的最优估计方法及其应用[J]. 中国航海,1997,1:11-19.

[6] 何炬. 国外天文导航技术发展综述[J]. 舰船科学技术,2005,27(5):91-96.

[7] Lowrie J W. Autonomous Navigation Systems Technology Assessment. 17th Aerospace Sciences Meeting[J]. New Orleans, January, 1979.

[8] Hosken R W, Wertz J R. Microcosm Autonomous Navigation System On-Orbit Operation. AAS95-074, 18th Annual AAS Guidance and Control Conference, Keystem, Colorado, February, 1995.

[9] Frank Tai, Peter D. Noerdlinger. A Low Cost Autonomous Navigation System(AAS 89-001)[J]. Volume 68, Advances in the Astronautical Sciences, Guidance and Control, 1989.

[10] 李勇,魏春岭. 卫星自主导航技术发展综述[J]. 航天控制,2002,20(2):70-74.

[11] 周凤岐,赵黎平,周军. 基于星光大气折射的卫星自主轨道确定[J]. 宇航学报,2002,23(4):20-23.

[12] 荆武兴. 基于日地月方位信息的近地轨道卫星自主导航[J]. 宇航学报,2003,24

（4）：418-421.

[13] 郭建新，解永春．基于姿态敏感器的地球同步轨道卫星自主导航研究[J]．航天控制，2003.（4）：1-6.

[14] 李琳琳，孙辉先．基于星敏感器的星光折射卫星自主导航方法研究[J]．系统工程与电子技术，2004，26（3）：353-357.

[15] 王国权，薛申芳，金声震，等．卫星自主导航中卡尔曼滤波算法改进与计算机仿真[J]．计算机仿真，2004，21（7）：33-35.

[16] Lin Yurong, Deng Zhenglong. Star-sensor-based predictive Kalman filter for satellite attitude estimation[J]. Science in China, Set. F, 2002, 45（3）：189-195.

[17] 崔祜涛，崔平远．软着陆小行星的自主导航与制导[J]．宇航学报，2002，23（5）：1-4.

[18] 杨博，伍小洁，房建成．一种用星敏感器自主定位方法的精度分析[J]．航天控制，2001，（1）：12-16.

[19] 杨博，房建成，伍小洁．星光折射航天器自主定轨方案比较[J]．航天控制，2001，（3）：12-16.

[20] 张瑜，房建成．基于 Unscented 卡尔曼滤波器的卫星自主天文导航研究[J]．宇航学报，2003，24（6）：646-650.

[21] 宁晓琳，房建成．一种基于信息融合的卫星自主天文导航新方法[J]．宇航学报，2003，24（6）：579-583.

[22] 田玉龙，王广君，房建成，等．星光模拟的半物理仿真技术[J]．中国航天，2004，（4）：25-26.

[23] 饶才杰，房建成．一种星图模拟中观测星提取的方法[J]．光学精密工程，2004.12（2）：129-135.

[24] 田玉龙，全伟，王广君，等．星图识别的剖分算法[J]．系统工程与电子技术，2004.26（11）：2675-2679.

[25] 房建成，全伟，孟小红．一种基于 Delaunay 三角剖分的全天自主星图识别算法[J]．北京航空航天大学学报，2005，31（3）：311-315.

[26] 王广君，房建成．一种星图识别的星体图像高精度内插算法[J]．北京航空航天大学学报，2005，31（5）：566-569.

第 2 章　天文导航的天体敏感器

2.1　引言

　　航天器天文导航是利用天体敏感器测得的天体(月球、地球、太阳、其他行星和恒星)方位信息并结合天文观测获得的星历以及其他已知信息进行航天器位置计算的一种定位导航方法。天文导航系统由天体测量部分和导航解算部分组成。天体测量部分一般由天体敏感器和相应的接口电路组成。根据不同的任务和飞行区域，可以采用的天体敏感器有太阳敏感器、地球敏感器、恒星敏感器、天文望远镜及行星照相仪等。

2.2　天体敏感器分类

　　获取上述天文导航所需的观测量需要利用多种敏感器，包括天体敏感器，图像敏感器，测距、测速、测角敏感器和惯性敏感器等，分类如图 2-1 所示。

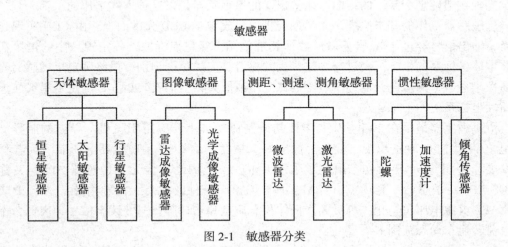

图 2-1　敏感器分类

　　按不同的分类规则，天体敏感器可分为以下几种类型：
　　①按敏感天体的不同分为：地球敏感器、太阳敏感器、恒星敏感器、月球敏感器和行星敏感器等。
　　②按所敏感光谱的不同分为：可见光敏感器、红外敏感器和紫外敏感器。其中，紫外

敏感器是近年发展起来的一种新型敏感器，它不仅对恒星敏感，还对地球、月球和太阳敏感，且抗干扰能力强。

③按光电敏感器件的不同可分为：CCD（Charge Coupled Device）天体敏感器和 CMOS（Complementary Metal-Oxide-Semiconductor Active Pixel Sensor）天体敏感器。光电敏感器件是天体敏感器的核心。其中 CMOS 敏感器与 CCD 敏感器相比具有抗辐射能力强、动态范围大、便于和外围电路以及信号处理电路大规模集成、低功耗和低成本等优点，是光电敏感器的发展方向之一。

2.3　恒星敏感器

2.3.1　恒星敏感器简介

恒星敏感器(简称星敏感器)是当前广泛应用的天体敏感器，它是天文导航系统中一个很重要的组成部分。它以恒星作为姿态测量的参考源，可输出恒星在星敏感器坐标下的矢量方向，为航天器的姿态控制和天文导航系统提供高精度测量数据。

星敏感器工作可分为星跟踪和星图识别两种方式。

①星跟踪方式：预先选取一颗或几颗目标星，驱动伺服机构使安装支架转动，保持光轴始终对准目标星，并测量出光轴相对于卫星的转角，由于目标星在惯性坐标系下的坐标是已知的，可以通过转角确定卫星在惯性空间的姿态。

②星图识别方式：对任意天区进行成像并识别被观测星（根据任务确定极限星等），确定光轴在惯性坐标系下的指向。通常定义的星敏感器是以这种方式工作的。

星敏感器工作的基本原理是光学系统将恒星成像于 CCD 光敏面上，由 CCD 实现光电转换，输出信号经过 A/D 转换后送数据处理单元，经星点提取，确定视场中的恒星在敏感器本体坐标系的坐标。经过与导航星表的比对，完成星图识别，最终确定星敏感器光轴在惯性坐标系下的指向，通过星敏感器在卫星或航天器上的安装矩阵，确定卫星或航天器在惯性坐标系下的三轴姿态。

恒星敏感器最早在 20 世纪 50 年代初研制成功，主要应用于飞机、导弹的制导。20世纪 70 年代初 CCD 的出现，促进了像质好、精度高的 CCD 星敏感器的研制。随着科技的发展；20 世纪 90 年代初，出现了采用 CMOS 工艺的动态像元星敏感器 APS，又称为CMOS APS 星敏感器，其优点有：APS 具有 CMOS 器件的优点，抗辐射能力强，集成度高；APS 电源电压单一化，可极大降低体积、质量和功耗等；APS 读出信号噪声低，不需要电荷转换，动态范围大。

20 世纪 70 年代，美国最早将星敏感器应用于航天器上。1989 年，苏联就将其用在"和平号"空间站上。联邦德国、法国和日本也先后使用星敏感器测量航天器姿态。20世纪 80 年代，我国开始星跟踪器的研制，目前技术已基本成熟，现已采用星跟踪器确定航天器的姿态。

随着科学技术的发展，为适应航天器定姿及导航精度的要求，对恒星敏感器的性能要求也越来越高，通常对新型星敏感器的要求如下：

①能够敏感微弱星光。恒星敏感器测量对象是恒星，天空中大部分的恒星星光都比较微弱，为了满足星体识别和导航精度的要求，恒星敏感器应能够感知弱光信息。

②高精度。恒星敏感器通常作为一种高精度的姿态确定设备，应用于飞机、导弹等高精度制导武器的天文导航系统中。目前国外的定姿精度已达到 $1''(1\sigma)$ 以内。

③实时性强。为实现航天器的姿态确定，需对敏感到的恒星进行实时的星体识别。自主星图匹配识别算法作为恒星敏感器的核心，不但要能实现姿态的快速获取，当由于某种原因造成姿态丢失时，还能实现快速重建。因此，识别的实时性问题就成为衡量恒星敏感器的关键指标。

④抗干扰、抗空间辐射能力强。恒星敏感器敏感微弱星光信息，杂散光的干扰不但对成像质量影响很大，甚至会使星敏感器不能正常工作，因此必须采用遮光罩来抑制杂散光，增强抗干扰能力。通常面向空间应用的仪器必须具有抗辐射能力，恒星敏感器也不例外。

⑤体积小、质量轻、功耗低。为了实时、准确地获取航天器的姿态信息，常在航天器上安装两个或两个以上的恒星敏感器，因而低成本、小体积和低功耗就显得尤为重要。

2.3.2　恒星敏感器分类

恒星敏感器按其发展阶段可分为恒星扫描器、框架式恒星跟踪器和固定敏感头恒星敏感器三种类型。

①恒星扫描器又称星图仪。它带有一狭缝视场，适用于自转卫星。其原理是卫星自转时，敏感器扫描天区，狭缝视场敏感恒星，处理电路检测恒星扫过的时间和敏感的星光能量，并根据先验知识、匹配识别等，可测出卫星的姿态。它没有旋动部件，可靠性较高；但由于系统信噪比低，在工程实用中受到严重的限制，现已基本淘汰。

②框架式恒星跟踪器。其原理是导航星通过光学成像系统在敏感面上成像，处理电路检测出星像在视场中的位置及大小，根据检测结果驱动伺服机构使机械框架转动，将导航星的图像尽可能保持在视场中心。最后根据识别星的信息和框架转角情况，来确定航天器的姿态。此种类型的恒星敏感器结构复杂，可靠性较差。

③固定敏感头恒星敏感器。其类似恒星扫描器，不过它没有成像装置。其原理是通过光学系统由光电转换器件敏感恒星，处理电路扫描搜索视场，来获取、识别导航星，进而确定航天器的姿态。这种类型的恒星敏感器视场呈锥形，易于确定星像的方位，且没有机械可动部件，因而可靠性高，具有广泛的应用前景，目前固定敏感头的 CCD 恒星敏感器因其像质好、分辨率高、技术发展比较成熟等已在工程上得到了广泛的应用。新型固定敏感头的 CMOS APS 恒星敏感器，由于具有集成度高、不需电荷转换、动态范围大等特点，是恒星敏感器发展的方向。

2.3.3　恒星敏感器结构

图 2-2、图 2-3 和图 2-4 分别为三个阶段的恒星敏感器的基本结构框架。

图 2-2 为 20 世纪 50 年代初研制的早期星敏感器的基本框图，主要由电子箱、光电跟踪管和光学镜头组成。这是典型的跟踪式星敏感器。

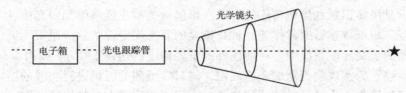

图 2-2　早期星敏感器基本框架结构

　　20 世纪 70 年代初 CCD 的出现以及集成电路的发展，促进了像质好、精度高的 CCD 星敏感器的研制。该星敏感器主要由图 2-3 所示的 CCD 器件、外围采样电路、信号处理电路和光学镜头四部分组成。该敏感器是星图识别式星敏感器。

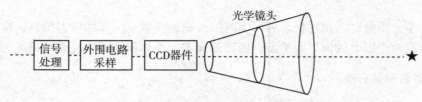

图 2-3　CCD 星敏感器基本框架结构

　　20 世纪 90 年代初，随着大规模集成电路技术和 CMOS 加工工艺技术的日趋成熟，出现了采用 CMOS 工艺的动态像元星敏感器 APS。这类基于 CMOS APS 光电敏感器的新一代星敏感器主要由 CMOS APS 器件、外围电路、信号处理电路、导航计算机和光学镜头组成，如图 2-4 所示。

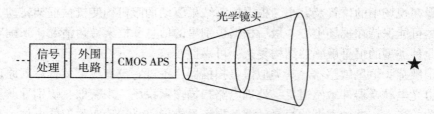

图 2-4　CMOS 星敏感器基本框架结构

　　目前 CCD 星敏感器技术发展较为成熟，在工程上已得到了广泛的应用。下面几幅为 CCD 星敏感器的实物图。图 2-5 所示为德国 Jena ASTR0-15 型 CCD 星敏感器，图 2-6 所示为法国 SODERN SED26 型 CCD 星敏感器，图 2-7 所示为中国科学院北京天文台设计的 CCD 星敏感器。

　　下面以 CCD 恒星敏感器为例对恒星敏感器的结构进行简要介绍。恒星敏感器的基本结构包括遮光罩、光学系统、光电转换电路（CCD 组件、时序电路、驱动电路、采集和放大电路）、控制电路（制冷器控制、工作参数采集）、二次电源、数据处理模块（星图预处理、星体质心提取、星图识别和定姿)以及对外接口。其基本的结构如图 2-8 所示。

图 2-5　Jena ASTR0-15 型 CCD 星敏感器探测器

图 2-6　SODERN SED26 型 CCD 星敏感器探测器

质量：2.4kg(不包括遮光罩)　视场：8.9°×6.6°
星等：6.5　　　　　　　精度：9.4″(1σ)

图 2-7　北京天文台设计的 CCD 星敏感器探测器

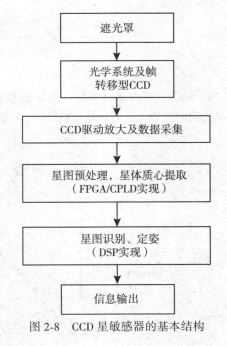

图 2-8　CCD 星敏感器的基本结构

2.3.4　恒星敏感器的工作原理

　　恒星敏感器(后文简称星敏感器)的工作原理是以恒星为参照物，利用敏感器拍到的星图，经过恒星质心提取、星图识别、姿态确定等一系列计算，确定出星敏感器视轴在天球上的瞬间指向，为深空探测器导航提供有效信息，具体工作原理如下：

　　已知恒星在天球坐标系 $O-XYZ$ 下的赤经 α 和赤纬 δ，如图 2-9 所示，则恒星在惯性坐标系下的单位矢量 s_i 可以表示为：

$$s_I = \begin{bmatrix} \cos\alpha\cos\delta \\ \sin\alpha\cos\delta \\ \sin\delta \end{bmatrix} \tag{2-1}$$

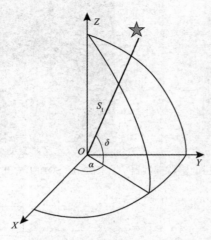

图 2-9　天球坐标系中恒星的坐标

恒星的星光经过光学系统，在星敏感器的敏感面阵上成像，星点在敏感器像平面坐标系 $O\text{-}xy$ 中的坐标为 (x_c, y_c) 可以直接读出，如图 2-10 所示，根据摄影测量中的几何关系可得：

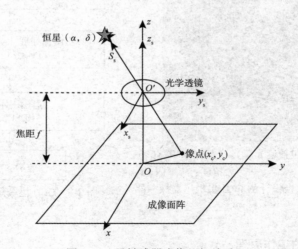

图 2-10　星敏感器成像几何关系

$$s_s = \frac{1}{\sqrt{x_c^2 + y_c^2 + f^2}} \begin{bmatrix} -x_c \\ -y_c \\ f \end{bmatrix} \tag{2-2}$$

式中，s_s 为恒星在敏感器本体坐标系中的单位位置矢量；f 为光学系统焦距。

S_I 和 S_S 的关系为

$$S_S = A_s A_b A_o S_I \tag{2-3}$$

式中，A_s 为星敏感器在探测器本体坐标系中的安装矩阵；一旦安装完成，该矩阵的各个元素是常数。A_b 为探测器本体坐标系在轨道坐标系中的姿态矩阵；该矩阵的各元素是待求量。A_o 为探测器轨道坐标系到惯性坐标系的转移矩阵，可根据轨道参数获得。

2.4 太阳敏感器

2.4.1 太阳敏感器简介

太阳敏感器通过对太阳辐射的敏感来测量太阳光线同航天器某一预定体轴或坐标面之间的夹角，以获得航天器相对于太阳的方位，是最早用于姿态测量的光学敏感器。由于太阳是一个非常明亮的光源，辐射强、易于敏感和识别，这给敏感器的设计和姿态确定算法带来了极大的方便，因此，太阳敏感器成为航天器首选的姿态敏感器，它应用最为普遍，几乎任一航天器都将其作为有效载荷。太阳敏感器的视场可达 $128° \times 128°$。目前，大视场阵列式数字太阳敏感器的分辨率可达角秒级。

太阳敏感器具有结构简单、工作可靠、功耗低、重量小、视场范围大等特点。太阳敏感器还可用来保护高灵敏度的仪器(如星敏感器)和对太阳帆板翼定位。太阳敏感器通常包括光学系统、探测器和信号处理电路三个部分。一般把光学系统和光电转换器件的组合称为光学敏感头。

太阳敏感器的发展趋势主要有以下几个方面：

①功能模块化，易于安装、维护，并适合大批量生产；

②小型一体化，质量轻、体积小、功耗低、成本相对较低；

③高度集成化，将探测器、驱动电路、处理电路及转换器等集成到单个处理板上，可大大缩小体积、功耗，同时还可提高可靠性和稳定性；

④性能高，即高精度、高分辨率和高处理速度，可实时准确地确定航天器的姿态。

2.4.2 太阳敏感器分类

目前，太阳敏感器的种类比较繁多，主要分为模拟式、数字式和太阳出现式敏感器三种类型。前两种的主要区别是输出信号的方式不同，一个是模拟信号，一个是离散数字信号，可以互相转化。第三种太阳出现式敏感器，又称为太阳指示器，它提供一个恒定的输出信号，这个信号反映了太阳是否在敏感器的视场内。

模拟式太阳敏感器有几种不同的结构形式，大体上可分为三种类型：余弦式、差动式和狭缝式太阳敏感器。每一种都有其特定的用途，例如，自旋稳定卫星广泛使用"V"形狭缝式太阳敏感器。它具有两条窄缝，其中一条缝与卫星自旋轴平行，另一条缝倾斜一个角度，构成"V"形。每条缝的后面装有硅光电池。卫星自旋时，这两条缝扫过太阳，产生两个脉冲信号。两个脉冲之间的时间间隔是太阳方位角的连续函数。通过测量脉冲间隔时间可确定太阳方位角。这种敏感器结构简单，工作可靠，测量范围大，精度可达 0.05°。

数字式太阳敏感器主要分为两大类：编码式太阳敏感器和阵列式太阳敏感器。编码式太阳敏感器码盘的角度分辨率受太阳张角（约 0.53°）的限制，因此它的精度低于 0.5°。提高精度的措施在于信号处理电路中采用数字编码细分技术，也就是将码盘最低位输出的模拟信号用模数转换电路进行细分，提高敏感器分辨率。根据这个原理制成的太阳敏感器在大视场范围内（如 128° × 128°）精度可达 0.025°。阵列式太阳敏感器的探测器采用阵列器件。它常用线列阵（多个敏感元排成一条直线），太阳像落在线阵上的位置代表太阳方位角。由于阵列器件中敏感元集成度很高，加上线路对信号的内插细分，阵列式敏感器的精度可达到角秒级。

太阳出现式敏感器工作原理简单，当太阳出现在敏感器视场内，并且信号超过门限值时，表示敏感到太阳，输出为 1；当信号低于门限值时表示没有敏感到太阳，输出为 0。它一般用作保护器，如用来保护红外地平仪免受太阳光的影响。

2.4.3　太阳敏感器结构

太阳敏感器的结构如图 2-11 所示。它由光谱滤波器、几何滤波器、敏感器件、噪声滤波器、畸变校正处理器及核心处理器组成。其工作原理是先通过光学器件，利用光谱滤波器（透镜、滤光片或增透膜片），滤掉太阳光之外的杂散光。几何滤波器确定敏感器内外的几何关系，在一定视场范围表现为被测太阳光的矢量方向。辐射敏感器件将通过光谱滤波器和几何滤波器后具有矢量属性的辐射能转变为电能，之后根据需求进行必要的噪声滤波和畸变校正处理，使之成为更高质量的信号，最后输出给核心处理电路进行处理，形成航天器所需的物理量。

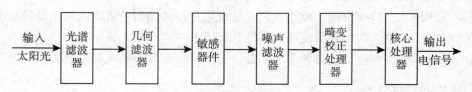

图 2-11　太阳敏感器的结构

图 2-12 是中国空间技术研究院研制的 DSS2 数字太阳敏感器实物图。其主要指标：视场范围为（±64°）×（±60°）；角度分辨率为 28″；输出为 16 位数字信号；光学敏感头质量为 0.35kg；敏感头尺寸为 86 mm×50 mm×30 mm；系统功耗为 0.5 W；工作环境温度为 −20~+50℃。图 2-13 是 Jena-Optronik GmbH 研制的 Fine 太阳敏感器实物图。其主要指标：视场范围为（±64°）×（±64°）；角度分辨率<0.18°（3σ）；输出为 16 位数字信号；光学敏感头质量<0.62 kg；系统功耗<0.2 W。

图 2-12 DSS2 数字太阳敏感器

图 2-13 Fine 太阳敏感器

2.4.4 太阳敏感器的工作原理

由于太阳敏感器所用的敏感元件不同,其工作原理略有区别,这里主要介绍狭缝式太阳敏感器和小孔成像式太阳敏感器的工作原理。

1. 狭缝式太阳敏感器

狭缝式太阳敏感器的工作原理如图 2-14 所示。两个敏感单元分别由两个窄缝组件构成,每个敏感单元都有一个入射狭缝和一个与狭缝平行的硅光电池。

狭缝 1 位于探测器的某一子午面内,狭缝 2 位于与子午面成 i 角的一个倾斜平面内,为了信号处理方便,将此倾斜平面绕自转轴反转过角 ϕ_0(称为预置角)。

当探测器自旋时,太阳光先后射入狭缝 1 和狭缝 2。由狭缝 1 输出的太阳脉冲基准信号,可以测出探测器的自旋周期 T_{s1},由狭缝 1 和狭缝 2 输出信号的时间间隔 t,可以由球面三角公式计算出太阳光线与自旋轴夹角 θ。

$$\cot\theta = \cot i \sin\phi = \cot i \sin(\omega t - \phi_0) \tag{2-4}$$

2. 小孔成像式太阳敏感器

小孔成像式太阳敏感器运用光学小孔成像原理,太阳光通过敏感面上方的小孔投射,成像光斑投射到敏感面上,然后通过信息处理电路提取像光斑中心位置,由于光斑中心与太阳光矢量的角度有关,因此可以由光斑中心算出太阳入射角,由太阳入射角可以确定太阳矢量方向,如图 2-15 所示。

图 2-15 中,O_s-$X_sY_sZ_s$ 为太阳敏感器坐标系,其中 O_s 是小孔所在位置,O_c-$X_cY_cZ_c$ 为像平面坐标系,(x, y) 为像点坐标(光斑中心),(α_s, δ_s) 为太阳的方位角和仰角,d 为小孔距离敏感面的垂直高度。(x, y) 和 (α_s, δ_s) 的关系为

$$\begin{cases} \tan\alpha_s = \dfrac{x}{y} \\ \tan\delta_s = \dfrac{\sqrt{x^2 + y^2}}{d} \end{cases} \tag{2-5}$$

95

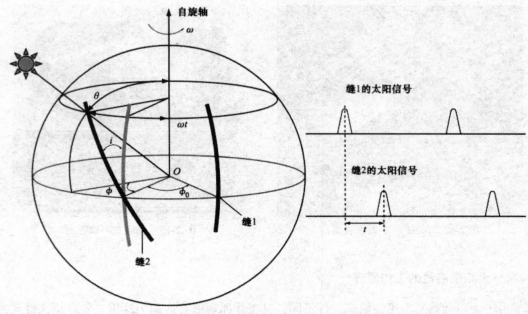

图 2-14　狭缝式太阳敏感器的工作原理

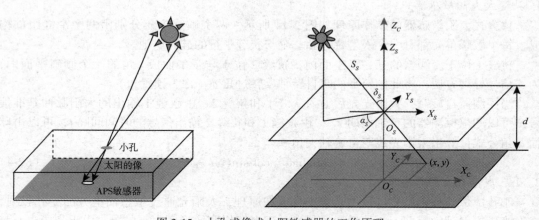

图 2-15　小孔成像式太阳敏感器的工作原理

由式（2-5）可以推出太阳在敏感器坐标系中的矢量 S_s，为

$$S_s = \begin{bmatrix} \sin\alpha_s \sin\delta_s \\ \cos\alpha_s \sin\delta_s \\ \cos\delta_s \end{bmatrix} \tag{2-6}$$

已知太阳在天球坐标系 $O\text{-}XYZ$ 下的赤经 α 和赤纬 δ，如图 2-9 所示，则太阳在惯性坐标系下的单位矢量 S_i 可以表示为

96

$$S_I = \begin{bmatrix} \cos\alpha\cos\delta \\ \sin\alpha\cos\delta \\ \sin\delta \end{bmatrix} \tag{2-7}$$

S_I和S_S的关系为

$$S_S = A_s A_b A_o S_I \tag{2-8}$$

式中，A_s为太阳敏感器在探测器本体坐标系中的安装矩阵；一旦安装完成，该矩阵的各个元素是常数。A_b为探测器本体坐标系在轨道坐标系中的姿态矩阵；该矩阵各个元素为待求量。A_o为探测器轨道坐标系到惯性坐标系的转移矩阵，可根据轨道参数获得。

2.5 地球敏感器

2.5.1 地球敏感器简介

地球敏感器是一种借助于光学手段获取航天器相对于地球姿态信息的光学姿态敏感器，在天文导航系统中得到广泛的应用。它主要确定航天器与地球球心连线的矢量方向。目前，主要有地平扫描敏感方式和地平热辐射平衡敏感方式两种。

地球敏感器在发展初期，由于其在工作原理和光学波段方面的不同，呈现出了多样化的状况。一直到20世纪70年代初，因地平跟踪式的局限性，使光学波段统一到了14~16μm范围内。从科学研究的实际情况考虑，以地球作为面参考源限制了地球敏感器的测量精度。随后在地球敏感器的研究工作中，有较大部分集中于完善地球的红外辐射模型，力图使更多源于参考源非几何点的误差成为可预知的系统误差，并且可被补偿掉，这些研究工作已经取得了较大的进展。

目前，地球敏感器的发展方向主要有以下几个方面：
①多敏感元(阵列式)红外探测器；
②信号处理的数字化；
③紫外地球敏感器，它是一种基于硅成像阵列的三轴姿态敏感器，代表新一代地球敏感器的发展方向；
④偏航地球敏感器，它利用地球球体辐射的能量分布获取偏航姿态信息。

2.5.2 地球敏感器分类

整个地球都被大气层所包围，地球辐射主要由大气层和地球表面所引起，分为反射辐射和自身辐射。其中反射辐射大多是可见光部分的辐射，自身辐射大部分是红外辐射。因而，地球敏感器按其敏感光谱波段的不同，主要分为地球反照敏感器和红外地球敏感器两类。

地球反照敏感器是一种敏感地球反射的太阳光来获得航天器相对于地球姿态信息的光学敏感器。它敏感的光谱波段主要为可见光。这种类型的敏感器结构简单，但由于反照信息会随时间变化，因而其性能的提高受到了很大的限制。另外，地球边缘的不确定性是制约地球敏感器测量精度的主要原因。在可见光波段，受日照条件影响，测量精度常随时间变化，这给地平的确定带来了困难。相反，地球辐射的红外波段由于具有辐亮度变化比可见光小得多的特点，因而地球大气系统在红外波段确定的地平圈比较稳定。

地球的红外辐射由地球表面辐射和大气层辐射综合作用而形成，对地平辐射的波动影响最大的因素是温度的变化和云层。其中，温度是影响红外辐射的最重要因素，由于温度的变化量对比较长的波长来说，辐射的起伏要小一些，所以应尽可能选长波波段。大气中主要的吸收气体是水蒸气和二氧化碳，即应选择 $15\mu m$ 吸收带。

红外地球敏感器以敏感地球的红外辐射来获取航天器相对于地球的姿态信息，常称为红外地平仪。常用工作波段为 $14\sim16\mu m$，可较为稳定地确定地球轮廓和辐射强度，且红外地球敏感器对航天器本身反射的太阳光不敏感，可全天候正常工作，在实际工程中应用非常广泛。

一般来说，红外地球敏感器（以下简称地平仪）由光学系统、探测器和处理电路组成。目前它主要分为动态地平仪和静态地平仪。

1. 动态地平仪

动态地平仪的主要原理是利用运动机械部件带动一个或少量几个探测器的瞬时视场扫过地平圈，从而将空间分布的辐射图像变换为时间分布的波形。然后通过信号处理的手段检测地球的宽度或相位，计算出地平圈的位置，从而确定两轴姿态。

动态地平仪根据其扫描方式分圆锥扫描和摆动扫描。较早出现的是圆锥扫描红外地平仪，主要优点是扫描的视场范围大、易于敏感到地球且响应速度快，适用于三轴稳定的卫星。其原理是：以安装在本体上扫描装置的扫描轴为中心轴，视轴与此中心轴有一定的夹角，在敏感过程中，电机驱动视轴绕中心轴形成一锥面对地平圈进行扫描，将扫过地平圈的信息，进行采集、处理以确定地平的矢量信息。其工作原理图如图 2-16 所示。

摆动扫描红外地平仪一般适用于长寿命的同步卫星。其工作原理类同圆锥扫描地平仪，不同的是它将扫描装置改为摆动装置，通过视轴在一定角度范围内摆动来实现对地平的扫描。它对地平圈上的同一点进行方向相反的两次扫描，根据这两次扫描所获取的信息完成对地平的量测。

2. 静态地平仪

静态地平仪的工作方式类似于人的眼睛，它利用典型的焦平面技术，将多个探测器放在光学系统的焦平面上，通过探测器对投影在焦平面上地球红外图像的响应，来计算地球的方位。静态地平仪具有体积小、质量轻、功耗低、寿命长和抗震动等优点，适合用作新一代小型卫星姿态敏感器。这里主要介绍一种辐射热平衡式红外地平仪。

辐射热平衡式红外地平仪，一般有多个视场，且都等间隔对称分布，图 2-17 所示为 8 个视场的辐射热平衡式红外地平仪。在这些视场中，每个视场只接收来自地球特定区域的红外辐射，在工作时，对每个视场所接收的辐射能量进行分析处理，进而完成对航天器姿态的量测。它不需要扫描和摆动装置，体积小、功耗低。

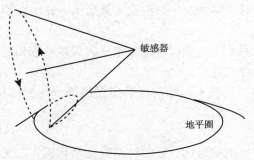
图 2-16 圆锥扫描地平仪的工作原理示意图

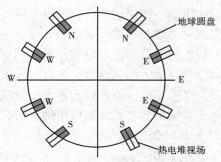
图 2-17 辐射热平衡式红外地平仪

2.5.3 地球敏感器结构

一般地球敏感器的结构框图如图 2-18 所示。其中扫描或摆动机构只存在于动态地平仪中。处理模块接收来自探测器的信息，进行分析处理，完成所需信息的输出。

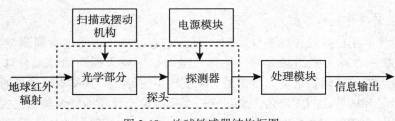
图 2-18 地球敏感器结构框图

在研制地球敏感器前应根据需求确定其类型、工作波段、探测器的种类、处理电路方案、扫描角传感器方案（对主动扫描式）、地球辐射不均匀误差补偿方案（对辐射热平衡式）、太阳干扰抑制方案和月球干扰抑制方案等问题。

2.6 其他天体敏感器

上述几节分别论述了恒星敏感器、太阳敏感器和地球敏感器三种天文导航中常用的天体敏感器，它们是航天器敏感天体的主流敏感器。在实际工程应用中，除了这几种主流敏感器外，还有其他的一些天体敏感器，这些敏感器有些在技术上已经趋于成熟，有些则刚刚起步。

本节简要介绍天文望远镜和行星照相仪。

1. 天文望远镜

天文望远镜是人类对浩瀚宇宙、广袤星空进行探索的主要天体敏感器。它分为光学望远镜和射电望远镜。

光学望远镜采用光学原理，通过透镜的反射、折射，利用光电转换器件敏感被测天体，经处理电路对敏感图像进行处理来实现对天体的观测；它一般由物镜、目镜和光电转换器件组成，物镜用来收集来自天体的光线，目镜将光线中杂散光去除后引入光电转换器件完成对天体的敏感、成像和处理。

　　射电望远镜采用电磁学技术，利用天体本身发出的不同电磁波来敏感天体；它和光学望远镜相比最大的优点是它具有全天候敏感天体的特点。

　　天文望远镜一般在航天器天文导航系统中，为航天器的位置确定提供部分观测信息，同时还可辅助导航系统完成精确定姿的任务。

2. 行星照相仪

　　行星照相仪实际上是一种在太空中能够直接观测遥远行星的巨型针孔照相机。在天文导航系统中，一般用来观测行星的边缘或对行星整体成像，用其观测的信息可计算出航天器本体到被观测行星中心的方位。

2.7　自主天文导航敏感器系统

2.7.1　空间六分仪自主天文定位系统(SS-ANARS)

1. 空间六分仪定位导航的原理

　　空间六分仪的定位导航原理不仅简单，而且完全自主。它通过精确测量亮星(星等<3^m)与地球边缘或月球明亮边缘之间的夹角，进而确定航天器与地球或月球质心间的连线，并结合航天器的精确轨道动力学模型，来实现自主导航。其基本原理是通过测量一颗无限远处的恒星和地球之间的夹角，来建立一个顶点位于地球的航天器的位置锥，通过测量另一颗恒星与地球的夹角可建立第二个位置锥，两锥的交线即为航天器到地球的位置线。通过观测恒星与月球之间的夹角同样可获得航天器的位置信息。由于月球、地球和航天器之间相对位置的变化，继续观测还可得到新的位置线，在此基础上，结合航天器轨道动力学方程，利用导航计算机便可确定出航天器的三维位置坐标。利用地球的测量信息可快速改善初始导航的估计精度，月球测量信息和地球测量信息相结合可获得更高的航天器导航精度。

2. 空间六分仪的精确测角原理

　　空间六分仪具有两个跟踪望远镜和一个角度测量装置，该测角装置能够精确地测量两个望远镜光轴之间的夹角。其基本测量原理如图 2-19 所示，假定每个跟踪望远镜分别锁定跟踪目标，转轮以恒定的角速度旋转，当计时标志器经过跟踪器 A 的光轴时，计时器 A 将接收到一个脉冲(T_1 时刻)，当计时标志器继续转动并经过跟踪器 B 的光轴时，计时器 B 也接收到一个计时脉冲(T_2 时刻)，这时可求得两个望远镜光轴之间的夹角是 $\theta_1 = \omega(T_2 - T_1)$。当转轮继续旋转，计时标志器再次通过计时器 A 时，计时器再次接收到计时脉冲(T_3 时刻)，因此 $\theta_2 = \omega(T_3 - T_2)$，$\theta_2$ 是 θ_1 的补角，可根据 θ_2 得到 θ_1 的第二次测量值。

　　计时脉冲用来启动和停止计时器计数脉冲个数，二进制计数器累计的脉冲个数对应待测夹角的度数。转轮的转速为 8r/s，这样每秒钟可得到 16 次夹角测量结果。两个光学望远镜是完全相同的，都可用来跟踪一颗恒星或者月球、地球的明亮边缘。

空间六分仪跟踪望远镜的伺服系统使其自动瞄准月球和地球的边缘,为了最终测得恒星与月球质心或地球质心间的夹角,还要根据已知月球和地球的半径及表面地形的变化对测量的夹角进行修正。月球的位置坐标的精确估计可由六分仪的处理器计算得到。但是月球表面的高原和峡谷会使月球边缘相对月球理想圆盘造成几个角秒的误差,如图2-20所示。月球明亮边缘在空间六分仪望远镜视场中的张角约11°,月球边缘相对圆盘边缘的变化均以列表形式存入空间六分仪的处理器内,用于修正测得的恒星和月球边缘的夹角,修正后的精度可达±0.1″。为了最终得到恒星与月球质心的夹角,在测得恒星与月球实际边缘之间的夹角后,还要加上或减去月球实际半径相对航天器的张角。月球的实际半径包括两部分:①平均光学边缘对应的恒定半径;②需要补偿的实际月球表面不平带来相对月球平均光学边缘的变化量。

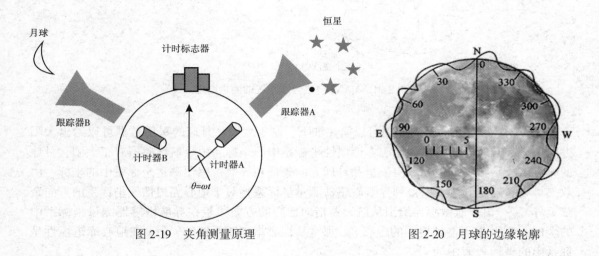

图 2-19　夹角测量原理　　　　　　　　图 2-20　月球的边缘轮廓

2.7.2　MANS 自主天文导航系统

美国 Microcosm 公司研制了麦氏自主导航系统 MANS(Microcosm Autonomous Navigation System)。MANS 利用专用的麦氏自主导航敏感器对地球、太阳和月球的在轨测量数据实时确定航天器的轨道,同时确定航天器的三轴姿态,是完全意义上的自主导航系统。MANS 的导航敏感器在 EDO 公司巴恩斯工程部研制的双锥扫描地平仪的基础上,增加了一对扇形扫描式日、月敏感器,由对地球的红外辐射圆盘的角半径以及地心、日、月方向矢量的量测值确定航天器的轨道和三轴姿态。

1994 年 3 月,美国空军在范登堡空军基地发射"空间试验平台—零号"航天器,其有效载荷为"TAOS(Technology for Autonomous Operational Survivability,自主运行生存技术)"飞行试验设备。通过飞行试验对 MANS 天文导航系统及其关键技术进行了检验,验证结果公布的导航精度为:位置精度 100m(3σ),速度精度 0.1m/s(3σ)。

下面就 MANS 自主导航系统做具体介绍。

1. MANS 自主导航系统的测量原理

如图 2-21 所示,利用 MANS 自主导航敏感器扫描一圈可以得到七个独立的观测量:

101

太阳方向矢量(两个分量),月球方向矢量(两个分量),地球的地心方向矢量(两个分量)以及航天器到地心的距离。由此可以确定航天器的轨道和姿态。

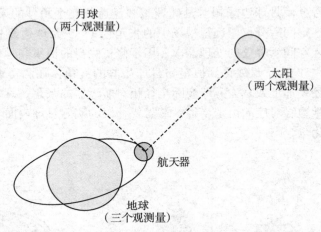

图 2-21　MANS 自主导航系统的测量原理

MANS 系统导航的基本原理可以简述如下:基于太阳、月球的星历数据可以给出太阳方向矢量和月球方向矢量在地心赤道惯性坐标系中的坐标,由导航敏感器对于太阳、月球的测量值分别给出了太阳方向矢量和月球方向矢量在导航敏感器测量坐标系中的坐标,由双矢量姿态确定方法可以得到导航敏感器测量坐标系相对于地心赤道惯性坐标系的方向余弦矩阵 C_{si},由导航敏感器给出从航天器指向地心的方向矢量在导航敏感器测量坐标系中的坐标 r_e 以及航天器到地心的距离 r,那么从地心指向航天器的矢量 r 在地心赤道惯性坐标系中的坐标 r_i 表示为

$$r_i = - r \cdot C_{si}^{\mathrm{T}} r_e \tag{2-9}$$

这样,由导航敏感器扫描一圈给出的测量值可得到航天器的瞬时位置矢量在地心赤道惯性坐标系中的坐标,于是根据导航敏感器在一个时间序列上给出的测量值便可以确定航天器的轨道。

Microcosm 公司利用地面仿真器对于 MANS 自主导航系统的性能进行了分析。预测的系统性能对应于系统滤波器收敛之后的最差情况,如轨道阴影末期和新月末期。在正常运行条件下,轨道机动 60s 之后,MANS 自主导航系统的精度(3σ)可达:位置 100m,速度 0.1m/s,姿态 0.03°,姿态角速率 0.005°/s。

2. MANS 自主导航系统结构

MANS 自主导航系统包括双圆锥扫描式红外地球敏感器,两个扇形扫描式日、月敏感器,可以同时获得地球、太阳和月球的测量信息。MANS 自主导航敏感器及其电子线路总重量 4.5kg,功耗 14 W。相对于单圆锥扫描式红外地球敏感器而言,双圆锥扫描式红外地球敏感器具有单一的光学扫描头部,扫描转速为 240r/min。利用反射镜结构得到两个直径为 2.5° 的红外视场,扫描后红外视场的轨迹是两个共轴的圆锥,半锥角分别为 38° 和 73°。光学头部扫描一圈,热电检测器最多可以检测到四个地平穿越信号,由信号出现的时刻可以确定地心方向矢量相对于航天器的方位，并可求得航天器到地心的距离。在双圆锥扫描式红外地球敏感器的基础上增加了两个可见光敏感器，其视场为 72°×2.5° 的狭缝，相对于扫描转轴倾斜 16°。在光学头部的扫描过程中，视场扫过的空间为与扫描转轴夹角在 23°~87° 的球带区域，如图 2-22 所示。利用硅光二极管检测器可以敏感太阳和月球信息，根据太阳、月球在视场中出现的时刻可以求得其方向矢量相对于航天器的方位。检测器具有多个光强阈值，可以辨识太阳和月球信号，并且可以剔除地球信号。

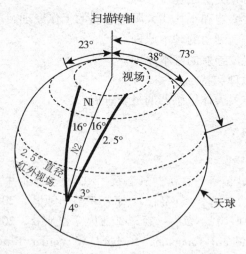

图 2-22　双圆锥扫描式红外地球敏感器和可见光敏感器视场的几何关系

3. MANS 自主导航系统的特点

MANS 自主导航系统具有如下的特点：

①基于一个导航敏感器的测量值即可以完成自主导航和三轴姿态确定的任务，可以应用于中低轨道卫星和同步轨道卫星；

②导航敏感器由通常的单圆锥扫描式红外地球敏感器经过改进而成，质量轻、功耗低、成本低廉；

③具有中等导航精度；

④采用了轨道动力学，敏感器设计加工标定技术、地球环境特性研究、信息处理等领域当时最新的技术成果。

2.8　本章小结

天文导航系统的实现必须依赖天体的量测信息，其定位精度在很大程度上取决于天体信息的量测精度，即天体敏感器的精度。本章主要介绍了为航天器自主天文导航系统提供天体量测信息的恒星敏感器、太阳敏感器、地球敏感器和其他天体敏感器，概要叙述了上述几种天体敏感器的分类与结构；此外还介绍了空间六分仪和 MANS 自主天文导航系统。对今后学习有关天文导航系统的相关知识有很重要的参考价值。

◎ 思考题与习题

1. 简述天体敏感器的分类。
2. 简述地球敏感器的分类及原理。
3. 简述恒星敏感器的分类及原理。
4. 简述太阳敏感器的分类及原理。
5. 简述狭缝式太阳敏感器和小孔式太阳敏感器的工作原理。
6. 论述空间六分仪精确测角的基本原理。
7. 论述空间六分仪定位导航的基本原理。
8. 简述 MANS 导航原理和特点。
9. 上网了解国内外有关天体敏感器的最新进展。

◎ 参考文献

[1] 孙才红. 轻小型星敏感器研制方法和研制技术[D]. 北京：中国科学院，2002.

[2] 屠善澄. 卫星姿态动力学与控制[M]. 北京：宇航出版社，2003.

[3] 周军. 航天器控制原理[M]. 西安：西北工业大学出版社，2001.

[4] Bernard Kaufman, Richard Campion, Richard W. Vorder Bruegge. An Overview of the Astrodynamics for the Deep Space Program Science Experiment Mission[J]. Spaceflight Dynamics, 1993, 84(1): 141-155.

[5] Robert W. Hosken, James R. Wertz. Microcosm Autonomous Navigation System On-Orbit Operation[J]. Advances in the Astronautical Sciences, 1995.

[6] 李勇，魏春岭. 卫星自主导航技术发展综述[J]. 航天控制，2002(2): 70-74.

[7] 李捷，陈义庆. 航天器自主导航技术的新进展[J]. 航天控制，1997(2): 76-81.

[8] 章仁为. 卫星轨道姿态动力学与控制[M]. 北京：北京航空航天大学出版社，1998.

[9] 荀巍，乔书波，易维勇. 中低轨卫星定轨精度分析[J]. 解放军测绘学院学报，1999，16(2): 93-97.

[10] 吴伟仁，王大轶，宁晓玲. 深空探测器自主导航原理与技术[M]. 北京：中国宇航出版社，2011.

第 3 章　低轨地球卫星自主天文导航基本原理

3.1　基于轨道动力学方程的天文导航基本原理概述

基于轨道动力学方程的天文导航方法包括直接敏感地平和利用星光折射间接敏感地平的天文导航方法，其基本原理都是在航天器轨道动力学方程和天体量测信息的基础上，利用滤波技术精确估计航天器的位置和速度。两种方法的区别在于所利用的天体量测信息及相应的量测方程不同。

3.1.1　直接敏感地平自主天文导航方法的基本原理

直接敏感地平的自主天文导航基本原理比较简单，利用星敏感器观测导航恒星得到该星光在星敏感器测量坐标系的方向，通过星敏感器安装矩阵的转换，可算得星光在航天器本体坐标系中的方向；再利用红外地球敏感器或空间六分仪直接测得航天器垂线方向或航天器至地球边缘的切线方向，得到地心矢量在航天器本体坐标系中的方向；继而得到天文量测信息如星光角距(图 3-1)等，再结合轨道动力学方程和先进的滤波技术即可估计出航天器的位置信息。

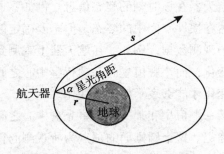

图 3-1　直接敏感地平的观测模型

3.1.2　利用星光折射间接敏感地平的自主天文导航基本原理

利用星光折射间接敏感地平的自主天文导航的基本原理是：利用星敏感器同时观测两颗星，一颗星的星光高度远大于大气层的高度，星光未受折射，而另一颗星的星光则被大气折射,这样两颗星光之间的角距将不同于标称值,该角距的变化量即为星光折射角。星光折射角与大气密度之间存在较精确的函数关系,而大气密度随高度的变化也有较准确的模型,从而可以精确地得到折射星光在大气层中的高度 r_k ,这个观测量反映了航天器与地球之间的几何关系,从中可以获得间接的地平信息,如图 3-2 所示。由于恒星敏感器的精度远高于地平仪的精度,因此,利用星光折射法可以得到更为精确的航天器位置信息。

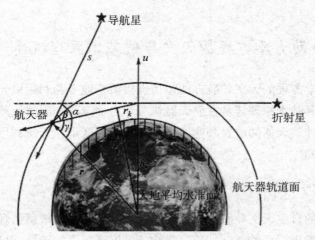

图 3-2　利用星光折射敏感地平的观测模型

3.1.3　航天器纯天文几何解析方法基本原理

由于天体在惯性空间中任意时刻的位置是可以确定的,因此通过航天器观测得到的天体方位信息,就可以确定航天器在该时刻的姿态信息。例如,通过对 3 颗或 3 颗以上恒星的观测数据就可确定航天器在惯性空间中的姿态。但是要确定航天器在空间中的位置,则还需要位置已知的近天体的观测数据。例如,在航天器上观测到的两颗恒星之间的夹角不会随航天器位置的改变而变化,而一颗恒星和一颗行星中心之间的夹角则会随航天器位置的改变而改变,该角度的变化才能够表示位置的变化。

用天体敏感器来测量某一颗恒星和某一颗行星光盘中心之间的夹角,航天器的位置就可由空间的一个圆锥面来确定。这个圆锥面的顶点为所观测的行星的质心,轴线指向观测的恒星,锥心角等于观测得到的恒星和行星光盘中心之间的夹角。根据这一观测数据可确定航天器必位于该圆锥面上。通过对第二颗恒星和同一颗行星进行第二次测量,便得到顶点也和行星的位置相重合的第二个圆锥。这两个圆锥相交便确定了两条位置线,如图 3-3 所示。航天器就位于这两条位置线的一条上,模糊度可以通过观测第三颗恒星来消除。但是,航天器位置的大概值一般已知,因此,航天器的实际位置线通常不需要第三颗恒星就可以确定。

通过第三个观测信息,比如说从航天器上观测到的该近天体与另一个位置已知的近天体之间的视角，就可以确定航天器在该位置线上的位置。

例 3-1 设某一时刻从地球飞往火星的航天器，得到三个量测信息：太阳—航天器—恒星 1 之间的视角 α_1，太阳—航天器—恒星 2 之间的视角 α_2，太阳—航天器—地球之间的视角 α_3。前两个量测值确定了一个以太阳为顶点的圆锥面，如图 3-3 所示。第三个量测值确定了以太阳与地球的连线为轴线的超环面。上述信息可用以下三个非线性方程来描述，即

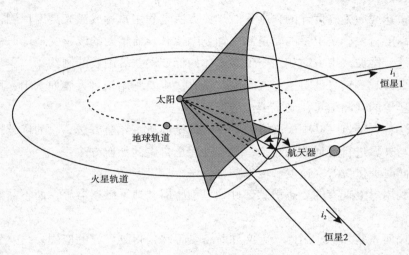

图 3-3 纯天文导航的基本原理

$$\left.\begin{array}{l} \boldsymbol{i}_r \cdot \boldsymbol{i}_1 = -\cos\alpha_1 \\ \boldsymbol{i}_r \cdot \boldsymbol{i}_2 = -\cos\alpha_2 \\ \boldsymbol{i}_r \cdot \boldsymbol{r}_p = \boldsymbol{r} - |\boldsymbol{r}_p - \boldsymbol{r}|\cos\alpha_3 \end{array}\right\} \tag{3-1}$$

式中，$\boldsymbol{i}_1$，$\boldsymbol{i}_2$ 为太阳到恒星 1 和恒星 2 的单位矢量；$\boldsymbol{r}$ 为航天器相对太阳的位置矢量；$\boldsymbol{r}_p$ 为地球相对太阳的位置矢量。求解该方程组可得到航天器的位置，但满足该方程的解不是唯一的。从几何上看，即为两个圆锥面的交线有两条，且这两条交线与超环面的交点也不唯一。该模糊度可通过航天器位置的预估值或增加观测量来消除。

3.2 地球卫星直接敏感地平的自主天文导航

对于地球卫星天文导航系统的量测模型而言，地平的敏感精度是影响观测量精度的最主要因素，进而影响天文导航精度。根据敏感地平方式的不同可分为直接敏感地平和利用大气星光折射间接敏感地平两种天文导航方法。本节主要介绍地球卫星直接敏感地平自主天文导航方法的原理、数学模型和导航精度分析。

当前地球卫星自主导航的主要方法如下：

①利用 GPS 进行半自主导航。该方法主要利用从至少 4 颗 GPS 卫星测得的伪距信息，通过求解方程组获得卫星的位置、速度和时间等导航数据。

②利用星间链路的自主导航。该方法主要利用多颗卫星之间的星间距离等测量信息进行自主导航。

③利用磁强计的自主导航。该方法是利用三轴磁强计作为测量仪器，通过卫星所在位置的地磁场强度的量测值与国际地磁场模型（IGRF）之间的差值来提供导航信息，确定卫星所在的位置。

④利用雷达或激光高度计的自主导航。该方法是利用雷达或激光高度计测得的卫星距离海平面的高度自主确定卫星的轨道和三轴姿态，其导航精度的改善受地球海平面高度模型的不确定性、微波波束方向相对于卫星本体的标定误差等因素的制约。

⑤利用天体观测信息的自主天文导航。该方法主要利用来自天体如太阳、地球以及其他恒星和行星等的观测信息，确定卫星的位置。

上述方法各有特点，其中天文导航是一种传统的自主导航方法，它的优越性在于：

①不需与外界进行任何信息交换，是一种完全自主的导航方法；

②可以同时提供位置、速度和姿态信息；

③仅需利用星上现有的姿态敏感部件如星敏感器、地平敏感器等，而不需额外增加其他硬件设备；

④不需任何先验知识。因此，天文导航备受青睐，得到广泛的应用。

3.2.1　地球卫星直接敏感地平自主天文导航原理

地球卫星直接敏感地平的自主天文导航方法简单、可靠、易于实现。如前所述，其基本原理是利用星敏感器观测导航恒星得到该星光在星敏感器测量坐标系的方向，通过星敏感器安装矩阵的转换，可算得星光在卫星本体坐标系中的方向。利用红外地球敏感器或空间六分仪测量卫星垂线方向或卫星至地球边缘的切线方向，算得地心矢量在卫星本体坐标系中的方向。根据卫星、所观测的导航星和地球之间的几何关系，结合轨道动力学方程和先进的滤波估计方法即可实现地球卫星的自主导航，获得高精度位置、速度等导航信息。如图 3-4 所示，星光角距（恒星视线方向与地心矢量方向间的夹角）为直接敏感地平方法中常用的一种观测量，其中恒星视线方向由星敏感器测得，地心的矢量方向由地球敏感器测得。

1. 地球卫星直接敏感地平自主天文导航系统的数学模型

（1）系统的状态方程

自主天文导航系统的状态模型即卫星轨道动力学方程，有多种表达形式。其中在天文导航系统中最常用的是直角坐标表示的摄动运动方程和牛顿受摄运动方程。

1）基于直角坐标系的卫星轨道运动学方程

在研究地球卫星的运动时，选取历元（J2000.0）地心赤道坐标系。此时，通常选用的

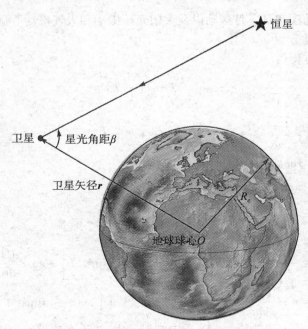

图 3-4 直接敏感地平的观测模型

卫星导航系统状态模型(轨道动力学模型)为

$$\frac{\mathrm{d}x}{\mathrm{d}t} = v_x$$

$$\frac{\mathrm{d}y}{\mathrm{d}t} = v_y$$

$$\frac{\mathrm{d}z}{\mathrm{d}t} = v_z$$

$$\frac{\mathrm{d}v_x}{\mathrm{d}t} = -\mu \frac{x}{\boldsymbol{r}^3}\left[1 - J_2\left(\frac{R_e}{r}\right)\left(7.5\frac{z^2}{r^2} - 1.5\right)\right] + \Delta F_x$$

$$\frac{\mathrm{d}v_y}{\mathrm{d}t} = -\mu \frac{y}{\boldsymbol{r}^3}\left[1 - J_2\left(\frac{R_e}{r}\right)\left(7.5\frac{z^2}{r^2} - 1.5\right)\right] + \Delta F_y$$

$$\frac{\mathrm{d}v_z}{\mathrm{d}t} = -\mu \frac{z}{\boldsymbol{r}^3}\left[1 - J_2\left(\frac{R_e}{r}\right)\left(7.5\frac{z^2}{r^2} - 4.5\right)\right] + \Delta F_z$$

$$\boldsymbol{r} = \sqrt{x^2 + y^2 + z^2}$$

(3-2)

简写为:

$$\dot{\boldsymbol{X}}(t) = f(X, t) + w(t) \tag{3-3}$$

式中,状态矢量 $\dot{\boldsymbol{X}} = \begin{bmatrix} x & y & z & v_x & v_y & v_z \end{bmatrix}^{\mathrm{T}}$,$x$,$y$,$z$,$v_x$,$v_y$,$v_z$ 分别为卫星在地心赤道坐标系中 x,y,z 三个方向的位置和速度,$w(t) = \begin{bmatrix} 0 & 0 & 0 & \Delta F_x & \Delta F_y & \Delta F_z \end{bmatrix}^{\mathrm{T}}$;$\mu$ 是地心引力常数;$\boldsymbol{r}$ 是卫星位置参数矢量;J_z 为地球引力系数;ΔF_x,ΔF_y,ΔF_z 为地球非

球形摄动的高阶摄动项和日、月摄动以及太阳光压摄动和大气摄动等摄动力的影响。

2) 牛顿受摄运动方程

牛顿受摄运动方程为

$$
\begin{aligned}
\frac{\mathrm{d}a}{\mathrm{d}t} &= \frac{2}{n\sqrt{1-e^2}}\left[e(S\sin f + T\cos f) + T\right] \\[2mm]
\frac{\mathrm{d}e}{\mathrm{d}t} &= \frac{\sqrt{1-e^2}}{na}\left[(S\sin f + T\cos f) + T\cos E\right] \\[2mm]
\frac{\mathrm{d}i}{\mathrm{d}t} &= \frac{\boldsymbol{r}\cos(w+f)}{na^2\sqrt{1-e^2}}W \\[2mm]
\frac{\mathrm{d}\Omega}{\mathrm{d}t} &= \frac{\boldsymbol{r}\sin(w+f)}{na^2\sqrt{1-e^2}\sin i}W \\[2mm]
\frac{\mathrm{d}w}{\mathrm{d}t} &= \frac{\sqrt{1-e^2}}{nae}\left[-\cos f\cdot S + \left(1+\frac{\boldsymbol{r}}{p}\right)\sin f\cdot T\right] - \cos i\frac{\mathrm{d}\Omega}{\mathrm{d}t} \\[2mm]
\frac{\mathrm{d}M}{\mathrm{d}t} &= n - \frac{1-e^2}{nae}\left[-\left(\cos f - 2e\frac{\boldsymbol{r}}{p}\right)S + \left(1+\frac{\boldsymbol{r}}{p}\right)\sin f\cdot T\right]
\end{aligned}
\tag{3-4}
$$

式中，$p = a(1-e^2)$；S 为沿矢量 $\boldsymbol{r}$ 方向的摄动力；T 为在轨道面内垂直于 $\boldsymbol{r}$、指向卫星运动方向的摄动力；W 为沿轨道面法线方向并与 S、T 构成右手系取向的摄动力。

为了方便使用，常将摄动力三个分量 S、T、W 转化成 U、N、W，此时的受摄运动方程变为

$$
\begin{aligned}
\frac{\mathrm{d}a}{\mathrm{d}t} &= \frac{2}{n\sqrt{1-e^2}}(1 + 2e\cos f + e^2)\frac{1}{2}U \\[2mm]
\frac{\mathrm{d}e}{\mathrm{d}t} &= \frac{\sqrt{1-e^2}}{na}(1 + 2e\cos f + e^2)\frac{1}{2}\left[2(\cos f + e)U - \sqrt{1-e^2}\sin E\cdot N\right] \\[2mm]
\frac{\mathrm{d}i}{\mathrm{d}t} &= \frac{r\cos(w+f)}{na^2\sqrt{1-e^2}}W \\[2mm]
\frac{\mathrm{d}\Omega}{\mathrm{d}t} &= \frac{r\sin(w+f)}{na^2\sqrt{1-e^2}\sin i}W \\[2mm]
\frac{\mathrm{d}w}{\mathrm{d}t} &= \frac{\sqrt{1-e^2}}{nae}(1 + 2e\cos f + e^2)\frac{1}{2}\left[2\sin f\cdot U + (\cos E + e)N\right] - \cos i\frac{\mathrm{d}\Omega}{\mathrm{d}t} \\[2mm]
\frac{\mathrm{d}M}{\mathrm{d}t} &= n - \frac{1-e^2}{nae}\left[(1 + 2e\cos f + e^2)\frac{1}{2}\left(2\sin f + \frac{2e^2}{\sqrt{1-e^2}}\sin E\right)U + (\cos E - e)N\right]
\end{aligned}
$$

$$\tag{3-5}$$

式中，U 为沿卫星运动轨道切线方向的摄动力，指向运动速度方向为正；N 为沿轨道主法线方向的摄动力，以内法向方向为正；W 等其他符号定义与式(3-4)相同。

（2）系统的量测方程

下面介绍地球卫星直接敏感地平的天文导航中通常使用的几种观测量和相应的量测模型。

1) 星光角距

星光角距是天文导航中经常使用的一种观测量，星光角距是指从卫星上观测到的导航恒星星光的矢量方向与地心矢量方向之间的夹角。

由图 3-5 中所示的几何关系，可得到星光角距 α 的表达式和相应的量测方程分别为

$$\alpha = \arccos\left(-\frac{\boldsymbol{r} \cdot \boldsymbol{s}}{r}\right) \tag{3-6}$$

$$Z(k) = \alpha + v_a = \arccos\left(-\frac{\boldsymbol{r} \cdot \boldsymbol{s}}{r}\right) + v_a \tag{3-7}$$

式中，$\boldsymbol{r}$ 是卫星在地心惯性球坐标系中的位置矢量，由地平敏感器获得；$\boldsymbol{s}$ 是导航星星光方向的单位矢量，由星敏感器识别。

2）星光仰角

星光仰角是指从卫星上观测到的导航恒星与地球边缘的切线方向之间的夹角，由图 3-6 所示的几何关系，可得星光仰角 γ 的表达式和相应的量测方程分别为

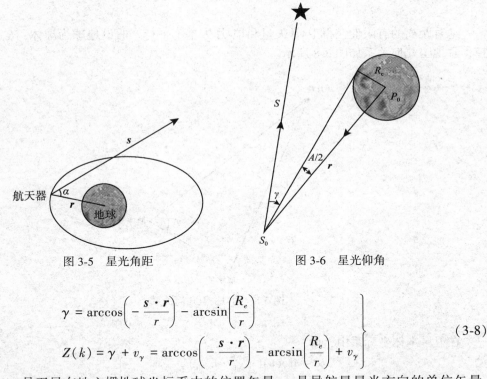

图 3-5　星光角距　　　　　图 3-6　星光仰角

$$\left. \begin{aligned} \gamma &= \arccos\left(-\frac{\boldsymbol{s} \cdot \boldsymbol{r}}{r}\right) - \arcsin\left(\frac{R_e}{r}\right) \\ Z(k) &= \gamma + v_\gamma = \arccos\left(-\frac{\boldsymbol{s} \cdot \boldsymbol{r}}{r}\right) - \arcsin\left(\frac{R_e}{r}\right) + v_\gamma \end{aligned} \right\} \tag{3-8}$$

式中，$\boldsymbol{r}$ 是卫星在地心惯性球坐标系中的位置矢量；$\boldsymbol{s}$ 是导航星星光方向的单位矢量；R_e 是地球半径。

3）日-地-月信息

通过观测"日-地-月"信息，可以确定出地心赤道惯性坐标系下的卫星位置矢量。在日月可见弧段，利用日、地、月敏感器可以测得卫-日、卫-地、卫-月方向矢量在卫星本体坐标系中（$O_B x_B y_B z_B$）的坐标 U_{wsB}，U_{weB}，U_{wmB}；由卫星高度仪可以测得卫星距离地球表面的高度 H；根据日月星历表可得到该测量时刻太阳、月球矢量在地心赤道惯性坐标系中

的坐标 r_{esI}，r_{emI}。在星食阶段(包括日、月食和朔月)，利用日月可见弧段的信息，用轨道预报的方式进行导航。卫星与这些天体的几何关系如图 3-7 所示。

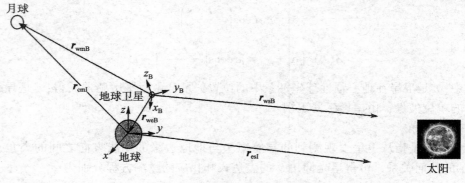

图 3-7　卫星与天体的几何关系

地月距离的有限性使得卫-月矢量和地-月矢量不平行。假设地球为球体，R_e 为地球半径，月地卫几何关系如图 3-8 所示。

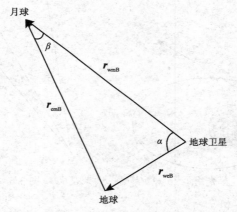

图 3-8　月-地-卫几何关系

在卫星本体坐标系中，由

$$
\left.
\begin{aligned}
&\alpha = \arccos(u_{wmB} \cdot u_{weB}) \\
&r_{weB} = (R_e + H) u_{weB} \\
&|r_{emB}| = |r_{emI}| \\
&\frac{\sin\alpha}{|r_{emB}|} = \frac{\sin\beta}{|r_{weB}|} = \frac{\sin(\pi - \alpha - \beta)}{|r_{wmB}|} \\
&r_{wmB} = r_{weB} + r_{emB}
\end{aligned}
\right\}
\tag{3-9}
$$

可以得到本体系中的地-月矢量 r_{emB}。同理，也可以求得本体系中的地-日矢量。

在地心惯性坐标系中，已知在非星食阶段地-月矢量 r_{emI} 和地-日矢量 r_{esI} 两者不平行，它们在卫星本体坐标系中分别是 r_{emB} 和 r_{esB}，设地心惯性坐标系与卫星本体坐标系之间的转换矩阵为 C_{BI}（正交阵），则有

$$r_{emI} = C_{BI}r_{emB}, \quad r_{esI} = C_{BI}r_{esB} \tag{3-10}$$

利用 r_{emI} 和 r_{esI} 的不平行性，在地心惯性坐标系中建立新的正交坐标系 M，各坐标系的单位矢量为

$$\left. \begin{aligned} M_1 &= \frac{r_{emI}}{|r_{emI}|} \\ M_2 &= \frac{r_{emI} \cdot r_{esI}}{|r_{emI} \cdot r_{esI}|} \\ M_3 &= M_1 \cdot M_2 \end{aligned} \right\} \tag{3-11}$$

同样，在卫星本体坐标系中建立一个正交坐标系 N，各坐标轴的单位矢量为

$$\left. \begin{aligned} N_1 &= \frac{r_{emB}}{|r_{emB}|} \\ N_2 &= \frac{r_{emB} \cdot r_{esB}}{|r_{emB} \cdot r_{esB}|} \\ N_3 &= N_1 \cdot N_2 \end{aligned} \right\} \tag{3-12}$$

因此，下面的两个 3×3 矩阵：

$$U_M = \begin{bmatrix} M_1 M_2 M_3 \end{bmatrix}, \quad V_N = \begin{bmatrix} N_1 N_2 N_3 \end{bmatrix} \tag{3-13}$$

分别为在地心惯性坐标系和星体坐标系中的方向余弦，根据式(3-10)~式(3-4)

$$U_M = C_{BI}V_N \tag{3-14}$$

可得，

$$C_{BI} = U_M V_N^{-1} = U_M V_N^{T} \tag{3-15}$$

故在地心惯性坐标系中卫星的位置矢量和相应的量测方程为

$$\left. \begin{aligned} r &= C_{BI}r_{ewB} = -C_{BI}r_{weB} \\ Z(k) &= r + v_r \end{aligned} \right\} \tag{3-16}$$

4）地心距和地心方向

①地心方向观测（3 维观测矢量）：

$$Z_1 = \frac{r}{r} \tag{3-17}$$

②地心距观测（1 维观测矢量）：

$$Z_2 = r \tag{3-18}$$

式中，r 为卫星在地心惯性坐标系中的位置矢量。

以地心距和地心方向为观测量的量测方程为

$$Z = \begin{bmatrix} Z_1 \\ Z_2 \end{bmatrix} + v \tag{3-19}$$

式中，v 为观测误差。

例 3-2　基于扩展卡尔曼滤波的低轨道卫星以星光角距作为观测量的直接敏感地平自主天文导航系统仿真实现方法。

解　系统的状态模型可由式(3-1)和式(3-2)得到，显然该式为非线性方程，要利用扩展卡尔曼滤波，首先要将模型离散化为

$$X(k+1) \approx X(k) + f(X(k), k)T + w(k)$$

其中，T 是采样周期，令

$$\Phi[X(k), k] = X(k) + f(X(k), k)T$$

将状态方程围绕 $X(k)$ 线性化，即在 $X(k)$ 附近展开为一阶泰勒级数，可得

$$X(k+1) \approx \Phi[\hat{X}(k|k), k] + \frac{\partial \Phi[\hat{X}(k|k), k]}{\partial \hat{X}^T(k|k)}[X(k) - \hat{X}(k|k)] + w(k)$$

令

$$\Psi[\hat{X}(k|k), k] = \frac{\partial \Phi[\hat{X}(k|k), k]}{\partial \hat{X}^{\mathrm{T}}(k|k)}$$

那么，线性化后的一步转移矩阵：

$$\Psi[\hat{X}(k|k), k] = \begin{bmatrix} 1 & 0 & 0 & 1 & 0 & 0 \\ 0 & 1 & 0 & 0 & 1 & 0 \\ 0 & 0 & 1 & 0 & 0 & 1 \\ \dfrac{\mu(3x^2 - r^2)}{r^5} & \dfrac{3\mu xy}{r^5} & \dfrac{3\mu xz}{r^5} & 1 & 0 & 0 \\ \dfrac{3\mu xy}{r^5} & \dfrac{\mu(3y^2 - r^2)}{r^5} & \dfrac{3\mu yz}{r^5} & 0 & 1 & 0 \\ \dfrac{3\mu xz}{r^5} & \dfrac{3\mu yz}{r^5} & \dfrac{\mu(3z^2 - r^2)}{r^5} & 0 & 0 & 1 \end{bmatrix}_{X = \hat{X}(k|k)}$$

由式(3-6)可得系统的量测方程，该量测方程也为非线性方程，将其离散化，并在 $\hat{X}(k+1|k)$ 处线性化为 $Z(k+1) \approx H[\hat{X}(k+1|k), k] + v(k)$。

使用星光角距作为观测量的系统，其观测方程为

$$ap = x \cdot s_x + y \cdot s_y + z \cdot s_z$$

$$bp = r^2$$

$$\begin{cases} h_x = \dfrac{-(s_x \cdot x^2 + (s_y \cdot y + s_z \cdot z) \cdot x - s_x \cdot bp)}{bp \cdot \sqrt{bp - ap^2}} \\[3mm] h_y = \dfrac{-(s_y \cdot y^2 + (s_x \cdot x + s_z \cdot z) \cdot y - s_y \cdot bp)}{bp \cdot \sqrt{bp - ap^2}} \\[3mm] h_z = \dfrac{-(s_z \cdot z^2 + (s_x \cdot x + s_y \cdot y) \cdot z - s_z \cdot bp)}{bp \cdot \sqrt{bp - ap^2}} \end{cases}$$

$$H = \frac{\partial Z(k)}{\partial X(k+1/k)} = \begin{bmatrix} h_x & h_y & h_z & 0 & 0 & 0 \end{bmatrix}$$

式中，x, y, z 是 $X(k+1|k)$ 的三个位置分量，$\boldsymbol{s} = [s_x, s_y, s_z]^{\mathrm{T}}$ 是导航星星光方向的

单位矢量。

具体仿真条件如下(仿真结果见图3-9):

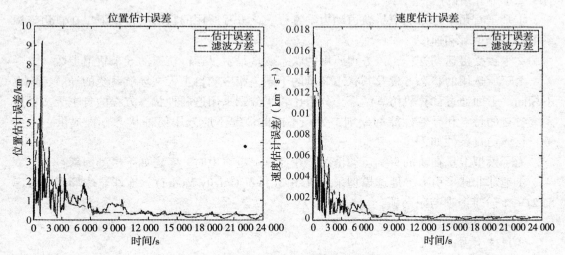

图 3-9　星光角距为观测量时的滤波结果

①坐标系:J2000.0 地心赤道惯性坐标系;

②标称轨道参数:

半长轴:$a = 7\,136.635\text{km}$;　偏心率:$e = 1.809 \times 10^{-3}$;

轨道倾角:$i = 65°$;　升交点赤经:$\Omega = 30.00°$;

近地点角距:$w = 30.00°$。

③测量仪器的精度:

星敏感器的视场:$25° \times 25°$;　星敏感器的精度:$3''(1\sigma)$;

红外地平仪的精度:$0.05°(1\sigma)$。

④导航星使用分布于天球上的 50 颗最亮的恒星(星等 $\leqslant 2^m$);

⑤测量类型:星光角距。

根据以上仿真条件,利用扩展卡尔曼滤波方法,仿真结果为位置估计误差 0.285 1km (1σ),　速度估计误差为 0.289 97 m/s(1σ)。

3.2.2　地球卫星直接敏感地平天文导航方法性能分析

地球卫星直接敏感地平的导航方法就是在 3.2.1 节建立的系统方程和量测方程的基础上,利用最优估计方法,通过获得的天文观测信息不断对地球卫星的位置、速度等状态进行最优估计。因此,估计精度即导航精度主要受三方面因素的影响:系统方程、量测方程和滤波方法。

为了全面分析直接敏感地平的地球卫星自主导航定位系统的各精度影响因素,研究其在不同情况下的性能,本章分别选择不同的仿真条件,对地球卫星直接敏感地平自主天文导航系统进行计算机仿真,并对仿真结果进行分析和讨论。

1. 不同轨道动力学方程对导航性能的影响

地球卫星直接敏感地平天文导航方法中通常使用的状态方程，即轨道动力学方程主要有 3.2.1 节介绍的两种：

①基于直角坐标系的卫星轨道动力学方程，该方程所用的状态变量是卫星在直角坐标系中的三轴位置和速度；

②牛顿受摄运动方程，该方程所用的状态变量是卫星运行轨道的 6 个轨道参数。

由于所选用的状态方程及其状态变量的不同，相应的自主天文导航系统的导航性能也不相同。下面通过计算机仿真结果，分析比较了分别采用这两种状态方程的自主天文导航系统各自的特点和导航性能的差别，为在不同的情况下应选用何种状态方程提供一个参考。具体仿真条件如下：

为了模拟卫星在轨的真实运动情况，在计算卫星轨道时，考虑如下摄动因素：

①地球非球形引力，地球模型采用 JGM-3（Joint Gravity Model），地球非球形摄动考虑前 21×21 阶带谐项与条谐项；

②太阳引力；

③月球引力；

④太阳光压，其中 C_r = 1.000 00，面质比 0.020 00m²/kg；

⑤大气阻力，其中 C_d = 2.000 0，面质比 0.020 00m²/kg，大气密度模型采用 Harris-Priester 模型。

仿真使用的轨道数据由通用的 STK 仿真软件产生，详细条件如下：

①坐标系：J2000.0 地心赤道惯性坐标系；

②标称轨道参数：

半长轴：a = 7 136.635km；　偏心率：e = 1.809 × 10⁻³；

轨道倾角：i = 65°；　升交点赤经：Ω = 30.00°；

近地点角距：w = 30.00°。

③测量仪器的精度：

星敏感器的视场：10° × 10°；　星敏感器精度：3″(1σ)；

红外地平仪的精度：0.02°(1σ)。

④导航星使用分布于天球上的 50 颗最亮的恒星(星等 ≤ 2^m)。

(1)滤波周期对两种导航系统的影响

图 3-10 给出了分别使用这两种不同状态方程的天文导航系统在不同滤波周期(滤波周期分别为 3s，6s，15s，30s，60s)下的导航定位精度，系统 1 为基于直角坐标系卫星轨道动力学方程的自主天文导航系统，系统 2 为基于牛顿受摄运动方程的自主天文导航系统。从图 3-10 中可以看出，系统 1 受滤波周期的影响较明显，滤波周期越长定位精度越差，而系统 2 受滤波周期的影响则相对小得多，滤波周期的长短对定位精度的影响不显著。这主要是因为系统 1 的状态变量为卫星的位置和速度，当滤波周期较长时，这 6 个参数的变化非常大，相应系统的线性化误差就较大，导致系统导航精度降低。而系统 2 的状态变量为 6 个轨道参数，这些轨道参数的变化在一个轨道周期内都非常小，因此不论滤波周期的长短，其线性化误差都很小，导航精度受滤波周期的影响较小。

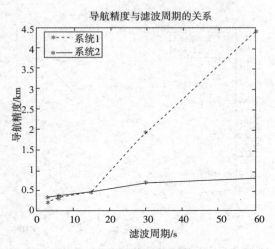

图 3-10　滤波周期对两种导航系统的影响

（2）轨道参数对两种导航系统的影响

在此只分析半长轴和偏心率对这两种导航系统的影响。

1）半长轴对两种导航系统的影响

图 3-11 给出了分别使用这两种不同状态方程的天文导航系统在不同轨道半长轴（半长轴分别为 7 136.635 km，15 000 km，20 200km，42 164.169km）下的导航定位精度（其他轨道参数不变，滤波周期为 15s）。同样，系统 1 为基于直角坐标系卫星轨道动力学方程的自主天文导航系统，系统 2 为基于牛顿受摄运动方程的自主天文导航系统。从图 3-11 中可以看出，系统 1、系统 2 的导航精度都会随轨道半长轴的增加而下降，而系统 2 相对系统 1 来说，其增幅更为明显。这主要是由于系统 2 的状态变量为 6 个轨道参数，这些轨道参数的变化较小，随着轨道半长轴的增大，轨道周期增长，系统 2 的可观测性下降。

2）偏心率对两种导航系统的影响

图 3-12 给出了分别使用这两种不同状态方程的天文导航系统在不同轨道偏心率（偏心率分别为 0.1，0.2，0.3，0.4）下的导航定位精度（其他轨道参数不变，滤波周期为 15s）。从图 3-12 中可以看出，系统 1、系统 2 的导航精度都会随轨道偏心率的增大而下降，而系统 1 相对于系统 2 来说，其增幅更为明显。这仍然是由于在相同轨道半长轴下，随着偏心率的增大，系统 2 的线性化误差较小的原因。

仿真结果表明，天文导航系统的性能与其选用的状态方程密切相关，当滤波周期较长和轨道偏心率较大时，应选择线性化误差较小的牛顿受摄运动方程，而对于高轨卫星等轨道半长轴较长的系统，则应选用基于直角坐标系的轨道动力学方程。本书中的仿真结果为在不同情况下天文导航系统状态方程的选择提供了一个参考，但由于整个滤波系统非常复杂，影响因素也很多，在不同的实际情况下如何选择最适合的状态方程，还需进一步研究。

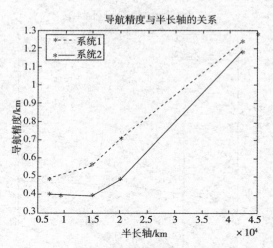

图 3-11 轨道半长轴对两种导航系统的影响

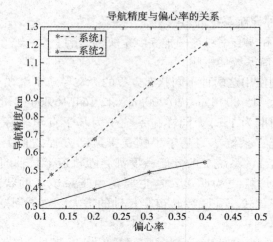

图 3-12 轨道偏心率对两种导航系统的影响

2. 滤波周期对导航性能的影响

在以下的仿真研究中，采用基于直角坐标系的轨道动力学方程，以轨道半长轴 $a =$ 7 136.635 km，偏心率 $e = 1.809 \times 10^{-3}$ 的低轨卫星为例，分析滤波周期对系统导航性能的影响。

仿真使用的轨道数据由通用的 STK 仿真软件产生，使用力学模型 JGM-3，基本条件如下：

①轨道参数：

半长轴：$a = 136.635$ km；升交点赤经：$\Omega = 30.00°$；

偏心率：$e = 1.809 \times 10^{-3}$；近地点角距：$w = 30.00°$；

轨道倾角：$i = 65°$

②测量仪器的精度：

星敏感器的视场：$25° \times 25°$；星敏感器精度：$3''(1\sigma)$；

红外地平仪的精度：$0.05°(1\sigma)$；

③导航星使用分布于天球上的 50 颗最亮的恒星（星等 $\leqslant 2^m$）；

④在 EKF 中使用的初始值和参数：

$$Q = \mathrm{diag}[\,(2 \times 10^{-1}\mathrm{m})^2,\ (2 \times 10^{-1}\mathrm{m})^2,\ (2 \times 10^{-1}\mathrm{m})^2,\ (2 \times 10^{-3}\mathrm{m/s})^2,\ (2 \times 10^{-3}\mathrm{m/s})^2,\ (2 \times 10^{-3}\mathrm{m/s})^2\,]$$

$R = (9 \times 10^{-4}\mathrm{rad})^2$，$P_0$ 可任意选取。

⑤初始轨道参数：

$$\boldsymbol{X}(0) = [\,7.1365 \times 10^6\mathrm{m}\quad 0\mathrm{m}\quad 0\mathrm{m}\quad 0\mathrm{m/s}\quad 3.158 \times 10^3\mathrm{m/s}\quad 6.7734 \times 10^3\mathrm{m/s}\,]$$

各个滤波器的滤波初值都取：

$$\hat{\boldsymbol{X}}(0|0) = \boldsymbol{X}(0) + [\,600\mathrm{m}\quad 600\mathrm{m}\quad 600\mathrm{m}\quad 2\mathrm{m/s}\quad 2\mathrm{m/s}\quad 1.5\mathrm{m/s}\,]^T$$

图 3-13 给出了滤波周期不同时的计算机仿真结果。

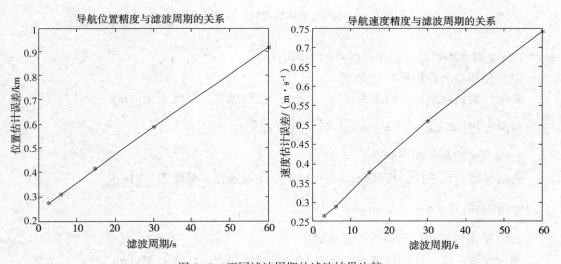

图 3-13 不同滤波周期的滤波结果比较

通过上面的曲线可以看出，其主要误差是在滤波过程中对非线性的状态方程进行线性化造成的，因此，在卫星的速度、位置矢量变化最大的地方，该误差也最大。缩短滤波周期，可减小线性化的误差。

3. 观测量对导航性能的影响

在以下的仿真研究中，采用基于直角坐标系的轨道动力学方程，以轨道半长轴 $a = 7\,136.635\ \mathrm{km}$，偏心率 $e = 1.809 \times 10^{-3}$ 的低轨卫星为例，分析星敏感器的视场、观测方程、地平仪的精度对系统导航性能的影响。

(1)星敏感器的视场对导航精度的影响

由图 3-14 的曲线可以看出，随着星敏感器视场的扩大，观测量增多，系统可观测性增强，因此提供了更多的卫星位置信息，系统定位导航的精度提高。

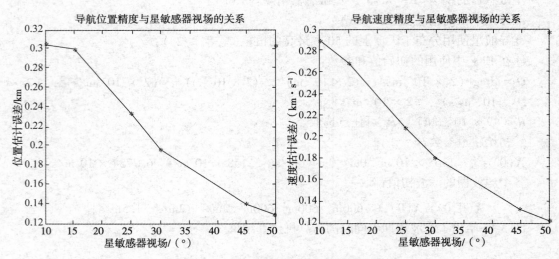

图 3-14　不同星敏感器视场的滤波结果比较

（2）观测方程对系统定位导航性能的影响

1）仅使用星光角距作为观测量

测量仪器：地平仪，精度为 $0.05°(1\sigma)$；星敏感器，精度为 $3''(1\sigma)$。

量测方程：$\boldsymbol{Z} = \boldsymbol{a} + \boldsymbol{v}_a = \arccos\left(-\dfrac{\boldsymbol{r} \cdot \boldsymbol{s}}{r}\right) + \boldsymbol{v}_a$

2）以星光仰角作为观测量

测量仪器：地平仪，精度为 $0.05°(1\sigma)$；星敏感器，精度为 $3''(1\sigma)$。

量测方程：$\beta = \alpha - \gamma = \arccos\left(-\dfrac{\boldsymbol{r} \cdot \boldsymbol{s}}{r}\right) - \arcsin\left(\dfrac{r_e}{r}\right)$

3）以星光角距和星光仰角作为观测量

测量仪器：地平仪，精度为 $0.05°(1\sigma)$；星敏感器，精度为 $3''(1\sigma)$。

量测方程：$\boldsymbol{Z} = \begin{bmatrix} \alpha \\ \beta \end{bmatrix} = \begin{bmatrix} \arccos\left(-\dfrac{\boldsymbol{r} \cdot \boldsymbol{s}}{r}\right) \\ \arccos\left(-\dfrac{\boldsymbol{r} \cdot \boldsymbol{s}}{r}\right) - \arcsin\left(\dfrac{\boldsymbol{R}_e}{r}\right) \end{bmatrix} + \begin{bmatrix} \boldsymbol{v}_\alpha \\ \boldsymbol{v}_\beta \end{bmatrix}$

4）以星光角距和地心方向矢量为观测量

测量仪器：地平仪，精度为 $0.05°(1\sigma)$；星敏感器，精度为 $3''(1\sigma)$；雷达测高仪，海面测地心矢量精度为 $0.004°$。

量测方程：$\boldsymbol{Z} = \begin{bmatrix} \alpha \\ R_e \end{bmatrix} = \begin{bmatrix} \arccos\left(-\dfrac{\boldsymbol{r} \cdot \boldsymbol{s}}{r}\right) \\ r \end{bmatrix} + \begin{bmatrix} \boldsymbol{v}_\alpha \\ \boldsymbol{v} \end{bmatrix}$

5）以星光仰角和地心方向矢量为观测量

测量仪器：地平仪，精度为 $0.05°(1\sigma)$；星敏感器，精度为 $3''(1\sigma)$；雷达测高仪，海面测地心矢量精度为 $0.004°$。

量测方程：$Z = \begin{bmatrix} \boldsymbol{\beta} \\ \boldsymbol{R}_e \end{bmatrix} = \begin{bmatrix} \arccos\left(-\dfrac{\boldsymbol{r} \cdot \boldsymbol{s}}{r}\right) - \arcsin\left(\dfrac{r_e}{r}\right) \\ r \end{bmatrix} + \begin{bmatrix} v_{\beta} \\ v \end{bmatrix}$

结果比较见表3-1。

表3-1 不同观测量组合的滤波结果比较表

观测量	位置估计误差（1σ）/km	速度估计误差（1σ）/m/s
星光角距	0.285 1	0.289 97
星光仰角	0.246 5	0.247 97
星光角距+地球视角	0.275 5	0.263 30
星光仰角+地球视角	0.246 6	0.247 95
星光角距+星光仰角	0.196 0	0.194 80
星光角距+轨道高度	0.196 9	0.217 17
星光仰角+轨道高度	0.197 0	0.217 26
星光角距+地心方向矢量	0.258 8	0.248 82
星光仰角+地心方向矢量	0.224 1	0.224 42

结果分析：

通过上面的仿真曲线和结果比较表可以看出，将不同类型的观测量相互组合，尤其是彼此互补的观测量相互组合，如星光角距+星光仰角，星光角距+地心方向矢量可以大大提高系统的定位导航精度。

（3）地平仪精度对系统定位导航性能的影响

通过图3-15中的曲线可以看出，地平仪的精度对系统定位导航性能的影响非常显著，二者基本成线性关系。对于直接敏感地平的导航系统来说，由于受到红外地平仪精度的限制，不可能达到很高的精度，因此，利用星光折射间接敏感地平，借助星敏感器的高精度，可以大大提高系统的定位精度。

4. 星敏感器安装方位对导航性能的影响

星敏感器的安装方位角也是影响自主导航精度的一个重要因素。目前，地球卫星自主天文导航中，通常采用 EKF 和 UKF 滤波方法，并常用星敏感器和地平仪测量的星光角距作为观测量，但无论是用 EKF 方法还是 UKF 方法，星敏感器安装方位角对导航精度的影响都很大。对 EKF 方法，星敏感器安装方位不当甚至会导致滤波发散；而对 UKF 方法则存在最佳安装方位角。本部分具体内容详见参考文献[30]，此处只给出结论：

①星敏感器光轴沿轨道平面安装时，用 UKF 方法滤波，在 $\alpha = 90°$ 附近导航精度最高，沿其他方向安装时，精度相差不大；用 EKF 方法滤波，星敏感器光轴应避免在沿 $\alpha =$

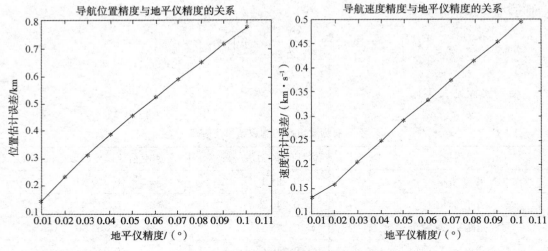

图 3-15   不同地平仪精度的滤波结果比较

90°±5°范围安装。

②星敏感器光轴与轨道平面有夹角安装时，夹角越大，导航精度越低；在与轨道平面有夹角的情况下，星敏感器光轴沿与地平平行的方向安装导航精度较高。

③对于视场比较大的星敏感器，在星等满足要求的情况下，选择与轨道平面夹角比较小的星作为观测量，导航精度会比较高。

3.3 地球卫星间接敏感地平的自主天文导航方法

地球卫星间接敏感地平是利用高精度的星敏感器敏感折射星光，并通过大气对星光折射的数学模型及误差补偿方法来精确敏感地平，实现地球卫星的高精度定位导航，也称为星光折射间接敏感地平的自主天文导航方法。本节主要介绍星光折射间接敏感地平天文导航的原理和方法，因为星光折射间接敏感地平是通过折射星提供地平信息，而折射星的个数有限，与直接敏感地平相比不能提供连续的观测信息。直接敏感地平自主天文导航系统虽然精度较低，但系统稳定，技术成熟。为此，提出将直接敏感地平和间接敏感地平方法相结合进行信息融合得到组合导航系统。此外，本节还系统全面地分析了量测信息和轨道参数等相关因素对导航精度的影响。

3.3.1 星光折射间接敏感地平天文导航原理

星光折射间接敏感地平方法利用了大气的光学特性。在航天器上看，当星光通过地球大气时，由于大气密度不均匀，光线会发生折射弯向地心方向，从而使恒星的视位置比实际位置上移。折射角取决于星光频率和大气密度。如果测量得到一颗接近地平方向的已知恒星的折射角，就能得到地球地平在地心惯性坐标系中的方向，建立折射光线相对于地球的视高度与折射角之间的量测方程，进而解算出航天器的位置、速度信息，国内的房建成、周凤岐等曾在这方面做过较多研究。

当把星光折射概念用于航天器导航时，不仅需要一套完整的星图，还需要准确建立大气折射模型。最终的导航精度将取决于量测误差、折射星光的数目与方向以及航天器轨道的类型等。

1. 星光大气折射原理

星光通过地球大气时，光线会向地心方向偏折。从轨道上看，当恒星的真实位置已经下沉时，其视位置还保持在地平之上。从航天器上观测的折射光线相对于地球的视高度为 h_a，而实际上它在距离地面一个略低的高度 h_g，如图 3-16 所示。

星光距离地球表面越近，折射越强烈，一束星光在经过球状分层的大气时，由于大气密度的变化，光线将会发生偏折。地球表面的大气密度与海拔高度近似地成指数关系：

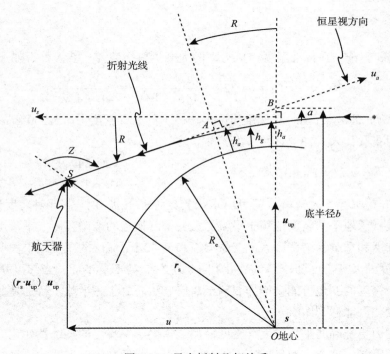

图 3-16　星光折射几何关系

$$\rho = \rho_0 \exp\left(-\frac{h - h_0}{H}\right) \tag{3-20}$$

式中，ρ 为高度 h 处的密度；ρ_0 为高度 h_0 处的密度；H 为密度标尺高度，其定义式为

$$H = \frac{R_g T_m}{M_0 g + R_g \left(\dfrac{\mathrm{d}T_m}{\mathrm{d}h}\right)} \tag{3-21}$$

式中，R_g 为普适气体常数；T_m 为分子标尺温度；M_0 为海平面处的大气相对分子质量；g 为重力加速度。

对于理想大气，由于重力加速度和分子标尺温度 T_m 随高度变化，H 也相应地随高度变化。然而在一个有限的高度范围内，H 的变化非常小。如果高度 h_g 处的 H 值在更高的高度处都保持不变，那么，星光折射角的一个近似值可表示如下：

$$R \approx (\mu_g - 1) \left[\frac{2\pi(R_e + h_g)}{H_g} \right]^{\frac{1}{2}} \tag{3-22}$$

式中，R 为折射角（rad），是航天器上观测的折射光线和未折射前星光方向间的夹角；h_g 为折射光线的切向高度（m）；R_e 为地球半径；μ_g 为高度 h_g 处的折射指数；H_g 为高度 h_g 处的密度标尺高度。根据 Gladstone-Dale 定律，折射指数与大气密度的关系如下：

$$\mu - 1 = k(\lambda)\rho \tag{3-23}$$

式中，$k(\lambda)$ 为散射参数，它仅与光波波长 λ 有关。因此，折射角可用大气密度和散射系数表示为

$$r_s \cdot u_{up} \tag{3-24}$$

根据 Edlen 理论，在标准温度与压力下的大气折射指数与光波波长有如下关系：

$$10^8(\mu_g - 1) = 64\,328 + \frac{2\,949\,810}{146 - 1/\lambda^2} + \frac{25\,540}{41 - 1/\lambda^2} \tag{3-25}$$

式中，λ 为光波波长（μm）。标准温度与压力下的大气密度为 1 225.0 g/m³。将以上大气密度和折射指数代入式（3-23）并求出 $k(\lambda)$ 为

$$k(\lambda) = 10^{-8} \left(52.513 + \frac{2\,408}{146 - 1/\lambda^2} + \frac{20.849}{41 - 1/\lambda^2} \right) \tag{3-26}$$

根据 1976 美国标准大气模型就可以求出特定波长光波在任一折射高度处的折射角。星光折射间接敏感地平的精度依赖于平流层大气密度模型的准确程度。平流层大气密度的变化取决于纬度和季节等诸多因素。气象火箭和气球对平流层的观测结果表明，在热带地区，25km 高度处大气密度随季节的变化在 1% 左右。对于夏半球，当纬度从赤道变化到极点时，大气密度的变化可能会增加 2 倍至 3 倍。然而对于冬半球，特别是北半球，大气密度随季节变化可能达到 10%。

全球范围内更准确的平流层大气密度模型能够揭示平流层的系统性变化。但是由于已知观测数据的限制，这个模型目前还不能建立。当准确地知道航天器的位置时，通过量测得到的星光大气折射，能够获得折射高度处大气密度的知识。1980 年，美国 Draper 试验室曾用这种方法在 HEAO-2(High Energy Astronomy Observatory) 号卫星上作过试验，获得 700 个折射区在 ±45° 纬度之间的数据。在对热带上空的 140 个观测数据作了详细分析后，人们发现热带上空的平流层大气密度变化在 1% 以内。HEAO-2 号卫星获得的数据的准确程度主要取决于航天器定轨的准确程度。

1976 美国标准大气模型是目前各种大气模式的基础，但是该模式的时间分辨率和空间分辨率都非常低。国际参考大气(CIRA)1986 是目前能够公开获得的最新国际标准大气模式，其数据包括南北两个半球的温度、大气压的年平均和逐月数据，以及这些数据的波动变化系数。上述数据按地球纬度划分，精度为 5°。通过研究，可以将平流层大气密度

随纬度和季节变化的部分进行修正，有可能使平流层大气密度的估计误差小于1%。

当星光靠近地平方向时，根据其在大气中的折射量就能确定当地地平方向，然后就能估计卫星在地心惯性坐标系中的位置。卫星、地球和折射星光的几何关系如图3-16所示。星光的折射高度为h_g，视高度为h_a，底边长b可由h_a表示为

$$b = \frac{R_e + h_a}{\cos(R)} = R_e + h_a + a \tag{3-27}$$

式中，a为一个非常小的量。由上式可解出：

$$a = \left(\frac{1}{\cos R}\right)(R_e + h_a) \tag{3-28}$$

对于一个典型情况，$h_a = 25$ km，折射角$R = 150''$，$a = 1.69$ m，故a项通常可忽略。

如果在折射发生的区域大气是球状分层，那么根据Snell定律，在光路上的任何一点s，都有如下关系：

$$\mu_s r_s \sin(Z_s) = 常数 \tag{3-29}$$

式中，μ_s为给定的折射指数；r_s为该点距地心的径向距离；Z_s为该点的径向与光线方向的夹角。对于光线距地球表面的最近点G处，有$Z_s = 90°$，$r = R_e + h_g$，$\mu = \mu_g$，有

$$常数 = \mu_g(R_e + h_g) \tag{3-30}$$

假设$\mu_s = 1$，将以上常值代入式(3-10)，得

$$\sin(Z_s) = \mu_g(R_e + h_g)/r_s \tag{3-31}$$

在直角三角形$\triangle SAO$中，有

$$\sin(Z_s) = (R_e + h_a)/r_s \tag{3-32}$$

$$h_a = R_e(\mu_g - 1) + \mu_g h_g \tag{3-33}$$

可以看出，h_a和h_g之间的关系仅取决于h_g处的折射指数μ_g，而且这种相对简单的关系可以应用于任何球状分层的大气，而不论这种大气密度是否按指数规律变化。又由于μ_g可以表示成ρ_g和$k(\lambda)$的函数，故式(3-33)可以写成：

$$h_a = k(\lambda)\rho_g(R_e + h_g) + h_g \tag{3-34}$$

2. 星光折射高度与折射角、大气密度之间的关系

量测星光折射角的目的是因为其中包括了与航天器位置有关的信息，而折射角R和星光折射高度h_g与航天器位置没有直接的几何关系，只有视高度h_a才能起到将折射角R与航天器位置联系起来的桥梁作用。下面推导h_a与R之间的数学关系。

假设大气密度完全按照指数规律变化，即

$$\rho = \rho_0 \exp\left(-\frac{h - h_0}{H}\right) \tag{3-35}$$

此时，折射角可以近似表示如下：

$$R = k(\lambda)\rho_g \left[\frac{2\pi(R_e + h_g)}{H}\right]^{\frac{1}{2}} \tag{3-36}$$

由于R_e远大于h_g，故式(3-17)可简化为

$$R = k(\lambda)\rho_g \left[\frac{2\pi R_e}{H}\right]^{\frac{1}{2}} \tag{3-37}$$

由式(3-35)可得，

$$\rho_g = \rho_0 \exp\left(-\frac{h_g - h_0}{H}\right) \tag{3-38}$$

将式(3-35)代入式(3-36)，可得

$$R = k(\lambda)\rho_0 \left(\frac{2\pi R_e}{H}\right)^{\frac{1}{2}} \exp\left(-\frac{h_g - h_0}{H}\right) \tag{3-39}$$

将式(3-20)进行变形，有

$$h_g = h_0 - H\ln(R) + H\ln\left[k(\lambda)\rho_0\left(\frac{2\pi R_e}{H}\right)^{\frac{1}{2}}\right] \tag{3-40}$$

根据式(3-34)，h_a 和 h_g 之间有如下关系：

$$h_a = [1 + k(\lambda)\rho_g]h_g + k(\lambda)\rho_g R_e \tag{3-41}$$

对于高度在 20 km 以上的大气，$k(\lambda)\rho_g < 2\times10^{-3}$，故此项常可忽略，可得

$$h_a \approx h_g + k(\lambda)\rho_g R_e \tag{3-42}$$

从式(3-37)可解出

$$k(\lambda)\rho_g = R\left(\frac{H}{2\pi R_e}\right)^{\frac{1}{2}} \tag{3-43}$$

将式(3-40)和式(3-43)代入式(3-42)，可得

$$h_a(R, \rho) = h_0 - H\ln(R) + H\ln\left[k(\lambda)\rho_0\left(\frac{2\pi R_e}{H}\right)^{\frac{1}{2}}\right] + R\left(\frac{HR_e}{2\pi}\right)^{\frac{1}{2}} \tag{3-44}$$

上式揭示了视高度 h_a 与折射角 R、大气密度 ρ 之间的关系。

另外，从图 3-16 还可看出

$$h_a = \sqrt{r_s^2 - u^2} + u\tan(R) - R_e - a \tag{3-45}$$

式中，$u = |r_s \cdot u_s|$，r_s 为航天器的位置矢量，u_s 为未折射前星光的方向矢量。

式(3-44)和式(3-45)建立了折射量测与航天器位置之间的关系，这是将星光折射应用于航天器自主天文导航的关键。

星光折射高度选取平流层效果较好。在平流层中下层，温度变化缓慢，空间密度适中，大气折射角足够大，没有水汽、气溶胶等随机性较大的成分的影响，星光折射估计的相对误差最小。因此，选择通过高度在 25 km 处平流层的折射星光进行导航精度最高。

现以 25 km 高度处的大气折射为例，假定此处的大气密度符合 1976 美国标准大气，考察此处的折射量测与大气密度模型误差对航天器位置更新产生的影响，将式(3-45)中的 $\tan R \approx R$，忽略小量 a，并将式(3-44)代入式(3-45)，可得

$$\sqrt{r_s^2 - u^2} = h_0 - H\ln(R) + H\ln\left[k(\lambda)\rho_0\left(\frac{2\pi R_e}{2\pi}\right)^{\frac{1}{2}}\right] + R\left(\frac{HR_e}{2\pi}\right)^{\frac{1}{2}} - uR + R_e \tag{3-46}$$

对式(3-46)两边微分

$$\mathrm{d}\sqrt{r_s^2 - u^2} = H\frac{\mathrm{d}\rho_0}{\rho_0} - H\frac{\mathrm{d}R}{R} - u \cdot \mathrm{d}R + \left(\frac{HR_e}{2\pi}\right)^{\frac{1}{2}}\mathrm{d}R \tag{3-47}$$

这里 u 可以近似表示成

$$u \approx \sqrt{r_s^2 - R_e^2} \tag{3-48}$$

式(3-47)相对简单地表示出了航天器位置误差($\mathrm{d}\sqrt{r_s^2 - u^2}$)，折射量测误差($\mathrm{d}R$)与密度误差($\mathrm{d}\rho_0$)之间的关系。

在 $h_g = 25$ km 高度处，由 1976 美国标准大气可得

$$H = 6.366\mathrm{km}$$
$$\rho_0 = 40.084\mathrm{g/m^3}$$
$$R = 148.1''(0.000\ 718\mathrm{rad})$$

假定 25 km 处的密度百分比误差为 $1\%(1\sigma)$，这将导致 63.7 m(1σ) 的航天器位置误差，同理，$1''$ 的折射量测误差将会引起 1 000 km 高处的航天器位置误差为 61.4m(1σ)。这两项合起来造成的航天器位置误差为 88.5 m(1σ)。

同理，可以得到

$$\mathrm{d}h_a = H\frac{\mathrm{d}\rho_0}{\rho_0} - H\frac{\mathrm{d}R}{R} + \left(\frac{HR_e}{2\pi}\right)^{\frac{1}{2}}\mathrm{d}R \tag{3-49}$$

由 $1\%(1\sigma)$ 的密度误差和 $1''(1\sigma)$ 的折射量测误差引起的视高度 h_a 的误差为 76 m (1σ)。

若假定地球大气层是对称球形，则星光折射角 R 仅取决于星光在大气层距地表面的高度，即星光折射高度 h_g。根据大气密度模型，可表示为

$$R = 2.21 \times 10^{-2}\mathrm{e}^{-0.14h_g} \tag{3-50}$$

但是上述模型是与简单的大气密度模型有关的一个经验公式，使用时需要形式及单位的转换，且适用的高度范围不明确。

文献[36]给出了星光折射高度 h_g 在 $20 \sim 50$ km 范围内星光折射角随高度变化的经验公式：

$$R = 6\ 965.479\ 3\mathrm{e}^{-0.151\ 802\ 63h_g}$$
$$h_g = 58.290\ 96 - 6.587\ 501\ln R \tag{3-51}$$

文献[37]给出了星光折射高度 h_g 在 $25 \sim 60$ km 范围内星光折射角随高度变化的经验公式：

$$R = 3\ 885.1012\mathrm{e}^{-0.136\ 955\ 9h_g} \tag{3-52}$$

3.3.2 地球卫星间接敏感地平的自主天文导航系统

1. 系统的状态方程

在研究地球卫星的运动时，假定卫星所受地球质心引力为 1，则引力场摄动二阶带谐

项为 10^{-3} 量级，其他摄动因素为 10^{-5} 量级。在建立系统状态方程时，卫星所受引力可以只考虑地球质心引力和引力场摄动二阶带谐项，而将其他摄动因素等效为高斯白噪声。历元（J2000.0）地心赤道坐标系下的卫星导航系统状态模型（轨道动力学模型）为

$$\left. \begin{array}{l} \dfrac{\mathrm{d}x}{\mathrm{d}t} = v_x \\[2mm] \dfrac{\mathrm{d}y}{\mathrm{d}t} = v_y \\[2mm] \dfrac{\mathrm{d}z}{\mathrm{d}t} = v_z \\[2mm] \dfrac{\mathrm{d}v_x}{\mathrm{d}t} = -\mu\,\dfrac{x}{r^3}\left[1 - J_2\left(\dfrac{R_e}{r}\right)\left(7.5\dfrac{z^2}{r^2} - 1.5\right)\right] + \Delta F_x \\[4mm] \dfrac{\mathrm{d}v_y}{\mathrm{d}t} = -\mu\,\dfrac{y}{r^3}\left[1 - J_2\left(\dfrac{R_e}{r}\right)\left(7.5\dfrac{z^2}{r^2} - 1.5\right)\right] + \Delta F_y \\[4mm] \dfrac{\mathrm{d}v_z}{\mathrm{d}t} = -\mu\,\dfrac{z}{r^3}\left[1 - J_2\left(\dfrac{R_e}{r}\right)\left(7.5\dfrac{z^2}{r^2} - 4.5\right)\right] + \Delta F_z \\[4mm] r = \sqrt{x^2 + y^2 + z^2} \end{array} \right\} \tag{3-53}$$

式（3-50）简写为

$$\dot{X}(t) = f(X, t) + w(t) \tag{3-54}$$

式中，状态矢量 $X = \begin{bmatrix} x & y & z & v_x & v_y & v_z \end{bmatrix}^\mathrm{T}$，$x, y, z, v_x, v_y, v_z$ 分别为卫星在 x, y, z 三个方向的位置和速度；μ 是地心引力常数；r 是卫星位置参数矢量；J_2 为地球引力二阶带谐项系数；ΔF_x, ΔF_y, ΔF_z 为地球非球形摄动的高阶摄动项和日、月摄动以及太阳光压摄动和大气摄动等摄动力的影响。

2. 系统的量测方程

地球卫星间接敏感低平的量测方程有多种，本节主要介绍以星光折射视高度 h_a、卫星位置矢量 r_s 在垂直方向上的投影 $r_s \cdot u_{up}$ 和星光折射角 R 作为观测量的量测方程。

（1）以折射视高度 h_a 为观测量的量测方程

因为量测方程需反映观测量和状态量之间的关系，故在星光折射间接敏感地平的天文导航中通常取折射视高度 h_a 作为观测量，详见 3.2.2 节，量测方程为

$$h_a = \sqrt{r_s^2 - u^2} + u\tan(R) - R_e - a + v \tag{3-55}$$

式中，v 为高斯型量测噪声。

（2）以卫星位置矢量 r_s 在垂直方向上的投影 $r_s \cdot u_{up}$ 为观测量的量测方程

图 3-16 给出了星光折射的示意图。图中，r_s 为位置矢量，s 为星光方向矢量，由地心指向被观测恒星；矢量 u_{up} 定义为在星光与卫星位置矢量组成的平面内垂直于星光的单位矢量，即 $u_{up} = \dfrac{(s \cdot r_s) \cdot s}{|(s \cdot r_s) \cdot s|}$。显然，卫星位置矢量 r_s 可以表示为两个正交向量的和

$$r_s = (r_s \cdot s)s + (r_s \cdot u_{up})u_{up} \tag{3-56}$$

取 $r_s \cdot u_{up}$ 为观测量，当星敏感器观测到一个折射角 R 时，可以计算出相应的星光折

射高度 h_g，从而得到系统量测方程为

$$\boldsymbol{r}_s \cdot \boldsymbol{u}_{\mathrm{up}} = R_e + h_g - |\boldsymbol{r}_s \cdot \boldsymbol{s}| \tan R \qquad (3\text{-}57)$$

（3）以星光折射角 R 为观测量的量测方程

组合大视场星敏感器星光折射卫星自主导航新方法的基本原理是把三台高精度、轻小型星敏感器主轴相差 120° 进行组装，中心轴严格轴对称，在某一锥面内均匀分布，通过标定得到大视场、高精度的组合大视场星敏感器；用它同时观测整个地球边缘的三颗恒星，采用星图识别技术，获得恒星方向；通过恒星方向及卫星、地球之间的几何关系，建立星光大气折射模型，计算星光的切线高度，确定地心在卫星本体坐标系中的方位；进而利用坐标系的转换关系，得到卫星在地心惯性坐标系中的方位。

如果把地球看作理想的球体，地球大气层是对称球形，星光折射角、卫星位置、地球之间的关系如图 3-16 所示。$\boldsymbol{u}_a$ 为星敏感器所观测到的星光方向单位矢量，其他符号定义同上。

$$u_{\mathrm{up}} = \frac{(\boldsymbol{s} \cdot \boldsymbol{r}_s) \cdot \boldsymbol{s}}{|(\boldsymbol{s} \cdot \boldsymbol{r}_s) \cdot \boldsymbol{s}|} \qquad (3\text{-}58)$$

由几何关系可知，

$$h_g = \boldsymbol{r}_s \cdot \boldsymbol{u}_{\mathrm{up}} - (\boldsymbol{r}_s \cdot \boldsymbol{s}) \tan R - R_e \qquad (3\text{-}59)$$

$$h_a = \boldsymbol{u}_{\mathrm{up}} \cdot \boldsymbol{r}_s - R_e = \sqrt{\boldsymbol{r}_s^2 - (\boldsymbol{u}_a \cdot \boldsymbol{r}_s)^2} - R_e \qquad (3\text{-}60)$$

由光的折射定律，可以推出星光切线高度与视高度的关系式为

$$h_a = h_g + R \sqrt{\frac{h_s R_e}{2\rho}} \qquad (3\text{-}61)$$

式中，h_s 为大气标高（km）。由式（3-55）至式（3-58）可得

$$R_i = \sqrt{\frac{2\rho_i}{h_s R_e}} \left\{ \sqrt{\boldsymbol{r}_s^2 - (\boldsymbol{u}_{ai} \cdot \boldsymbol{r}_s)^2} - \boldsymbol{r}_s \cdot \frac{(\boldsymbol{s}_i \cdot \boldsymbol{r}_s) \cdot \boldsymbol{s}_i}{|(\boldsymbol{s}_i \cdot \boldsymbol{r}_s) \cdot \boldsymbol{s}_i|} + (\boldsymbol{r} \cdot \boldsymbol{s}_i) \tan R_i \right\} + v_i \qquad (3\text{-}62)$$

则量测方程简述为：

$$\boldsymbol{Z} = \begin{bmatrix} R_1 & R_2 & R_3 \end{bmatrix}^{\mathrm{T}} + \boldsymbol{v} \qquad (3\text{-}63)$$

式中，$\boldsymbol{v}$ 为量测误差方差阵，假设为零均值高斯白噪声，$E[\boldsymbol{v}] = 0$，$E[\boldsymbol{v}(t)\boldsymbol{v}^{\mathrm{T}}(t)] = \boldsymbol{k}\delta(t - \tau)$，$\boldsymbol{k}$ 为 v 方差阵的强度矩阵。

3. 计算机仿真

地球卫星间接敏感地平的自主天文导航系统计算机仿真以折射视高度 h_a 为观测量的间接敏感地平天文导航系统为例，根据系统的状态方程式（3-51）和量测方程式（3-52）进行。假定卫星的初始轨道根数为：长半轴 $\hat{X}_g(k) = P_g(k)[P_1^{-1}(k)X_1(k) + P_2^{-1}(k)X_2(k)]$，偏心率 $\hat{X}_i(k) = \hat{X}_g(k)$，轨道倾角 $i = 65.00°$，升交点赤经 $\Omega = 30.00°$，近地点角距 $w = 30.00°$，过近地点时刻 $t = 0$。

根据系统的噪声特性，选择 $n = 6$，$\tau = -3$，采用修正预测算法的 UKF 进行星光折射间接敏感地平的自主天文导航计算机仿真。

滤波周期取 $T = 3\text{ s}$。离散系统状态噪声方差阵为

$Q = \mathrm{diag}[\,(1 \times 10^{-3})^{-2},\ (2 \times 10^{-3})^{-2},\ (1 \times 10^{-3})^{-2},\ (1 \times 10^{-3})^{-2},\ (2 \times 10^{-3})^{-2},$
$\qquad (1 \times 10^{-3})^{-2}\,]$

状态初始值为

$X_0 = [\,4.590 \times 10^6,\ 4.388 \times 10^6,\ 3.228 \times 10^6,\ -4.612 \times 10^6,\ 5.014 \times 10^6,\ 5.876$
$\qquad \times 10^6\,]^{\mathrm{T}}$

初始估计误差方差阵为 $P_0 = \mathrm{diag}(600^2,\ 600^2,\ 500^2,\ 2^2,\ 1.6^2,\ 1.5^2)$。

根据上述仿真条件对位置和速度误差进行估计，仿真结果如图 3-17 所示。

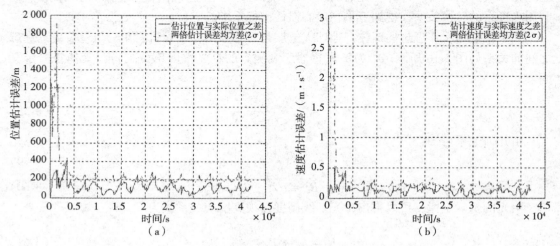

图 3-17　间接敏感地平 Unscented 卡尔曼滤波仿真结果

从仿真结果可以看出，星光折射间接敏感地平自主导航方法的精度明显高于直接敏感地平自主导航方法，这主要是由于间接敏感地平导航方法敏感地平的精度较高。

3.3.3　星光折射间接敏感地平的自主天文导航精度分析

为了全面分析基于大气星光折射的卫星自主天文导航定位精度，研究间接敏感地平的自主导航方法在不同情况下的性能，本节选择不同的仿真条件，对卫星自主天文导航系统进行计算机仿真，分析了量测信息和轨道参数对导航系统的精度影响。卫星的真实轨道数据由 STK 产生；滤波方法采用 Unscented 卡尔曼滤波；观测量采用星光折射视高度。

1. 量测信息对导航精度的影响分析

卫星的初始轨道根数如下：长半轴 $a = 7\,136.635$ km，偏心率 $e = 1.809 \times 10^{-3}$，轨道倾角 $i = 65.00°$，升交点赤经 $\Omega = 30.00°$，近地点角距 $\omega = 30.00°$，过近地点时刻 $t = 0$。

（1）折射星个数对导航精度的影响

卫星在围绕地球过程中观测到的星空范围由轨道倾角和星敏感器的安装方位、视场大小等因素决定。宇宙中 4^m 以上恒星有 362 颗，亮星在天球上近似均匀分布。对于基于星光大气折射的导航星敏感器而言，希望能观测到的恒星亮度尽可能高，视场尽可能大。假设星敏感器能观测到 4^m 以上发生大气折射的恒星，视场为 $20° \times 20°$，这时每个轨道周期内的折射观测在 40 次左右，但每次观测到星的个数不同。在此分析的基础上，假设每个轨道周期分别能观测到 10、20、30、40、60 及 80 颗折射星，大气密度模型精度为 1%(1σ)，星敏感器精度为 1″(1σ)，滤波周期 $T = 3$ s，离散系统状态噪声协方差阵：

$$Q = \mathrm{diag}\left[(1 \times 10^{-3})^2, (2 \times 10^{-3})^2, (1 \times 10^{-3})^2, (1 \times 10^{-3})^2, (2 \times 10^{-3})^2, (1 \times 10^{-3})^2 \right]$$

量测噪声协方差阵：

$$R = 80^2$$

状态初值

$$X_0 = [4.590 \times 10^6, 4.388 \times 10^6, 3.228 \times 10^6, -4.612 \times 10^3, 5.014 \times 10^2, 5.876 \times 10^3]^T$$

表 3-2 给出了星光折射间接敏感地平的导航精度和每个周期观测到的折射星个数之间的关系。

表 3-2   **导航精度和每周期观测到的折射星个数之间的关系**

导航精度（1σ）	折射星个数					
	10	20	30	40	60	80
位置误差均方差平均值 /m	209.967 9	145.008 5	114.063 3	101.665 0	86.222 7	78.271 6
速度误差均方差平均值 /(m·s^{-1})	0.213 4	0.151 5	0.118 8	0.108 0	0.091 9	0.085 1
位置估计误差平均值 /m	275.929 6	231.369 6	142.254 6	112.391 3	121.747 1	99.617 8
速度估计误差平均值 /(m·s^{-1})	0.267 4	0.233 7	0.143 0	0.113 7	0.132 8	0.095 8

从图 3-18 可以看出，每周期观测到的折射星个数从 10 颗增加到 40 颗时，导航精度随观测星数量的增加迅速提高；而当继续增加折射星个数，即折射星个数从 40 颗增加到 80 颗时，导航精度提高的幅度减小。

（2）星敏感器精度对导航精度的影响

星敏感器精度决定了观测量折射视高度 h_a 的精度，是影响导航精度的重要因素，星敏感器精度和量测噪声的对应关系见表 3-3。

表 3-3   **量测噪声均方差与星敏感器精度的对应关系**

星敏感器精度（1σ）	0.5″	1″	2″	3″	4″
量测噪声均方差 /m	70	80	115	142	195

根据地球卫星间接敏感地平的自主天文导航系统进行计算机仿真，得到不同星敏感器精度对导航精度的影响结果见表 3-4 和图 3-19 所示。

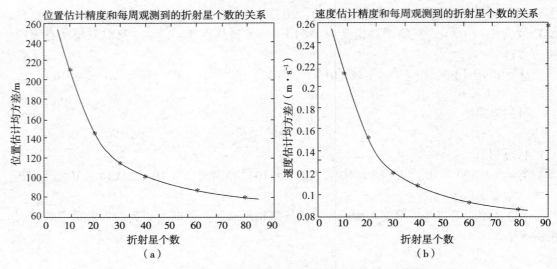

图 3-18　位置、速度估计精度与折射星个数的关系曲线

表 3-4　　　　　　　　　　　导航精度和星敏感器精度之间的关系

导航精度（1σ）	星敏感器精度（1σ）				
	0.5″	1″	2″	3″	4″
位置误差均方差平均值 /m	95.801 8	101.665 0	130.504 8	163.960 1	198.791 2
速度误差均方差平均值 /（m·s^{-1}）	0.101 7	0.108 0	0.135 5	0.167 2	0.202 6
位置估计误差平均值 /m	123.956 2	112.391 3	193.256 5	183.766 6	198.663 7
速度估计误差平均值 /（m·s^{-1}）	0.135 2	0.113 7	0.207 0	0.186 5	0.181 4

从图 3-19 可以看出当星敏感器精度大于 1″（1σ）时，位置、速度的估计误差均方差与星敏感器精度大致成线性规律变化。

（3）大气密度模型精度对导航精度的影响

大气密度模型精度是影响自主导航精度的另一个重要因素，其影响的程度甚至超过了星敏感器，当大气密度模型的精度分别为 0.5%，2%，3%，4% 时，折射视高度的量测噪声均方差见表 3-5。

表 3-5　　　　　　　　　　量测噪声均方差与大气密度精度的对应关系

大气密度精度（1σ）	0.5%	1%	2%	3%	4%
量测噪声均方差 /m	62	80	144	205	268

根据地球卫星间接敏感地平的自主天文导航系统进行计算机仿真，得到不同大气密度

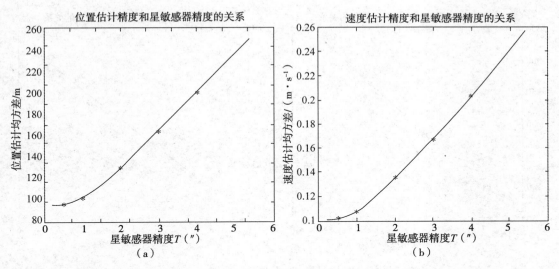

图 3-19 位置、速度估计精度和星敏感器精度 T 的关系曲线

精度对导航精度的影响结果见表 3-6 和如图 3-20 所示。

表 3-6　　　　　　　　　　**导航精度和大气密度精度之间的关系**

导航精度（1σ）	大气密度精度（1σ）					
	0.5%	1%	2%	3%	4%	5%
位置误差均方差平均值 /m	86.002 4	101.665 0	157.297 0	208.375 3	263.545 5	318.247 1
速度误差均方差平均值 /(m·s^{-1})	0.092 2	0.108 0	0.161 8	0.212 8	0.267 2	0.322 8
位置估计误差平均值 /m	119.061 6	112.391 3	185.247 3	185.123 4	262.243 0	376.977 1
速度估计误差平均值 /(m·s^{-1})	0.127 1	0.113 7	0.193 3	0.204 8	0.276 9	0.382 7

从图 3-20 可以看出当大气密度精度大于 1%（1σ）时，位置、速度的估计误差均方差与大气密度精度大致按线性规律变化。

2. **轨道参数对导航精度的影响分析**

下面分析轨道高度和偏心率对星光大气折射自主天文导航性能的影响。

（1）轨道高度对系统的精度分析

1）低轨卫星自主天文导航计算机仿真条件

低轨卫星的初始轨道根数为：长半轴 $a = 7\,136.635$ km，偏心率 $e = 1.809 \times 10^{-3}$，轨道倾角 $i = 65°$，升交点赤经 $\Omega = 30°$，近地点角距 $\omega = 30°$，过近地点时刻 $t = 0$。

每周期观测到 40 颗折射星，星敏感器精度为 1″（1σ），气密度精度为 1%（1σ）。

2）中轨卫星自主天文导航计算机仿真条件

中轨卫星的初始轨道根数为：半长轴 $a = 15\,000$ km，偏心率 $e = 0.1$，倾角 $i = 65°$，

133

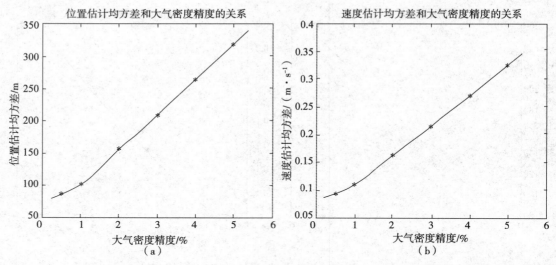

图 3-20　位置、速度估计均方差和大气密度精度之间的关系曲线

升交点赤经 $\Omega = 30°$，　近地点角距 $\omega = 30°$，过近地点时刻 $t = 0$。

每周期观测到 40 颗折射星，星敏感器精度为 $1''(1\sigma)$，大气密度精度为 $1\%(1\sigma)$。

3）GPS 卫星自主天文导航计算机仿真条件

假设 GPS 卫星的初始轨道根数为：半长轴 $a = 20\,200$ km，偏心率 $e = 0.001$，倾角 $i = 65°$，升交点赤经 $\Omega = 30°$，近地点角距 $\omega = 30°$，过近地点时刻 $t = 0$。

每周期观测到 40 颗折射星，星敏感器精度为 $1''(1\sigma)$，大气密度精度为 $1\%(1\sigma)$。

4）地球同步卫星自主天文导航计算机仿真条件

地球同步卫星的初始轨道根数为：半长轴 $a = 42\,164.169$ km，偏心率 $e = 0$，倾角 $i = 0$，升交点赤经 $\Omega = 0°$，近地点角距 $\omega = 0°$，过近地点时刻 $t = 0°$。

每周期观测到 40 颗折射星，星敏感器精度为 $1''(1\sigma)$，大气密度精度为 $1\%(1\sigma)$。

自主天文导航计算机仿真结果见表 3-7 和如图 3-21 所示。

表 3-7　　　　　　　　　　　　　导航精度和轨道高度之间的关系

导航精度（1σ）	轨道半长轴 /km			
	7 136.635	15 000	20 200	42 164.169
位置误差均方差平均值 /m	101.665 0	217.529 7	545.602 3	1.345 3e+003
速度误差均方差平均值 /(m·s⁻¹)	0.108 0	0.101 7	0.128 6	0.178 4
位置估计误差平均值 /m	112.391 3	184.731 3	621.822 0	1.990 1e+003
速度估计误差平均值 /(m·s⁻¹)	0.113 7	0.067 3	0.119 0	0.205 2

从图 3-21 可以看出，随着轨道半长轴的增加，位置估计方差迅速增大（从 100 m 量级

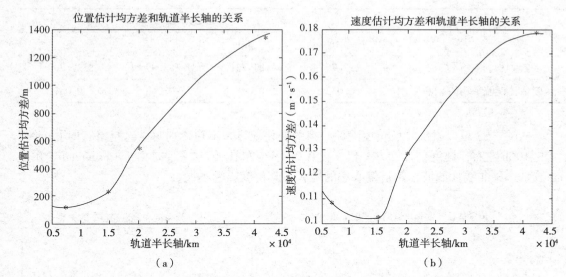

图 3-21 位置、速度估计均方差和轨道半长轴之间的关系曲线

增加到 1 000 m 量级），速度估计方差也有所增加，但增幅不明显。估计精度变化的原因是由于卫星在一周期内观测到的折射星仍为 40 颗，当轨道高度增加时，轨道周期也增加，相邻两次折射观测的时间间隔增大，导致导航精度下降；同时随着轨道增高，相同一个角秒的折射观测误差引起的卫星位置误差也增大，速度误差也有所增大。

利用星光折射间接敏感地平的自主天文导航方法，低轨卫星定位精度可达 100 m（1σ），而随着轨道增高，导航精度急剧下降，地球同步卫星的定位精度降低至 $1.345\ 3 \times 10^3$ m。但国外有资料显示，利用星光散射进行自主天文导航的地球同步卫星定位精度能保持在 100 m（1σ）的量级上。针对高轨卫星的特点，改进导航方法，可以使高轨卫星的导航精度得到提高。

（2）轨道偏心率对导航系统的精度分析

卫星的轨道偏心率发生变化（e 分别为 0，0.1，0.25，0.4），其他轨道根数不变（其中半长轴 $a = 15\ 000$ km，倾角 $i = 65°$，升交点赤经 $\Omega = 30°$，近地点角距 $\omega = 30°$，过近地点时刻 $t = 0$），每周期观测到 40 颗折射星，星敏感器精度为 $1''$（1σ），大气密度精度为 1%（1σ）。自主天文导航计算机仿真结果见表 3-8 和如图 3-22 所示。

表 3-8 导航精度和偏心率之间的关系

导航精度（1σ）	偏心率			
	0	0.1	0.25	0.4
位置误差均方差平均值 /m	207. 928 5	217. 529 7	208. 490 1	206. 642 1
速度误差均方差平均值 /(m·s⁻¹)	0. 098 8	0. 101 7	0. 100 5	0. 098 0

续表

导航精度（1σ）	偏心率			
	0	0.1	0.25	0.4
位置估计误差平均值 /m	197.764 6	184.731 3	183.999 1	227.709 1
速度估计误差平均值 /(m·s⁻¹)	0.073 7	0.067 3	0.068 8	0.087 5

从图 3-22 可以看出导航精度随偏心率的变化规律并不是特别明显（位置估计均方差仅变化 10 m 左右，速度估计均方差仅变化 0.004m/s 左右），这主要是由于 Unscented 卡尔曼滤波是一种非线性滤波，轨道偏心率的增大对其精度影响不大。

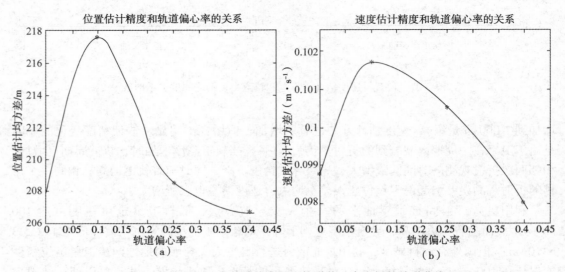

图 3-22　位置、速度估计均方差和轨道偏心率之间的关系曲线

综合以上计算机仿真结果分析，影响导航精度的结果如下：

①当每周期观测到的折射星数目从 80 颗减少到 10 颗时，位置误差均方差增加了 2.68 倍，速度误差均方差增加了 2.51 倍；

②当星敏感器精度从 0.5″增加到 4″时，位置误差均方差增加了 2.08 倍，速度误差均方差增加了 1.99 倍；

③当大气密度模型精度从 0.5%增加到 5%时，位置误差均方差增加了 3.70 倍，速度误差均方差增加了 3.50 倍；

④当轨道半长轴从 7 136.635 km 增加到 42 164.169 km 时，位置误差均方差增加了 13.23 倍，速度误差均方差增加了 1.65 倍；

⑤当轨道偏心率从 0 增加到 0.4 时，位置和速度的误差均方差先增大后减小。在偏心率为 0.1 附近时，位置误差均方差最大，增加了 1.05 倍；速度误差均方差也最大，增加了 1.04 倍。

综上，利用星光折射间接敏感地平进行自主天文导航的精度影响因素总结如下：

①每周期观测到的折射星数目、星敏感器精度、大气密度模型精度及轨道高度是影响自主天文导航精度的主要因素；

②轨道偏心率对导航精度的影响不显著，没有明显规律。

3.3.4 基于信息融合的直接敏感地平和间接敏感地平相结合的自主天文导航方法

1. 基于信息融合的自主天文导航方法原理

星光折射间接敏感地平自主天文导航系统可以达到较高的导航精度，但该方法必须由折射星提供地平信息，而折射星的个数有限，与直接敏感地平相比不能提供连续的观测信息。直接敏感地平的自主天文导航系统虽然精度较低，但系统稳定，技术成熟。将直接敏感地平方法和间接敏感地平方法相结合进行信息融合得到的组合导航系统精度较高，可靠性较强，是一种很有前途的卫星自主天文导航方法。

无论直接敏感地平还是间接敏感地平，只是系统的观测量不同，系统状态方程相同，因此组合导航系统的状态方程也记为

$$\dot{X}(t) = f(X, t) + w(t) \tag{3-64}$$

组合导航系统中，间接敏感地平导航子系统的观测量采用星敏感器间接测量得到的星光折射视高度 h_a，直接敏感地平导航子系统的观测量采用星敏感器和红外地平仪测得的星光角距 α，各观测量的几何意义如图 3-23 所示。

量测方程分别为

$$z_1 = h_a = \sqrt{r^2 - u^2} + u\tan(R) - R_e - \alpha + v_1 \tag{3-65}$$

$$z_2 = \alpha = \arccos\left(-\frac{r \cdot s}{r}\right) + v_2 \tag{3-66}$$

导航算法采用基于信息融合的自适应 Unscented 卡尔曼滤波器。

2. 基于信息融合的自适应 Unscented 卡尔曼滤波方法

对于一个离散非线性天文导航系统：

$$X(k+1) = F(X(k), u(k), k) + w(k) \tag{3-67}$$

$$Z_1(k) = h_1[X(k), k] + v_1(k) \tag{3-68}$$

$$Z_2(k) = h_2[X(k), k] + v_2(k) \tag{3-69}$$

式中，$Z_1(k)$ 为折射视高度，$Z_2(k)$ 为星光角距，状态模型噪声的协方差阵为 $E[\omega(k)\omega(k)^T] = Q(k)$，量测噪声的协方差阵为 $E[v_1(k)v_1(k)^T] = R_1(k)$，$E[v_2(k)v_2(k)^T] = R_2(k)$，$\omega$，$v_1$ 和 v_2 互不相关。

用状态方程式(3-61)和量测方程式(3-62)组成第一个子滤波器，状态方程式(3-61)和量测方程式(3-63)组成第二个子滤波器。

用自适应的 Unscented 卡尔曼滤波算法进行联合滤波。当没有折射星出现时，对第二个子滤波器进行时间更新和量测更新，第一个子滤波器只进行时间更新；当观测到折射星时，对两个子滤波器同时进行时间更新和量测更新。

经过分散化并行运算的滤波器处理，得到的两个局部估计值 $X_i(k)(i = 1, 2)$ 和估计

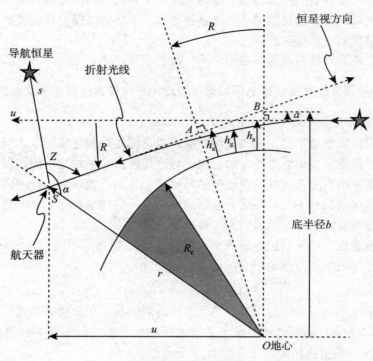

图 3-23 信息融合导航系统观测量 h_a 和 α

误差 $P_i(k)(k=1,2)$，在主滤波器中按式(3-70)和式(3-71)进行融合，得到全局估计值为

$$\hat{\boldsymbol{X}}_g(k) = \boldsymbol{P}_g(k)\left[\boldsymbol{P}_1^{-1}(k)\boldsymbol{X}_1(k) + \boldsymbol{P}_2^{-1}(k)\boldsymbol{X}_2(k)\right] \tag{3-70}$$

$$\boldsymbol{P}_g(k) = \left[\boldsymbol{P}_1^{-1}(k) + \boldsymbol{P}_2^{-1}(k)\right]^{-1} \tag{3-71}$$

然后，将全局估计结果反馈给两个子滤波器，作为该时刻两个子滤波器的估计值

$$\hat{\boldsymbol{X}}_i(k) = \hat{\boldsymbol{X}}_g(k) \tag{3-72}$$

$$\boldsymbol{Q}_i^{-1}(k) = \beta_i \boldsymbol{Q}_g^{-1}(k) \tag{3-73}$$

$$\boldsymbol{P}_i^{-1}(k) = \beta_i \boldsymbol{P}_g^{-1}(k) \tag{3-74}$$

$$\beta_1 + \beta_2 = 1(i=1,2;\ 0 \leqslant \beta_i \leqslant 1) \tag{3-75}$$

式中，$\boldsymbol{Q}_g$ 为系统状态模型噪声的方差阵。信息分配因子选择的基本原则是在满足信息守恒式(3-72)的前提下与局部滤波器的滤波精度成正比，为了使自主天文导航系统具有更强的自适应能力和容错能力，使用基于估计误差矩阵 $\boldsymbol{P}$ 的范数的动态分配信息因子的算法，令

$$\beta_i(k) = \frac{\left(\|\boldsymbol{P}_i(k-1)\|_F\right)^{-1}}{\displaystyle\sum_{i=1}^{2}\left(\|\boldsymbol{P}_i(k-1)\|_F\right)^{-1}} \tag{3-76}$$

式中，$\|\cdot\|_F$ 为 Frobenius 范数，即对于任意矩阵 $\boldsymbol{A}$，$\|\boldsymbol{A}\|_F = \sqrt{\sum \mathrm{diag}(\boldsymbol{A}^{\mathrm{T}}\cdot\boldsymbol{A})}$。

3. 计算机仿真

根据基于信息融合导航系统的状态方程式(3-61)和量测方程式(3-62)，式(3-63)进行计算机仿真。假定卫星的初始轨道根数为：长半轴 $a = 7\,136.635$ km，偏心率 $e = 1.809 \times 10^{-3}$，轨道倾角 $i = 65.00°$，升交点赤经 $\Omega = 30.00°$，近地点角距 $\omega = 30.00°$，过近地点时刻 $t = 0$。每个轨道周期能观测到40颗折射星，大气密度模型精度为 $1\%(1\sigma)$，星敏感器精度为 $1''(1\sigma)$，滤波周期 $T = 3$ s，离散系统状态噪声协方差阵为：

$$\boldsymbol{Q} = \mathrm{diag}[\,(1 \times 10^{-3})^2,\ (2 \times 10^{-3})^2,\ (1 \times 10^{-3})^2,\ (1 \times 10^{-3})^2,\ (2 \times 10^{-3})^2,$$
$$(1 \times 10^{-3})^2\,]$$

量测噪声协方差阵：

$$\boldsymbol{E}[\,\boldsymbol{v}_1(k)\,\boldsymbol{v}_1(k)^{\mathrm{T}}\,] = \boldsymbol{R}_1 = 80^2\ \mathrm{m}^2$$
$$\boldsymbol{E}[\,\boldsymbol{v}_2(k)\,\boldsymbol{v}_2(k)^{\mathrm{T}}\,] = \boldsymbol{R}_2 = (0.02°)^2$$

状态初值

$$\boldsymbol{X}_0 = [\,4.590 \times 10^6,\ 4.388 \times 10^6,\ 3.228 \times 10^6,\ -4.612 \times 10^3,\ 5.014 \times 10^2,\ 5.876 \times 10^3\,]^{\mathrm{T}}$$

初始的信息分配因子 $\beta_1 = 1/2$，$\beta_2 = 1/2$。

根据上述仿真条件对位置和速度误差进行估计，仿真结果如图3-24所示。

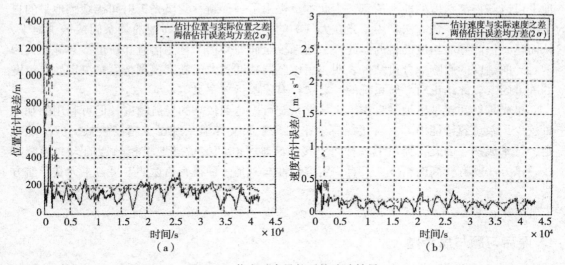

图3-24　信息融合导航系统滤波结果

表3-9给出了直接敏感地平、间接敏感地平和信息融合方法的滤波结果，可以看出，信息融合导航方法的估计误差均方差得到明显降低，是因为该方法综合了直接敏感地平观测频率高及间接敏感地平观测精度高两个优点。

表 3-9　　　　　　　直接敏感地平、间接敏感地平和信息融合方法滤波结果比较

导航精度（1σ）	导航方法		
	信息融合方法	间接敏感地平方法	直接敏感地平方法
位置估计均方差均值 /m	87.889 4	101.665 0	314.891 6
速度估计均方差均值 /(m·s⁻¹)	0.092 6	0.108 0	0.305 7
位置估计误差均值 /m	147.712 2	112.391 3	401.650 4
速度估计误差均值 /(m·s⁻¹)	0.154 5	0.113 7	0.396 1

　　星光折射间接敏感地平的自主天文导航系统利用星光在大气中的折射与折射视高度的关系间接敏感地平，进而达到提高导航精度的目的。高精度的星敏感器和准确的大气密度模型是决定地平敏感精度的关键因素。直接敏感地平的自主天文导航系统虽然精度较低，但系统简单可靠，易于实现。将两者结合起来，优势互补。进行信息融合得到的组合导航系统精度较高、可靠性较强，是一种很有潜力的卫星自主天文导航方法。

3.4　本章小结

　　地平敏感精度是决定地球卫星自主天文导航精度的重要因素，利用星光折射间接敏感地平可以获得高精度的地平信息，为此本章提出了一种新颖的星光折射间接敏感地平的自主天文导航方法，该方法利用星光在大气中的折射角与折射视高度的关系间接敏感地平，从而达到提高导航精度的目的。此外，还系统全面地分析了量测信息和轨道参数等相关因素对导航精度的影响。分析结果表明，星敏感器精度和大气密度模型精度是决定导航精度的关键因素。此结论对导航系统的参数选择有重要指导意义。

　　星光折射间接敏感地平自主天文导航系统可以达到较高的导航精度，但可利用的观测量较少，系统容错能力差；直接敏感地平的自主天文导航系统虽然精度较低，但系统稳定，技术成熟。因此，提出了一种将直接敏感地平和间接敏感地平相融合的天文导航方法。该方法既有较高的精度，又有一定容错性能，是一种很有前途的卫星自主天文导航方法。

◎ 课后习题与思考题

1. 简述直接敏感地平和利用星光折射间接敏感地平的天文导航方法的联系和区别。
2. 画图并简述直接敏感地平的自主天文导航基本原理。
3. 简述利用星光折射间接敏感地平的自主天文导航的基本原理。
4. 论述纯天文几何解析方法基本原理。
5. 当前地球卫星（半）自主导航的主要方法有哪些？试简述之。
6. 理解地球卫星直接敏感地平自主天文导航系统的数学模型。
7. 地球卫星直接敏感地平的天文导航中通常使用的几种观测量是什么？

8. 绘图并说明星光角距的概念和数学表达式。

9. 绘图并说明星光仰角的概念和数学表达式。

10. 地球卫星直接敏感地平天文导航方法导航精度受到哪三个方面的影响？

11. 地球卫星直接敏感地平天文导航方法的滤波状态方程有哪几种形式，分别是什么？如何选择合适的状态方程？

12. 地球卫星间接敏感地平的自主天文导航系统的观测量有哪些？

13. 理解地球卫星间接敏感地平的自主天文导航系统的滤波过程。

14. 试述直接敏感地平和间接敏感地平的优缺点。

15. 简述信息融合滤波的特点。

◎ **参考文献**

[1] 刘林. 航天器轨道理论[M]. 北京：国防工业出版社，2000.

[2] 林胜勇，李珠基，康志宇. 月球探测技术——轨道设计和计算[J]. 上海航天，2003（2）：57-61.

[3] Battin R. H. An Introduction to the Mathematics and Methods of Astrodynamics[M]. New York：American Institute Of Aeronautics and Astronautics，1999.

[4] 王志贤. 最优状态估计与系统辨识[M]. 西安：西北工业大学出版社，2004.

[5] 秦永元，张洪钺，汪淑华. 卡尔曼滤波与组合导航原理[M]. 西安：西北工业大学出版社，1998.

[6] 房建成，宁晓琳，田玉龙. 航天器自主天文导航原理与方法[M]. 北京：国防工业出版社，2006.

[7] Son H. Truong, Roger C. Hart, Wendy C. Shoan and Terri Wood. High Accuracy Autonomous Naviga-tion using The Global Positioning System(GPS)[J]. Proceeding of the 12th International Symposium On "Space Flight Dynamics", ESOC, Darmstadt, Germany, 1997, 2-6 June：73-78.

[8] 向开恒. 曲广吉. 航天器高精度 GPS 导航定位技术研究[J]. 中国工程科学，2004（1）：86-91.

[9] Wang Shilian, Jiang Yuanlong, Lu Jun, Zhang Eryang. Satellite Autonomous Orbit Determination and Navigation in Spatial Wireless Network. Radar[J]. 2001 CIE International Conference on, Proceedings, 15-18 Oct, 2001：162-166.

[10] Gil Shorshi, Itzhack Y Bar-Itzhack. Satellite Autonomous Navigation and Orbit Determination Using Magnetometers. Decision and Control[J]. Proceedings of the 31st IEEE Conference, 16-18 Dec, 1992；542-548.

[11] 赵黎平，周军，周凤岐. 基于磁强计的卫星自主定轨[J]. 航天控制，2001(3)：7-11.

[12] 吴美平，田菁，胡小平. 三轴磁强计轨道确定[J]. 国防科技大学学报，2002(3)：90-93.

[13] 韩潮，章仁为. 利用雷达测高仪的卫星自主定轨[J]. 宇航学报，1999(3)：13-20.

[14] Long A，Leung D，Folta D，Gramling C. Autonomous navigation of high-Earth satellites using celestial objects and Doppler measurements[J]. AIAA/AAS Astrodynamis Specialist Conference，Denver，CO，Aug，2000：14-17.

[15] 章仁为. 卫星轨道姿态动力学与控制[M]. 北京：北京航空航天大学出版社，1998.

[16] 刘林. 航天器轨道理论[M]. 北京：国防工业出版社，2000.

[17] 郭建新. 解永春. 基于姿态敏感器的地球同步轨道卫星自主导航研究[J]. 航天控制，2004(4)：1-6.

[18] 黄翔宇. 荆武兴. 基于"日-地-月"信息的卫星自主导航技术研究[J]. 哈尔滨工业大学学报，2002，34(5)：643-646.

[19] 田玉龙，房建成，宁晓琳. 自主天文导航系统中的两种状态方程及其特性分析[J]. 系统工程与电子技术，2004，26(12)：1829-1831.

[20] 杨博，伍小洁，房建成. 一种用星敏感器自主定位方法的精度分析[J]. 航天控制，2001(1)：12-6.

[21] 宋利芳，房建成. 航天器天文导航中星敏感器最佳安装方位研究[J]. 北京航空航天大学学报，2006(1)：22-26.

[22] White R L，Gounley R B. Satellite Autonomous Navigation with SHAD[J]. The Charles Stark Draper Laboratory，April 1987.

[23] Ferguson J R. Autonomous Navigation of USAF Spacecraft[D]. The University of Texas at Austin，1983.

[24] 杨博，房建成，伍小洁. 星光折射航天器自主定轨方案比较[J]. 航天控制，2001，19(1)：12-16.

[25] 张瑜，房建成. 基于 Unscented 卡尔曼滤波器的卫星自主天文导航研究[J]. 宇航学报，2003，24(6)：646-650.

[26] 周凤岐，赵黎平，周军. 基于星光大气折射的卫星自主轨道确定[J]. 宇航学报，2002，23(4)：20-23.

[27] 王国权，宁书年，金声震，孙才红. 卫星自主导航中星光大气折射模型的研究方法[J]. 中国矿业大学学报，2004，33(6)：616-620.

[28] 王国权，金声震，孙才红，宁书年. 卫星自主导航中 25~60 公里星光大气折射模型研究[J]. 科技通报，2005，21(1)：106-109.

[29] 李琳琳，孙辉先. 基于星敏感器的星光折射卫星自主导航方法研究[J]. 系统工程与电子技术，2004，26(3)：353-357.

[30] 王国权，金声震，孙才红，宁书年. 组合大视场星敏感器星光折射卫星自主导航方法及仿真[J]. 系统仿真学报，2005，17(3)：529-532.

[31] 宁晓琳，房建成. 一种基于信息融合的卫星自主天文导航新方法[J]. 宇航学报，2003，24(6)：579-583.

[32] Fang Jiancheng，Zhang Yu. A New Method Applying the Double Star Sensors for the Spacecraft Autono-mous Celestial Navigation[J]. Proceedings of the Sixth International

Conference on Electronic Measurement&Instruments，2003.

[33] 张瑜，房建成．基于摄动轨道的卫星自主天文导航仿真研究[J]．中国空间科学技术，2003(5)：57-63.

[34] 杨博，伍小洁，房建成．一种用星敏感器自主定位方法的精度分析[J]．航天控制，2001(1)：11-16.

[35] 房建成，宁晓琳．深空探测器的自主天文导航技术[J]．深空探测研究，2005(9)：35-39.

[36] 胡小工，黄珹．登月飞行轨道的摄动模型[J]．上海天文台台刊，1997(18)：83-88.

[37] 郗晓宁．月球探测器轨道动力学及其设计[D]．北京：中国科学院，2000：31-33.

[38] 宁晓琳，房建成．RJMCMC 粒子滤波方法在月球探测器自主天文导航中的应用[J]．宇航学报，2005，26(增刊)：39-43.

[39] Jo Ryeong Yim, John L. Crassidis, John L. Junkins. Autonomous Orbit Navigation of Interplanetary Spacecraft [J]. IAA Guidance, Navigation, and Control Conference, Denver, CO, Aug, 2000：53-61.

[40] 宁晓琳，房建成．基于信息融合的深空探测器的自主导航方法[J]．中国空间科学技术，2004(1)：66-71.

第4章 深空探测器的自主天文导航原理与方法

4.1 引言

总体来说，深空探测存在广义和狭义两种定义。

①广义的深空探测：对地球以外天体和行星际开展的空间探测活动；

②狭义的深空探测：航天器在飞行过程中，其所处的主引力场是地球以外的天体，或处于多体引力平衡点附近的空间探测活动。

二者的区别主要在于广义的深空探测范围更宽泛，包括在地球附近开展的空间探测活动。然而，对于航天器而言，以地外天体为主引力场的航天器与以地球为主引力场的航天器在运行环境和相应的设计等方面有本质不同，因此，狭义的深空探测的定义更符合当前深空探测发展的实际需求，它以航天器运行的主引力场作为界定依据。本书对深空探测的界定依据狭义的深空探测。

随着深空探测的发展，深空探测器的自主导航已经成为一项亟待解决的关键技术，其中天文导航是一种较适合深空探测器的自主导航技术。为此，本章将主要以月球探测为例研究深空探测器的自主天文导航技术，包括转移轨道上月球探测器、月球卫星的自主天文导航方法；最后，还研究了适合距离更为遥远的深空探测器的纯天文几何解析方法。

4.1.1 深空探测的发展

在 20 世纪，人类已利用各种探测器遍访过太阳系中其他的八大行星及其一些卫星，并对太阳周围进行探测和监测，共发射了 97 颗无人月球探测器，2 艘载人月球轨道飞船，7 艘载人登月飞船，1 颗水星探测器，38 颗金星探测器，33 颗火星探测器，2 颗木星/土星探测器，1 颗木星/土星/天王星/海王星探测器以及 4 颗彗星探测器，1 颗土星卫星"泰坦"探测器和 2 颗小行星探测器。下面介绍几次成功的深空探测任务。

（1）"先驱者"号探测外行星

"先驱者"号探测器是美国发射的行星和行星际探测器系列之一。1958 年 10 月到 1978年 8 月之间共发射了 13 颗，用来探测地球、月球、金星、木星、土星等行星及其行星际空间。其中最为引人注目的是"先驱者"10 号和"先驱者"11 号。1972 年向木星发射的"先驱者"10 号是第一个到达木星、木星卫星和土星附近的探测器。之后"先驱者"10 号飞过冥王星，于 1983 年飞离太阳系，进入恒星际空间，成为第一个飞出太阳系的探测器。到 2005 年 1 月，"先驱者"10 号已距离地球 $122 \times 10^8 \, \text{km}$，从飞船发回的信号需用 11 小时 20分才能到达地球，如图 4-1 所示。"先驱者"10 号原设计寿命为 22 个月，但最终工作时间长达 25 年。

"先驱者"11 号于 1973 年 4 月 6 日启程,以探测土星为主要目标。1979 年 9 月 1 日,"先驱者"11 号从距土星 3 400 km 的地方掠过,第一次拍摄到土星的照片。它探测了土星的轨道和总质量,测量了土星大气成分、温度和磁场,发现了两个新光环。探测了土星之后,"先驱者"11 号便与"先驱者"10 号同于 1989 年飞离太阳系。

2)"旅行者"号行星和行星际探测器

美国 1977 年 8 月和 9 月分别发射了行星和行星际探测器"旅行者"1 号和"旅行者"2 号,"旅行者"号携带的仪器和能源设备比"先驱者"号更先进,在探测木星、土星、天王星和海王星过程中有大量惊人的发现,因此,"旅行者"星际探测被誉为"最伟大的太空之旅"。"旅行者"1 号于 1979 年 3 月先期飞近木星,"旅行者"2 号于 7 月到达,拍摄了木星大红斑照片,并发现木卫 1 有活火山喷发、木卫 2(欧罗巴)上面完全由一层冰覆盖。"旅行者"号探测器接着又飞近土星观察了土星环,1986 年飞抵天王星附近,1989 年飞抵海王星附近。截至 2004 年底,"旅行者"1 号已距地球 140×10^8 km,是目前飞得最远的人造航天器,它在 2004 年 12 月 16 日左右探测到的一些迹象,使科学家们判断它已首次穿越太阳系最外层的标志——激波边界。"旅行者"2 号则正沿着另一条轨道飞向太阳系的边缘,目前距离太阳也有 100×10^8 km。目前"旅行者"号仍在高速飞行,正在向太阳系边缘前进。

(3)月球探测器

自"阿波罗"登月计划后,20 世纪 70 年代中期到 90 年代初,人类的探月活动处于低潮。1994 年美国发射的"克莱门汀"号探测器发现月球南极可能有冰。接着在 1998 年又发射了"月球探测者"进行水资源探测,也认为在月球南北两极陨石坑底部存在着水。这些水与月球尘土混杂在一起。"月球探测者"完成探测任务后,利用剩下的少量推进剂向可能有水的坑沿俯冲撞击,按计划中的设想,如果陨石坑里有水,从地球和哈勃空间望远镜就能观察到氢离子和氢氧根离子。但是地面观测点未能观测到任何水的迹象,所以到现在为止还不能确定月球上是否存在水。"月球探测者"如图 4-2 所示。

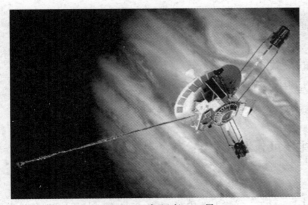

图 4-1 "先驱者"10 号

图 4-2 "月球探测者"

（4）火星探测

从 20 世纪 90 年代至今，火星探测已成为继月球探测后的又一空间探索的热点。迄今为止，美国、俄罗斯已发射了近 30 个火星探测器。1996 年美国发射的"火星探路者"及其携带的"旅居者"号火星车，对火星探测取得了大量成果，发回了数千张火星地表照片，使人类对火星地表景观有了直观的认识。对火星上的岩石和土壤进行探测和分析，使人类对火星岩石和土壤有了初步了解并且找到了火星上曾经发生过特大洪水的证据。

在 2002 年火星探测器"奥德赛"号又发现火星表层下 1m 深处有混在土中的冰，其范围从火星南极绵延到南纬 60°，预估水量可装满两个密歇根湖。

4.1.2　天文导航对深空探测的重要性

21 世纪世界各国都加快了深空探测的脚步。随着深空探测任务的增多，探测器的智能自主技术已成为一项亟待解决的关键技术。而深空探测器的自主导航是实现其自主管理，从而提高在轨生存能力的基础。对于深空探测器来说，拥有自主导航的能力具有重大意义。一方面，可以大大减轻地面站的负担；另一方面，自主导航可以为其他自主能力，如自主姿态控制等提供支持。当前可以对深空探测器进行实时导航的方法主要有天文导航和地面站测量等。地面站遥测是精度最高、应用最广的深空探测器导航方法。目前，美国利用深空网（DSN）和多普勒测量 VLBI、DVLBI 等方法最高可达几十米的位置精度；我国受地理及其他条件的限制，仅能利用国内地面站的观测数据，在地面站可观测范围内可以达到 300m 的位置精度。但地面站遥测定位的不足之处在于：

①不能自主，必须依赖地面站的支持，而我国目前测控的距离还不能完全满足深空的要求，且无线电测控导航由于被探测天体遮挡等原因也不能覆盖全过程；

②为保持系统正常运行，探测器必须装备复杂、昂贵的测控和通信设备，增加了任务成本。随着深空探测技术的发展，迫切要求深空探测器降低地面支持成本，提高自主生存能力，因此探测器的自主导航也就成为亟待解决的关键技术问题。

天文导航是一种重要的自主导航方法，具有以下特点：

①不需与外界进行任何信息交换，是一种完全自主的导航定姿方法；

②可以同时提供导航和姿态信息；

③仅需利用探测器姿态敏感部件星敏感器和红外地平仪，而不需额外增加其他硬件设备；

④不需任何先验知识，如探测器当前的大致位置和姿态等。

因此天文导航备受青睐，得到广泛的应用。例如，1982 年美国喷气推进试验室研制的自主制导和导航系统（AGN）在用于木星飞行任务时，就是利用星体跟踪器进行探测器的天文导航和姿态确定。

目前深空探测器的自主天文导航方法主要可分为两大类：

①基于轨道动力学方程的滤波方法；

②纯天文的几何解析法。

前者是利用天文量测信息结合轨道动力学方程，通过最优估计的方法得到深空探测器的导航信息；而后者则是利用天文量测信息，根据深空探测器与天体间的几何关系，通过几何解算得到深空探测器的导航信息。

深空探测器的轨道(以月球探测器为例)一般可以分为三个阶段,如图 4-3 所示。

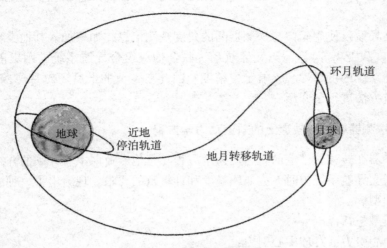

图 4-3　月球探测器的轨道

①地球附近的停泊轨道段;
②从地球到月球的地月转移轨道段;
③环月轨道段(任务轨道段)。

对于运行在近地停泊轨道段或环月轨道段的深空探测器来说,主要受地球或月球的质心引力作用,其轨道动力学方程属于二体问题。该问题目前在理论上已基本成熟,其轨道动力学方程可以精确建模,因此目前对该阶段的自主天文导航通常采用基于轨道动力学的最优估计方法。其中近地停泊段深空探测器的自主天文导航方法与第 3 章介绍的地球卫星的自主天文导航方法相同。环月轨道段深空探测器的自主天文导航方法与之相似;但是由于中心天体变为月球,相应的轨道动力学方程也要随之变化。同时由于月球没有大气,因此在地球卫星天文导航中使用的星光折射方法和红外地平仪等测量仪器在此也不能使用,该部分的详细内容将在本章 4.3 节予以介绍。对于地月转移轨道段的深空探测器来说,其受力比较复杂,属于三体或多体问题,其轨道动力学方程往往难以精确建立,因此要想获得高精度的天文导航系统,一方面是必须对转移轨道上的深空探测器的三体或多体轨道动力学方程进行精确建模;另一方面就是要探索其他与之相适应的天文导航方法。本章将重点介绍深空探测器在转移轨道上的天文导航方法,其中包括了国内外的最新研究进展和作者的部分研究成果。

4.2　月球探测器在转移轨道上的天文导航方法

深空探测器的天文导航滤波方法与近地航天器的天文导航滤波方法相似,都是在轨道动力学方程的基础上,利用测量得到天文的观测信息,通过最优估计的方法得到深空探测器的导航信息。二者仅在轨道动力学方程和天文量测量上有所不同。本节将以月球探测器为例介绍转移轨道上的自主天文导航滤波方法，在本节的开始先简要介绍月球探测器在转移轨道上的轨道动力学方程，然后将详细介绍国内外提出的几种转移轨道上的探测器自主天文导航方法。

　　由于天文导航仅使用天体与探测器间的角度观测信息，如果加入其他类型的观测信息（如多普勒速度和距离等），与天文导航系统联合构成组合导航系统，则更能发挥其各自的优势，提高系统的可靠性和导航定位精度。因此在本节的最后还对月球探测器天文/多普勒组合导航方法进行了介绍。

4.2.1　月球探测器在转移轨道上的轨道动力学方程

　　月球探测器在转移轨道上的轨道动力学方程在其他专业课本有详细的介绍，在应用到转移轨道的天文导航系统中时，应兼顾精度和计算量的要求。现给出了一种满足精度要求的简化力学模型。

　　该力学模型包括：

　　①地球中心引力，月球中心引力；

　　②地球形状摄动，月球形状摄动；

　　③大气阻力；

　　④太阳引力摄动，太阳辐射压摄动。

　　实际计算中，选取地心黄道坐标系，月球坐标为 (x_1, y_1, z_1)，太阳坐标为 (x_2, y_2, z_2)，月球探测器坐标为 (x, y, z)，其中月球和太阳坐标为已知的时间函数，可以由星历表求得。这样，可得月球探测器的运动方程为

$$\left.\begin{aligned}
\ddot{x} &= -\mu_e \frac{x}{r_{pe}^3} - \mu_m \left[\frac{x-x_1}{r_{pm}^3} - \frac{x_1}{r_{em}^3} \right] - \mu_s \left[\frac{x-x_2}{r_{ps}^3} - \frac{x_2}{r_{es}^2} \right] + a_{ax} + a_{sx} + a_{ex} + a_{mx} \\
\ddot{y} &= -\mu_e \frac{y}{r_{pe}^3} - \mu_m \left[\frac{y-y_1}{r_{pm}^3} - \frac{y_1}{r_{em}^3} \right] - \mu_s \left[\frac{y-y_2}{r_{ps}^3} - \frac{y_2}{r_{es}^3} \right] + a_{ay} + a_{sy} + a_{ey} + a_{my} \\
\ddot{z} &= -\mu_e \frac{z}{r_{pe}^3} - \mu_m \left[\frac{z-z_1}{r_{pm}^3} - \frac{z_1}{r_{em}^3} \right] - \mu_s \left[\frac{z-z_2}{r_{ps}^3} - \frac{z_2}{r_{es}^3} \right] + a_{az} + a_{sz} + a_{ez} + a_{mz}
\end{aligned}\right\} \quad (4\text{-}1)$$

　　式中，μ_m 为月球引力常数；μ_s 为太阳引力常数；μ_e 为地球引力常数；r_{pe} 为地心到探测器的矢径；r_{pm} 为月心到探测器的矢径；r_{em} 为地月平均距离；r_{ps} 为日心到探测器的矢径；r_{es} 为日心到地心的矢径；a_a 为大气阻力加速度；a_s 为太阳辐射压力加速度；a_e 和 a_m 分别为地球和月球的非球形摄动加速度。其中，a_a、a_s、a_e、a_m 的公式见参考文献（郗晓宁，2000）。

4.2.2　基于星光角距的自主天文导航方法

　　基于星光角距为观测量的月球探测器天文导航的具体方法是利用星敏感器识别星光，并测量该星光在星敏感器测量坐标系的方向，再进行星图识别，得到星光在惯性系的方向。通过星敏感器安装矩阵的转换，可算得星光在探测器本体坐标系的方向。利用行星敏

感器分别测量探测器与地球、月球之间的几何关系——探测器到地心或月心的垂线方向，或探测器至地球或月球边缘的切线方向，算得地心和月心矢量在探测器本体坐标系的方向。根据探测器、所观测的导航星、地球和月球之间的几何关系，利用最优估计方法，估计出探测器的位置、速度等导航信息。

（1）轨道动力学方程

取历元（J2000.0）地心赤道惯性坐标系，为减少计算量在此选用的月球探测器的状态模型为二体轨道模型：

$$
\begin{cases}
\dfrac{\mathrm{d}x}{\mathrm{d}t} = v_x + \omega_x \\[2mm]
\dfrac{\mathrm{d}y}{\mathrm{d}t} = v_y + \omega_y \\[2mm]
\dfrac{\mathrm{d}z}{\mathrm{d}t} = v_z + \omega_z \\[2mm]
\dfrac{\mathrm{d}v_x}{\mathrm{d}t} = -\mu_e \dfrac{x}{r^3}\left[1 - J_2\left(\dfrac{R_e}{r}\right)\left(7.5\dfrac{z^2}{r^2} - 1.5\right)\right] - \mu_m\left(\dfrac{x - x_m}{r_{sm}^3} + \dfrac{x_m}{r_m^3}\right) + \Delta F_x + \omega_{v_x} \\[3mm]
\dfrac{\mathrm{d}v_y}{\mathrm{d}t} = -\mu_e \dfrac{y}{r^3}\left[1 - J_2\left(\dfrac{R_e}{r}\right)\left(7.5\dfrac{z^2}{r^2} - 1.5\right)\right] - \mu_m\left(\dfrac{y - y_m}{r_{sm}^3} + \dfrac{y_m}{r_m^3}\right) + \Delta F_y + \omega_{v_y} \\[3mm]
\dfrac{\mathrm{d}v_z}{\mathrm{d}t} = -\mu_e \dfrac{z}{r^3}\left[1 - J_2\left(\dfrac{R_e}{r}\right)\left(7.5\dfrac{z^2}{r^2} - 1.5\right)\right] - \mu_m\left(\dfrac{z - z_m}{r_{sm}^3} + \dfrac{z_m}{r_m^3}\right) + \Delta F_z + \omega_{v_z} \\[3mm]
r = \sqrt{x^2 + y^2 + z^2} \\[2mm]
r_{sm} = \sqrt{(x - x_m)^2 + (y - y_m)^2 + (z - z_m)^2}
\end{cases} \tag{4-2}
$$

式中，x，y，z，v_x，v_y，v_z 分别为探测器在 x，y，z 三个方向的位置和速度分量；μ_e，μ_m 为地球和月球的引力常数；r 为探测器位置参数矢量；μ_e 为地心引力常数；J_2 为地球引力二阶带谐项系数；x_m，y_m，z_m，r_m 分别是月球在 x、y、z 三个方向上的位置分量和矢径；r_{sm} 是探测器到月球的矢径；ΔF_x，ΔF_y，ΔF_z 为其他摄动力；ω_x，ω_y，ω_z，ω_{v_x}，$\omega_{u_y}\omega_{v_z}$ 为随机噪声。

令状态矢量 $\boldsymbol{X} = [x,\ y,\ z,\ v_x,\ v_y,\ v_z]^T$，状态模型噪声 $W = [\omega_x,\ \omega_y,\ \omega_z,\ \omega_{v_x},\ \omega_{v_y}\omega_{v_z}]^T$，则式（4-2）可简写为

$$
\dot{\boldsymbol{X}}(t) = \boldsymbol{f}(X,\ t) + \boldsymbol{W}(t) \tag{4-3}
$$

（2）天文量测方程

星光角距 α_e，α_m 的几何关系如图 4-4 所示，表达式为

$$
\alpha_e = \arccos(\boldsymbol{r}_e \cdot \boldsymbol{s}) + v_{\alpha_e} \tag{4-4}
$$

$$
\alpha_m = \arccos(\boldsymbol{r}_m \cdot \boldsymbol{s}) + v_{\alpha_m} \tag{4-5}
$$

令 $\boldsymbol{Z} = [\alpha_e,\ \alpha_m]^T$，为观测量；$\boldsymbol{V} = [v_{\alpha_e},\ v_{\alpha_m}]^T$，为量测噪声。则由式（4-4）式（4-5）可得天文导航系统的量测方程为

$$
\boldsymbol{Z}(t) = [\alpha(t)] = h(X(t)) + v_\alpha \tag{4-6}
$$

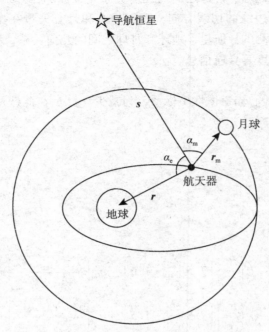

图 4-4　天文导航的观测模型

以星光角距作为观测量的月球探测器在转移轨道上的 UKF 滤波定位仿真结果显示该方法的平均位置精度为 9.620 4 km，速度精度为 0.572 1m/s。

4.2.3　基于太阳、地球矢量方向的自主天文导航方法

Jo Ryeong Yim 等人提出了一种基于太阳、地球矢量方向的自主天文导航方法。该方法利用太阳、地球矢量方向以及探测器相对于太阳的多普勒径向速度作为量测信息。仅利用太阳的多普勒径向速度测量数据，不能得到所有的状态估计。利用径向速度和太阳矢量方向的测量数据就可以完成自主天文导航，但精度较低。若在上述基础上加上地球矢量方向，则估计精度会大大提高。利用 EKF 进行滤波的结果显示，前者的精度约为 5km，后者的精度可达到 3km 以内。

仿真中用到的测量数据包括通过太阳敏感器测量到的太阳矢量方向，地球敏感器测量到的地球矢量方向和通过光谱仪得到的探测器相对于太阳的多普勒径向速度。

（1）轨道动力学模型

系统采用惯性坐标系，太阳中心设为原点，黄道面为基准面，x 轴指向春分点，y 轴在黄道面中与 x 轴垂直，z 轴垂直于黄道面。

假定太阳本身无自转，探测器在太阳引力作用下的轨道动力学方程如下：

$$\dot{r} = v \tag{4-7}$$

$$\dot{v} = -\frac{\mu_s}{r^3} r \tag{4-8}$$

式中, r 和 v 分别表示探测器的位置和速度, $r = \sqrt{x^2 + y^2 + z^2}$; μ_s 为太阳引力常数。假设太阳和探测器之间除引力外并无其他外力作用。

（2）天文量测模型

如前所述，天文量测模型中共有两种测量数据：太阳、地球矢量方向以及探测器相对于太阳的多普勒径向速度。在此假定探测器的姿态信息已知。

首先，太阳和探测器之间相对运动的径向速度 $\dot{r} = v$ 可通过由光谱仪或分光计得到多普勒频移测量得到。径向速率的量测方程为：

$$\dot{r} \equiv v_r = \frac{\boldsymbol{r} \cdot \dot{\boldsymbol{r}}}{r} = \frac{\boldsymbol{r} \cdot \boldsymbol{v}}{r} \tag{4-9}$$

太阳矢量方向 $\boldsymbol{r} = r\boldsymbol{l}$ ，可用相应的光学敏感器测量得到，如图 4-5 所示。用球坐标表示为：

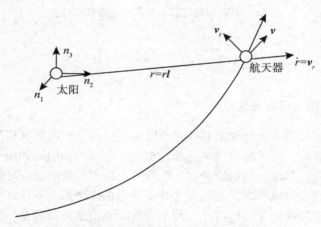

图 4-5 探测器轨道以及太阳量测信息

$$l = \cos\theta\cos\phi\, n_1 + \cos\theta\sin\phi\, n_2 + \sin\theta\, n_3 \tag{4-10}$$

式中, n_1 , n_2 , n_3 为球坐标系的三个轴，太阳的方位角 ϕ 和俯仰角 θ 可由测量得到。

图 4-5 给出了探测器轨道和太阳量测信息径向速率 v_r 和矢量方向 $\boldsymbol{l}$ 的图解，则 ϕ 和 θ 可用下列方程表示

$$\phi = \arctan\left(\frac{y}{x}\right) \tag{4-11}$$

$$\theta = \arcsin\left(\frac{z}{r}\right) \tag{4-12}$$

为提高估计精度，还需增加探测器相对地球的量测信息, $\boldsymbol{l}_{se}$ 表示地球相对于探测器的矢量方向。如图 4-6 所示, $\boldsymbol{l}_{se}$ 的表达式为

$$l_{se} = \cos(\theta_{se})\cos(\phi_{se})n_1 + \cos(\theta_{se})\sin(\phi_{se})n_2 + \sin(\theta_{se})n_3 \tag{4-13}$$

则地球的方位角 ϕ_{se} 和俯仰角 θ_{se} 为

$$\phi_{se} = \arctan\left(\frac{y_e - y}{x_e - x}\right) \tag{4-14}$$

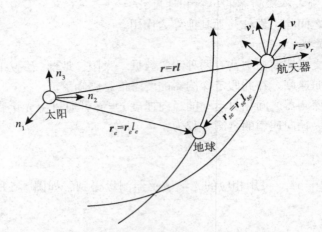

图 4-6　探测器轨道以及太阳、地球量测信息

$$\theta_{se} = \arcsin\left(\frac{z_e - z}{r_e - r}\right) \tag{4-15}$$

4.2.4　月球探测器组合导航方法

由于天文导航仅使用天体与探测器间的角度观测信息，所以导航精度会随天体与探测器间距离的增加而降低。为了解决这一问题，本小节介绍一种同时利用天文和单程多普勒频移这两类观测信息，并通过信息融合将它们有效地结合起来的组合导航方法。采用单程多普勒频移，而不是双程或多程，是因为这样就只需在探测器上安装一个接收机，用来接收地面站发射的固定频率的无线电信号，而不需再向地面站进行转发，这样不仅可以降低探测器的造价和能耗，还可以减轻地面站的负担，同时也简化了导航算法，在探测器上即可完成滤波及信息融合。计算机仿真结果表明，该方法可以大大提高导航系统的导航定位精度。

这里仍以月球探测器为例，详细阐述该方法。

（1）组合导航系统的数学模型

1）状态模型

在讨论月球探测器的运动时，选取历元（J2000.0）地心赤道坐标系。此时，在月球探测器自主导航系统中，通常选用的月球探测器的状态模型如式（4-2）所示，简写为

$$\dot{\boldsymbol{X}}(t) = \boldsymbol{f}(X,\ t) + \boldsymbol{W}(t) \tag{4-16}$$

2）天文导航系统的量测方程

这里仍然使用星光角距作为观测量，星光角距 α_e，α_m 的表达式为

$$\alpha_e = \arccos\left(\frac{\boldsymbol{r} \cdot \boldsymbol{s}}{r}\right) + v_{\alpha_e} \tag{4-17}$$

$$\alpha_m = \arccos\left(\frac{\boldsymbol{r}_m \cdot \boldsymbol{s}}{r_m}\right) + v_{\alpha_m} \tag{4-18}$$

式中，各变量的含义如 3.3.2 节所述。

令 $Z_1 = [\alpha_e, \ \alpha_m]^T$，$V_1 = [v_{\alpha_e}, \ v_{\alpha_m}]^T$，则由式(4-17)和式(4-18)，可得天文导航系统的量测方程为

$$Z_1(t) = h_1[X(t), \ t] + V_1(t) \tag{4-19}$$

3）多普勒导航系统的量测方程

通过测量地面站发射的固定频率的无线电信号到达探测器时的多普勒频移，可以计算出探测器与地面站间的相对速度为

$$\dot{\rho} = c\left(1 - \frac{f' - \delta f_{atm} - \delta f_0}{f_0}\right) + v_\rho \tag{4-20}$$

式中，$\dot{\rho}$ 为探测器与地面站间的相对速度；c 为光速；f_0 为地面站发射的无线电信号的固有频率；f' 为探测器上的接收机接收到的无线电信号的频率；δf_{atm} 为大气层对信号的时延；δf_0 为由信号源本振频率的漂移引起的误差；由于目前地面站多采用 USO(Ultra Stable Oscilla-tors)，该误差的量级很小；v_ρ 为量测噪声。

由于地球的自转，为保证在探测器运行全过程中都能接收到地面站的信号，应相应建立多个地面站，在本节仿真中，使用深空网 DSN(Deep Space Net)的三个深空站进行计算。

令 $Z_2 = [\dot{\rho}]$，$V_2 = [v_\rho]$，则可得多普勒导航系统的量测方程为

$$Z_2(t) = h_2[X(t), \ t] + V_2(t) \tag{4-21}$$

（2）信息融合滤波方法

由式(4-16)，式(4-19)和式(4-21)可知，系统的状态方程为

$$\dot{X}(t) = f(X, \ t) + W(t)$$

量测方程为

$$Z_1(t) = h_1[X(t), \ t] + V_1(t)$$
$$Z_2(t) = h_2[X(t), \ t] + V_2(t)$$

假设状态模型噪声的协方差阵为 $E[W(k)W^T(k)] = Q(k)$，状态模型噪声的协方差阵为 $E[V_1(k)V_1^T(k)] = R_1(k)$，$E[V_2(k)V_2^T(k)] = R_2(k)$。那么，可以得到两个子导航系统的非线性滤波公式如下：

$$\hat{X}(k, \ k-1) = \hat{X}(k-1) + f[\hat{X}(k-1), \ t_{k-1}] \cdot T + A[\hat{X}(k-1)] \cdot f[\hat{X}(k-1), \ t_{k-1}] \cdot \frac{T^2}{2} \tag{4-22}$$

$$\hat{X}_i(k) = \hat{X}(k, \ k-1) + K_i(k)\{Z_i(k) - h_i[\hat{X}(k, \ k-1), \ k]\} \tag{4-23}$$

$$K_i(k) = P_i(k, \ k-1)H_i^T(k)[H_i(k)P_i(k, \ k-1)H_i^T(k) + R_i(k)]^{-1} \tag{4-24}$$

$$P_i(k, \ k-1) = \Phi(k, \ k-1)P_i(k-1)\Phi^T(k, \ k-1) + Q(k-1) \tag{4-25}$$

$$P_i(k) = [I - K_i(k)H_i(k)]P_i(k, \ k-1)[I - K_i(k)H_i(k)]^T + K_i(k)R_i(k)K_i^T(k) \tag{4-26}$$

式中，$A(X(k)) = \left.\frac{\partial f(x)}{\partial x}\right|$，$H(X(k)) = \left.\frac{\partial h(x)}{\partial x}\right|_{x=X(k)}$。

经过分散化并行运算的滤波器的处理，得到的两个局部最优估计值 $X_i(k)(i = 1, \ 2)$，在主滤波器中按下式进行融合，得到全局最优估计值为

$$\hat{X}_g(k) = \left[\boldsymbol{P}_1^{-1}(k) + \boldsymbol{P}_2^{-1}(k) \right]^{-1} \cdot \left[\boldsymbol{P}_1^{-1}(k)\boldsymbol{X}_1(k) + \boldsymbol{P}_2^{-1}(k)\boldsymbol{X}_2(k) \right] \tag{4-27}$$

$$\boldsymbol{P}_g(k) = \left[\boldsymbol{P}_1^{-1}(k) + \boldsymbol{P}_2^{-1}(k) \right]^{-1} \tag{4-28}$$

$$\hat{X}_i(k) = \hat{X}_g(k) \tag{4-29}$$

$$\boldsymbol{Q}_i^{-1}(k) = \beta_i \boldsymbol{Q}_g^{-1}(k) \tag{4-30}$$

$$\boldsymbol{P}_i^{-1}(k) = \beta_i \boldsymbol{P}_g^{-1}(k) \tag{4-31}$$

$$\beta_1 + \beta_2 = 1 (i = 1, 2; \ 0 \leqslant \beta_i \leqslant 1) \tag{4-32}$$

信息分配因子选择的基本原则是在满足信息守恒公式的前提下与局部滤波器的滤波精度成正比,一般取为固定值。在本节中为获得更好的滤波结果,使用基于估计误差矩阵 $\boldsymbol{P}$ 的范数的动态分配信息因子的算法,令

$$\beta_i(k) = \frac{\left(\| \boldsymbol{P}_i(k-1) \|_F \right)^{-1}}{\displaystyle\sum_{i=1}^{2} \left(\| \boldsymbol{P}_i(k-1) \|_F \right)^{-1}} \tag{4-33}$$

可以看出,当某一子系统出现故障性能恶化时,其误差协方差阵就会增大,其所对应的信息分配因子就会减小,因此该子系统在信息融合中所占的比例就会减小,对总体性能估计的影响也会减小。因而这种将信息分配因子与子系统的误差矩阵相结合的方法可以大大提高组合系统的可靠性。

为了将融合后的系统与两个子系统单独工作时的导航结果相比较,在表 4-1 列出了这三个系统的位置和速度估计误差。

表 4-1　　　　　　　　　不同系统的位置、速度估计误差仿真结果比较

估计误差 导航系统	位置估计误差 /km	速度估计误差 /(m/s)
天文导航系统	50.388 4	0.728 96
多普勒导航系统	51.942 7	0.315 91
信息融合后的组合导航系统	4.354 6	0.146 86

无论理论分析,还是计算机的仿真结果都表明,这种基于信息融合的自主导航新方法,可以获得较高的定位精度,提供准确的位置、速度信息。并且随着观测设备精度的提高、滤波周期的减小,精度还可以进一步提高。当可以接收到多个地面站的量测信息时,如何利用这多个信息进行导航,提高系统的精度是需要进一步研究的问题。

4.3　月球卫星的自主天文导航方法

空间探测是航天技术发展的三大领域(人造卫星、载人航天和深空探测)之一,月球探测则是初期空间探测的重点。从 1959 年至今,已有美国、苏联、日本和中国等国家成功实现了对月球的探测。自 1994 年 1 月美国发射了"克莱门汀"1 深空探测器并发现月球存在水资源以来,各国掀起了月球探测的新高潮。在月球探测任务中,月球卫星(或称为

月球轨道器)是被经常使用的一种探测器，例如，美国 NASA 的月球探测任务 Clementine (1994)，Lunar Prospector(1998)。在很多探测任务中都要求提供月球卫星的位置、速度等导航信息。

当前对月球卫星进行实时导航的方法有天文导航、GPS 测量和地面站测量等。GPS 在探测器近地段可进行实时导航且达到较高的精度，但在探测器远离地球后，目前使用地面站测量导航，深空探测器就必须装备复杂、昂贵的测控和通信设备。因此，在探测器环月期间进行自主导航具有重大意义：一方面可以大大降低探测任务和地面支持的成本；另一方面，还有助于提高探测器的生存能力，即在地面台站发生阻塞和探测器处于月球背面不可见弧段时仍能保持系统正常运行。

月球卫星的自主天文导航方法与地球卫星的自主天文导航方法基本相似，也是在月球卫星轨道动力学方程和天体观测信息的基础上利用最优估计方法估计卫星的导航信息。

4.3.1 月球卫星的轨道动力学方程

首先，重申前面已经介绍过的两个坐标系：

①月心赤道坐标系(即月心赤道惯性坐标系，$Oxyz$)：以月心为原点；x 轴在月心赤道面内，指向 J2000.0 历元时刻的平春分点方向；z 轴为月球赤道面的正法向；y 轴与 x、z 轴构成右手系。

②卫星轨道坐标系 ($OU_rU_tU_n$)：以卫星的质点为原点；U_r 由卫星的质心指向月心；U_t 在卫星的瞬时轨道面内垂直于 U_r，并指向卫星速度方向；U_n 在瞬时轨道平面的法线方向，与 U_r、U_t 形成右手坐标系。

在月心赤道坐标系中，卫星运动方程如下：

$$\begin{cases} \ddot{r} = F_0(r) + F_\varepsilon(r, \dot{r}, t; \varepsilon) \\ t_0: r(t_0) = r_0, \dot{r}(t_0) = \dot{r}_0 \end{cases} \tag{4-34}$$

或用椭圆根数来表示为

$$\begin{cases} \dot{\sigma} = f(\sigma, t; \varepsilon) \\ t_0: \sigma(t_0) = \sigma_0 \end{cases} \tag{4-35}$$

式中，r、$\dot{r}$ 和 $\ddot{r}$ 分别为卫星的月心位置矢量、速度矢量和加速度矢量，而 $\boldsymbol{\sigma} = (a, e, i, \Omega, \omega, M)^{\mathrm{T}}$ 是 6 个开普勒轨道根数。

式(4-35)中的右函数 $f(\sigma, t; \varepsilon)$ 由式(4-34)中的摄动加速度 F_ε 形成。F_0 和 F_ε 分别为

$$F_0 = -\frac{\mu}{r^3}r = -\frac{1}{r^3}r \tag{4-36}$$

$$F_\varepsilon = \sum_{j=1}^{N} F_j(r, \dot{r}, t; \varepsilon_j) \tag{4-37}$$

摄动加速度 F_ε 中的 $j = 1, 2, \cdots, N$ 即对应各种摄动源。摄动项包含下列 10 类分别为：月球非球形引力摄动 F_1；地球引力摄动 F_2；太阳引力摄动 F_3；月球固体潮摄动 F_4；月球物理天平摄动 F_5；太阳光压摄动 F_6；月球扁率间接摄动 F_7；地球扁率摄动

F_8；大行星(金星、木星)引力摄动 F_9；月球引力后牛顿效应 F_{10}。

对于低轨月球卫星，上述各摄动源对应的摄动量级 $\varepsilon_j(j = 1, \cdots, 10)$ 分别为 $\varepsilon_1 = O(10^{-4})$；$\varepsilon_2 = O(10^{-5})$；$\varepsilon_3 = O(10^{-7})$；$\varepsilon_4 = O(10^{-7})$；$\varepsilon_5 = O(10^{-8})$；$\varepsilon_6 = O(10^{-9})$，对应一般面质比 $(S/m) = 10^8$ 的卫星；$\varepsilon_7 = O(10^{-11})$；$\varepsilon_8 = O(10^{-12})$；$\varepsilon_9 = O(10^{-12})$；$\varepsilon_{10} = O(10^{-11})$。

根据以上量级分析，对于不同的需求即可选择出合理的力模型，例如：

①对于一般的轨道分析，只需考虑月球非球形引力和地球引力摄动即可；

②对于外推 1d 甚至 2d(低轨卫星运动弧段 $S \approx 10^2$)、位置精度要求优于 1 km 的轨道，也只需考虑上述两种摄动因素；

③对于高精度(位置精度 $\Delta\rho$ 优于 10m，方位精度 $\Delta\theta$ 优于 $0.005''$)定轨，1~3d 的弧段，至少应考虑前 4 种摄动源，而月球天平动处于考虑的边缘状态。

4.3.2　月球卫星的量测方程

当前月球卫星自主天文导航中使用的观测量主要有以下几种：

①利用星敏感器测得的恒星星光矢量方向和利用紫外敏感器测得的月心矢量方向间的星光角距；

②由紫外三轴姿态敏感器测得的月心方向和测距仪测得的月心距；

③利用太阳敏感器、地球敏感器和月球敏感器测量出的卫星-太阳、卫星-地球和卫星-月球方向矢量。下面将分别对这几种方法进行简要介绍。

(1)星光角距的量测方程

由图 4-7 中所示的几何关系，可得到星光角距 α 的表达式为

$$\alpha = \arccos\left(-\frac{\boldsymbol{r} \cdot \boldsymbol{s}}{r}\right) \tag{4-38}$$

量测方程为

$$Z(k) = \alpha + \upsilon_\alpha = \arccos\left(-\frac{\boldsymbol{r} \cdot \boldsymbol{s}}{r}\right) + \upsilon_\alpha \tag{4-39}$$

式中，$\boldsymbol{r}$ 是卫星在月心惯性球坐标系中的位置矢量，由探测器获得；$\boldsymbol{s}$ 是导航星星光方向的单位矢量，由星敏感器识别。

房建成等(2003)在专著《自主导航理论与应用》中对月球轨道进行自主轨道确定，利用扩展卡尔曼滤波方法的仿真结果为位置估计误差 0.253 6 km，速度估计误差 0.249 2 m/s。

(2)月心方向和月心距的量测方程

1)月心方向观测(3 维观测矢量)

$$m = \frac{\boldsymbol{r}}{|\boldsymbol{r}|} \tag{4-40}$$

2)月心距观测(1 维观测矢量)

$$h = |\boldsymbol{r}| \tag{4-41}$$

式中，$\boldsymbol{r}$ 为卫星在月心惯性坐标系中的位置矢量。

量测方程为

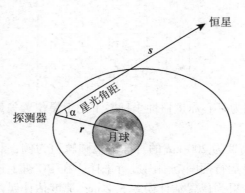

图 4-7 月球卫星天文导航的观测模型

$$Z = \begin{bmatrix} m \\ h \end{bmatrix} + v \tag{4-42}$$

式中，v 为观测误差。

房建成（2003）对月球轨道进行自主轨道确定的仿真条件，利用扩展卡尔曼滤波方法的仿真结果为位置估计误差 2.5 km，速度估计误差 2 m/s。

（3）日地月信息的量测方程

在卫星本体坐标系下，星载敏感器测得到的星-日、星-月、星-地相应单位方向分别记为 r_{bs}、r_b、r_{be}，如图 4-8 所示。

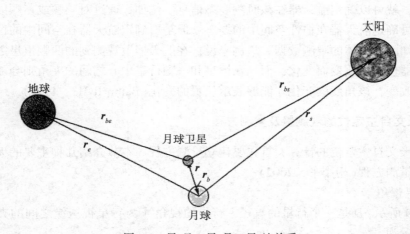

图 4-8 星-日、星-月、星-地关系

量测方程为

$$G = \begin{bmatrix} g_1 \\ g_2 \end{bmatrix} = \begin{bmatrix} r_{bm} \cdot r_{bs} \\ r_m \cdot r_{be} \end{bmatrix} \tag{4-43}$$

根据两个矢量的点积是标量，在不同坐标系下其值不变，可以得到用月心惯性坐标系

157

下的星历表示的量测方程：

$$Y = \begin{bmatrix} y_1 \\ y_2 \end{bmatrix} = \begin{bmatrix} -\dfrac{\boldsymbol{r}}{|\boldsymbol{r}|} \cdot \dfrac{\boldsymbol{r}_s - \boldsymbol{r}}{|\boldsymbol{r}_s - \boldsymbol{r}|} \\[3mm] -\dfrac{\boldsymbol{r}}{|\boldsymbol{r}|} \cdot \dfrac{\boldsymbol{r}_e - \boldsymbol{r}}{|\boldsymbol{r}_e - \boldsymbol{r}|} \end{bmatrix} \tag{4-44}$$

式中，$\boldsymbol{r}$、$\boldsymbol{r}_s$、$\boldsymbol{r}_e$ 分别为月心赤道惯性坐标系下的卫星位置矢量、太阳位置矢量和地球位置矢量。

张燕(2005)以轨道高度为 200 km 的月球极地圆轨道为例，利用模拟的星载敏感器测量数据和星历表，在卫星运行两圈范围内进行采样，在 PC 机上进行了仿真计算。利用迭代最小二乘方法，仿真结果为位置估计误差 5.2 m，速度估计误差 0.002 6 m/s。

4.4　深空探测器纯天文几何解析定位方法

对于探测较远星球的深空探测器来说，途中往往需要多次变轨及借力飞行，其轨道参数变化较大。如使用滤波方法，则每次变轨时都需对轨道动力学方程进行相应的调整。此时，可采用深空探测器纯天文几何解析定位方法。纯天文几何解析方法根据深空探测器与天体间的几何关系，通过求解方程组获得深空探测器的位置信息。

4.4.1　纯天文定位的基本原理

由于天体在惯性空间中任意时刻的位置是可以确定的，因此通过航天器观测得到的天体方位信息，就可以确定航天器在该时刻姿态信息。例如，通过对三颗或三颗以上恒星的观测数据就可确定航天器在惯性空间中的姿态。但是要确定航天器在空间中的位置，则还需要位置已知的近天体的观测数据。举例来说，在航天器上观测到的两颗恒星之间的夹角不会随航天器位置的改变而变化，而一颗恒星和一颗行星中心之间的夹角则会随航天器位置的改变而改变，该角度的变化才能够表示位置的变化(Battin R H.，1999)。

4.4.2　纯天文自主定位的观测量及量测方程

进行纯天文自主定位的计算，首先要建立量测方程。本节介绍几种主要的天文观测量及其相应的量测方程(胡小平，2002)。

(1)行星视角

如图 4-9 所示，D 是一个行星的直径，行星的视角 A 为行星视边缘之间的夹角，其量测方程可表示为

$$r\sin\frac{A}{2} = \frac{D}{2} \tag{4-45}$$

式中，r 为探测器到行星的距离。

可见探测器必位于 P_0 为球心，r 为半径的球面上。该观测量适用于探测器离近天体较近时。

(2)恒星仰角

恒星仰角是指从探测器上观测到的一颗恒星与一颗行星的视边缘之间的夹角。此观测量是天文导航中常用的观测量之一，如图 4-10 所示。图中，γ 为恒星仰角，A 为行星视角，从它们之间的几何关系可得到如下的量测方程：

$$i_r \cdot r_s = -\cos\left(\frac{A}{2} + \gamma\right) \tag{4-46}$$

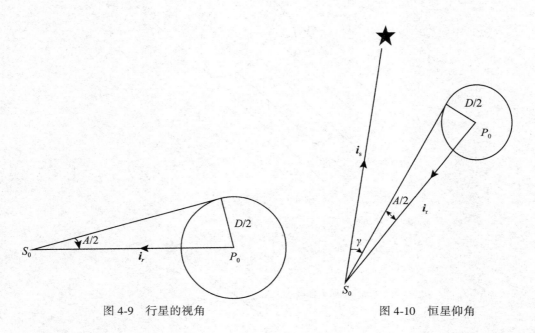

图 4-9　行星的视角　　　　　图 4-10　恒星仰角

式中，i_s，i_r 分别为探测器指向恒星和行星中心的位置矢量。

（3）掩星观测

当从探测器上观测到某颗恒星被行星遮挡住时，这个从看得见到看不见的瞬间即可确定一个位置面。这一位置面为一圆柱面，圆柱面的轴线与探测器到恒星的视线方向平行，并通过行星的中心，圆柱面的直径等于行星的直径，如图 4-11 所示。

图中，i_p 为从探测器指向行星遮挡住恒星边缘的矢量，i_s 为被遮挡住恒星星光的单位矢量，从它们之间的几何关系可得到如下量测方程：

$$i_p = i_s \tag{4-47}$$

（4）一个近天体和一个远天体之间的夹角

在纯天文自主定位解算中，应用最为广泛的观测量就是一个近天体（行星、太阳）和一个远天体（恒星）之间的夹角。如图 4-12 所示，一个近天体和一个远天体之间的夹角 A 指探测器到近天体中心的矢量方向与远天体（恒星）星光的矢量方向之间的夹角。P_0 为近天体中心，i_r 为从探测器指向近天体中心的矢量，i_s 为远天体（恒星）星光的矢量。该量测方程为：

$$i_r \cdot i_s = -\cos A \tag{4-48}$$

从几何上来说，该观测量确定了一个如图 4-13 所示的圆锥面，探测器必位于该面上。

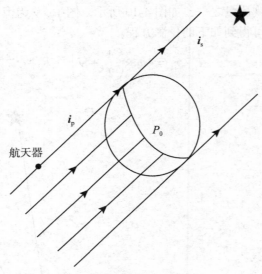

图 4-11　掩星观测

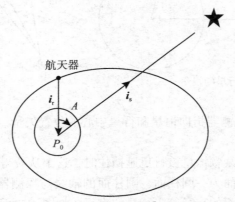

图 4-12　一个近天体和一个远天体之间的夹角

（5）两个近天体之间的夹角

两个近天体之间的夹角 A，就是从探测器上观测到的两个近天体的视线方向之间的夹角，以地球和太阳为例，如图 4-14 所示，r 为太阳指向探测器的矢量，r_e 为太阳指向地球的矢量，z 为探测器指向地球的矢量，可以看出 $z = r_e - r$。

由图示的几何关系可得到如下的量测方程：

$$r \cdot (r_e - r) = -\cos A \tag{4-49}$$

从几何上来说，该观测量确定了一个如图 4-15 所示的超环面，探测器必位于该面上。该超环面由一段圆弧绕着以这两个近天体的连线构成的轴线旋转而成，这段圆弧的中心 O 在这两个近天体连线的垂直平分线上，圆弧半径 R 与这两个近天体之间的距离 r_e 以

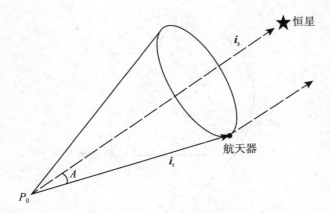

图 4-13 一个近天体和一个远天体之间的夹角确定的位置面

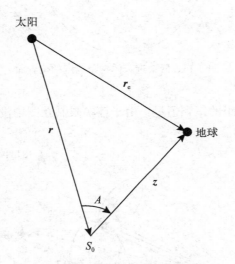

图 4-14 两个近天体的夹角

及 A 之间的关系为

$$R = \frac{r_e}{2\sin A} \qquad (4-50)$$

4.4.3 纯天文自主定位的几何解析法

由于上述量测方程多为非线性方程，直接求解比较困难，但在某些情况下也可求得几何解析解，下面介绍几种比较常用的组合方式。

（1）利用两个近天体和恒星之间的星光角距进行纯天文自主定位的几何解析法

利用两个近天体和恒星之间的星光角距作为观测量，可进行纯天文自主定位。图 4-16 只表示了一个近天体与三颗恒星之间的位置关系，另一个近天体与恒星的位置关系类似，

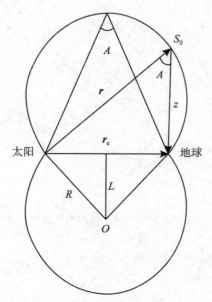

图 4-15　两个近天体夹角确定的位置面

而且三颗恒星可以是同一组的三颗恒星，由于篇幅限制在图中没有标出。

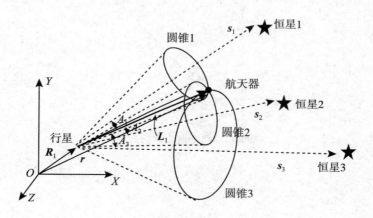

图 4-16　一个近天体和三颗恒星之间夹角确定的位置线

利用一个近天体和三颗恒星之间的夹角可以完全确定一条从该近天体到探测器所在位置的位置线单位矢量 $\boldsymbol{L}_1$，其数学表达式可通过求解线性方程组（4-51）得到，即

$$
\begin{cases}
\boldsymbol{L}_1 \cdot \boldsymbol{s}_1 = \cos A_1 \\
\boldsymbol{L}_1 \cdot \boldsymbol{s}_2 = \cos A_2 \\
\boldsymbol{L}_1 \cdot \boldsymbol{s}_3 = \cos A_3
\end{cases}
\tag{4-51}
$$

同样，利用另一个近天体的观测值可以确定的另一条位置线单位矢量 L_2，如果观测无误差，则这两条位置线必相交于探测器所在的位置。但由于量测误差的存在，为了计算坐标，则需要给出下式：

$$r = R_1 + \rho_1 L_1 = R_2 + \rho_2 L_2 \tag{4-52}$$

式中，r 为探测器的位置矢量；R_1 和 R_2 分别为这两个近天体的位置矢量；ρ_1 和 ρ_2 分别为近天体到恒星 1 和恒星 2 的位置矢量的模；L_1 和 L_2 为单位矢量，可见

$$\rho_1 L_1 - \rho_2 L_2 = R_2 - R_1 \tag{4-53}$$

即

$$\begin{bmatrix} L_{1x} - L_{2x} \\ L_{1y} - L_{2y} \\ L_{1z} - L_{2z} \end{bmatrix} \begin{bmatrix} \rho_1 \\ \rho_2 \end{bmatrix} = \begin{bmatrix} x_2 - x_1 \\ y_2 - y_1 \\ z_2 - z_1 \end{bmatrix} \tag{4-54}$$

如果观测无误差，通过消元可用式(4-52)的任何两个分量来决定 ρ_1 和 ρ_2，但由于 L_1 和 L_2 的测量值有误差，所以在这种情况下可以用最小二乘法确定 ρ_1 和 ρ_2 即得到

$$\begin{bmatrix} \rho_1 \\ \rho_2 \end{bmatrix} = ([A_c^{\mathrm{T}}][A_c])^{-1}[A_c^{\mathrm{T}}] \begin{bmatrix} x_2 - x_1 \\ y_2 - y_1 \\ z_2 - z_1 \end{bmatrix} \tag{4-55}$$

式中，$[A_c] = [$ 列矩阵 (L_1)，列矩阵 $(-L_2)] = [L_1 \quad -L_2]$

根据 L_1 和 L_2 化简式(4-55)，得

$$[A_c^{\mathrm{T}}][A_c] = \begin{bmatrix} 1 & -\cos \Phi^* \\ -\cos \Phi^* & 1 \end{bmatrix} \tag{4-56}$$

式中，$\cos \Phi^* = L_1 \cdot L_2$。

由此可得，

$$\begin{bmatrix} \rho_1 \\ \rho_2 \end{bmatrix} = \frac{1}{\sin^2 \Phi^*} \begin{bmatrix} 1 & \cos \Phi^* \\ \cos \Phi^* & 1 \end{bmatrix} \begin{bmatrix} L_1^{\mathrm{T}} \\ -L_2^{\mathrm{T}} \end{bmatrix} (R_2 - R_1) \tag{4-57}$$

解出 ρ_1 和 ρ_2，探测器的天文坐标就可以从式(4-52)算出。

下面研究对两个相同的近天体，观测到多于 3 个恒星时，则可推广式(4-57)的结果。在一般情况下，式(4-55)中的矩阵 $[A_c]$ 可以表示成

$$[A_c] = \begin{bmatrix} L_1^1 & -L_2^1 \\ L_1^2 & -L_2^2 \\ \vdots & \vdots \\ L_1^N & -L_2^N \end{bmatrix} \tag{4-58}$$

式中，每一组 L_1^i、$-L_2^i$ 都表示取不同恒星组时对两颗近天体的瞄准线矩阵。最小二乘法解的结果，可以表示为：

$$\begin{bmatrix} \rho_1 \\ \rho_2 \end{bmatrix} = \frac{1}{\nabla([A_c^{\mathrm{T}}][A_c])} \begin{bmatrix} N & \sum_{i=1}^{N} \cos \Phi_i^{*i} \\ \sum_{i=1}^{N} \cos \Phi_i^{*i} & N \end{bmatrix} \cdot \begin{bmatrix} \left(\sum_{i=1}^{N} L_1^i\right)^{\mathrm{T}} \\ \left(-\sum_{i=1}^{N} L_2^i\right)^{\mathrm{T}} \end{bmatrix} (R_2 - R_1) \quad (4\text{-}59)$$

$$\nabla([A_c^{\mathrm{T}}][A_c]) = N^2 - \left(\sum_{i=1}^{N} \cos \Phi_i^{*i}\right)^2 \quad (4\text{-}60)$$

$$\cos \Phi_i^{*} = L_1^i \cdot L_2^i \quad (4\text{-}61)$$

以上所述的假设条件是一系列重复观测结果可在 ρ_1 和 ρ_2 没有测量变化的时间间隔内得到。也就是说，假设探测器相对所跟踪的天体没有相对运动。

事实上，当观测到的恒星少于三颗时，仅利用两颗行星和两颗恒星，也可以确定探测器的位置，利用两颗恒星和两颗行星进行纯天文自主定位的几何解法原理如图 4-17 所示，在惯性坐标系 I_x，I_y，I_z 中相对应于近天体 1 的一组两个空间圆锥的夹角为 Φ_1、Φ_2，矢量 r 是惯性坐标系中心到探测器的位置矢量。R_1 是近天体 1（查星历表）相对惯性系中心的已知位置矢量，ρ_1 是近天体 1 到探测器的位置矢量，L_1 为单位矢量。现在要对天体 1 测定 r，可用式（4-62）表示

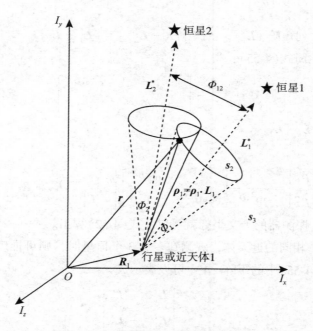

图 4-17　相对惯性坐标系的夹角圆锥

$$r = R_1 + \rho_1 = R_1 + \rho_1 L_1 \quad (4\text{-}62)$$

在这个方程式中，未知数是单位矢量 L_1 的各个分量和 ρ_1 的大小。与圆锥有关的两个

夹角 Φ_1 和 Φ_2 分别表示从探测器上观测到的行星与恒星 1 和恒星 2 之间的夹角，可以得到下列矢量关系：

$$\left.\begin{array}{l} \boldsymbol{L}_1 \cdot \boldsymbol{L}_1 = 1 \\[4pt] \boldsymbol{L}_1 \cdot \boldsymbol{L}_1^* = \cos\Phi_1 \\[4pt] \boldsymbol{L}_1 \cdot \boldsymbol{L}_2^* = \cos\Phi_2 \\[4pt] \boldsymbol{L}_1^* \cdot \boldsymbol{L}_2^* = \cos\Phi_{12} \\[4pt] |\boldsymbol{L}_1^* \times \boldsymbol{L}_2^*| = \sin\Phi_{12} \\[4pt] \boldsymbol{L}_1 = \dfrac{\boldsymbol{\rho}_1}{\rho_1} \end{array}\right\} \tag{4-63}$$

这样，$\boldsymbol{L}_1$ 的各分量可以用下面的方法确定：首先，定义一组不共面的基础矢量 $\boldsymbol{L}_1^*$，$\boldsymbol{L}_2^*$ 和 $\boldsymbol{L}_1^* \times \boldsymbol{L}_2^*$，其中 $\boldsymbol{L}_1^*$，$\boldsymbol{L}_2^*$ 分别表示行星到恒星 1 和恒星 2 的方向矢量，于是，任意一个矢量可以表示为这些基础矢量的线性组合。$\boldsymbol{L}_1$ 可以表示为

$$\boldsymbol{L}_1 = \alpha_1 \boldsymbol{L}_1^* + \beta_1 \boldsymbol{L}_2^* + \gamma_1 (\boldsymbol{L}_1^* \times \boldsymbol{L}_2^*) \tag{4-64}$$

将式(4-64)代入式(4-63)中，解 α_1，β_1，γ_1 得下列方程：

$$\left.\begin{array}{l} \alpha_1 = \dfrac{\cos\Phi_1 - \cos\Phi_2(\cos\Phi_{12})}{\sin^2\Phi_{12}} \\[12pt] \beta_1 = \dfrac{\cos\Phi_2 - \cos\Phi_1(\cos\Phi_{12})}{\sin^2\Phi_{12}} \\[12pt] \gamma_1 = \pm\sqrt{1 - (\alpha_1^2 + \beta_1^2 + 2\alpha_1\beta_1\cos\Phi_{12})}\,/\sin\Phi_{12} \end{array}\right\} \tag{4-65}$$

将式(4-65)前两式代入第三式，γ_1 可以表示为

$$\gamma_1 = \frac{\pm\sqrt{\sin^2\Phi_{12} - (\cos^2\Phi_1 + \cos^2\Phi_2 - 2\cos\Phi_1\cos\Phi_2\cos\Phi_{12})}}{\sin\Phi_{12}} \tag{4-66}$$

用 α_1，β_1 和 γ_1 可以确定出 $\boldsymbol{L}_1$ 的各分量，但 γ_1 具有符号模糊度。

同样，如果用基础矢量 $\boldsymbol{L}_3^*$，$\boldsymbol{L}_4^*$ 定义的第二对恒星线(恒星 3 和恒星 4)来观测第二颗近天体，那么探测器至第二颗近天体的方向 $\boldsymbol{L}_2$ 可以表示为

$$\boldsymbol{L}_2 = \alpha_2 \boldsymbol{L}_3^* + \beta_2 \boldsymbol{L}_4^* + \gamma_2 (\boldsymbol{L}_3^* \times \boldsymbol{L}_4^*) \tag{4-67}$$

根据式(4-67)解出 α_2，β_2 和 γ_2，便可得与式(4-65)相似的一组解。再根据天文坐标系中探测器相对于所观测的近天体的几何关系求得 γ_1 和 γ_2。各矢量的位置关系如图 4-18 所示。因为 γ_1 和 γ_2 具有符号模糊度，所以 $\boldsymbol{L}_1$ 和 $\boldsymbol{L}_2$ 各有两个方向。但是，在 $\boldsymbol{L}_1$ 和 $\boldsymbol{L}_2$ 的 4 个可能的组合中，只有一组组合使 $\rho_1\boldsymbol{L}_1$ 和 $\rho_2\boldsymbol{L}_2$ 在确定探测器位置的那一点上相交。相交的条件是 $\boldsymbol{L}_1$，$\boldsymbol{L}_2$ 和 $\boldsymbol{R}_1 - \boldsymbol{R}_2$ 是共面的(如图 4-18 所示)。这相当于

$$(\boldsymbol{R}_1 - \boldsymbol{R}_2) \cdot (\boldsymbol{L}_1 \times \boldsymbol{L}_2) = 0 \tag{4-68}$$

在这种计算中，需要详细研究 γ_1 和 γ_2 的 4 组可能性。由式(4-68)为零的那一组可以得到 γ_1 和 γ_2 的正确结果。

为了计算方便，式(4-68)可以表示为行列式：

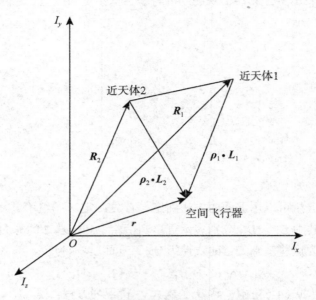

图 4-18　探测器相对近天体的几何关系

$$\begin{vmatrix} x_1 - x_2 & y_1 - y_2 & z_1 - z_2 \\ L_{1x} & L_{1y} & L_{1z} \\ L_{2x} & L_{2y} & L_{2z} \end{vmatrix} = 0 \qquad (4\text{-}69)$$

通过这一计算便可确定出 L_1 和 L_2 对近天体的方向。余下的计算与上面的相同。

（2）利用一颗行星和恒星之间的星光角距以及该行星的行星视角进行纯天文自主定位的几何解法

首先利用一颗行星和三颗及以上恒星之间的星光角距，得到探测器相对于该行星的方位信息，然后通过该行星的视角计算得到探测器到该行星的距离，这两个信息就完全确定了探测器的位置。具体方法如下：

如图 4-16 所示，利用一个近天体和三个远天体之间的夹角通过式（4-70）可确定探测器相对于该行星的方位角 α 和 β：

$$\begin{aligned} \cos \alpha \cdot \cos \beta &= \cos A_1 \\ \sin \alpha \cdot \cos \beta &= \cos A_2 \\ \sin \beta &= \cos A_3 \end{aligned} \qquad (4\text{-}70)$$

利用行星视角可计算得到探测器到该行星的距离 r，如图 4-9 所示，已知行星的直径为 D，则

$$r = \frac{D}{2} \Big/ \sin \frac{A}{2} \qquad (4\text{-}71)$$

于是，探测器相对于该行星的位置矢量为 $r = [\, r\cos\alpha\cos\beta \ \ r\sin\alpha\cos\beta \ \ r\sin\beta \,]^{\mathrm{T}}$

上述纯天文几何解析方法的缺点是不能直接获得探测器的速度信息，且位置信息的精

度随量测噪声的变化起伏较大。仿真结果表明，结合轨道动力学方程，通过滤波方法对该结果进行再处理，可提高导航定位的精度(田玉龙，2004)。

4.5 本章小结

本章首先系统介绍了月球探测器在转移轨道上的自主天文导航原理，提出了一种利用天文量测信息和单程多普勒频移的组合导航方法。该方法将角度和距离测量信息相融合，充分利用月球探测器上的量测设备，优势互补，提高系统的精度和容错能力。其次，研究了月球卫星的自主天文导航方法，详细介绍了在该领域的国内外最新研究成果。由于探测较远星球的深空探测器在途中往往需要多次变轨及借力飞行，其轨道参数变化较大，导航系统建模比较复杂，不适合利用基于轨道动力学的滤波方法，为此还简要介绍了深空探测器的纯天文几何解析定位法。

◎ 思考题与习题

1. 试述自主天文导航技术对深空探测的重要性。
2. 比较月球探测器在转移轨道上的天文导航方法和地球卫星自主天文导航方法的异同。
3. 简要说明纯天文定位的基本原理。
4. 举例说明深空探测器的三个轨道阶段及各阶段天文导航系统的特点。
5. 深空探测的广义和狭义定义是什么？
6. 当前可以对深空探测器进行实时导航的方法有哪些？
7. 深空探测器轨道一般分为哪三段？
8. 月球探测器在转移轨道上的轨道动力学模型应包括哪些要点？
9. 月球探测器在转移轨道上导航滤波的观测量有哪些？
10. 基于太阳、地球矢量方向的自主天文导航方法的观测量有哪些？
11. 理解信息融合滤波的必要性。
12. 月球卫星轨道动力学模型应该如何选取？
13. 当前月球卫星自主天文导航中使用的观测量有哪些？
14. 试述纯天文自主定位的观测量有哪些？相应的量测方程是什么？

◎ 参考文献

[1] 叶培建，邓湘金，彭兢. 国外深空探测态势特点与启示(上) [J]. 航天器环境工程. 2008，25(5)：401-415.

[2] 吴伟仁，刘晓川. 国外深空探测的发展研究[J]. 中国航天，2004(1)：26-30.

[3] 叶培建，彭兢. 深空探测与我国深空探测展望[J]. 深空探测研究，2007，5(1)：1-6.

[4] 欧阳自远. 月球科学概论[M]. 北京: 中国宇航出版社, 2005.

[5] 王一然, 刘晓川, 罗开元. 国际深空探测技术的发展现状及展望(上)[J]. 中国航天, 2002(2): 32-35.

[6] 刘经南, 魏二虎, 黄劲松. 深空网及其应用[J]. 武汉大学学报(信息科学版), 2004, 29(7): 565-569.

[7] 陈俊勇. 月球大地测量学的进展[J]. 大地测量与地球动力学, 2004, 24(3): 1-6.

[8] 孔祥元, 张松林, 魏二虎, 等. "嫦娥"工程与月球测绘学[J]. 大地测量与地球动力学, 2004, 24(1): 117-120.

[9] 房建成, 宁晓琳. 深空探测器的自主天文导航技术[J]. 深空探测研究, 2005(9): 35-39.

[10] 胡小工, 黄戌. 登月飞行轨道的摄动模型[J]. 上海天文台台刊, 1997(18): 83-88.

[11] 郗晓宁. 月球探测器轨道动力学及其设计[D]. 北京: 中国科学院, 2000: 31-33.

[12] 宁晓琳, 房建成. RJMCMC 粒子滤波方法在月球探测器自主天文导航中的应用[J]. 宇航学报, 2005, 26(增刊): 39-43.

[13] Jo Ryeong Yim, John L. Crassidis, John L. Junkins. Autonomous Orbit Navigation of Interplanetary Spacecraft [J]. IAA Guidance, Navigation, and Control Conference, Denver, CO, Aug, 2000: 53-61.

[14] 宁晓琳, 房建成. 基于信息融合的深空探测器的自主导航方法[J]. 中国空间科学技术, 2004(1): 66-71.

[15] 文援兰, 王威, 曾国强, 等. 地面站对月球探测器的导航[J]. 国防科技大学学报, 2001, 23(6): 33-37.

[16] 胡小平. 自主导航理论与应用[M]. 长沙: 国防科技大学出版社, 2002.

[17] Fang Jian-cheng, Ning Xiao-lin. New Autonomous Celestial Navigation Method for Lunar Satellite [J]. Journal of Harbin Institute of Technology(New Series), 2003, 10(3): 308-310.

[18] 赵旭, 李铁寿. 月球卫星的自主轨道确定[J]. 航天控制, 2000(1): 31-36.

[19] 张燕, 荆武兴. 基于日地月方位信息的月球卫星自主导航[J]. 宇航学报, 2005, 26(4): 495-498.

[20] Battin R. H. An Introduction to the Mathematics and Methods of Astrodynamics [J]. American Institute of Aeronautics and Astronautics, 1999: 624-626.

[21] 林来兴. 空间控制技术[M]. 北京: 宇航出版社, 1992.

[22] 宁晓琳, 房建成. 一种深空探测器自主天文导航新方法及其可观测性分析[J]. 空间科学学报, 2005, 25(4): 286-292.

[23] 房建成, 宁晓琳. New Autonomous Celestial Navigation Method for Lunar Satellite[J]. 哈尔滨工业大学学报(英文版), 2003, 10(3): 308-310.

[24] 田玉龙, 王广君, 房建成, 等. 星光模拟的半物理仿真技术[J]. 中国航天, 2004(4): 25-26.

第5章 VLBI 用于深空探测器导航的原理及方法

5.1 引言

经过半个多世纪的努力，人类进入了空间技术时代，各种人造地球卫星和空间站已成为探测研究整个地球系统的主要技术和工具，也成为人类迈进信息社会的重要支柱。在此期间，跨越地球空间的宇航技术得到了长足的发展。随着人们对空间的认识和空间技术的发展，对地球外围从距离地球几千公里到几亿公里甚至更远的深层空间的探索和研究的要求越来越强烈，其他行星、恒星、类星体等星体上是否有生命的存在，是否有可供人类利用的资源等问题也日益受到关注。

为了解决这些问题和谜团，首先需要在地面上建立观测站来探测这些深空物体的具体位置、特性、物质构成和大气成分等，判断进一步探测和研究的必要性，再设计能够接近探测目标的探测器或人造卫星等，实现绕地球的运行轨道并进行成功发射，进而对探测器或人造卫星进行监测、跟踪，并接收它们传回的探测信息进行信息分流、信息处理等，从而得出定位结果、图像结果等，通过向探测器或人造卫星发送信息来执行遥控、传送导航信息和调度等任务。可见，在地面上建立能够对深空天体进行多种技术观测和对人造卫星或探测器进行跟踪、遥控、导航和通信等的综合功能深空网是极其必要的。

甚长基线干涉测量技术(Very Long Baseline Interference，VLBI)技术是从射电天文学的观测和研究中发展而来的一种新的空间测量技术。随着技术的发展和大量观测数据的积累，VLBI 的精度大幅度提高，VLBI 技术测定的河外射电源相对角位置也构成了当代最好的准惯性天球参考架。VLBI 技术凭借高精度和高角分辨率的技术特点，成为各国深空探测的主要测定轨技术手段，各种形式的 VLBI 技术已逐渐受到国际深空探测领域的关注，对其进行全面深入的研究有利于推动我国深空探测任务向前更进一步。

5.1.1 射电窗口与射电望远镜

宇宙中的天体每时每刻都在辐射着各种不同波长的电磁波，它们的波长由短到长排列可分为 γ 射线、X 射线、紫外线、可见光、红外线和无线电波等。由于地球表面大气层的反射和吸收作用，大部分波段的电磁波不能传播到地面，大气允许透过的波长范围即称为大气窗口。

从图 5-1 中可以看到电磁波中只有两个波段能较好地透过大气层到达地面，即光学窗口和射电窗口。射电窗口比光学窗口要大得多，包含了比光学波段更多的宇宙信息，波长范围从 1mm 到 30m。射电望远镜是射电天文观测和研究的基本设备，本质上是一个专用的、特殊的超高频接收设备，可以用来测量具有较强射电辐射的天体(射电源)坐标、角径、辐射强度、频谱和偏振等。

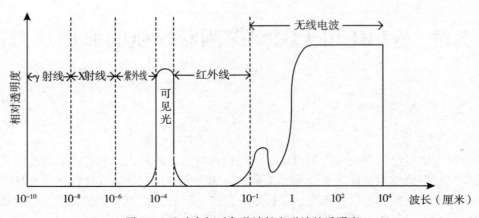

图 5-1　地球大气对各种波长电磁波的透明度

射电天文的观测对象是宇宙中辐射微弱、数量众多的射电源，它们分布在整个天空中，千姿百态、细节丰富。因此，要检测到所要研究的射电源的信号，将它从邻近背景中分辨出来，并详细地研究其细节，射电望远镜必须具备高分辨率和高灵敏度，能够分辨邻近的射电源，精确地测定它们的坐标，分辨它们的精细结构，以及能够记录到极其微弱的射电辐射。

根据波动原理，望远镜的角分辨率($\Delta\theta$)与望远镜的口径(d)成反比，与观测波长(λ)成正比，即

$$\Delta\theta \approx \frac{\lambda}{d} \tag{5-1}$$

显然，$\Delta\theta$ 越小，望远镜分辨率越高。对于一定口径的望远镜，波长短则分辨率高；而对于一定的观测波长，口径大则分辨率高。射电波长远远大于光波长，要使射电望远镜分辨率达到光学望远镜的水平，天线口径要比光学望远镜物镜直径大几万到几百万倍。例如，对于波长为 0.5μm 的可见光，口径为 10cm 的光学望远镜大约有 1″的分辨率；而对于波长为 10cm 的射电波，天线口径要达到 40km 才能有 1″的分辨率。

5.1.2　射电干涉与甚长基线干涉测量

射电干涉仪用干涉的方法来提高望远镜分辨率。图 5-2 为双天线射电干涉仪原理框图，它由两面相距为 d 的天线构成，共用一个本机振荡器(简称本振)，两面天线收集到的信号各自通过混频及放大后变为中频，然后通过电缆被送到一个乘法器(或称相关器)相乘，从而获得干涉条纹。设两个天线同时观测同一射电源，源方向与基线方向夹角为 θ，则干涉仪的分辨率可表示为

$$\theta = \frac{\lambda}{d\sin\theta} \tag{5-2}$$

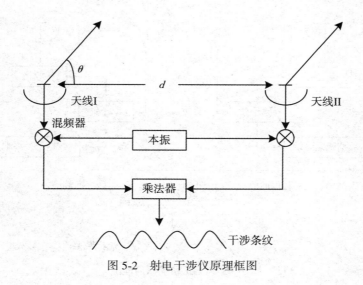

图 5-2　射电干涉仪原理框图

　　当射电源接近于中天时（$\theta \approx 90°$）有 $\Delta\theta \approx \lambda/d$，其分辨率与口径为 d 的单面天线相当。因此要提高射电干涉仪的分辨率，增加基线的长度无疑是一个行之有效的方法。

　　连线干涉仪的主要特点是，两个天线单元采用同一个本振，本振信号由传输线送给这两个单元，而信号的实时传输限制了连线干涉仪的基线长度。如果组成干涉仪的两个天线都采用独立的本振和终端记录系统，在观测完毕后再将各自所记录的信号送到一起进行相关处理，就可使干涉仪两端相互独立，摆脱传输天线的制约，能将天线设置在所要求的任何地点，这就是甚长基线干涉仪的基本思想。图 5-3 即为 VLBI 系统原理图。组成系统的两个天线本振频率由各自配备的原子钟独立提供，观测数据记录在各自的终端，事后输入到专用的数据处理机中处理。

　　VLBI 基线理论上可以达到地球直径，基线扩展到 1 万千米时，分辨率也相应地提高到了 0.1 毫角秒的量级。VLBI 这种超高分辨率不但为射电源精细结构的研究提供了强有力的工具，而且还使它对射电源坐标，以及组成干涉仪两端观测站的相对位置非常敏感，从而能够分辨它们之间位置的细微变化。因此，VLBI 在天体物理、天体测量、大地测量、深空探测器定位导航等领域都有广泛应用。

　　随着测量精度提高，对流层、时钟及仪器误差将成为限制 VLBI 定位精度进一步提高的主要误差源，为了有效地消除或减小这些误差对观测量精度的影响，逐步发展出差分 VLBI 技术（ΔVLBI）。ΔVLBI 技术通过交替观测目标天体（深空探测器）和参考天体，将信号传播路径中的共同误差从观测量中扣除，从而实现高精度的相对定位，精确确定深空探测器的位置，因而在深空探测中发挥着重要的作用，被广泛应用于人造地球卫星、月球探测器、太阳系行星际探测器等深空探测中。

　　除此之外，受地球大小的限制，地面 VLBI 的最长基线只能达到 1 万千米。为进一步增加基线长度，提高分辨率，科学家设想将 VLBI 天线放在人造地球轨道卫星上，甚至放到月球上，组成空间 VLBI 系统，将基线延伸至几万至几十万千米。这将有效地改善 VLBI

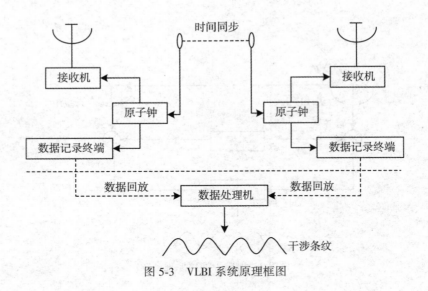

图 5-3　VLBI 系统原理框图

技术观测银河系和河外星系致密射电源的成图能力和角分辨率，从而在天体物理、宇宙学等领域获得地面 VLBI 技术无法获得的观测成果，使人类对宇宙的认识有新的突破。目前，空间 VLBI 已越来越引起射电天文学界及其他领域科学家的关注和参与。

5.2　VLBI 测量原理与应用

5.2.1　VLBI 几何原理

对于大地测量和地球动力学而言，VLBI 观测的是被视为点源的致密河外射电源。每个射电源在同一时刻向四周所辐射的电磁波会形成一个同心球面波，由于射电源距离地球十分遥远，射电波传播过程中的球面波的半径越来越大，当到达地球表面时，传播距离已远远大于 VLBI 系统两地面天线之间的距离，所以可以认为此刻波前面是平面，即到达天线的两路射电信号是平行传播的（图 5-4）。由于两天线到某一射电源的距离不同，有一路程差距 L，因此射电信号的同一波前面到达两天线的时间也不同，存在一时间延迟 τ_g，根据 VLBI 几何原理图（图 5-4）可得观测量几何表达式为：

$$L = c\tau_g \tag{5-3}$$

式中，c 为光速。若令 $\boldsymbol{B}$ 为天线 1 到天线 2 的基线矢量，为被观测河外射电源信号的方向矢量，则有：

$$\tau_g = -\frac{1}{c}(\boldsymbol{B} \cdot \boldsymbol{K}) \tag{5-4}$$

由于地球运动，使得基线矢量的位置不断变化，所以 τ_g 是时间的函数，它对时间的导数称为时间延迟率 $\dot{\tau}_g$，即

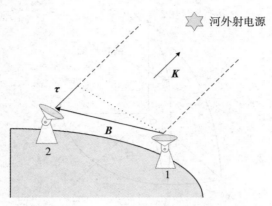

图 5-4　VLBI 几何原理图

$$\dot{\tau}_g = -\frac{1}{c}\frac{\partial}{\partial t}(\boldsymbol{B} \cdot \boldsymbol{K}) \tag{5-5}$$

式中，$\boldsymbol{\tau}_g$ 及 $\dot{\tau}_g$ 即为 VLBI 技术的基本观测量。由式（5-4）和式（5-5）可知，VLBI 观测量中包含了基线矢量、射电源位置、地球运动速率等信息，因此通过多源多次观测，可从延迟和延迟率观测量中求得射电源位置和基线的距离，根据基线矢量的变化则可推算出极移和世界时等大地测量参数，满足大地测量和地球动力学的应用需要，参数的精度取决于时间延迟的测量精度。

5.2.2　时延观测量数学模型

式（5-4）和式（5-5）中的 $\boldsymbol{B}$，$\boldsymbol{K}$ 并非在同一坐标系中定义，射电源方向矢量是在天球坐标系中描述的，而基线矢量则是在地球坐标系中描述，因此实际计算时必须进行两坐标系统的转换将两分量转换到同一坐标系中。暂不考虑岁差、章动、极移及光行差等因素的影响，定义天球坐标系 S 的 Z 轴与地球旋转轴重合，X 轴指向真春分点，Y 轴构成右手坐标系。地球坐标系 S' 的 Z' 轴与 Z 轴重合，X' 轴指向格林尼治子午线，Y' 轴构成右手坐标系。两坐标系原点设在地球质心，由球面天文可知，X 轴与 X' 轴之间的夹角即为格林尼治地方恒星时 θ_g（图 5-5）。因此，S 与 S' 的转换关系为

$$\begin{bmatrix} x \\ y \\ z \end{bmatrix}_S = \boldsymbol{R}_Z(-\theta_g) \begin{bmatrix} x \\ y \\ z \end{bmatrix}_{S'} \tag{5-6}$$

旋转矩阵 $\boldsymbol{R}_Z(-\theta_g)$ 为

$$\boldsymbol{R}_Z(-\theta_g) = \begin{bmatrix} \cos\theta_g & -\sin\theta_g & 0 \\ \sin\theta_g & \cos\theta_g & 0 \\ 0 & 0 & 1 \end{bmatrix} \tag{5-7}$$

设 (α, δ) 为被观测射电源的赤经和赤纬，则它的方向 $\boldsymbol{K}$ 可以表示为

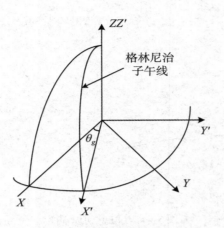

图 5-5　天球坐标系与地球坐标系

$$K = \begin{bmatrix} \cos\delta\cos\alpha \\ \cos\delta\sin\alpha \\ \sin\delta \end{bmatrix} \tag{5-8}$$

若两天线在地球坐标系中的位置矢量分别为 $r_1 = [x_1,\ y_1,\ z_1]^{\mathrm{T}}$，$r_2 = [x_2,\ y_2,\ z_2]^{\mathrm{T}}$，则地球坐标系中基线矢量 b 为

$$b = \begin{bmatrix} x \\ y \\ z \end{bmatrix} = r_2 - r_1 = \begin{bmatrix} x_2 - x_1 \\ y_2 - y_1 \\ z_2 - z_1 \end{bmatrix} \tag{5-9}$$

将 b 转换到天球坐标系中，有

$$B = R_Z(-\theta_g)b = \begin{bmatrix} x\cos\theta_g - y\sin\theta_g \\ x\sin\theta_g + y\cos\theta_g \\ z \end{bmatrix} \tag{5-10}$$

将式(5-8)、式(5-10)代入式(5-4)整理可得：

$$\tau_g = -\frac{1}{c}\left[x\cos\delta\cos(\theta_g - \alpha) - y\cos\delta\sin(\theta_g - \alpha) + \sin\delta \right] \tag{5-11}$$

式(5-11)中仅有 θ_g 是时间的变量，故对时间求导可得：

$$\dot{\tau}_g = \frac{1}{c}\left[x\cos\delta\sin(\theta_g - \alpha)\frac{\partial\theta_g}{\partial t} + y\cos\delta\cos(\theta_g - \alpha)\frac{\partial\theta_g}{\partial t} \right] \tag{5-12}$$

式中，$\dfrac{\partial\theta_g}{\partial t}$ 实际上就是地球自转角速度，以 ω_g 表示，则有：

$$\dot{\tau}_g = \frac{1}{c}\left[x\omega_g\cos\delta\sin(\theta_g - \alpha) + y\omega_g\cos\delta\cos(\theta_g - \alpha) \right] \tag{5-13}$$

式(5-11)与式(5-13)就是利用 VLBI 时间延迟和延迟率观测量解算有关大地测量参数的原理公式。通过对公式的分析可知，VLBI 参数解算具有下列特点：

①VLBI 延迟和延迟率是纯几何观测量，其中没有包含地球引力场信息，因此观测量的获得也不受地球引力场的影响。

②VLBI 是相对观测量，仅利用地面 VLBI 技术只能测定出两个天线之间的相对位置，即基线矢量 $\boldsymbol{b}$，而不能直接测出各天线的地心坐标。为确定 VLBI 站的地心坐标，通常是在一个测站上同时进行 VLBI 和激光测卫(SLR)观测，即并址观测，以利用 SLR 技术所测得的地心坐标为基准，进而推算出其他 VLBI 站的地心坐标。

③由于射电源的赤经 α 和地球自转变化 θ_g 之间有直接的关系，无法独立地从延迟和延迟率观测量中解算出来。因此，VLBI 技术不能独立地确定射电源参考系的赤经原点，它必须用其他技术来测定。

④延迟率观测量中不包含基线分量 Z 的影响。所以，仅由延迟率观测量无法解算出基线分量 Z。另外，将延迟率的数据加到延迟数据中，并不会减少为求得所有未知参数所需观测的射电源数目。目前延迟率仅作为辅助观测量参加数据处理和参数解算，而起决定性作用的是延迟观测量。

式(5-11)和式(5-13)的推导是从纯几何关系出发的，所以称 τ_g 和 $\dot{\tau}_g$ 分别为几何延迟和几何延迟率。在实际的 VLBI 观测中，τ_g 和 $\dot{\tau}_g$ 是无法直接测量出来的。因为实际观测中将不可避免地包含其他成分，如钟差、设备延迟、传播介质延迟等非几何延迟。若设 τ 为实际的延迟观测值，则有：

$$\tau = \tau_g + \tau_c + \tau_i + \tau_p + \cdots \tag{5-14}$$

式中，τ_c 为两测站时钟的同步误差；τ_i 为两测站由于放大器、馈源、电缆、混频器等的不同引起的仪器延迟；τ_p 为由大气层、电离层、行星之间等离子体引起的传播介质延迟。

只有从实测值 τ 中去掉除 τ_g 之外的其他非几何延迟部分才能获得几何延迟。在实际数据处理时，有些项是用其他方法测定后予以扣除，有的则作为未知数一起解算。

5.2.3 VLBI 对深空探测器精密定位

VLBI 对探测器单点定位的基本几何关系如图 5-6 所示。设在某选定的坐标系中的 t_0 时刻某波从 S 出发，分别在 t_1，t_2 时刻被测站 O_1，O_2 接收，对应的测站至深空探测器矢量分别为 $\boldsymbol{S}_1$，$\boldsymbol{S}_2$。设 E 为 t_0 时刻地心位置，此时测站的地心矢量分别为 $\boldsymbol{R}_1$，$\boldsymbol{R}_2$，$\boldsymbol{S}_e$ 为地心至深空探测器矢量。则有：

$$\boldsymbol{S}_1(t_1) = \boldsymbol{S}_e(t_0) - \boldsymbol{R}_1(t_1)$$
$$\boldsymbol{S}_2(t_2) = \boldsymbol{S}_e(t_0) - \boldsymbol{R}_2(t_2) \tag{5-15}$$

对于 VLBI 测量，观测时延 ΔT 可表示为：

$$\Delta T = (t_2 - t_1) + \tau_2 - \tau_1 = \Delta t + \Delta \tau \tag{5-16}$$

其中，Δt 是几何时延，就是假定在真空的情况下，光线经过光程 S_2 和 S_1 的时间差。几何时延直接和探测器的站心坐标矢量建立几何关系。$\Delta \tau$ 是由多种原因引起的附加时延总和。如果能用一定的物理模型计算出附加时延差的采用值，则可以由式(5-16)给出几何时延 Δt 的观测值，并建立如下方程：

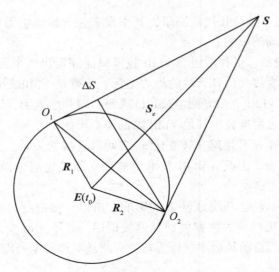

图 5-6　单点定位基本几何关系

$$c\Delta t = \Delta S = S_2(t_2) - S_1(t_1) \tag{5-17}$$

两站心坐标矢量的模为

$$S_1(t_1) = \left[(x_e(t_0) - x_1)^2 + (y_e(t_0) - y_1)^2 + (z_e(t_0) - z_1)^2 \right]^{\frac{1}{2}}$$
$$S_2(t_2) = \left[(x_e(t_0) - x_2)^2 + (y_e(t_0) - y_2)^2 + (z_e(t_0) - z_2)^2 \right]^{\frac{1}{2}} \tag{5-18}$$

于是

$$\Delta S = \left[(x_e(t_0) - x_1)^2 + (y_e(t_0) - y_1)^2 + (z_e(t_0) - z_1)^2 \right]^{\frac{1}{2}}$$
$$- \left[(x_e(t_0) - x_2)^2 + (y_e(t_0) - y_2)^2 + (z_e(t_0) - z_2)^2 \right]^{\frac{1}{2}} \tag{5-19}$$

式(5-19)即是 VLBI 用于探测器观测的基本几何关系式。方程左端是经过附加时延改正后的几何光程差的观测值，右端是探测器在光子发射时刻的地心赤道坐标以及两台站在接收时刻的地心赤道坐标的函数。台站坐标已知，探测器坐标是待定值。假定在 n 条基线上，同时观测到探测器在 t_0 时刻发出的光子，每条基线都可给出形如式(5-19)的观测方程。如果有三条以上基线同时观测得到的独立的误差方程，即可解出探测器的位置坐标，这就是地面 VLBI 单点定位的基本原理。

对于给定基线两端的测站 O_1，O_2，将深空探测器和两台站之间的距离依次表示为

$$r_1 = \sqrt{(x_1 - x_s)^2 + (y_1 - y_s)^2 + (z_1 - z_s)^2}$$
$$r_2 = \sqrt{(x_2 - x_s)^2 + (y_2 - y_s)^2 + (z_2 - z_s)^2} \tag{5-20}$$

于是，

$$c\tau = r_2 - r_1$$
$$= \sqrt{(x_2 - x_s)^2 + (y_2 - y_s)^2 + (z_2 - z_s)^2} - \sqrt{(x_1 - x_s)^2 + (y_1 - y_s)^2 + (z_1 - z_s)^2}$$
$$\tag{5-21}$$

且

$$\dot{c\tau} = \frac{\mathrm{d}c\tau}{\mathrm{d}t} = \dot{r}_2 - \dot{r}_1$$

$$\dot{r}_1 = \frac{x_1 - x_s}{r_1}(\dot{x}_1 - \dot{x}_s) + \frac{y_1 - y_s}{r_1}(\dot{y}_1 - \dot{y}_s) + \frac{z_1 - z_s}{r_1}(\dot{z}_1 - \dot{z}_s) \tag{5-22}$$

$$\dot{r}_2 = \frac{x_2 - x_s}{r_2}(\dot{x}_2 - \dot{x}_s) + \frac{y_2 - y_s}{r_2}(\dot{y}_2 - \dot{y}_s) + \frac{z_2 - z_s}{r_2}(\dot{z}_2 - \dot{z}_s)$$

将上面的关系线性化。式(5-21)按泰勒级数展开，舍去它们的二次幂以上项，可得如下误差方程：

$$v = c\tau_{0-c} + \frac{\partial(c\tau)}{\partial x_s}\mathrm{d}x_s + \frac{\partial(c\tau)}{\partial y_s}\mathrm{d}y_s + \frac{\partial(c\tau)}{\partial z_s}\mathrm{d}z_s + \frac{\partial(c\tau)}{\partial \dot{x}_s}\mathrm{d}\dot{x}_s + \frac{\partial(c\tau)}{\partial \dot{y}_s}\mathrm{d}\dot{y}_s + \frac{\partial(c\tau)}{\partial \dot{z}_s}\mathrm{d}\dot{z}_s$$

$$= c\tau_{0-c} + \left(\frac{x_1 - x_s}{r_1} - \frac{x_2 - x_s}{r_2}\right)\mathrm{d}x_s + \left(\frac{y_1 - y_s}{r_1} - \frac{y_2 - y_s}{r_2}\right)\mathrm{d}y_s + \left(\frac{z_1 - z_s}{r_1} - \frac{z_2 - z_s}{r_2}\right)\mathrm{d}z_s \tag{5-23}$$

式中，

$$\frac{\partial(c\tau)}{\partial \dot{x}_s} = \frac{\partial(c\tau)}{\partial \dot{y}_s} = \frac{\partial(c\tau)}{\partial \dot{z}_s} = 0$$

$$c\tau_{0-c} = c(\tau_0 - \tau_c)$$
$$= c\left[\tau_0 - \left(\sqrt{(x_2-x_{s0})^2+(y_2-y_{s0})^2+(z_2-z_{s0})^2} - \sqrt{(x_1-x_{s0})^2+(y_1-y_{s0})^2+(z_1-z_{s0})^2}\right)\right]$$

式中，t_0 为时延观测值，由 VLBI 观测的相关处理得到；τ_c 为理论时延值，可由台站与探测器的几何关系迭代计算得到其近似值；(x_{s0}, y_{s0}, z_{s0}) 为 t_0 时刻的探测器坐标初值，可由探测器的初始轨道计算得到。

同理，根据式(5-22)，可得如下的误差方程：

$$v = c\dot{\tau}_{0-c} + \frac{\partial(c\dot{\tau})}{\partial x_s}\mathrm{d}x_s + \frac{\partial(c\dot{\tau})}{\partial y_s}\mathrm{d}y_s + \frac{\partial(c\dot{\tau})}{\partial z_s}\mathrm{d}z_s + \frac{\partial(c\dot{\tau})}{\partial \dot{x}_s}\mathrm{d}\dot{x}_s + \frac{\partial(c\dot{\tau})}{\partial \dot{y}_s}\mathrm{d}\dot{y}_s + \frac{\partial(c\dot{\tau})}{\partial \dot{z}_s}\mathrm{d}\dot{z}_s \tag{5-24}$$

式中，

$$\frac{\partial(c\dot{\tau})}{\partial x_s}, \frac{\partial(c\dot{\tau})}{\partial y_s}, \frac{\partial(c\dot{\tau})}{\partial z_s}, \frac{\partial(c\dot{\tau})}{\partial \dot{x}_s}, \frac{\partial(c\dot{\tau})}{\partial \dot{y}_s}, \frac{\partial(c\dot{\tau})}{\partial \dot{z}_s}$$

等偏导数可以由式(5-22)、式(5-23)的关系求得。式(5-23)和式(5-24)即为 VLBI 对于探测器定位的误差方程。时延 τ 和时延率 $\dot{\tau}$ 为观测量；$x_s, y_s, z_s, \dot{x}_s, \dot{y}_s, \dot{z}_s$ 是探测器坐标与速度的初始值；$\mathrm{d}x_s, \mathrm{d}y_s, \mathrm{d}z_s, \mathrm{d}\dot{x}_s, \mathrm{d}\dot{y}_s, \mathrm{d}\dot{z}_s$ 是对相应初始值的改正。

VLBI 单点定位可得到一系列离散的深空探测器的轨迹坐标，不受定轨弧段长度的限制，从而也可以为探测器的精密定轨提供数据。在具体的定位方法实施中，台站数量越多，定位精度越高。而且应该注意，在解算中不能单独只使用时延率的数据，建议将时延、时延率的数据综合使用。

5.3　差分 VLBI 原理与应用

5.3.1　差分 VLBI 对探测器定位原理

在实际观测的 VLBI 时延 τ 中，包含了大量误差，主要可分为两类：一类是由于天体测量、地球物理参数或模型不准确引起的模型与参数误差，如测站坐标误差以及影响测站坐标的各种潮汐模型，地球定向参数误差，射电源位置误差以及射电源结构效应等；另一类是测站观测系统与信号传播介质引起的介质与设备传输误差，如测站时频系统的不稳定、测站信号接收系统引起的信号相位抖动，对流层、电离层影响等。

随着测量精度的提高，对流层、时钟及仪器等非几何延迟误差成为限制 VLBI 定位精度进一步提高的主要误差源，为了有效消除或减小这些误差对观测量精度的影响，逐步发展出差分 VLBI 技术（Differential VLBI，ΔVLBI）。利用探测器距离地球较近的特点，差分 VLBI 技术通过交替观测目标天体（深空探测器）和参考天体，通过差分的方式将信号传播路径中的共同误差从观测量中扣除，消除部分的非几何延迟，从而实现高精度的相对定位，精确确定深空探测器的位置，因而在深空探测中发挥着重要的作用，被广泛应用于人造地球卫星、月球探测器、太阳系行星际探测器等深空探测中。

差分 VLBI 具有只需观测下行单向信号、角度和角度变化率测量精度高的优点；利用两条近似正交的基线进行差分 VLBI 观测，可以得到飞行器在天球面上的两维投影位置和速度分量，是无线电测距测速的有益补充。如 5.2 节所述，VLBI 的基本观测量是时延和延迟率，时延定义为射电源发出的同一信号到达地面上不同位置处的两台射电望远镜的时间差。差分 VLBI 的基本观测量则是时延之差，是由人工射电源（深空探测器）和河外射电源发出的两个射电信号分别到达地面上不同位置的两台射电望远镜的时间差之差，图 5-7 即为差分 VLBI 观测原理。

河外射电源的选择也有一定的限制，要求其和探测器两者的空间方向尽可能靠近。一般情况下，对单频观测二者角距不大于 1°。靠得越近，它们的非几何延迟的一致程度就越高。这样，能够消除的公共非几何延迟就越多，从而定位就会越精确。

差分 VLBI 总时延 τ 的基本表达式为

$$\tau = (\tau_g^S - \tau_g^Q) + \tau' \tag{5-25}$$

式中：τ_g^S 为深空探测器发射的信号到达地面两测站的时间延迟。τ_g^Q 为河外射电源发射的信号到达地面两测站的时间延迟。τ' 为消除部分非几何延迟后的两者共同的时延误差。

实际上 VLBI 观测必须在牛顿惯性坐标系下进行，射电源方向矢量基于依巴谷星表建立，位于 J2000.0 日心惯性坐标系。而对地球而言，由于惯性坐标系与地球自转无关，地球上任意一固定点在惯性坐标系中的坐标也将随着地球自转而变化，故为了方便描述地面测站的位置，地面 VLBI 测站坐标在地心地固坐标系中给出。以转移轨道段深空探测器为例，探测器位于 J2000.0 地心惯性坐标系，其运动方程和坐标一般均在此坐标系下定义。

由于地面测站坐标，探测器坐标以及射电源坐标都是在不同坐标系下定义的，并且考虑到探测器的各个飞行阶段所处的坐标系统也是变化的，为了方便数据处理和减少坐标系

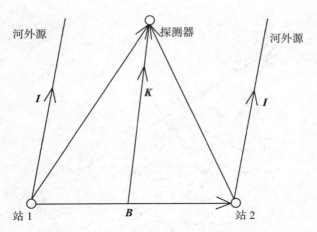

图 5-7 差分 VLBI 观测原理

统间相互转换引起的误差，此处将其都统一到瞬时地心天球坐标系下建立方程。所涉及的坐标系转换有地心地固系到瞬时地心天球坐标系，J2000.0 地心惯性坐标系到瞬时地心天球坐标系，J2000.0 日心惯性坐标系坐标到瞬时地心天球坐标系等。

5.3.2 差分 VLBI 观测模型

而对于深空探测器而言，不同于河外射电源的 VLBI 观测，它到地面的距离有限，所发出的电磁波信号以球面波方式传播，而非平行平面波。以往的把射电信号当作平行处理的观测模型已不再适用，把几何延迟 τ_g^S 写成下列形式：

$$\tau_g^S = -\frac{1}{c}(\boldsymbol{B} \cdot \boldsymbol{K}) \tag{5-26}$$

式中，$\boldsymbol{B}$ 为 VLBI 地面两测站的基线矢量；$\boldsymbol{K}$ 为以深空探测器到两地面天线的连线为两边的平行四边形的一条对角线所指向的方向，这个方向既不是单位矢量方向，也不是任意一个常数矢量方向，而是一条随着时间和基线矢量变化而变化的方向矢量，因此须将其区别于河外射电源的平行波方向矢量，如图 5-8 所示，其表达式为

$$\boldsymbol{K} = -\frac{\boldsymbol{R}_{01} + \boldsymbol{R}_{02}}{r_{01} + r_{02}} \tag{5-27}$$

式中，$\boldsymbol{R}_{01}$ 和 $\boldsymbol{R}_{02}$ 分别是探测器到两测站的方向矢量，r_{01} 和 r_{02} 则分别是探测器到两测站的距离(标量)。而对于遥远的河外射电源，其发射的射电信号可以看做平行的，其几何时延 τ_g^Q 可以写为

$$\tau_g^Q = -\frac{1}{c}(\boldsymbol{B} \cdot \boldsymbol{I}) \tag{5-28}$$

式中，$\boldsymbol{I}$ 为射电源的方向的单位矢量。综合式(5-25)，式(5-26)和式(5-28)，实际差分 VLBI 观测得到的距离差 $\boldsymbol{L}$ 为

$$\boldsymbol{L} = -\boldsymbol{B} \cdot (\boldsymbol{K} - \boldsymbol{I}) + c\tau' \tag{5-29}$$

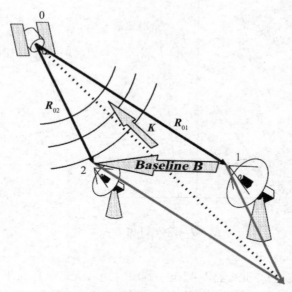

图 5-8　深空探测器的 VLBI 测量原理

由此，以转移轨道段深空探测器差分 VLBI 观测为例，建立观测模型如下：

$$L = \left\{ \begin{bmatrix} X_1 - X_2 \\ Y_1 - Y_2 \\ Z_1 - Z_2 \end{bmatrix}^{\mathrm{T}} \boldsymbol{R}_1 \left\{ \left\{ \boldsymbol{R}_1^{\mathrm{T}} \begin{bmatrix} X_1 + X_2 \\ Y_1 + Y_2 \\ Z_1 + Z_2 \end{bmatrix} - 2\boldsymbol{R}_2^{\mathrm{T}} \begin{bmatrix} X_S \\ Y_S \\ Z_S \end{bmatrix} \right\} / (r_1 + r_2) - \boldsymbol{R}_2^{\mathrm{T}} \begin{bmatrix} \cos\delta\cos\alpha \\ \cos\delta\sin\alpha \\ \sin\delta \end{bmatrix} \right\} \right\} + c\tau'$$

(5-30)

式中，$[X_1, Y_1, Z_1]$ 和 $[X_2, Y_2, Z_2]$ 为地心地固坐标系中两地面 VLBI 测站坐标；$[X_S, Y_S, Z_S]$ 为 J2000.0 地心惯性坐标系下深空探测器坐标；α，δ 为 J2000.0 日心惯性坐标系下射电源赤经、赤纬；r_1，r_2 分别为地面两测站到深空探测器的距离，需要利用通过其他测距手段获得(如 USB 等)。$\boldsymbol{R}_1$，$\boldsymbol{R}_2$ 为坐标系旋转矩阵。

5.3.3　差分 VLBI 在深空探测中的应用

早在 20 世纪 60 年代末，人类就开始将 VLBI 技术应用于深空探测，为空间飞行器的精密测轨观测提供更强的约束。差分 VLBI 技术被广泛应用于人造地球卫星、月球探测器、太阳系行星际探测器等深空探测中。

1969 年 10 月首次利用差分 VLBI 技术对地球同步轨道卫星进行定轨。当时的 VLBI 技术还只是个雏形，由三个地面 VLBI 台站对 TACSAT 通信卫星进行观测，全部观测数据由干涉处理得到，定轨精度为 50m。许多低轨卫星的定轨和导航是由地面站、导航数据传递卫星(TDRS)、GPS 导航系统共同完成的。对低轨卫星的高精度动态定轨要求 TDRS 卫星的定轨精度能达到几十厘米到几米，单靠无线电测距和 Doppler 方法是不能满足精度需求的，而结合差分 VLBI 技术基本上满足了低轨卫星的动态导航要求。

　　1972 年 NASA 在"阿波罗"16 和 17 登月过程中，利用单频点同波束 VLBI 技术测量了月球车的月面移动轨迹。在月球探测器的观测中，美国的数次阿波罗登月在月面上共留下 5 台射电发射机，用差分 VLBI 方法测定了它们的月面坐标在水平方向的位置误差为 10m，视线方向为 30m，相对于河外射电源的参考系精度为 5mas。"阿波罗"16 月球车用差分 VLBI 方法测定其运动速度的精度为 2cm/s，与登月舱的相对位置的精度为 3~50m。

　　1983 年，美国利用宽带 VLBI 方法跟踪高轨卫星，得到的近地点精度优于常规的多普勒定轨精度一个量级；1984 年美国用 VLBI 跟踪同步卫星的定轨精度优于 5m。

　　20 世纪 90 年代日本掀起了新一轮的探月研究高潮。日本的"飞天"号月球探测器（1990）、美国的"克莱门汀"月球探测器（1994）和月球勘探者（1998）、欧空局的"小型先进技术研究计划"探测器（2003）先后发射用于月球研究，差分 VLBI 技术在其中发挥了重要作用。1998 年 9 月，日本研究者在 Kashima，Mizusawa 和 Tsukuba 三个台站对 NASA 的 LP（LunarProsPeetor，月球勘探者）及其附近的一个 QSO（类星体）进行差分 VLBI 观测，得到的由 LP 轨道运动引起的位相变化的误差小于 0.6，这意味着在能够解决模糊度的前提下，可以得到 20cm 的定位精度。由于行星际飞船发射数量的限制，差分 VLBI 技术对此的应用并不多，尽管如此，这些少量的观测已经取得了惊人的成果。俄罗斯的一个研究小组通过多年来对火卫 2 探测器、"海盗"1 火星探测器、"先驱"1 金星探测器所做的一系列差分 VLBI 观测，初步建立了太阳系动力学参考架与射电天球参考架的联系，连接精度为十几毫角（弧秒）。美国宇航局用差分 VLBI 方法测量从"先锋"号宇宙飞船发射出而后降落到金星大气层内的 4 个探测器的轨道，得到了金星大气层内风速的垂直分布图，测量风速的精度为 50cm/s。NASA 的深空网（DSN）在伽利略木星飞船跟踪观测中，利用两条 VLBI 基线（Goldstone—Madrid 和 Goldstone—Canberra），对飞船和一个邻近的 EGRS 作差分观测，在 5 mas 精度上得到了飞船相对于 EGRS 的赤经赤纬坐标。

　　在各类人造地球卫星、月球探测器、太阳系行星际探测器的跟踪和导航的观测中，VLBI 技术以及差分 VLBI 的形式发挥了巨大的作用，不仅对人类的宇航事业作出了巨大贡献，而且对天文学及其他相关领域也具有深远的意义。

5.4　空间 VLBI 原理与应用

5.4.1　空间 VLBI 简介

　　VLBI 和差分 VLBI 技术虽然在深空探测领域取得了骄人的成绩，但是受地球直径的限制，VLBI 基线长度已无法继续增长，无法进一步满足人们对更高精度、更先进和更好科学系统不断探索的需求。因此，VLBI 令人期待的下一步发展就是将地基 VLBI 延伸到空间，利用安置在探测器上的射电望远镜与地面的射电望远镜一同对射电源进行观测以组成空间 VLBI（Space VLBI，SVLBI）时延观测量，空间 VLBI 时代逐渐到来。

　　空间 VLBI 将有效地改善 VLBI 技术观测银河系和河外星系致密射电源的成图能力和角分辨率，将在天体物理、宇宙学等领域获得地面 VLBI 技术无法获得的观测成果，如图 5-9 所示。并且由于空间 VLBI 技术能够直接连接深空探测器涉及的天球参考系、地球参考系及动力学参考系等多个参考系统，并具有发现和避免多系统观测所带来的系统差问题、精密定轨和参考系连接应该同时进行，具有直接的方向信息，改进深空探测器的定轨精度，改进对地球重力场的认识等众多技术优势，因此将其应用于深空探测器定轨及参考系连接参数计算方面的相关研究，有望取得更加丰富的成果。

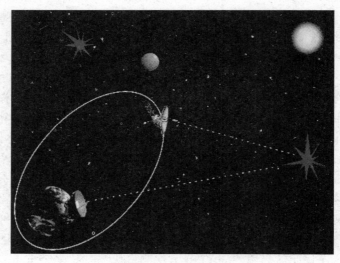

图 5-9　空间 VLBI 技术

空间 VLBI 系统由空间 VLBI 站、地面 VLBI 站、地面跟踪站和相关数据处理中心等四部分组成。空间和地面 VLBI 站用于接收被观测目标所发出的射电信号；地面跟踪站用于实现与空间站的无线电通信；由地面 VLBI 站和跟踪站记录的观测数据，将被送到 VLBI 数据相关处理中心进行相关处理。此外，空间站上还必须配备高精度的天线姿态调整、轨道控制和检测系统，配备全球覆盖的地面支持系统。与地面 VLBI 相比较，空间 VLBI 技术具有鲜明的优势：

①角分辨率的提高。由于受到地球大小的限制，地面 VLBI 的基线最长只能在 10 000 km 左右，其分辨率被限制在 0.1 mas 量级。而空间 VLBI 因基线的延长而大大提高了分辨率。

②成图能力的改善。由于地面 VLBI 站几乎都分布在北半球，缺少南北方向的长基线，导致低纬度源和南天区源的成图质量很差。借助空间 VLBI 站，适当地选择其轨道，就能使它们的成图质量得到很好的改善。另外，由于空间地面站绕地球运动周期比地球自转周期快，因而能在较短时间内形成较具规模的、完整的覆盖，从而能对变化较快的源进行快速成像，研究它们在短时间内的变化情况。

③将地面 VLBI 的几何测量变为动力测量。由两个地面 VLBI 站组成基线进行的测量，从地球动力学角度看是几何测量，只能测定两站的相对位置，而不能独立地测定地心坐标。引入空间 VLBI 后，由于它的轨道运动是在地心坐标系中描述的，其运动受到各种地球动力学因素的影响，通过空间站与地面站组成基线时便可形成一个动力测量系统，直接

测量定地面站的地心坐标。利用空间 VLBI 技术还可以直接建立动力学参考系与射电源参考系之间的连接。

5.4.2 空间 VLBI 时延观测量原理与数学模型

时间延迟和延迟率是空间 VLBI 基线的两个基本观测量，其观测计算模型的建立是利用空间 VLBI 技术展开的天体物理、天体测量和大地测量等领域科学研究的基础，也是精密确定空间 VLBI 站轨道所必需的。地面 VLBI 基线最长为 10 000 km 左右，延迟的最大量级为 0.035 s，延迟率的量级为 1.5 μs/s。空间 VLBI 基线最长可达 160 000 km，最大延迟为 0.53 s，延迟率为 31.0 μs/s。如果将空间站放在月球上，延迟量级可达 1.3 s。延迟率和延迟率量级的增加，使得计算延迟和延迟率的数学模型中各项的量级增加，因而对地面 VLBI 延迟和延迟率计算模型中可忽略的小项在空间 VLBI 中必须加以考虑。另外，组成空间 VLBI 基线的两个测站中一个在地面，另一个在空间，两个站运动特性不同，影响基线变化的因素也与地面 VLBI 基线不同，这都将在延迟和延迟率的计算中反映出来，因此地面 VLBI 延迟和延迟率计算模型不适用于空间 VLBI。本节基于有关的相对论时空理论，推导建立空间 VLBI 基线延伸至 40 000 km($\approx$ 地-月距离)，精度为 1.0 ps 的延迟公式，以及精度为 10^{-3} ps/s 的延迟率公式。

本节所采用的有关符号的定义 O：大写字母 $(X、V、A、M)$ 分别表示在太阳系质心坐标系(BS)中的位置矢量、速度、加速度和质量；而 $(x、v、a)$ 表示地心坐标系(GS)中的位置矢量、速度和加速度；t 和 τ 分别与 BS 时间和 GS 时间；N 和 E 为 N 天体和地球；c 为光速，G 为引力常数；拉丁字母 $i、j、k$ 的变化范围为 1、2、3，δ_{ij} 是 Kronecker 符号。

1. 以太阳系质心坐标时、地心坐标时表示的时间延迟模型

如图 5-10 所示，定义地面天线为天线 2，空间天线为天线 1，设事件 1 为射电信号到达天线 1，事件 2 为射电信号的同一波前到达天线 2。事件 1 在 BS 和 GS 中的坐标分别为 $(ct_1, X_1(t_1))$，$(c\tau_1, x_1(\tau_1))$；事件 2 在 BS 和 GS 中的坐标分别为 $(ct_2, X_2(t_2))$，$(c\tau_2, x_2(\tau_2))$。以质心坐标时表示的时间延迟为

$$\Delta t = t_2 - t_1 = \left[X_2^i(t_2) - X_1^i(t_1) \right] K^i/c + \Delta t_{grav} + \Delta t_p \tag{5-31}$$

式中，K^i 为射电源在 BS 中的方向，Δt_{grav} 为引力延迟，Δt_p 为传播介质延迟。

由式(5-31)可得

$$X_2^i(t_2) = X_2^i(t_1 + \Delta t) = X_2^i(t_1) + V_2^i \Delta t + A_2^i \Delta t^2/2 + \cdots \tag{5-32}$$

设

$$\Delta t_0 = -(B^i K^i)/c \tag{5-33}$$

$$B^i = X_2^i(t_1) - X_1^i(t_1) \tag{5-34}$$

则有 $\Delta t = \Delta t_0 - (V_2^i K^i) \Delta t/c - (A_2^i K^i) \Delta t^2/2c + \Delta t_{grav} + \Delta t_p + \cdots$

$$= \left[\Delta t_0 - (A_2^i K^i) \Delta t^2/2c + \Delta t_{grav} + \Delta t_p \right] \cdot \left[1 - (V_2^i K^i)/c \right] + (V_2^i K^i)^2/c^2 + \cdots \tag{5-35}$$

忽略小于 10^{-12} s 的项，将式(5-35)整理可得

$$\Delta t = \Delta t_0 \left[1 - (V_2^i K^i)/c + (V_2^i K^i)^2/c^2 - (A_2^i K^i)\Delta t_0/2c \right] + (\Delta t_{grav} + \Delta t_p)\left[1 - (V_2^i K^i)/c \right] \tag{5-36}$$

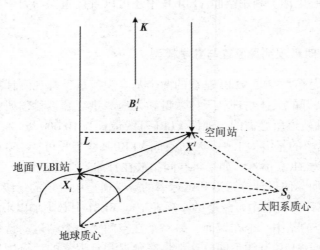

图 5-10　空间 VLBI 基线几何图

式(5-36)即为以太阳质心坐标时表示的时间延迟模型，还需将它转换成以地心坐标时表示的形式。根据 Kopejken 建立的 BS 与 GS 转换关系，考虑 N 天体与地球不同时的牛顿引力位 U 与矢量位 U^i，对式(5-36)各项逐个转换，得到地心坐标表示的延迟计算模型：

$$\Delta t = \Delta t_0 \{ 1 - (V_E + v_2^i) K^i / c + [(V_E + v_2^i) K^i]^2 / c^2 - (2U + V_E^2/2 + V_E^i v_2^i)/c^2 \} - V_E^i b^i / c^2 \tag{I}$$
$$+ (V_E^i K^i)(V_E^i b^k)/2c^3 + (v_2^i K^i)(V_E^k b^k)/c^3 + \Delta t_{grav} + \Delta t_p$$
$$+ F^{ik} b^k K^i / c^3 \tag{II}$$
$$- \Delta \tau_0 [A_E^i x_2^i / c^2 + \Delta \tau_0 (A_E^i + a_2^i) K^i / 2c] \tag{III}$$
$$- (\delta \tau - \delta X^i K^i / c) \tag{IV}$$
$$- (\Delta t_{grav} + \Delta t_p)(V_E^i + v_2^i) K^i / c \tag{V}$$
$$\tag{5-37}$$

式中，
$$\Delta \tau_0 = - b^i K^i / c \tag{5-38}$$
$$b^i = x_2^i(\tau_1) - x_1^i(\tau_1) \tag{5-39}$$

公式第(I)项形式上与地面 VLBI 基线时间延迟计算模型基本一致；第(II)项 F^{ik} 主项是测地岁差，反映了惯性地心坐标系(GS)相对于太阳质心坐标系(BS)的旋转；第(III)项是由地心以及地面站天线的运动加速度引起的延迟变化；第(IV)项是由太阳系质心坐标系与地心坐标系转换关系中的微小项引起的；公式中第(V)项是引力延迟和传播延迟的高阶量。

2. 时间延迟的实用计算模型

目前，地面 VLBI 时间延迟的观测精度为 30～50ps，因此其计算模型的精度为 5ps 时就可以满足数据处理要求。如果设空间 VLBI 的观测精度与地面 VLBI 一致，则对空间站而言小于 5ps 的项，便可得到一组实用的计算模型。必须指出的是，在空间站与地面站组成基线时，应取地面站为参考站(即公式建立过程所设的天线 2)，这样使计算模型更简化。

首先，空间 VLBI 站与地面 VLBI 站组成基线时的地-空 VLBI 基线延迟计算模型为(取地面站天线为天线2)：

$$\Delta\tau = \Delta\tau_0\{1 - (V_E^i + v_2^i)K^i/c + [(V_E^i + v_2^i)K^i]^2/c^2 + (2U + V_E^2/2 + V_E^i v_2^i)/c^2 - \Delta\tau_0 a_2^i K^i/2\} - V_E^i b^i/c^2 + (V_E^i K^i)(V_E^k b^k)/2c^3 + (v_2^i K^i)(V_E^k b^k)/c^3 + \Delta t_{grav} + \Delta t_p + \Delta t_p(V_E^i + v_2^i)K^i/c \tag{5-40}$$

其次，VSOP 和 RADIOASTRON 组成基线时的空-空 VLBI 基线延迟计算模型为(任取其中一个空间站天线为天线2)：

$$\Delta\tau = \Delta\tau_0\{1 - (V_E^i + v_2^i)K^i/c + [(V_E^i + v_2^i)K^i]^2/c^2 + (2U + V_E^2/2 + V_E^i v_2^i)/c^2 - \Delta\tau_0 a_2^i K^i/2\} - V_E^i b^i/c^2 + (V_E^i K^i)(V_E^k b^k)/2c^3 + (v_2^i K^i)(V_E^k b^k)/c^3 + \Delta t_{grav} + \Delta t_p + \Delta t_p(V_E^i + v_2^i)K^i/c \tag{5-41}$$

3. 时间延迟率计算模型

以地心坐标时表示的延迟率被定义为

$$\Delta\dot\tau = \partial\Delta\tau/\partial\tau \tag{5-42}$$

利用式(5-37)和式(5-42)及导出精度为 10^{-3}ps/s 的空间 VLBI 基线延迟率公式：

$$\Delta\dot\tau = \Delta\dot\tau_0\left\{1 - (V_E^i + v_2^i)K^i/c + [(V_E^i + v_2^i)K^i]^2/c^2 - \left(2U + \frac{1}{2}V_E^i V_E^i + V_E^i v_2^i\right)\Big/c^2 \right.$$
$$- \Delta\tau_0 a_2^i K^i/2\} + \Delta\tau_0\{-(A_E^i + a_2^i)K^i/c + 2[(V_E^i + v_2^i)K^i][(A_E^i + a_2^i)K^i]/c^2$$
$$- (2UV_E^i + V_E^i A_E^i + a_2^i V_E^i)/c^2 - \Delta\dot\tau_0 a_2^i K^i/2c\} - A_E^i b^i/c^2 + (a_2^i K^i)(V_E^k b^k)/c^3$$
$$- \left[1 - \left(\frac{1}{2}V_E^i + v_2^i\right)K^i/c\right][V_E^i(v_2^i - v_1^i)]/c^2 + \Delta\dot t_{grav} + \Delta\dot t_p \tag{5-43}$$

式中，

$$\Delta\dot\tau_0 = (v_2^i - v_1^i)K^i/c \tag{5-44}$$

由式(5-43)可得到计算空间 VLBI 站与地面 VLBI 站组成基线时的延迟率的实用公式为(取地面站为天线2，公式精度为 5×10^{-3}ps/s)：

$$\Delta\dot\tau = \Delta\dot\tau_0\left\{1 - (V_E^i + v_2^i)K^i/c + [(V_E^i + v_2^i)K^i]^2/c^2 - \left(2U + \frac{1}{2}V_E^i V_E^i + V_E^i v_2^i\right)\Big/c^2 \right.$$
$$- \Delta\tau_0 a_2^i K^i/2\} - \Delta\tau_0(A_E^i + a_2^i)K^i/c - \left(1 - \left(\frac{1}{2}V_E^i + v_2^i\right)K^i/c\right)[V_E^i(v_2^i - v_1^i)]/c^2$$
$$- A_E^i b^i/c^2 + \Delta t_{grav} + \Delta t_p \tag{5-45}$$

4. 引力延迟计算模型

对于目前的空间 VLBI 而言，其基线长度仍远小于引力体间的距离，因而现已建立的引力延迟模型对空间 VLBI 站也是适用的。在实际中可采用下列模型：

$$\Delta t_{grav} = 2\sum_j (GM_j/c^3)\ln[(|X_{1j}^k| + X_{1j}^k K^k)/(|X_{2j}^k| + X_{2j}^k K^k)] \tag{5-46}$$

其中，$X_{ij}^k = X_i^k - X_j^k$，$i = 1, 2, \cdots$(天线)，$j = 1, 2, \cdots N$(引力体)

5. 用于空间站轨道计算的摄动力模型

　　空间 VLBI 站也是一种近地轨道上做自由飞行的人造地球卫星，它的运动是通过人卫轨道理论来描述的，一种最简单的运动方程是只考虑地球和卫星组成的二体系统，且把它们作为质点看待。设 $r = X^i$，$\dot{r} = V^i$，$\ddot{r} = a^i$，分别为卫星的地心坐标矢量、速度和加速度（$i = 1, 2, 3$），则有

$$\ddot{r} = -\frac{GM_E}{r^3}r \tag{5-47}$$

　　式中，所解算出的卫星在某一瞬间对应的位置（r）和速度（$\dot{r}$）称为二体问题解。显然，这只是一个近似解。除了质心引力外，卫星还受到各种摄动力作用，在考虑了摄动影响之后的卫星轨道运动方程为

$$\ddot{r} = -\frac{GM_E}{r^3}r + \ddot{R}(t, r, \dot{r}) \tag{5-48}$$

　　式中，右端第一项为二体运动项，第二项 $\ddot{R}$ 为总的摄动项。卫星所受的摄动力可分为两类，一类是与地球、日、月等对卫星的引力作用有关的引力摄动，包括地球非球形引力摄动、固体潮摄动、海潮摄动、大气负载潮摄动、地球自转形变附加摄动、月球扁率摄动、地球扁率的间接摄动、N 体摄动等；另一类是由光压辐射、大气阻力等产生的非引力摄动，包括太阳光压摄动、地球返照辐射压摄动、大气阻力与类阻力摄动、小推力摄动等。

5.4.3　空间 VLBI 的应用

1. 协议天球参考系的建立

　　目前最精确、最基本的协议天球参考系（CIS）是河外射电源系，它是国际地球自转服务（IERS）采用的参考系，是通过地面 VLBI 所观测的一组致密河外射电源（通常是类星体或星系核，具有点状结构）构成的框架来实现的。空间 VLBI 对建立河外射电源参考系的贡献主要在于利用其高分辨率建立有效的源结构改正。

　　借助空间 VLBI 的高分辨率，我们可以对那些构成射电源参考框架的，而地面 VLBI 又无法分辨的源结构进行成图，研究源结构改正模型，从而有效地改正参数解算中源结构的影响，提高源位置、ERP 参数和基线参数的精度。

2. 协议地球参考系的建立

　　一个完整的协议地球参考系（CTS）的建立，必须明确地定义出它的坐标原点、坐标轴在空间的指向，以及时间和尺度基准。CTS 的原点是地球质心，它是对整个地球而言的，既包括海洋和大气；坐标轴的指向必须保证 CTS 相对于 CIS 仅有全球性的运动，即地球自转，并且通过岁差章动和地球自转（包括极移）的旋转矩阵与 CIS 直接连接。

　　空间 VLBI 站与其他人造卫星一样，通过其轨道运动与地球质心建立起动力学的联系。因而，利用空间 VLBI 站与地面 VLBI 站组成基线观测，便可测定地面站的地心坐标。由于世界上所有大的 VLBI 天线都将参加空间 VLBI 的观测，所以可利用空间 VLBI 技术本身独立地建立一个完整的地球参考系。

3. 卫星动力学 CIS 和射电源 CIS 的连接

利用空间 VLBI 技术我们能够方便地、高精度地实现卫星参考系与射电源参考系的连接。因为空间 VLBI 不仅能作为地面上各种人卫跟踪站的被观测体，而且它本身也将作为人卫轨道上的空间观测站，直接观测河外射电源。利用多普勒、距离测量等资料，我们可以定出空间站在人卫动力学坐标系中的轨道；而由空间站与地面 VLBI 站观测河外射电源获得的时间延迟、延迟率等观测量，我们可解算出空间站在河外射电源参考系中的轨道，从而实现人卫动力学参考系与射电源参考系的连接和统一。

5.5 同波束 VLBI(SBI)原理及在深空探测中的应用

5.5.1 同波束 VLBI 简介

随着深空探测任务的拓展，两个或多个探测器相对定位的需求越来越多。"嫦娥三号"成功落月后，释放出了"玉兔号"巡视器，在开展两器互拍和月面巡视探测过程中，就需要确定巡视器相对着陆器的位置。我国探月工程第三步——月球采样返回也需要对上升器和轨道器进行高精度相对定位，满足两者在月球轨道交会对接。在探测器进入行星环绕轨道或行星着陆时，利用相对定位的方法可以有效提高定位精度，避免受行星星历不确定性的影响。因为深空探测任务距离地球都很远，所以需要进行相对定位的多个探测器基本都位于测站的同一波束内，可以采用同波束模式进行观测。现有的深空探测器相对定位方法主要是同波束干涉测量(Same Beam Interferometry，SBI)，这是一种几何定位手段。它利用连续的观测数据获得两个目标探测器信号连续的相位信息，然后相减得到两者的差分相位，解除相位模糊后直接得到差分相时延，进而确定两个探测器的相对位置。这项技术可以有效削弱信号传播路径中的大气、设备等引起的共模误差，测量精度非常高。

相位参考成图技术源自射电天文观测，最初用于亮度较弱的射电源结构分析。该技术利用邻近致密参考射电源信号的复可见度相位信息修正弱源的复可见度相位，削弱大气和设备等引起的相位抖动和测量误差，有效提高弱源复可见度数据的相干时间和系统灵敏度，降低目标源的观测亮度限制。经过相位校准的复可见度数据保留了弱源和参考射电源的相对位置信息，从中能够求得两个源之间的角距，测量精度可达亚毫角秒(mas)量级。如果把其中一个射电源换成深空探测器，就可以通过相位参考成图技术获得探测器与参考射电源之间的高精度相对角位置。因为参考射电源位置精确已知，所以这种方法能得到探测器在天球参考架内的精确绝对位置。若有两个相隔很近的探测器，可以在地面测站的同一波束内观测，就能进行同波束相位参考成图，确定两个探测器的相对位置，更加有效地减小共模误差，提高测量精度。和 SBI 不同，同波束相位参考成图方法是一种综合孔径成图法，直接得到两个目标的相对位置，而不是时延值。

深空探测器信号带宽窄，和射电源宽带白噪声信号的特征非常不同，而且探测器在天球参考架内运动剧烈，射电源却可以视为静止，由此导致探测器观测模型和数据处理方法也不一样。

5.5.2　同波束相位参考成图测量模型

1. 探测器成图原理

和普通射电源不同的是，探测器信号只由其天线发射出来，可以视作一个有面积的圆状信号源。将探测器作为目标源，源面上一点位置矢量为 $\boldsymbol{R}$，其信号电磁波的单色分量场强表示为 $\varepsilon(\boldsymbol{R})$，由传播定理知 r 处的观测天线接收到该点发出的信号场强为

$$E(\boldsymbol{r}) = \int \varepsilon(\boldsymbol{R}) \frac{\mathrm{e}^{i\omega|\boldsymbol{R}-\boldsymbol{r}|/c}}{|\boldsymbol{R}-\boldsymbol{r}|} \mathrm{d}s \tag{5-49}$$

式中，ω 为观测信号频率，c 为光速，$\mathrm{d}s$ 表示对整个源面积分。所以，两个观测点的空间相干函数为

$$\begin{aligned} V(\boldsymbol{r}_1,\ \boldsymbol{r}_2) &= \langle E(\boldsymbol{r}_1) \cdot E^*(\boldsymbol{r}_2) \rangle \\ &= \langle \iint \varepsilon(\boldsymbol{R}_1)\varepsilon^*(\boldsymbol{R}_2) \frac{\mathrm{e}^{i\omega|\boldsymbol{R}_1-\boldsymbol{r}_1|/c}}{|\boldsymbol{R}_1-\boldsymbol{r}_1|} \frac{\mathrm{e}^{-i\omega|\boldsymbol{R}_2-\boldsymbol{r}_2|/c}}{|\boldsymbol{R}_2-\boldsymbol{r}_2|} \mathrm{d}s_1 \mathrm{d}s_2 \rangle \end{aligned} \tag{5-50}$$

假设目标源面上不同位置发出的信号空间不相干，即 $\boldsymbol{R}_1 \neq \boldsymbol{R}_2$ 时 $\langle \varepsilon(\boldsymbol{R}_1)\varepsilon^*(\boldsymbol{R}_2) \rangle$ 为 0，有

$$V(\boldsymbol{r}_1,\ \boldsymbol{r}_2) = \int \langle \varepsilon(\boldsymbol{R})\varepsilon^*(\boldsymbol{R}) \rangle \frac{\mathrm{e}^{i\omega|\boldsymbol{R}-\boldsymbol{r}_1|/c}}{|\boldsymbol{R}-\boldsymbol{r}_1|} \cdot \frac{\mathrm{e}^{-i\omega|\boldsymbol{R}-\boldsymbol{r}_2|/c}}{|\boldsymbol{R}-\boldsymbol{r}_2|} \mathrm{d}s \tag{5-51}$$

用 s 表示矢量 $\boldsymbol{R}$ 的单位方向矢量 $\boldsymbol{R}/|\boldsymbol{R}|$，目标源亮度分布 $I(s)$ 为 $\langle \varepsilon(\boldsymbol{R})\varepsilon^*(\boldsymbol{R}) \rangle$。目标源的面积分元 $\mathrm{d}s$ 用 $|\boldsymbol{R}|^2\mathrm{d}\Omega$ 表示，转换成天球立体角的积分。因为目标源与天线距离很远，$|\boldsymbol{r}|/|\boldsymbol{R}|$ 是小量，$|\boldsymbol{R}-\boldsymbol{r}_1| \cdot |\boldsymbol{R}-\boldsymbol{r}_2|$ 可以近似为 $|\boldsymbol{R}|^2$，同时忽略 $|\boldsymbol{R}-\boldsymbol{r}_1| - |\boldsymbol{R}-\boldsymbol{r}_2|$ 展开的高阶项，只保留一阶项得到

$$V(\boldsymbol{r}_1,\ \boldsymbol{r}_2) \approx \int I(s) \mathrm{e}^{-i\omega s(\boldsymbol{r}_1-\boldsymbol{r}_2)/c} \mathrm{d}\Omega \tag{5-52}$$

建立坐标系 $(u,\ v,\ w)$，其中 w 指向目标源中心，u 指向南北方向，v 指向东西方向。所有距离测量量的单位改用信号波长 λ 表示。$\boldsymbol{r}_1 - \boldsymbol{r}_2$ 即基线矢量，在新坐标系中可以表示为 $(\lambda u,\ \lambda v,\ \lambda w)$。假设单位方向矢量 s 与 u、v 坐标轴的夹角分别为 α 和 β，则用方向余弦来表示 s 为 $(l,\ m,\ \sqrt{1-l^2-m^2})$，$l = \cos\alpha$，$m = \cos\beta$。因为目标源的结构在天球面上非常小，所以 l 和 m 都非常小，$\sqrt{1-l^2-m^2} \approx 1$。空间相干函数在新坐标系下近似表示为：

$$V(u,\ v,\ w) \approx \mathrm{e}^{-2\pi i w} \iint I(l,\ m) \mathrm{e}^{-2\pi i(ul+vm)} \mathrm{d}l\mathrm{d}m \tag{5-53}$$

可以看到，如需求解目标源的亮度分布（即对目标源结构成图），需要测量 $w=0$ 时目标源的空间相干函数，两者成二维傅里叶变换关系。空间相干函数采用二元干涉仪进行测量。$w=0$ 即要求补偿信号同一波前到达两个测站的几何时延差，相当于将基线投影到 uv 平面内。不同时刻基线在 uv 平面内投影位置不同，一段时间内多条基线的投影轨迹称为 uv 覆盖。

因为目标源位置有先验知识，可以建立两个测站间较为精确的时延模型。考虑信号为单色电磁场，两个测站接收同一目标的信号分别为 $A\mathrm{e}^{\omega t}$ 和 $A\mathrm{e}^{\omega(t-\tau)}$，其中 τ 为信号到达两

个测站的时延差，随时间变化。除了几何时延外时还需要考虑大气、设备等带来的时延误差。在相关处理中，经过时延模型补偿 τ_m 后，两者的干涉结果为一复条纹：

$$V(u, v) = \langle Ae^{\omega t} A^* e^{-\omega(t-\tau+\tau_m)} \rangle$$
$$= \langle AA^* \rangle e^{\omega(\tau-\tau_m)} = Re^{\varphi(t)} \tag{5-54}$$

深空探测器距离地面测站很远，可以近似为一个点源，$\varphi(t)$ 即为残余时延对应的条纹相位，R 为幅度。经过条纹拟合进一步剔除残余时延后得到的干涉结果即复可见度值，包含幅度和相位两部分。目标源在图上的位置只与复可见度相位有关。

2. 同波束相位参考差分模型

当两个探测器距离较近，位于地面测站天线的同一波束内时，可以同时得到两个探测器信号的干涉条纹。探测器信号的频点和带宽已知，很容易将两个探测器信号分离开。以探测器 L 作为参考对象，探测器 R 为目标对象。经过同一个时延模型补偿后，得到两个探测器的残余条纹相位为

$$\varphi_L(t) = \varphi_L^{geo}(t) + \varphi_L^{ins}(t) + \varphi_L^{atm}(t) + \varphi_L^{ion}(t) + \delta\varphi_L \tag{5-55}$$

$$\varphi_R(t) = \varphi_R^{geo}(t) + \varphi_R^{ins}(t) + \varphi_R^{atm}(t) + \varphi_R^{ion}(t) + \delta\varphi_R \tag{5-56}$$

式中，$\varphi^{geo}(t)$、$\varphi^{ins}(t)$、$\varphi^{atm}(t)$ 和 $\varphi^{ion}(t)$ 分别表示两个探测器残余的几何时延、设备时延、大气对流层扰动和电离层扰动对应的相位值，$\delta\varphi$ 为相位误差。对探测器 L 的条纹进行拟合，得到与探测器 L 相关的残余条纹相位 $\varphi_L(t)$，修正该残余时延后，探测器 L 的复可见度相位为 0。利用此复可见度数据对探测器 L 进行成图，探测器 L 将会位于图像的原点处。若将探测器 R 的残余的条纹相位减去探测器 L 的残余条纹相位，就可以得到两个探测器的差分相位：

$$\Delta\varphi(t) = \varphi_R(t) - \varphi_L(t)$$
$$= \Delta\varphi^{geo}(t) + \Delta\varphi^{ins}(t) + \Delta\varphi^{atm}(t) + \Delta\varphi^{ion}(t) + \Delta\delta\varphi \tag{5-57}$$

因为采用同一套观测设备，且两个探测器信号传播路径非常近，$\Delta\varphi^{ins}(t)$、$\Delta\varphi^{atm}(t)$ 和 $\Delta\varphi^{ion}(t)$ 近似为零，所以最终的差分相位主要为两个探测器几何位置差引起的相位项 $\Delta\varphi^{geo}(t)$。以该差分相位作为巡视器信号复可见度数据的相位并进行成图，就能得到巡视器的相位参考图。巡视器在图上偏离的位置反映了两个探测器之间的赤经赤纬差。

5.5.3 影响因素分析

1. 信号带宽

在建模过程中采用了许多假设条件，其中假设信号为单色电磁场，实际上信号有一定的带宽，会影响成图结果。而且在观测过程中，为了在频域上积分提高信噪比，观测带宽越宽越好。假设观测的信号带宽为 $\Delta\omega$，空间相干函数需要对频率进行积分：

$$V(\boldsymbol{r}_1, \boldsymbol{r}_2) \approx \frac{1}{\Delta\omega} \int\int_{\omega-\Delta\omega/2}^{\omega+\Delta\omega/2} I'(\boldsymbol{s}, \omega) e^{-i\omega s(r_1-r_2)/c} d\omega d\Omega \tag{5-58}$$

可以认为频带内信号的增益特性不变，即 $I'(\boldsymbol{s}, \omega) = I(\boldsymbol{s}) G(\omega) G^*(\omega)$。随着数字信号采集系统的采用，$G(\omega)$ 近似为单位实矩形窗函数，则式(5-58)化简为：

$$V(\boldsymbol{r}_1, \boldsymbol{r}_2) \approx \int I(\boldsymbol{s}) \mathrm{sinc}(\tau\Delta\omega/2) e^{-i\omega s(r_1-r_2)/c} d\Omega \tag{5-59}$$

　　式中，τ 为信号到达两个测站的时延差。因此信号带宽的影响相当于在真实亮度分布上乘以了一个 sinc 函数。为了减小这种影响，$\tau\Delta\omega$ 要尽量小，即最终残留的时延差 τ 要尽量小。文献[10]中建议 sinc 函数值大于 0.99，这就要求时延模型和条纹拟合精度尽量高。

2. UV 覆盖

　　从公式(5-53)可知空间相干函数测量值与目标源亮度分布之间为二维傅里叶变换关系，但实际中不可能在 uv 平面的每一个点处都获得空间相干函数的测量值，所以实际测量得到的目标源亮度分布 $I^D(l,\,m)$ 和测量值之间的关系为

$$I^D(l,\,m) = \iint V(u,\,v)S(u,\,v)\mathrm{e}^{2\pi i(ul+vm)}\,\mathrm{d}u\mathrm{d}v \tag{5-60}$$

　　式中，$S(u,\,v)$ 为二元干涉仪在 uv 平面上的采样函数，即 UV 覆盖。令 $S(u,\,v)$ 的二维傅里叶变换为 $F(l,\,m)$（称为脏波束），则 $I^D(l,\,m)$ 与 $I(l,\,m)$ 之间存在卷积关系：

$$I^D(l,\,m) = I(l,\,m) \cdot F(l,\,m) \tag{5-61}$$

　　UV 覆盖直接决定了脏波束。UV 覆盖越广，采样点越多，均匀性越好，则脏波束的特性越好，方便求解上述反卷积，得到的图像更接近真实目标。在探测器成图中，因为探测器可以近似成点源，所以其结构不是我们所关心的，但差的 UV 覆盖会导致图像上出现假目标，影响探测器位置的确定。UV 覆盖由测站布局和观测时间决定。我国现有主要用于深空任务的测站包括 CVN 的 5 个站和深空网(Chinese Deep Space Network，CDSN)的 2 个站，这 7 个站分别是乌鲁木齐 VLBI 站、佳木斯深空站、喀什深空站、北京 VLBI 站、上海 VLBI 站、贵州 FAST 站、昆明 VLBI 站。以观测射电源 3C84(赤经 $03^\mathrm{h}19^\mathrm{m}48^\mathrm{s}.16$，赤纬 $41°30'42''.10$)为例，对整个观测网的 UV 覆盖和对应形成的脏波束进行仿真，如图 5-11 所示，UV 覆盖横纵坐标单位为 km，脏波束横纵坐标分别为赤经和赤纬，单位为 mas：图 5-12(a)为 CVN 4 个站 1 小时的 UV 覆盖，(b)为 CVN 加 CDSN 共 6 个站 1 小时的 UV 覆盖，(c)为 CVN 4 个站 4 小时的 UV 覆盖，(d)为 CVN 加 CDSN 共 6 个站 4 小时的 UV 覆盖，(e)(f)(g)(h)分别为对应的脏波束。可以看到，测站数量越少、观测时间越短，UV 覆盖越差，脏波束上旁瓣分量更多且幅度更大，造成的假目标越多。在测站数量少的情况下，增加观测时间，或者在观测时间很短的情况下，增加测站数量，都能改善成图结果。

5.5.4　"玉兔"号巡视器相对定位结果

　　"嫦娥"三号着陆器位于月球北纬 44.12 度，西经 19.51 度处，高程-2 632m(以月球平均半径 1 740km 为参考)。着陆器面朝正南，"玉兔"号巡视器从着陆器背面分离，然后顺时针方向绕着陆器行驶，以约 60 度间隔，分别在着陆器正后方的 A 点、左后侧方的 B 点、左前侧方的 C 点、正前方的 D 和 E 点 5 个位置对着陆器进行了环拍。着陆器发射的是 5MHz 带宽的数传信号，巡视器发射的是 4kHz 的遥测信号，均位于 X 波段，两者中心频率相差约 34MHz，4 个 CVN 测站用 2 个 8MHz 带宽的通道分别接收了两个探测器的信号。相关处理采用上海天文台研制的软件相关处理机，FFT 点数为 4 096，积分时间为 0.983 04 s。相关处理结果转换为 FITS(Flexible Image Transport System，灵活传输图像系统)格式，干涉条纹如图 5-12 所示，第 1 通道接收巡视器信号，第 2 通道接收着陆器信号，上半部分为相位，单位为度，下半部分为取对数后的幅度。因为两器信号信噪比很

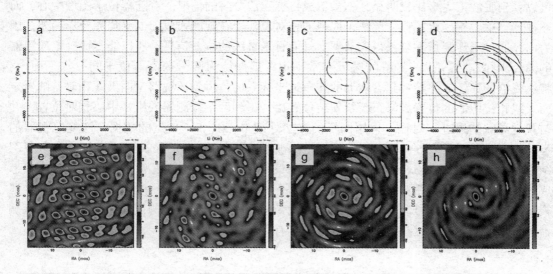

图 5-11　不同测站数量和不同观测时长形成的 UV 覆盖和对应的脏波束

高，条纹拟合精度优于 1ns，信号带宽影响可以忽略。在巡视器发送 4kHz 的遥测信号时，通道 1 内也可见清晰的条纹。该条纹是由于着陆器数传信号很强，导致其第 12、第 13 和第 14 个旁瓣信号被第 1 通道接收而形成。所以，通道 1 的数据中包含了两个探测器的有效信号，只用该通道数据就可以进行成图，避免了通道间特性不一致带来的影响。

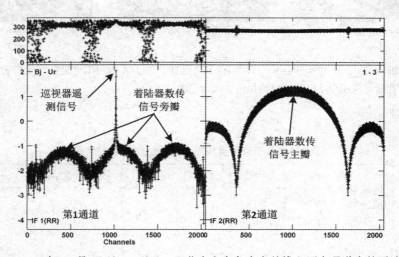

图 5-12　2013 年 12 月 15 日 12:00(UTC)北京和乌鲁木齐基线上两个通道内的干涉条纹

　　采用本书中方法处理巡视器位于 A 点处 2.5 小时的测量数据，得到脏波束、着陆器的成图和巡视器的相位参考图如图 5-13 所示，横纵坐标分别为赤经赤纬，单位为 mas，参考系为 J2000.0，图 5-13(b)、(c)左下角为等效波束，大小约 2.2×1.4(mas) at 15.5°。

可以看到脏波束主瓣比较明显，不会造成目标无法分辨的情况。着陆器位于图像中心，而巡视器与中心有一定偏移，反映了巡视器相对着陆器在观测弧段内的平均赤经赤纬差。因为已经通过干涉测量手段获得着陆器在月面百米量级的位置信息，所以能直接确定巡视器的赤经赤纬。"嫦娥"三号着陆区域非常平坦，近似认为两个探测器位于同一水平面内，将巡视器的赤经赤纬转换到着陆器的北东地坐标系内，得到巡视器全向天线相对着陆器定向天线相位中心的位置。修正天线安装位置后，得到两个探测器的机械中心相对位置，并与视觉导航结果进行对比。采用同样的方法处理 B、C、D、E 点的数据，恢复巡视器的运动轨迹，结果见表 5-1 和图 5-14。视觉导航的测量精度约 0.4m，同波束相位参考成图结果和视觉定位结果吻合良好，两个方向的偏差均小于 1m，有效验证了同波束相位参考成图用于深空探测器相对定位的可行性和高精度。而且该技术很好地适应了"玉兔"号巡视器下行遥测窄带信号和着陆器下行数传宽带信号，不需要其他测量信标，减少了对探测器下行信号的要求，这在深空探测任务中具有很大的优势。

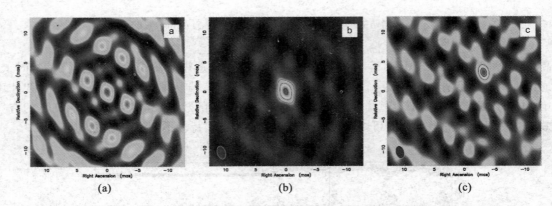

图 5-13　2013 年 12 月 15 日 14:50—17:20(UTC)巡视器位于 A 点时 UV 覆盖形成的脏波束(a)、着陆器成图(b)和巡视器的相位参考图(c)

表 5-1　　　　　　　　　　　巡视器在各个停留点相对着陆器的位置求解结果

时间（UTC）	巡视器停留点	两器赤经赤纬差		巡视器二维位置		视觉导航结果		偏差	
		赤经（mas）	赤纬（mas）	北(m)	东(m)	北(m)	东(m)	北(m)	东(m)
2013.12.15 15:00:00	A	-3.36	3.24	9.47	1.15	9.03	1.50	0.44	-0.35
2013.12.15 19:30:00	B	-6.27	0.95	5.09	9.37	5.01	8.90	0.08	0.47

续表

时间 （UTC）	巡视器 停留点	两器赤经赤纬差		巡视器二维位置		视觉导航结果		偏差	
		赤经 （mas）	赤纬 （mas）	北（m）	东（m）	北（m）	东（m）	北（m）	东（m）
2013. 12. 20 17：00：00	C	-4.34	-0.99	-5.15	8.33	-5.65	8.36	0.50	-0.03
2013. 12. 20 22：30：00	D	-0.22	-4.18	-9.51	0.49	-9.75	0.27	0.24	0.22
2013. 12. 21 20：00：00	E	-0.49	-8.30	-19.33	-0.27	-19.77	-0.20	0.44	-0.07

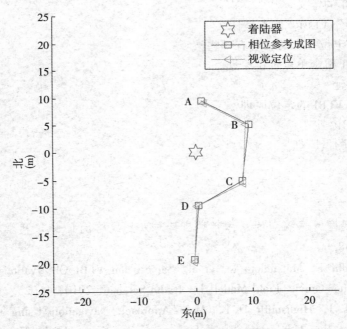

图 5-14 两种方法得到的巡视器环绕着陆器运动轨迹对比

5.6 本章小结

同波束相位参考成图技术在深空探测领域是一项新的测量技术，其高精度得益于两个方面，一是同波束观测几乎完全消除信号传播路径共模误差；二是该技术利用多个台站同时观测，采用综合口径的方法有效地增大了等效天线口径，提高了分辨率。与传统干涉测量技术不同，该技术直接得到目标的相对位置而不是时延差，但可以反解出时延差用于定轨。此次"嫦娥"三号试验有效验证了 CVN 用于航天器同波束相位参考成图的可行性。由于 CVN 测站数量偏少，需要 2 个多小时的观测才能取得好的结果。如果加入 CDSN 的数据，改善 UV 覆盖，有望缩短观测时间。随着国际空间数据系统咨询委员会（CCSDS）发布深空测量方向的建议书，逐渐统一国际测量数据交换格式，今后各国的深空探测项目将会是一个开放和合作的平台。欧空局（European Space Agency，ESA）位于澳大利亚新诺舍（New Norcia）和西班牙塞夫雷罗斯（Cebreros）的两个深空站在"嫦娥"三号探测器进入月球环绕轨道前后参与了联合观测。未来通过与 ESA 合作，可进一步扩展观测网规模。后续将进一步研究深空探测器非同波束的相位参考成图技术，将其应用到探测器在天球参考架内的绝对定位，为我国未来火星及更远行星探测任务中探测器导航定位提供支持。

◎ 思考题及习题

1. 试述 VLBI 的定义。
2. 什么是差分 VLBI？优点是什么？
3. 现存空间定位技术的不足有哪些？
4. 论述 VLBI 精密单点定位原理。
5. 什么是时延？
6. 论述差分 VLBI 的定位原理？
7. 什么是 SBI？
8. 简述 SBI 测量原理。

◎ 参考文献

[1] 欧阳自远. 我国月球探测的总体科学目标与发展战略[J]. 地球科学进展，2004，19（3）：351-358.
[2] Liu Q，Kikuchi F，Matsumoto K，et al. Same-beam VLBI Observations of SELENE for Improving Lunar Gravity Field Model[J]. Radio Science，2010，45(2)：RS2004.
[3] Martin-Mur T J，Highsmith D E. Mars Approach Navigation Using the VLBA [C]. Proceedings of the 21st International Symposium on Space Flight Dynamics，Toulouse，France，2009.
[4] 陈少伍，董光亮，李海涛，等. 同波束干涉测量差分相时延观测模型研究及验证[J]. 宇航学报，2013，34(6)：788-794.
[5] 陈少伍，刘庆会，董光亮，等. 月球轨道器交会对接同波束 VLBI 测量差分相时延实时解算[J]. 中国科学：信息科学，2013，43(11)：1460-1471.
[6] Salzberg I M. Tracking the Apollo Lunar Rover with Interferometry Techniques [J]. Proceedings of the IEEE，1973，61(9)：1233-1236.
[7] Kikuchi F，Liu Q，Hanada H，et al. Pico-second Accuracy VLBI of the Two Sub-satellites

of SELENE KAGUYA）using Multi-Frequency and Same Beam Methods［J］. Radio Science, 2009, 44(2)：1-7.

［8］钱志瀚, 李金岭. 甚长基线干涉测量技术在深空探测中的应用［M］. 北京：中国科学技术出版社, 2012.

［9］吴伟仁, 王大轶, 邢琰, 等. 月球车巡视探测的双目视觉里程算法与实验研究［J］. 中国科学：信息科学, 2011, 41(12)：1415-1422.

［10］Thompson A R, Moran J M, Swenson J G W. Interferometry and synthesis in radio astronomy［M］. New Jersey：John Wiley & Sons, 2008.

［11］商琳琳. 射电源3C138和3C66B的相位参考成图与Blazar源J1924-29的空间VLBI研究［D］. 上海：中国科学院上海天文台, 2005.

［12］Guo L, Zheng X W, Zhang B, et al. New Determination of the Position of the Pulsar B0329+2B54 with Chinese VLBI Network［J］. Science China：Physics, Mechanics and Astronomy, 2010, 53(8)：1559-1564.

［13］Taylor G B, Carilli C L, Perley R A. Synthesis Imaging in Radio Astronomy II［M］. San Francisco：Astronomical Society of the Pacific, 1999.

［14］郭丽. 基于VLBI跟踪观测的空间飞行器瞬时状态参量归算［D］. 上海：中国科学院上海天文台, 2007.

［15］Fomalont E. The Processing of VLBA Spacecraft Data［R］. Charlottesville, Virginia：NRAO Memorandum, 2005, 1-9.

［16］Zensus J A, Diamond P J, Napier P J. Very Long Baseline Interferometry and the VLBA［M］. San Francisco：Astronomical Society of the Pacific, 1995.

［17］Zheng W M, Quan Y, Shu F C, et al. The Software Correlator of the Chinese VLBI Network［C］. Sixth International VLBI Service for Geodesy and Astronomy, 2010.

［18］Border J S, Lanyi G E, Shin D K. Radiometric Tracking for Deep Space Navigation［C］. 31st Annual AAS Guidance and Control Conference, Breckenridge Colorado, 2008.

［19］Wilson T L, Rohlfs K, Hüttemeister S. Tools of Radio Astronomy［M］. Berlin Heidelberg：Springer, 2013.

［20］Delta-Differential One Way Ranging（Delta DOR）［R］. CCSDS Red Book 506.0-R-0, 2009. http：//cwe.ccsds.org/css/docs/CSS-SM/Meeting%20Materials/2009/April-2009/506x0r0_ rev2(DDOR).pdf.

［21］乔书波, 李金岭, 孙付平, 等. ICRF的现状分析及未来的发展［J］. 天文学进展, 2007, 25(2)：147-160.

［22］张捍卫, 盘关松, 马高峰. VLBI观测的电离层延迟改正模型研究［J］. 测绘科学技术学报, 2003, 20(1)：14-17.

［23］项英, 张秀忠. VLBI技术新进展［J］. 天文学进展, 2003, 21(3)：185-194.

［24］郑为民, 舒逢春, 张秀忠. 实时VLBI技术［J］. 天文研究与技术, 2003(1)：100-105.

［25］李金岭, 王静. 差分VLBI测量的一种实现方案［J］. 测绘科学技术学报, 2007, 24(2)：79-82.

[26] 郑勇，钱志瀚. 计算空间 VLB1 延迟和延迟率的数学模型[J]. 中国科学，1993(10)：1079-1082.

[27] 魏二虎，刘经南，李征航，等. 空间 VLBI 观测量估计大地测量[J]. 武汉大学学报(信息科学版)，2006，31(10)：875-878.

[28] 李征航. 空间大地测量理论基础[M]. 武汉测绘科技大学出版社，1998.

[29] 胡小工. 空间 VLBI 与天文地球动力学[J]. 天文学进展，1998(3)：177-186.

[30] 黄勇，胡小工，黄珹. 利用 VLBI 数据确定"探测"一号卫星的轨道[C]// 中国地球物理年会. 2005：82-92.

[31] 张捍卫，郑勇，杜兰. 太阳系天体地面 VLBI 观测的相对论时延模型[J]. 天文学报，2003，44(1)：28-36.

[32] 韦文仁，薛祝和. 基于磁盘的新型 VLBI 终端系统——MK5A 终端系统[J]. 天文学进展，2004，22(3)：269-274.

[33] 李元飞，郑为民. VLBI 数据软件相关处理方法研究[J]. 中国科学院上海天文台年刊，2004，25：150-158.

[34] 舒逢春，张秀忠，郑为民. 地球同步卫星的 VLBI 观测[J]. 中国科学院上海天文台年刊，2003：105-111.

[35] 郑为民，杨艳. VLBI 软件相关处理机研究进展及其在深空探测中的应用[J]. 世界科技研究与发展，2005，27(5)：7-15.

[36] 郑为民，张秀忠，舒逢春. CVN 硬盘系统和软件相关处理在 e-VLBI 试验中的应用(英文)[J]. 天文学进展，2005，23(3)：272-286.

[37] 郑为民，张秀忠. 多制式 FX 型 VLBI 相关处理机系统的研究[J]. 天文学进展，2001，19(2)：307-311.

[38] 叶叔华，钱志瀚. VLBI：深空探测的重要手段[J]. 科学时报，2007.

[39] 洪晓瑜. VLBI 技术的发展和"嫦娥工程"中的应用[J]. 自然杂志，2007，29(5)：297-299.

[40] 乔书波，李金岭，孙付平. VLBI 在探月卫星定位中的应用分析[J]. 测绘学报，2007，36(3)：262-268.

[41] 张捍卫，许厚泽，王爱生. 弹性地球 CIP 轴的极移和岁差章动[J]. 北京大学学报(自然科学版)，2005，41(5)：740-745.

[42] 金文敬. 干涉技术在天体测量中的应用[J]. 天文学进展，2007，25(4)：346-363.

[43] 张波. 基于 VLBI 资料的地球定向参数高频变化研究[D]. 中国科学院上海天文台，2004.

[44] 王广利. 甚长基线干涉测量应用于参考系建立和现代地壳运动测量的研究[D]. 中国科学院上海天文台，1999.

[45] 宋贯一，王吉易，曹志成，等. 极移的成因及其移动特征[J]. 地球物理学进展，2006，21(2)：416-425.

[46] 郑勇，钱志瀚. 计算空间 VLB1 延迟和延迟率的数学模型[J]. 中国科学，1993(10)：1079-1082.

[47] 刘光明, 乔少敏, 胡国军. 流动 VLBI 技术用于电离层探测[J]. 测绘通报, 2002(8): 25-27.

[48] 李健, 张秀忠, 项英. 嵌入式千兆以太网传输系统在 VLBI 硬件相关处理机中的应用[J]. 中国科学院上海天文台年刊, 2007: 128-134.

[49] 朱人杰, 张秀忠, 项英, 等. 我国探月工程 VLBI 相关处理机简介[J]. 天文学进展, 2008, 26(1): 62-72.

[50] 杨志根. 由 VLBI 观测估计上海天文台 VLBI 站地壳垂直形变[J]. 中国科学院上海天文台年刊, 2000: 13-18.

[51] 张秀忠, 任芳斌, 郑为民, 等. 中国 VLBI 网相关处理机研制进展[J]. 天文学进展, 2001, 19(2): 312-316.

[52] 郑勇, 易照华, 夏一飞. 卡尔曼滤波在 VLBI 数据处理中的应用[J]. 天文学报, 1998(1): 76-80.

[53] 郑勇. VLBI 大地测量[M]. 北京: 解放军出版社, 1999.

[54] 林克雄. 甚长基线干涉测量技术[M]. 北京: 宇航出版社, 1985.

[55] 高布锡. 天文地球动力学原理[M]. 北京: 科学出版社, 1997.

[56] 胡小工, 黄珹, 黄勇. 环月飞行器精密定轨的模拟仿真[J]. 天文学报, 2005, 46(2): 186-195.

[57] A. J. 安德林, A. 卡泽纳夫. 空间大地测量与地球动力学[M]. 北京: 解放军出版社, 1990.

[58] Jinling L, Li G, Zhihan Q, et al. Determination of the controlled landing trajectory of Chang'E-1 satellite and the coordinate analysis of the landing point on the Moon [J]. Chinese Sci Bull. 2010, 55(13): 1240-1245.

[59] Kikuchi F, Liu Q, Hanada H, et al. Picosecond accuracy VLBI of the two subsatellites of SELENE (KAGUYA) using multifrequency and same beam methods [J]. Radio Science. 2009, 44(RS2008): 1-7.

[60] King R W, Counselmaniii C C, Shapiro I I. Lunar Dynamics and Selenodesy: Results From Analysis of VLBI and Laser Data [J]. Journal of Geophysical Research. 1976, 81(35): 6251-6256.

[61] King R W. The Rotation of the Earth [J]. Reviews of Geophysics. 1987, 25(5): 871-874.

[62] Kulkarni M N. A Feasibility Study of Space VLBI for Geodesy & Geodynamics [D]. The Ohio State University, 1992.

[63] Kutterer H, Tesmer V. Subdiurnal EOP from VLBI Networks Determinability andSignificance Subdiurnal EOP from VLBI Networks Determinability and Significance [J]. IAG 2001 Scientific Assembly, Budapest. 2001, 2.

[64] Larson K M, Webb F H, Agnew D C. Application of the Global Positioning System to CrustalDeformation easurement 2. The Influence of Errors in Orbit Determination Networks [J]. Journal of Geophysical Research. 1991, 96(B10): 16567-16584.

[65] Lichten S M, Marcus S L, Dickey J O. Sub-Daily Resolution Of Earth Rotation Variationswith Global Positioning System Measurements[J]. Geophysical Research Letters. 1992, 19(6): 537-540.

[66] Liu Q, Kikuchi F, Matsumoto K, et al. Error analysis of same-beam differential VLBI technique using two SELENE satellites [J]. Advances in Space Research. 2007, 40: 51-57.

[67] Liu Q, Kikuchi F, Matsumoto K, et al. Radio ScienceSame‐beam VLBI observations of SELENE for improving lunar gravity field model [J]. Radio Science. 2010, 45(RS2004): 1-16.

[68] Macmillan D S. Atmospheric gradients from very long baseline interferometry observations [J]. Geophysical Research Letters. 1995, 22(9): 1041-1044.

第6章 USB 技术用于深空探测器定位原理及方法

6.1 USB 概念及发展

USB（Unified S-Band System），即使用 S 波段的微波统一测控系统。这里的微波统一测控系统指的是利用公共射频信道，将航天器的跟踪测轨、遥测、遥控和天地通信等功能合成一体的无线电测控系统。微波统一测控系统一般由天线跟踪/角测量系统、发射系统、接收系统、遥测终端、遥控终端、测距/测速终端、时/频终端、监控系统、远程监控或数据传输设备以及其他附属设备组成，其基本工作原理是：将各种信息先分别调制在不同频率的副载波上，然后相加共同调制到一个载波上发出；在接收端先对载波解调，然后用不同频率的滤波器将各副载波分开；解调各副载信号得到发送时的原始信息。

USB 航天测控网最早是在 20 世纪 60 年代美国执行阿波罗登月计划时首先使用的。20 世纪 60 年代初，美国在执行"水星"号和"双子星"号载人航天任务时，由于使用了多种频段的设备分别进行不同的工作，结果飞船上天线多、重量大、可靠性差，而且地球上也相应设置了十分复杂的设备。为了改变这种情况，美国国家航空航天局提出采用 USB（2 000~4 000 兆赫）系统作为"阿波罗"登月计划的地面保障系统，并在 20 世纪 60 年代中期建成了以 USB 为主体的跟踪测控网，从而使航天测控从单一功能分散体制改进为综合多功能体制。我国经过多年的发展，目前已建成了由西昌卫星发射中心、北京航天指控中心、西安测控中心、喀什站、青岛站、厦门站、南宁站等测站以及远望测量船组成的 USB 航天测控网，主要完成对航天器跟踪测轨、遥测接收、遥控发令、话音和图像收发任务。

6.2 USB 技术用于探测器定轨的原理

USB 可以获取目标航天器相对于测控站的径向速度、距离、方位角和俯仰角等外测数据。如图 6-1 所示，在轨道测量时 USB 系统采用的是应答工作方式，对应于目标航天器上的一部应答机，在某段时间内只允许一个地面测控站发送上行载波，该测控站能直接获取全部外测数据，而其他测控站只能接收目标航天器相关转发的下行载波，因此仅能直接获取角度外测数据。发送上行载波的测控站称为主站，而不发送上行载波的测控站称为副站。主站发送的上行载波被目标航天器接收后，航天器上的应答机以固定的转发比往地面相关转发，再由主站和各个副站同时接收下行载波。根据不同测控定轨原理与目的，可以分为测距技术和测速技术，下面将分别进行介绍。

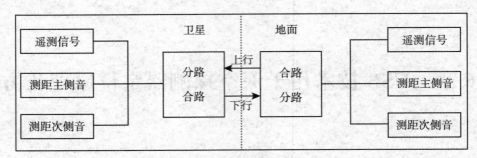

图 6-1　USB 系统基本工作原理示意图

6.2.1　测距技术

常用的测距方法有两种：一种是侧音测距，一种是伪随机码序列 PN 测距（简称伪码测距）。两种方法的测距原理是：测量发方发出的带有特殊标记的信号和航天器收到测距信号再转发回地球站两信号之间的时间差。这两种测距方法的特点是测距误差和被测量距离的长短无关，测量系统的精度可用单个测距值的精度来表示，侧音测距主要用在近地探测活动中，伪码测距主要用在深空探测活动中。

（1）观测模型

假定在某一时刻 t 时，经测距侧音得到观测站距卫星的观测距离为 ρ_o，由于人造卫星运动主要是在地球引力场（包括其他力的摄动）的作用下围绕地球作二体运动，根据卫星的运动理论，可以得到某一时刻 t 时地面观测站到卫星的距离即理论计算距离 ρ_c，如图 6-2 所示，在理论中，为了得到 ρ_c，必须已知卫星和测站到地心的距离 r，R。

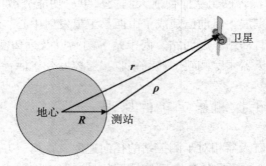

图 6-2　激光测距定轨原理

r 是通过卫星的运动方程积分得到的，由于卫星绕地球的运动受到多种摄动力的作用，而与之相应的摄动力学模型并不完善，加上积分运动方程所需的卫星初始状态和算法带来的误差，使得计算的卫星星历表不准确。另外，测算的空间位置矢量 R 是由台站的大地坐标转换到空间坐标系中的，这就要考虑到大地坐标的准确与否及地球极移、地球自转、章动、岁差等。因此，理论计算的距离值与相应时刻的观测值是不会完会相同的，即

$\rho_o - \rho_c$ 不为零的原因除了观测偶然误差和计算本身的误差外，只能是计算 ρ_c 的各种理论模型的误差，某些采用的初始值、常数及采用的坐标值等不准确而引起的，假定这些不准确值与采用值相比数量级较小，则经线性化后可得到如下的观测方程：

$$\rho_o - \rho_c = \sum_{i=1}^{6} \frac{\partial \rho}{\partial x_i} \Delta x_i + \sum_{j=1}^{M} \frac{\partial \rho}{\partial p_j} \Delta p_j + \sum_{k=1}^{3} \frac{\partial \rho}{\partial E_k} \Delta E_k + \sum_{l=1}^{N} \sum_{m=1}^{3} \frac{\partial \rho}{\partial X_{lm}} \Delta X_{lm} + v \qquad (6-1)$$

$$\rho_o = \frac{\Delta t}{2} c \qquad (6-2)$$

$$\rho_c = |\boldsymbol{r} - \boldsymbol{R}| \qquad (6-3)$$

式中：c 为光速；$\dfrac{\partial \rho}{\partial x_i}$ 为距离 ρ 对 6 个轨道根数（或卫星的三维坐标和三维速度）的偏导数；$\dfrac{\partial \rho}{\partial p_j}$ 为距离 ρ 对力学模型和观测参数的偏导数；$\dfrac{\partial \rho}{\partial E_k}$ 为距离 ρ 对地球自转参数的偏导数；$\dfrac{\partial \rho}{\partial X_{lm}}$ 为距离 ρ 对测站的三个坐标的偏导数；Δx_i 为卫星的初始坐标和速度的改正值；Δp_j 为模型参数改正值；ΔE_k 为地球自转参数的改正值；ΔX_{lm} 为台站坐标采用的改正值；v 为残差。

可见 $\rho_o - \rho_c$ 包含有丰实的天文、大地测量、地球动力学信息以及观测系统信息，如式(6-1)中各改正值是相互独立，不相关的，那么式(6-1)的各项理论值可通过精密定轨得到改进。

式(6-1)的观测序列可表示为矩阵形式：

$$AX = L + v \qquad (6-4)$$

$$A^{\mathrm{T}} A X = A^{\mathrm{T}} L \qquad (6-5)$$

最后，可求得改进值：

$$X = (A^{\mathrm{T}} A)^{-1} A^{\mathrm{T}} L \qquad (6-6)$$

在精密定轨的过程中，由于理论模型不完善，产生与真实轨道不同的误差，加上积分导致误差累积致使对长弧的定轨精度不高，一般对不同轨道高度卫星选取不同的定轨弧段。另外，如果我们求解的参数的周期比较长，则在 30 天的短弧内，解出参数结果也不会好，当然有些参数是短周期的或者是变化比较快的，则需要在短的弧段内求解，如地球自转参数 ERP，类大气阻尼系数 C_D，$\dot{C}_D$ 等。为了避免长弧定轨精度低的缺点，通常采用的方法是把一段长弧分成若干段短弧，那些须用长弧段来求解的参数称作公共量，而与短弧有关的量称作局部量，这样分别在长弧和短弧段内求解相应的参数。

将式(6-4)转换成式(6-7)：

$$[A_i B_i] \begin{bmatrix} X_i \\ Y \end{bmatrix} = [b_i] + [v_i] \qquad (6-7)$$

式中，X_i 为局部量，Y 为公共量，A_i 和 B_i 分别为局部量和公共量的系数矩阵，b_i 和 v_i 分别为观测矩阵和残差矩阵，i 表示第 i 弧段。

对式(6-7)公共量求解有：

$$Y = N^{-1} \cdot d \qquad (6-8)$$

其中，

$$N = \sum N_i \tag{6-9}$$

$$d = \sum d_i \tag{6-10}$$

$$N_i = \boldsymbol{B}_i^{\mathrm{T}} \boldsymbol{W}_i \boldsymbol{B}_i - \boldsymbol{B}_i^{\mathrm{T}} \boldsymbol{W}_i \boldsymbol{A}_i \, (\boldsymbol{A}_i^{\mathrm{T}} \boldsymbol{W}_i \boldsymbol{A}_i)^{-1} \boldsymbol{A}_i^{\mathrm{T}} \boldsymbol{W}_i \boldsymbol{B}_i \tag{6-11}$$

$$d_i = \boldsymbol{B}_i^{\mathrm{T}} \boldsymbol{W}_i \boldsymbol{b}_i - \boldsymbol{B}_i^{\mathrm{T}} \boldsymbol{W}_i \boldsymbol{A}_i \, (\boldsymbol{A}_i^{\mathrm{T}} \boldsymbol{W}_i \boldsymbol{A}_i)^{-1} \boldsymbol{A}_i^{\mathrm{T}} \boldsymbol{W}_i b_i \tag{6-12}$$

式中，$\boldsymbol{W}_i$ 为第 i 弧段的权矩阵。

残差平方和为

$$\sum \boldsymbol{V}_i^{\mathrm{T}} \boldsymbol{W}_i \boldsymbol{V}_i = - \, \boldsymbol{Y}^{\mathrm{T}} d + \sum (\boldsymbol{b}_i^{\mathrm{T}} \boldsymbol{W}_i \boldsymbol{b}_i - \boldsymbol{b}_i^{\mathrm{T}} \boldsymbol{W}_i \boldsymbol{A}_i \, (\boldsymbol{A}_i^{\mathrm{T}} \boldsymbol{W}_i \boldsymbol{A}_i)^{-1} \boldsymbol{A}_i^{\mathrm{T}} \boldsymbol{W}_i \boldsymbol{b}_i) \tag{6-13}$$

公共量的协方差矩阵为

$$\boldsymbol{C}_Y = \boldsymbol{N}^{-1} \tag{6-14}$$

对局部量求解有：

$$\boldsymbol{X}_i = (\boldsymbol{A}_i^{\mathrm{T}} \boldsymbol{W}_i \boldsymbol{A}_i)^{-1} (\boldsymbol{A}_i^{\mathrm{T}} \boldsymbol{W}_i \boldsymbol{b}_i - \boldsymbol{A}_i^{\mathrm{T}} \boldsymbol{W}_i \boldsymbol{b}_i \boldsymbol{Y}) \tag{6-15}$$

局部量协方差矩阵为

$$\boldsymbol{C}_{X_i} = (\boldsymbol{A}_i^{\mathrm{T}} \boldsymbol{W}_i \boldsymbol{A}_i)^{-1} (\boldsymbol{I} + \boldsymbol{A}_i^{\mathrm{T}} \boldsymbol{W}_i \boldsymbol{B}_i \boldsymbol{C}_Y \boldsymbol{B}_i^{\mathrm{T}} \boldsymbol{W}_i \boldsymbol{A}_i (\boldsymbol{A}_i^{\mathrm{T}} \boldsymbol{W}_i \boldsymbol{A}_i))^{-1} \tag{6-16}$$

由协方差矩阵可得出求解参数的精度和参数与参数之间的相关关系。

（2）观测量中有关偏导数

下面公式中，有关计算量除注明外，都应转换至惯性系下。

① 观测值对测站时间偏差的偏导数：

$$\begin{aligned}
\frac{\partial \rho}{\partial t} &= \frac{\partial \rho}{\partial x_s} \frac{\partial x_s}{\partial t} + \frac{\partial \rho}{\partial y_s} \frac{\partial y_s}{\partial t} + \frac{\partial \rho}{\partial z_s} \frac{\partial z_s}{\partial t} + \frac{\partial \rho}{\partial x_e} \frac{\partial x_e}{\partial t} + \frac{\partial \rho}{\partial y_e} \frac{\partial y_e}{\partial t} + \frac{\partial \rho}{\partial z_e} \frac{\partial z_e}{\partial t} \\
&= \frac{1}{\rho} [\, (x_s - x_e)(\dot{x}_s - \dot{x}_e) + (y_s - y_e)(\dot{y}_s - \dot{y}_e) + (z_s - z_e)(\dot{z}_s - \dot{z}_e)]
\end{aligned} \tag{6-17}$$

式中，s 代指卫星，e 代指测站，统一在地固系中。

② 观测值对测站距离偏差的偏导数：

$$\frac{\partial \rho}{\partial \rho_e} = 1 \tag{6-18}$$

式中，ρ_e 代指某一测站观测距离偏差。

③ 观测值对测站坐标的偏导数：

$$\begin{cases}
\dfrac{\partial \rho}{\partial x_e} = - \dfrac{1}{\rho} [\, \boldsymbol{Q}_{11}(x_s - x_e) + \boldsymbol{Q}_{12}(y_s - y_e) + \boldsymbol{Q}_{13}(z_s - z_e)] \\[2mm]
\dfrac{\partial \rho}{\partial y_e} = - \dfrac{1}{\rho} [\, \boldsymbol{Q}_{21}(x_s - x_e) + \boldsymbol{Q}_{22}(y_s - y_e) + \boldsymbol{Q}_{23}(z_s - z_e)] \\[2mm]
\dfrac{\partial \rho}{\partial z_e} = - \dfrac{1}{\rho} [\, \boldsymbol{Q}_{31}(x_s - x_e) + \boldsymbol{Q}_{32}(y_s - y_e) + \boldsymbol{Q}_{33}(z_s - z_e)]
\end{cases} \tag{6-19}$$

因为：

$$\begin{pmatrix} x_e \\ y_e \\ z_e \end{pmatrix} = \begin{pmatrix} (N+h)\cos(\varphi)\cos(\lambda) \\ (N+h)\cos(\varphi)\sin(\lambda) \\ (N(1-e^2)+h)\sin(\varphi) \end{pmatrix} \tag{6-20}$$

$$N = \frac{R_e}{\sqrt{1-e^2\sin^2(\varphi)}} \tag{6-21}$$

$$e^2 = 2f - f^2 \tag{6-22}$$

所以:

$$\begin{cases} \dfrac{\partial x_e}{\partial \lambda} = -R\cos(\varphi)\sin(\lambda) \\[2mm] \dfrac{\partial y_e}{\partial \lambda} = R\cos(\varphi)\cos(\lambda) \\[2mm] \dfrac{\partial z_e}{\partial \lambda} = 0 \\[2mm] \dfrac{\partial x_e}{\partial \varphi} = -R\sin(\varphi)\cos(\lambda) \\[2mm] \dfrac{\partial y_e}{\partial \varphi} = -R\sin(\varphi)\sin(\lambda) \\[2mm] \dfrac{\partial z_e}{\partial \varphi} = R\cos(\varphi) \\[2mm] \dfrac{\partial x_e}{\partial h} = \cos(\varphi)\cos(\lambda) \\[2mm] \dfrac{\partial y_e}{\partial h} = \cos(\varphi)\sin(\lambda) \\[2mm] \dfrac{\partial z_e}{\partial h} = \sin(\varphi) \end{cases} \tag{6-23}$$

$$\begin{cases} \dfrac{\partial \rho}{\partial h} = \dfrac{\partial \rho}{\partial x_e}\dfrac{\partial x_e}{\partial h} + \dfrac{\partial \rho}{\partial y_e}\dfrac{\partial y_e}{\partial h} + \dfrac{\partial \rho}{\partial z_e}\dfrac{\partial z_e}{\partial h} \\[3mm] \dfrac{\partial \rho}{\partial \lambda} = \dfrac{\partial \rho}{\partial x_e}\dfrac{\partial x_e}{\partial \lambda} + \dfrac{\partial \rho}{\partial y_e}\dfrac{\partial y_e}{\partial \lambda} + \dfrac{\partial \rho}{\partial z_e}\dfrac{\partial z_e}{\partial \lambda} \\[3mm] \dfrac{\partial \rho}{\partial \varphi} = \dfrac{\partial \rho}{\partial x_e}\dfrac{\partial x_e}{\partial \varphi} + \dfrac{\partial \rho}{\partial y_e}\dfrac{\partial y_e}{\partial \varphi} + \dfrac{\partial \rho}{\partial z_e}\dfrac{\partial z_e}{\partial \varphi} \end{cases} \tag{6-24}$$

式中, h, λ, φ 为测站站高与大地经纬度, x_e、y_e、z_e 为测站在地固系中的坐标, Q 为惯性系到地固系坐标转换矩阵, R 为测站地心距, f 为地球扁率, R_e 为参考地球长半径。

④观测值对地球自转参数的偏导数:

略去岁差章动的影响有:

$$\begin{pmatrix} x_e \\ y_e \\ z_e \end{pmatrix} = \begin{pmatrix} 1 & 0 & x_p \\ 0 & 1 & -y_p \\ -x_p & y_p & 1 \end{pmatrix} \begin{pmatrix} x' \\ y' \\ z' \end{pmatrix}$$

$$\begin{pmatrix} x' \\ y' \\ z' \end{pmatrix} = \begin{pmatrix} \cos(\theta_g) & \sin(\theta_g) & 0 \\ -\sin(\theta_g) & \cos(\theta_g) & 0 \\ 0 & 0 & 1 \end{pmatrix} \begin{pmatrix} x_T \\ y_T \\ z_T \end{pmatrix} \tag{6-25}$$

式中，$x_p = x_{p0} + \dot{x}_p(t - t_0)$，$y_p = y_{p0} + \dot{y}_p(t - t_0)$ 为极移，θ_g 格林尼治恒星时角，T 代指瞬时真赤道地心坐标系(True of Date)，x'、y'、z' 为准地固系坐标。

$$\frac{\partial \rho}{\partial x_{p_0}} = \frac{\partial \rho}{\partial \boldsymbol{R}} \frac{\partial \boldsymbol{R}}{\partial x_p} \frac{\partial x_p}{\partial x_{p0}} = z_s \frac{x_s - x_e}{\rho} - x_s \frac{z_s - z_e}{\rho}$$

$$\frac{\partial \rho}{\partial \dot{x}_p} = \frac{\partial \rho}{\partial x_{p0}}(t - t_0) \tag{6-26}$$

$$\frac{\partial \rho}{\partial y_{p0}} = x_p y_s' \frac{x_s - x_e}{\rho} - (z_s' + y_p y_s') \frac{y_s - y_e}{\rho} + y_s \frac{z_s - z_e}{\rho}$$

$$\frac{\partial \rho}{\partial \dot{y}_p} = \frac{\partial \rho}{\partial y_{p0}}(t - t_0)$$

$$\theta_g = 2\pi(\mathrm{GMST0}^h + (1 + k)\mathrm{UT1}) + \Delta\psi\cos(\bar{\varepsilon} + \Delta\varepsilon) \tag{6-27}$$

$$\frac{\partial \rho}{\partial \mathrm{UT1}} = 2\pi(1 + k)\left[(y_s' - y_e')\frac{x_s - x_e}{\rho} - (x_s' - x_e')\frac{y_s - y_e}{\rho}\right.$$
$$\left. - (x_p(y_s' - y_e') + y_p(x_s - x_e'))\frac{z_s - z_e}{\rho}\right] \tag{6-28}$$

式中，

$$1 + k = 1.002\ 737\ 909\ 350\ 795 + 5.900\ 6 \times 10^{-11} T_u - 5.9 \times 10^{-5} T_u$$

$$T_u = \frac{\mathrm{TJD}(\mathrm{UT1}) - 2\ 451\ 545.d0}{36\ 525}$$

⑤观测值对勒夫数的偏导数：

$$\frac{\partial \rho}{\partial l_2} = \frac{\partial \rho}{\partial \boldsymbol{R}} \frac{\partial \boldsymbol{R}}{\partial l_2} = \frac{\partial \rho}{\partial \boldsymbol{R}} \sum_{j=1}^{2} \frac{GM_j a^4}{GEr_j^3} \left\{ 3\left(\frac{\boldsymbol{r} \cdot \boldsymbol{r}_j}{rr_j^2}\right)\boldsymbol{r}_j - 3l_2 \frac{(\boldsymbol{r} \cdot \boldsymbol{r}_j)^2}{r^2 r_j^2}\boldsymbol{r} \right\} \tag{6-29}$$

$$\frac{\partial \rho}{\partial h_2} = \frac{\partial \rho}{\partial \boldsymbol{R}} \frac{\partial \boldsymbol{R}}{\partial h_2} = \frac{\partial \rho}{\partial \boldsymbol{R}} \sum_{j=1}^{2} \frac{GM_j a^4}{GEr_j^3} \left\{ \left[\frac{3h_2}{2}\frac{(\boldsymbol{r} \cdot \boldsymbol{r}_j)^2}{r^2 r_j^2} - \frac{h_2}{2}\right]\boldsymbol{r} \right\} \tag{6-30}$$

(3)动力学模型及其偏导数计算

在一定的时空坐标系里，选择适当的力学模型，并利用积分运动方程就可得到理论计算的卫星星历及偏导数。对力学模型的选择，一般要顾及摄动力与中心引力之比的量级、积分弧段长度和定轨精度，简单关系可表示为

$$\Delta = \left(\frac{3}{2}\varepsilon n^2 (t - t_0)^2, \ 2\varepsilon n(t - t_0)\right) \tag{6-31}$$

式(6-31)中在轨道半长径有长期变化时，如耗散力摄动时，取 $(t - t_0)^2$ 项，对短周期摄动取 $(t - t_0)$ 项。其中 Δ 为轨道摄动量级，也可认为所需定轨的精度与轨道半长径之比，$\varepsilon = f/f_c$，为摄动力与中心引力之比，n 为轨道平均角速度，t 和 t_0 分别为轨道积分结束和起始时刻。

通常考虑的作用力主要有：地球中心引力（f_c）、地球形状摄动（f_F）、太阳直接辐射压力（f_{pr}）、日月和大行星的三体摄动（f_s、f_l 和 f_p）、固体潮、海潮和大气潮摄动（f_{T1}、f_{T2} 和 f_3）、阻尼摄动（f_D）、广义相对论摄动（f_{rel}）等。

考虑到上述力的作用，卫星在惯性系中的运动方程为：

$$\ddot{r} = f_c + f_F + f_{T_1} + f_{T_2} + f_{T_3} + f_s + f_L + f_p + f_{Pr} + f_D + f_{rel} \tag{6-32}$$

1）地球中心引力和形状摄动

地球中心引力和形状摄动可统一表示为地球引力场作用，地球外部引力位为

$$U = \frac{GM}{r'} - \sum_{n=2}^{\infty} \left(\frac{a_e}{r'} \right)^n \left[J_n \overline{P}_n(\sin\varphi') + \sum_{m=1}^{n} (J_{nm}\cos m\lambda' + K_{nm}\sin m\lambda' + \overline{P}_{nm}(\sin\varphi)) \right] \tag{6-33}$$

式中，GM/r' 为地球中心引力项。

φ'、λ'、r' 分别为地固坐标系中卫星的纬度、经度及地心距。J_n、J_{nm}、K_{nm} 为地球引力场规格化系数，也有下面关系：

$$J_n = -\overline{C}_{no}, \quad J_{nm} = -\overline{C}_{nm}, \quad K_{nm} = -\overline{S}_{nm}$$

引力位与引力关系为

$$f_c + f_F = \left(\frac{\partial U}{\partial X'}i + \frac{\partial U}{\partial Y'}j + \frac{\partial U}{\partial Z'}k \right) \tag{6-34}$$

这里 X'、Y'、Z' 是地固系中的直角坐标。如果在地固系中以球坐标表示，则有：

$$\left. \begin{aligned} \frac{\partial U}{\partial X'} &= \frac{X'}{r'}\frac{\partial U}{\partial r'} - \frac{\sin\varphi'}{\cos\varphi'}\frac{X'}{r'}\frac{\partial U}{\partial \varphi'} - \frac{Y'}{\cos\varphi'r'^2}\frac{\partial U}{\partial \lambda'} \\ \frac{\partial U}{\partial Y'} &= \frac{Y'}{r'}\frac{\partial U}{\partial r'} - \frac{\sin\varphi'}{\cos\varphi'}\frac{Y'}{r'}\frac{\partial U}{\partial \varphi'} - \frac{X'}{\cos\varphi'r'^2}\frac{\partial U}{\partial \lambda'} \\ \frac{\partial U}{\partial Z'} &= \frac{Z'}{r'}\frac{\partial U}{\partial r'} + \frac{\cos\varphi'}{r'}\frac{\partial U}{\partial \varphi'} \end{aligned} \right\} \tag{6-35}$$

通常卫星轨道积分是在 J2000.0 地心赤道坐标系中，故必须把 f' 和 f_F' 表示在 F 坐标系中的力 f_c 和 f_F。

$$f_c + f_F = F' \tag{6-36}$$

$$f_c + f_F = F \tag{6-37}$$

$$F = Q^T N^T E^T P^T F' \tag{6-38}$$

式中，Q、N、E、P 分别为岁差、章动、地球自转、极移坐标转换矩阵。

根据实际精度要求，可选取相应的地球引力场模型阶次。对 $\overline{C}_{2o}$、$\overline{C}_{21}$、$\overline{S}_{21}$ 的处理可参考 IERS 规范。

2) 固体潮摄动

地球并非刚体，在日月引力作用下产生形变，形成固体潮，引起地球外部引力场变化，进而对卫星轨道产生摄动。通常固体潮摄动以 Wahr 理论模型为基础，分两步考虑固体潮摄动：先不考虑勒夫数的频率响应，取标称的值 $k_2 = 0.3$，$k_3 = 0.093$。采用直接法摄动，然后顾及二阶勒夫数的频率响应。

固体潮对卫星的摄动位为

$$U_T = \sum_{j=1}^{2} U_j = \sum_{j=1}^{2} \frac{GM_j}{r_j} K_l \left(\frac{a_e}{r}\right)^{2l+1} P_l(\cos Z_j) \tag{6-39}$$

式中，下标 $j=1$，2 相应于用月球和太阳。M_j 为引潮天体的质量；r_j 为引潮天体的地心距；K_l 为 l 阶的勒夫数；Z_j 为引潮天体的地心矢径与卫星的地心矢径的夹角。

通常月球的固体潮位取到三阶项，对太阳的固体潮位取到二阶项。如果仅考虑到日、月的二阶引潮位，它占整个引潮位 UT 的 98%，若再加上月球的三阶项，几乎达到 100%。

对二阶位有

$$U_{j2} = \frac{k_2 GM_j a^5}{r^3 r_j^2} P_2(\cos Z_j) \tag{6-40}$$

由 $\cos Z_j = \frac{\boldsymbol{r} \cdot \boldsymbol{r}_j}{|\boldsymbol{r}||\boldsymbol{r}_j|}$ 及 $P_2(\cos Z_j) = \frac{3}{2}\cos^2 Z_j - \frac{1}{2}$，有

$$U_{j2} = \frac{K_2 GM_j a^5}{2r^3 r_j^3} \left[3\frac{(\boldsymbol{r} \cdot \boldsymbol{r}_j)^2}{r^2 r_j^2} - 1\right] \tag{6-41}$$

卫星受到摄动力为

$$\boldsymbol{f}'_{T_2} = \sum_{j=1}^{2} \nabla U_{j2} = \sum_{j=1}^{2} \frac{K_2 GM_j a^5}{2r^3 r_j^3}\left[3\frac{\boldsymbol{r}}{r} - 15\frac{(\boldsymbol{r} \cdot \boldsymbol{r}_j)^2}{r^2 r_j^2}\frac{\boldsymbol{r}}{r} + 6\frac{(\boldsymbol{r} \cdot \boldsymbol{r}_j)}{rr_j}\frac{\boldsymbol{r}_j}{r}\right] \tag{6-42}$$

对三阶位，同样可得：

$$\bar{f}'_T = \sum_{j=1}^{2} \nabla U_{3j} = \frac{K_3 GM_j a^7}{2r^5 r_j^4}\left[-35\frac{(\boldsymbol{r} \cdot \boldsymbol{r}_j)^3}{r^3 r_j^3}\frac{\boldsymbol{r}}{r} + 15\frac{(\boldsymbol{r}.\boldsymbol{r}_j)}{rr_j}\frac{\boldsymbol{r}}{r} - 3\frac{\boldsymbol{r}_j}{r_j}\right.$$
$$\left. + 15\frac{(\boldsymbol{r} \cdot \boldsymbol{r}_j)^2}{r^2 r_j^2}\frac{\boldsymbol{r}_j}{r_j} - 3\frac{\boldsymbol{r}_j}{r_j}\right] \tag{6-43}$$

顾及勒夫数的频率响应对卫星摄动的影响是把这一影响表述为地球重力场系数的修正。

$$\begin{cases} (\Delta\bar{C}_m)_{et} = A_m \sum_{\beta nm} \delta K_\beta H_\beta \begin{pmatrix} \cos Q_\beta \\ \sin Q_\beta \end{pmatrix} & \begin{array}{l} n+m \text{ 为偶} \\ n+m \text{ 为奇} \end{array} \\ (\Delta\bar{S}_{nm})_{et} = A_m \sum_{\beta nm} \delta K_\beta H_\beta \begin{pmatrix} -\sin Q_\beta \\ \sin Q_\beta \end{pmatrix} & \begin{array}{l} n+m \text{ 为偶} \\ n+m \text{ 为奇} \end{array} \end{cases} \tag{6-44}$$

其中，δK_β 为不同频率的波 $\beta(n,m)$ 的二阶勒夫数的改正；K_β 为分潮波 $\beta(n、m)$ 的潮高。

$$Q_\beta = n_1\tau + n_2 S + n_3 h + n_4 N + n_5 N' + n_6 P' \tag{6-45}$$

式中，τ、S、h、P、N、N'、P' 为 Doodson 变量，n_1、n_2、n_3、n_4、n_5、n_6 为 Doodson 常数。

由于在公式中是直接计算固体潮摄动，没有扣除固体潮的零频率项，因此需要在读取重力场时扣除这一项（$(\Delta \bar{C}_{20})_{et}$）。

综上所述，在考虑固体潮摄动时，先求 $\boldsymbol{f}_{T1}$，$\boldsymbol{f'}_{T1}$，然后在重力场系数中扣除（$(\Delta \bar{C}_{20})_{et}$），再在 $\bar{C}_{nm}$、$\bar{S}_{nm}$ 上加上 $(\Delta \bar{C}_{nm})_{et}$、$(\Delta \bar{S}_{nm})_{et}$。

3）海潮和大气潮摄动

海洋潮汐引起的地球外部引力位变化，在计算中为了方便，通常把海潮的摄动表示成地球引力系数的修正形式：

$$(\Delta \bar{C}_{nm})_{ot} - i (\Delta \bar{S}_{nm})_{ot} = \sum_{\beta nm} F_{nm} (C^\pm_{\beta nm} \mp i S^\pm_{\beta nm}) e^{\pm i\theta_\beta} \tag{6-46}$$

式中，$F_{nm} = \dfrac{4\pi G\rho_w}{g_e} \left(\dfrac{(n+m)!}{(n-m)(2-\delta_{0m})} \right)^{1/2} \dfrac{1+K'_n}{2n+1}$，$g_e$ 为地表平均重力加速度，G 为万有引力常数，ρ_w 为海水平均密度，K'_n 为 n 阶负荷勒夫数，$C^\pm_{\beta nm}$、$S^\pm_{\beta nm}$ 为海洋潮汐系数，可从 IERS 取得，θ_β 为海潮分潮波相位。

同样，大气压强也使地球产生形变附加位，这一附加位会使卫星产生摄动。根据大气潮的情况，只取对应于 S_2 波的一项，$n=2$、$m=2$，并且直接加在海潮的 C^+_{22} 和 S^+_{22} 系数上。

考虑到大气潮摄动后有：

$$C^+_{22} = -0.537(\text{cm}), \qquad S^+_{22} = 0.321(\text{cm}) \tag{6-47}$$

4）日月和大行星的三体摄动

根据万有引力定律，人造卫星和地球这一系统受到月球、太阳和大行星的吸引，如图 6-3 所示，$\boldsymbol{r}$ 为第三天体的地心矢径，$\boldsymbol{r}$ 为卫星的地心矢径。

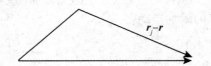

图 6-3　人造卫星和地球的第三天体吸引

卫星受到 P_j 的吸引力为 $\boldsymbol{f}$，产生的加速度为 $\ddot{\boldsymbol{r}}$，地球受到 P_j 吸引力为 $\boldsymbol{f}_E$，产生的加速度为 $\ddot{\boldsymbol{r}}_E$，则在惯性系中，卫星相对于地心受到的加速度为：$\ddot{\boldsymbol{r}}_s - \ddot{\boldsymbol{r}}_E$，$\boldsymbol{f}_s - \boldsymbol{f}_E$ 为 P_j 对卫星的摄动力。

$$\ddot{\boldsymbol{r}}_s - \ddot{\boldsymbol{r}}_E = -GM_j \left(\frac{\boldsymbol{r} - \boldsymbol{r}_j}{|\boldsymbol{r} - \boldsymbol{r}_j|^3} + \frac{\boldsymbol{r}_j}{r_j^2} \right) \tag{6-48}$$

则
$$f_L + f_S + f_P = \sum_j - m_e GM_j \left(\frac{\boldsymbol{r} - \boldsymbol{r}_j}{|\boldsymbol{r} - \boldsymbol{r}_j|} + \frac{\boldsymbol{r}_j}{r_j^2} \right) \tag{6-49}$$

这里 j 分别对应于月球、太阳和行星，它们位置距离可从有关历表中取得，如 DE200、DE403/LE403 历表。

5）太阳直接辐射摄动

当太阳直接照射在卫星上时，就会在太阳和卫星连线方向对卫星产生辐射压力，对球形卫星太阳辐射压表示为

$$f_{PR} = f\pi \left(\frac{a'}{r} \right)^2 C_R \left(\frac{A}{m} \right) \frac{\boldsymbol{r}}{|\boldsymbol{r}|} \tag{6-50}$$

其中：a' 为天文单位长度；r 为卫星日心矢径；$\frac{A}{m}$ 为卫星面质比；C_R 为卫星表面反射系数，可以作为待估参数。f 为地影因子，对于卫星在本影里，取 $f = 0$，对于卫星不在阴影里，取 $f = 1$，对于卫星在半影里，$f = 1 -$ 太阳被蚀面积/太阳蚀面积；π 为太阳辐射压强。

对于非球形卫星，可以对各部分分别加以考虑。

6）大气阻尼经验摄动

卫星并非在真空中运行，大气会对卫星产生阻尼效应，对球形卫星一般用阻尼的经验项描述：

$$f_D = -\frac{1}{2}\rho_a (C_D + \dot{C}_D t) \frac{A}{m} \dot{r} \dot{\boldsymbol{r}} \tag{6-51}$$

式中，ρ_a 为大气密度，可通过大气模型得到，$\frac{A}{m}$ 为卫星面质比，C_D 与 $\dot{C}_D$ 为阻尼系数与其变率，通常把 C_D 及 $\dot{C}_D$ 作为待调整参数。同样，对于形状复杂的卫星也可将各部分分开来考虑。

7）广义相对论摄动

由于广义相对论效应，卫星在以地球质心为原点的局部惯性坐标系中的运动与牛顿动力学产生了差异，这种差异可看作卫星受到一个附加摄动的影响，通常只考虑卫星在地球周围运动产生的"一体问题"的附加摄动：

$$f_{rel} = \frac{GM_e \boldsymbol{r}}{r^3} \left[\frac{2(\beta + \gamma)}{C^2} \frac{GM_e}{r} - \frac{\gamma}{C^2} (\dot{\boldsymbol{r}} \cdot \dot{\boldsymbol{r}}) \right] + \frac{GM_e \dot{\boldsymbol{r}}}{r^3} \frac{2(1 + \gamma)}{C^2} (\boldsymbol{r} \cdot \dot{\boldsymbol{r}}) \tag{6-52}$$

式中，β、γ 为相对论参数。

（4）动力学偏导数

1）地球引力场系数、海潮参数的偏导数

由地球引力场模型可得出：

$$\left. \begin{aligned} \ddot{X} &= -AX + \beta \\ \ddot{Y} &= -AY - \gamma \\ \ddot{Z} &= -AZ + D \end{aligned} \right\} \tag{6-53}$$

式中：

$$A = \frac{GM}{r^3}\left[1 - \sum_{n=2}^{\infty}J_n\left(\frac{a_e}{r}\right)^n P_n'(\sin\varphi) + \sum_{n=2}^{\infty}\sum_{m=1}^{n}\left(\frac{a_e}{r}\right)^n K_{nm}P_{n+1}^{m+1}(\sin\varphi)(C_{nm}a_m + S_{nm}\beta_m)\right]$$

$$(6\text{-}54)$$

$$\beta = \frac{GM}{r^2}\sum_{n=2}^{\infty}\sum_{m=1}^{n}\left(\frac{a_e}{r}\right)^n K_{nm}MP_n^m(C_{nm}a_{m-1} + S_{nm}\beta_{m-1}) \tag{6-55}$$

$$r = \frac{GM}{r^2}\sum_{n=2}^{\infty}\sum_{m=1}^{n}\left(\frac{a_e}{r}\right)^n K_{nm}MP_n^m(C_{nm}a_{m-1} - S_{nm}\beta_{m-1}) \tag{6-56}$$

$$D = \frac{GM}{r^2}\left[-\sum_{n=2}^{\infty}J_n\left(\frac{a_e}{r}\right)^n P_n' + \sum_{n=2}^{\infty}\sum_{m=1}^{n}\left(\frac{a_e}{r}\right)^n K_{nm}P_{n+1}^{m+1}(C_{nm}a_m + S_{nm}\beta_m)\right] \tag{6-57}$$

$$P_n^m(\sin\varphi) = \frac{\mathrm{d}^m}{\mathrm{d}\sin^m\varphi}P_n(\sin\varphi)$$

$$\alpha_m = \cos^m\varphi\,\sin^m\lambda \tag{6-58}$$

$$\beta_m = \cos^m\varphi\,\sin^m\lambda \tag{6-59}$$

令

$$\ddot{X} = f_1\,,\quad \ddot{Y} = f_2\,,\quad \ddot{Z} = f_3 \tag{6-60}$$

则有：

$$\left.\begin{aligned}
\frac{\partial f_1}{\partial J_n} &= -X\frac{\partial A}{\partial J_n} + \frac{\partial \beta}{\partial J_n}\\[2mm]
\frac{\partial f_2}{\partial J_n} &= -Y\frac{\partial A}{\partial J_n} + \frac{\partial r}{\partial J_n}\\[2mm]
\frac{\partial f_3}{\partial J_n} &= -Z\frac{\partial A}{\partial J_n} + \frac{\partial D}{\partial J_n}
\end{aligned}\right\} \tag{6-61}$$

$$\left.\begin{aligned}
\frac{\partial f_1}{\partial C_{nm}} &= -X\left(\frac{\partial A}{\partial C_{nm}}\right) + \frac{\partial \beta}{\partial C_{nm}}\\[2mm]
\frac{\partial f_2}{\partial C_{nm}} &= -Y\left(\frac{\partial A}{\partial C_{nm}}\right) - \frac{\partial r}{\partial C_{nm}}\\[2mm]
\frac{\partial f_3}{\partial C_{nm}} &= -Z\left(\frac{\partial A}{\partial C_{nm}}\right) \mp \frac{\partial D}{\partial C_{nm}}
\end{aligned}\right\} \tag{6-62}$$

$$\left.\begin{aligned}
\frac{\partial f_1}{\partial S_{nm}} &= -X\left(\frac{\partial A}{\partial S_{nm}}\right) + \frac{\partial \beta}{\partial S_{nm}}\\[2mm]
\frac{\partial f_2}{\partial S_{nm}} &= -Y\left(\frac{\partial A}{\partial S_{nm}}\right) - \frac{\partial r}{\partial S_{nm}}\\[2mm]
\frac{\partial f_3}{\partial S_{nm}} &= -Z\left(\frac{\partial A}{\partial S_{nm}}\right) \mp \frac{\partial D}{\partial S_{nm}}
\end{aligned}\right\} \tag{6-63}$$

将 A，β，r，D 代入式(6-63)有：

$$\left. \begin{aligned} \frac{\partial A}{\partial J_n} &= -\frac{GM}{r^3}\left(\frac{a_e}{r^3}\right)^n P'_{n+1} \\ \frac{\partial \beta}{\partial J_n} &= \frac{\partial r}{\partial J_n} = 0 \\ \frac{\partial D}{\partial J_n} &= -\frac{GM}{r^2}\left(\frac{a_e}{r^3}\right)^n P'_n \end{aligned} \right\} \quad (6\text{-}64)$$

$$\left. \begin{aligned} \frac{\partial A}{\partial c_{nm}} &= \frac{GM}{r^3}\left(\frac{a_e}{r}\right)^n K_{nm} P_{n+1}^{m+1}\alpha_m \\ \frac{\partial \beta}{\partial c_{nm}} &= \frac{GM}{r^2}\left(\frac{a_e}{r}\right)^n K_{nm} M P_n^m \alpha_{m-1} \\ \frac{\partial r}{\partial c_{nm}} &= \frac{GM}{r^2}\left(\frac{a_e}{r}\right)^n K_{nm} M P_{n+1}^{m+1}\beta_{m-1} \\ \frac{\partial D}{\partial c_{nm}} &= \frac{GM}{r^2}\left(\frac{a_e}{r}\right)^n K_{nm} P_n^{m+1}\alpha_m \end{aligned} \right\} \quad (6\text{-}65)$$

$$\left. \begin{aligned} \frac{\partial A}{\partial S_{nm}} &= \frac{GM}{r^3}\left(\frac{a_e}{r}\right)^n K_{nm} P_{n+1}^{m+1}\beta_m \\ \frac{\partial \beta}{\partial S_{nm}} &= \frac{GM}{r^2}\left(\frac{a_e}{r}\right)^n K_{nm} M P_n^m \beta_{m-1} \\ \frac{\partial r}{\partial S_{nm}} &= \frac{GM}{r^2}\left(\frac{a_e}{r}\right)^n K_{nm} M P_n^m \alpha_{m-1} \\ \frac{\partial D}{\partial S_{nm}} &= \frac{GM}{r^2}\left(\frac{a_e}{r}\right)^n K_{nm} P_n^{m+1}\beta_m \end{aligned} \right\} \quad (6\text{-}66)$$

当我们将海潮参数表示成地球引力场系数，且只考虑顺行项时，有：

$$\left. \begin{aligned} \Delta J_n &= -\sqrt{(n+1)}\,F_{no}\sum_{\beta no}\left(C_{\beta no}^{+}\cos\theta_\beta + S_{\beta n0}^{+}\sin\theta_\beta\right) \\ \Delta \overline{C}_{nm} &= F_{nm}\sum_{\beta nm}\left(C_{\beta nm}^{+}\cos\theta_\beta + S_{\beta nm}^{+}\sin\theta_\beta\right) \\ \Delta \overline{S}_{nm} &= F_{nm}\sum_{\beta nm}\left(S_{\beta no}^{+}\cos\theta_\beta - C_{\beta nm}^{+}\sin\theta_\beta\right) \end{aligned} \right\} \quad (6\text{-}67)$$

最后，求出 f_1，f_2，f_3 对海潮参数的导数有：

$$\left(\frac{\partial f_i}{\partial C_{\beta no}^{+}},\ \frac{\partial f_i}{\partial S_{\beta no}^{+}}\right)^{\mathrm{T}} = \left(\frac{\partial f_i}{\partial \Delta j_n}\frac{\partial \Delta J_n}{\partial C_{\beta no}^{+}},\ \frac{\partial f_i}{\partial \Delta j_n}\frac{\partial \Delta J_n}{\partial S_{\beta no}^{+}}\right)^{\mathrm{T}} = \left(\frac{\partial f_i}{\partial J_n}\cos\theta_\beta,\ \frac{\partial f_i}{\partial J_n}\sin\theta_\beta\right)^{\mathrm{T}} \quad (6\text{-}68)$$

$$\left(\frac{\partial f_i}{\partial C_{\beta nm}^{+}},\ \frac{\partial f_i}{\partial S_{\beta nm}^{+}}\right)^{\mathrm{T}} = \begin{pmatrix} \dfrac{\partial f_i}{\partial \Delta C_{nm}}\dfrac{\partial \Delta C_{nm}}{\partial C_{\beta snm}^{+}} + \dfrac{\partial f_{1i}}{\partial \Delta S_{nm}}\dfrac{\partial \Delta S_{nm}}{\partial C_{\beta nm}^{+}} \\ \dfrac{\partial f_i}{\partial \Delta C_{nm}}\dfrac{\partial \Delta C_{nm}}{\partial S_{\beta snm}^{+}} + \dfrac{\partial f_i}{\partial \Delta S_{nm}}\dfrac{\partial \Delta S_{nm}}{\partial S_{\beta nm}^{+}} \end{pmatrix}$$

$$= \begin{pmatrix} \dfrac{\partial f_i}{\partial C_{nm}}\cos\theta_\beta - \dfrac{\partial f_i}{\partial S_{nm}}\sin\theta_\beta \\[3mm] \dfrac{\partial f_i}{\partial C_{nm}}\sin\theta_\beta - \dfrac{\partial f_i}{\partial S_{nm}}\cos\theta_\beta \end{pmatrix} \quad (i = 1,\ 2,\ 3) \qquad (6\text{-}69)$$

上面的式子并非是距离对引力场参数和海潮参数的偏导，实际上是 $\dfrac{\partial \ddot{r}}{\partial P}$ 的形式，P 为海潮参数，要求出 $\dfrac{\partial r}{\partial P}$，必须对 $\dfrac{\partial \ddot{r}}{\partial P}$ 进行积分，这与运动方程积分是一样的，因此采用与运动方程同样的数值积分方法。

2）地球质心参数的偏导数

$$V_1 = \frac{GM}{r^2}(c_0\sin\varphi + a_0\cos\varphi\cos\lambda + b_0\cos\varphi\sin\lambda) \qquad (6\text{-}70)$$

而由 V_1 引起的摄动加速度为

$$\left. \begin{array}{l} \ddot{x} = \dfrac{\partial V_1}{\partial x} = \dfrac{GMa_0}{r^3} - \dfrac{3GMx}{r^5}(c_0 z + a_0 x + b_0 y) \\[3mm] \ddot{y} = \dfrac{\partial V_1}{\partial y} = \dfrac{GMb_0}{r^3} - \dfrac{3GMy}{r^5}(c_0 z + a_0 x + b_0 y) \\[3mm] \ddot{z} = \dfrac{\partial V_1}{\partial z} = \dfrac{GMz_0}{r^3} - \dfrac{3GMz}{r^5}(c_0 z + a_0 x + b_0 y) \end{array} \right\} \qquad (6\text{-}71)$$

由此，

$$\left. \begin{array}{l} \dfrac{\partial \ddot{x}}{\partial a_0} = \dfrac{GM}{r^3} - \dfrac{3GMx^2}{r^5} \\[3mm] \dfrac{\partial \ddot{x}}{\partial b_0} = -\dfrac{3GMxy}{r^5} \\[3mm] \dfrac{\partial \ddot{x}}{\partial c_0} = -\dfrac{3GMx^2}{r^5} \end{array} \right\} \qquad (6\text{-}72)$$

$$\left. \begin{array}{l} \dfrac{\partial \ddot{y}}{\partial b_0} = -\dfrac{3GMxy}{r^5} \\[3mm] \dfrac{\partial \ddot{y}}{\partial b_0} = \dfrac{Gm}{r^3} - \dfrac{3GMy^2}{r^5} \\[3mm] \dfrac{\partial \ddot{y}}{\partial c_0} = -\dfrac{3GMy_2}{r^5} \end{array} \right\} \qquad (6\text{-}73)$$

$$\left.\begin{array}{l} \dfrac{\partial \ddot{z}}{\partial a_0} = -\dfrac{3GMx^2}{r^5} \\[3mm] \dfrac{\partial \ddot{z}}{\partial b_0} = -\dfrac{3GMy^2}{r^5} \\[3mm] \dfrac{\partial \ddot{z}}{\partial c_0} = \dfrac{GM}{r} - \dfrac{3GMz^2}{r^5} \end{array}\right\} \qquad (6\text{-}74)$$

式(6-74)积分后即可得轨道摄动对质心的偏导数。另外，地球质心变化也可作为观测模型量改正求解，即所有观测站共同的变化量，理论上可以证明与动力法是一致的，但这一方式与观测站分布、观测弧段等有关系，解算精度逊于动力法。

（5）运动方程的积分

经典的牛顿力学给出卫星轨道动力学方程：

$$\ddot{\boldsymbol{r}} = f(q_i,\ t) \qquad (6\text{-}75)$$

式中，q_i 为卫星动力学参数，包括卫星的光压参数、大气阻尼参数、地球引力场参数、潮汐参数等。

对动力学方程积分可得到卫星星历，在积分的同时也积分相关的偏导数。积分后：

$$\boldsymbol{r} = G(q_i,\ t_0,\ t_i,\ \boldsymbol{r}_0,\ \dot{\boldsymbol{r}}_0) \qquad (6\text{-}76)$$

式中，$\boldsymbol{r}_0$、$\dot{\boldsymbol{r}}_0$ 为 t_0 时刻卫星的初始位置和速度。

得到卫星的星历后，就可通过下式得到理论距离 ρ_c：

$$\rho_c = \left| \boldsymbol{r} - \boldsymbol{Q}\boldsymbol{R}_i \right| \qquad (6\text{-}77)$$

其中：$\boldsymbol{R}_i$ 为第 i 个测站在地固参考系中的站坐标；$\boldsymbol{Q}$ 为转换矩阵，包含有岁差，章动常数，地球自转参数等。

最终将观测值、理论值、各偏导数代入方程(6-1)即可估算待求参数 ΔP，达到定轨和解释参数的目的。

可采取积分方法有很多种，在现代计算机的高速发展下，一般短弧积分都可达到相应的精度。

6.2.2　测速技术

如图 6-4 所示，主站发送的上行载波被目标航天器接收后，航天器上的应答机以固定的转发比往地面相关转发，再由主站和各个副站同时接收下行载波。

现以双程多普勒测速原理为例介绍 USB 系统的定轨过程。由于发射机与接收机之间的相对运动，接收信号频率与发射信号频率不同，其差值为 f_d，称此现象为多普勒效应。频率差值 f_d 为多普勒频率。主站发射的上行载波，经上行空间传播后，叠加了上行多普勒频率，被目标航天器上的应答机接收，进行载波频率相关转发(转发比为 ρ)，又经下行空间传播后，叠加了下行多普勒频率，然后被主站接收机所接收，双程多普勒测速频率流程如图 6-5 所示。

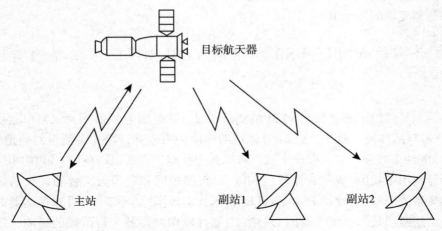

图 6-4　多站 USB 联测示意图

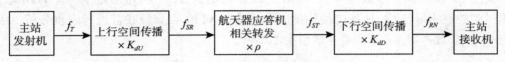

图 6-5　双程多普勒测速频率流程图

图中，f_T 为测控站发射载波的频率，K_{dU} 为上行多普勒倍频系数，f_{SR} 为航天器接收载波的频率，f_{ST} 为航天器发射载波的频率，K_{dD} 为下行多普勒倍频系数，f_{RM} 为测控站接收载波的频率，相关转发比 $\rho = 240/221$。可见，主站接收载波频率为

$$f_{RM} = f_T \cdot K_{dU} \cdot \rho \cdot K_{dD} = f_T \cdot \frac{c - \dot{R}}{c} \cdot \rho \cdot \frac{c}{c + \dot{R}} = \frac{c - \dot{R}}{c + \dot{R}} \cdot \rho f_T \tag{6-78}$$

式中，$\dot{R}$ 为探测器速度，c 为光速。在主站接收机中，将实际接收频率 f_{RM} 与基准接收频率 f_{R0} 混频（$f_{R0} = \rho f_T$），以提取出双程多普勒频率：

$$f_{dd} = f_{RM} - f_{R0} = \frac{c - \dot{R}}{c + \dot{R}} \cdot f_{R0} - f_{R0} = -\frac{2\dot{R}}{c + \dot{R}} \cdot f_{R0} \tag{6-79}$$

从上式可以得出双程多普勒测速的公式为

$$\dot{R} = \frac{-cf_{dd}}{2f_{R0} + f_{dd}} \tag{6-80}$$

与 6.2.1 节类似，对测速数据处理便可进行定轨工作。理论上 $\dot{R}$ 应有较高的测量精度。但是在目前条件下，由于测站未能释放探空气球和测量气象参数，因而数据处理时，仅能利用测站的地面气象参数和简化方法修正距离 R 和高度角 A 的电波折射误差，而对 $\dot{R}$ 则未进行修正，严重影响了 $\dot{R}$ 测量精度的实现，因此改进数据处理方法，提高测速精度成为各界的研究重点。刘利生等（2005）提出的电波折射修正公式便很好地克服了以上修正问题。目前研究结果表明，USB 系统测速 RMS 为 3~6 cm/s，测距 RMS 为 1~3m，能够满足月球探测器定轨测控要求。

6.3　联合测轨 VLBI、USB 和空间 VLBI 对 CE 探测器的精密定轨分析

USB 的测量弧段要明显长于 VLBI 的测量弧段，这是因为 USB 观测只需单站可见，而 VLBI 观测需双站共视。此外，VLBI 对轨道的横向约束较强，USB 观测量对轨道视向（或近似径向）的约束较强，二者联合定轨，可以互为补充，提高定轨精度。我国"嫦娥一号"月球探测器利用了我国"统一 S 波段（USB）"航天测控网和我国天文台的甚长基线射电干涉网（VLBI 系统），联合使用 USB 和 VLBI 技术，实现了"嫦娥"一号月球探测器的导航和定轨任务，这两项技术也用于我国"嫦娥"二号月球探测器各飞行阶段的遥测、遥控、轨道测量和导航任务。

设想 CE 探测器上搭载了空间 VLBI 天线，与地面 VLBI 测站形成空-地 VLBI 联测，利用得到的观测量与 CE 任务中使用的 USB、地面 VLBI 观测量联合进行定轨分析，以探讨空间 VLBI 技术对 CE 探测器定轨精度的影响。

6.3.1　观测数据模拟

本节主要介绍空间 VLBI 时延、时延率数据以及 USB 测距、测速数据的模拟过程。利用空间 VLBI 时延和时延数学模型，分别模拟了时延和时延率数据；USB 数据则使用了测距和测速模型，主要模拟了双程测距和测速数据。

1. 参考轨道和地面测站

使用上海天文台 VLBI 测轨分系统事后解算的 CE-2 环月轨道作为模拟观测数据的参考轨道，实验中使用了 100km×100km 近圆轨道和 100km×15km 椭圆轨道分别模拟了观测数据，两参考轨道的具体信息见表 6-1。

表 6-1 　　　　　　　　　　　　　　　　　参考轨道弧段

轨道类型	起止时间
环月段（100 km ×100 km）	2010-10-23 14：00—2010-10-26 02：00
环月段（100 km ×15 km）	2010-10-27 13：06—2010-10-29 02：36

空间 VLBI 数据的模拟选用了中国 VLBI 观测网（CVN），由北京、上海、昆明和乌鲁木齐四站组成。USB 数据的模拟则选用了我国喀什（Kashi）、青岛（Qingdao）以及境外的新诺舍站（New Norcia）、圣地亚哥（Santiago），这些测站均参与了"嫦娥"工程的实测跟踪任务。测站具体分布如图 6-6 所示。USB 四站地坐标见表 6-2。

图 6-6　USB 测站的全球分布

表 6-2   USB 测站坐标

测站	大地经度/(° ′ ″)	大地纬度/(° ′ ″)	高程 m
喀什	76　07　59 E	39　24　03 N	1260
青岛	120　18　06 E	36　11　38 N	21
新诺舍	115　20　56 E	29　20　45 S	271
圣地亚哥	70　40　06 W	33　09　05 S	703

2. 空间 VLBI 数据的模拟

利用空间 VLBI 观测模型，模拟了空间 VLBI 时延和时延率观测值，具体过程如下：

①设定数据模拟的起始时刻，设置数据采样间隔、采样总时间、高度截止角；

②在数据采样时刻（首次模拟时为起始时刻），根据参考轨道内插此时刻的探测器位置和速度，根据射电源位置、探测器位置和月球位置判断探测器是否被月球遮挡，是否能观测到射电源信号。如果可见，转到下一步，否则转到步骤⑥；

③选择某 CVN 测站，根据其位置和射电源位置计算射电源相对测站的高度角，如果大于截止高度角，转到下一步，否则转到步骤⑤；

④根据空间 VLBI 观测模型计算时延和时延率几何观测值，具体过程可参见本书 3.6节；

⑤选择下一个 CVN 站，回到步骤②，重新进行步骤②~④，CVN 测站都计算完毕后转到下一步；

⑥参考时刻加上采样间隔，作为下一个模拟数据的采样时刻，转到步骤②，重复②到⑥过程，直到采样结束。

步骤②中探测器至射电源的可见性检查类似于太阳光压计算时的蚀因子计算，当探测器被月球遮挡时将无法形成空间 VLBI 观测。

地面测站与射电源间的可见性检查也是通过计算射电源相对测站的高度角来判断的，如图 6-7 所示。

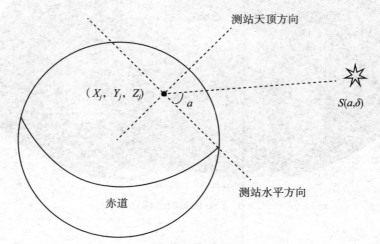

测站天顶方向

$(X_j,\ Y_j,\ Z_j)$

a

$S(a,\delta)$

测站水平方向

赤道

图 6-7　测站至射电源的高度角示意图

地面测站与射电源间的高度角计算与 USB 数据模拟时有所差异，计算公式如公式 (6-81) 所示，根据观测历元的测站纬度和格林尼治恒星时计算高度角：

$$a = 90^\circ - \arccos(\sin\delta_e\sin\delta + \cos\delta_e\cos\delta\cos(\text{GST}))\qquad(6\text{-}81)$$

式中，a 为要计算的高度角，δ 为目标射电源的赤纬，δ_e 则为测站的地理纬度，GST 为观测时刻的格林尼治恒星时。图 6-8 给出了模拟观测数据期间 CVN 各测站与射电源的高度角检查，图中横坐标为儒略日（MJD），纵坐标为高度角（单位为度）。同样设定高度截止角为 10 度，图中各观测弧段之间的空白部分表示高度角小于 10 度或射电源不可见。

实际的观测数据中还包含着各种类型的误差，主要包括随机误差和各类系统误差。随机误差主要是指观测过程中出现的随机噪声，其在观测和平差过程中无法消除，通过平差过程传播给估计参数。随机误差又称为随机噪声，一般都服从 $(0,\ \sigma)$ 正态分布，σ 为噪声的中误差。在模拟数据中加入随机噪声的过程：

①生成每个观测值时，都对应生成一个 $(-3,\ 3)$ 区间内的随机数，随机数服从 $(0,\ 1)$ 正态分布；

②将观测值对应的噪声中误差 σ 乘以随机数，并加入到观测值中。通过以上过程，将随机噪声加入到每个观测数据中。

空间大地测量数据中的系统误差主要包括传播路径引起的误差、时钟误差、硬件延迟等。主要考虑其中影响量较大的误差，包括大气折射，时钟偏差和钟漂，以及太阳光压的影响。

（1）大气折射

观测数据由于大气折射引起的误差一直是各类空间观测数据中的主要误差源。大气折

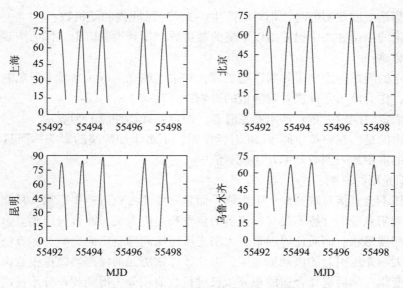

图 6-8　CVN 测站与射电源间的高度角

射误差包括电离层延迟和对流层延迟两类，其中，电离层折射的影响可通过多频观测得到很好的消除，例如，双频观测可以消除电离层折射的一阶影响，三频观测可有效消除二阶影响。消除二阶影响后的电离层影响将远远小于实际观测量精度，因此本研究在模拟观测量时未考虑电离层折射的影响。

对流层延迟不能通过双频观测消除，本研究使用了一种简化的 Holpfield 对流层延迟模型，公式如下：

$$\begin{cases} \Delta S = \dfrac{K_d}{\sin (E^2 + 6.25)^{1/2}} + \dfrac{K_w}{\sin (E^2 + 2.25)^{1/2}} \\ K_d = 155.2 \times 10^{-7} \cdot \dfrac{P_s}{T_s}(h_d - h_s) \\ K_w = 155.2 \times 10^{-7} \cdot \dfrac{4810}{T_s^{\,2}} e_s (h_w - h_s) \end{cases} \tag{6-82}$$

式中，ΔS 即为对流层延迟，单位为 m。E 为观测高度角，P_s、T_s 和 e_s 分别为观测站上的大气压、气温和水汽压，h_d 和 h_w 分别用式(6-83)计算：

$$\begin{cases} h_d = 40\,316 + 148.72 \cdot (T_s - 273.16) \\ h_s = 11\,000 \end{cases} \tag{6-83}$$

空间 VLBI 时延观测量中对流层折射影响的建模残差通常为总误差的 2%，本研究以此为依据计算了模拟数据中的大气折射建模误差。

（2）时钟误差

时钟误差包括钟差和钟漂，本研究在每个观测时刻都模拟了测站的钟差和钟漂，具体算法如下：

①每个测站生成观测值时，都对应产生(-3，3)区间内的随机数；

②将设定的测站钟差中误差乘以生成的随机数，加到观测值中，作为该观测历元钟差对观测值的影响；

③将设定的测站钟漂中误差乘以随机数，并乘以该观测历元与参考时刻的间隔，加入到观测值中，作为该历元钟漂对观测值的影响；

④每隔固定时间段，重新选定参考时刻，即重新计算钟漂的影响。

需要指出的是，在模拟空间 VLBI 时延率时，不再添加钟差的影响，而只将钟漂中误差与随机数的乘积加入到时延率几何观测值中。

（3）太阳光压的影响

太阳光压不会直接对观测量产生影响，而是对探测器轨道产生影响，从而间接影响了测量结果。太阳光压的计算不仅与探测器的位置和速度有关，而且与探测器本身的性质有关，例如探测器形状、面质比等因素。太阳光压对探测器轨道的影响具体算法为：首先计算某时刻由太阳光压引起的摄动加速度，由此计算该历元的探测器轨道根数由于光压摄动引起的微分变化，然后选择合适的积分步长进行数值积分，得到此积分步长内各轨道根数的变化，并将其加入到相应的轨道根数中，从而得到探测器的轨道受到的太阳光压影响。研究表明：太阳光压摄动对空间 VLBI 卫星轨道影响的残差在 3% ~ 10%（Fejes and Mihaly，1991），本研究的模拟实验中以 3%的比例加入到模拟数据中去。

通过以上过程，将得到的空间 VLBI 几何观测值分别加上对应的系统误差和偶然误差，使其更加接近于真实观测值。表 6-3 则给出了数据模拟中空间 VLBI 和 USB 数据的随机误差和系统误差设置。

表 6-3　　　　　　　　　　　　**USB 和空间 VLBI 数据误差设置**

随机误差	USB 测距：10 m USB 测速：5 cm/s 空间 VLBI 时延：0.5 ns 空间 VLBI 时延率：0.5 ps/s
系统误差	时钟误差精度：钟差 1ns；钟漂 10^{-13}；每 4.8 小时重新标定
	对流层折射：总影响的 2%
	太阳光压：总影响的 3%
	硬件延迟：USB 测距 5m，其他数据不添加

3. USB 观测值的模拟

根据 USB 双程测距和多普勒数学模型，首先计算双程测距和测速的几何观测值，具体过程如下：

①设定数据模拟的起始时刻，设置数据采样间隔、采样总时间、高度截止角；

②在数据采样时刻(首次模拟时为起始时刻)，选择某个 USB 测站，根据参考轨道内

插此时刻的探测器位置和速度,通过测站、月球和探测器在此刻的位置判断探测器是否被月球遮挡,如果探测器可视,转到下一步,如果不可视,转到步骤⑤;

③根据测站、探测器在此时刻的位置计算探测器相对测站的高度角,如果大于高度截止角,转到下一步,否则转到步骤⑤;

④根据双程测距和测速的数学模型,利用测站和探测器的位置、速度计算测距和测速的几何观测值,需要指出的是,几何观测值的计算需要光行时的迭代,因为模拟数据的采样时刻为地面测站接收信号的时刻,而探测器转发信号时刻以及地面测站发出信号时刻都需要迭代计算得到;

⑤选择下一个 USB 测站,回到步骤②重新进行步骤②~④,USB 测站都计算完毕后转到下一步;

⑥参考时刻加上采样间隔,作为下一个模拟数据的采样时刻,转到步骤②,重复步骤②~⑥过程,直到采样结束。

在数据模拟过程中,探测器与地面测站之间的可见性检查以及相对高度角计算是两项比较重要的内容。在环月段,当探测器运行到月球背面时没有跟踪数据,因此通过月球、探测器以及地面测站之间的相对位置进行可见性检查;当探测器可见时,要继续进行高度角的计算检验。在实际观测中,过低的高度角会增大传播介质对信号的影响,从而降低数据的质量,因此本研究在模拟过程中将截止高度角设为 10 度,低于 10 度时不进行数据模拟与采集。图 6-9 是模拟 USB 数据期间各测站的高度角,横坐标为儒略日(MJD),纵坐标为高度角(单位为度),图中各观测弧段之间的空白部分表示高度角小于 10 度或探测器不可见。

从图 6-9 可以看出,国内青岛和喀什两测站的有效观测弧段几乎重合,而国外两测站的加入则有效弥补了国内测站的观测空白,尤其圣地亚哥站,其观测弧段几乎填充了其他测站的观测空白。

USB 几何观测值也需要加入系统误差和随机误差才能近似于"真实"数据。在实验中,随机误差的加入与模拟空间 VLBI 数据时的方法相同,通过生成随机数并与对应的中误差相乘加入到几何观测值中。

对于系统误差,USB 数据也主要考虑了时钟误差、对流层以及太阳光压引起的轨道误差引起的 USB 测量误差,这部分的处理与模拟空间 VLBI 数据时方法相同,需要指出的是,在模拟多普勒数据时,不再添加钟差的影响,而只将钟漂中误差与随机数的乘积加入到多普勒几何观测值中。总之,通过计算各类系统误差,并按照经模型改正后剩余残差的比例加入到几何观测值中,在定轨计算时不再使用误差模型进行改正。

在模拟 USB 双程测距数据时,还添加了 5m 的固定系统误差,这部分误差主要由硬件延迟引起的。USB 各类误差的设置参见表 6-3。

6.3.2 模拟数据定轨解算

通过模拟空间 VLBI 时延和时延率数据以及 USB 测距、测速数,将利用这些观测数据对"嫦娥"探测器进行轨道确定。表 6-4 给出了本节定轨分析时的定轨策略。

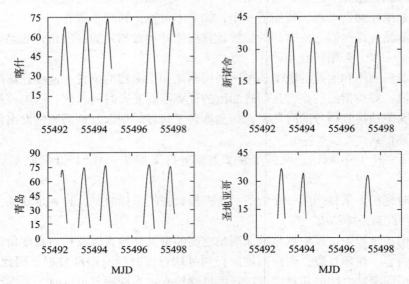

图 6-9　USB 测站跟踪高度角统计

表 6-4　　　　　　　　　　　　　　　定 轨 策 略

力学模型	非球形摄动	环月段：GRGM900C（70×70，100 km×100 km 轨道） GRGM900C（150×150，100 km×15 km 轨道）
	N 体引力	太阳，地球，大行星（DE421 星历）
	太阳光压	固定面质比，解算光压系数
	固体潮	环月段：考虑了 k2，k3 项
	广义相对论	考虑
估计参数		探测器初始位置和速度，太阳光压系数
数据权重		USB 测距：15m；USB 测速：5cm/s 地面 VLBI 时延：1ns；时延率：0.1ps/s 空间 VLBI 时延：0.5ns；时延率：0.05ps/s
解算弧长		100 km×100km 轨道：60 小时 100 km×15km 轨道：37.5 小时

1. 射电源个数的选择

　　利用空间 VLBI 数据进行定轨时，与地面测站组成空-地 VLBI 观测的射电源个数是影响定轨结果的一个重要因素。本研究使用的射电源为 ICRF 框架下的稳定河外射电源，分别使用 3、5、7、9 颗射电源模拟了空间 VLBI 数据，利用空间 VLBI 数据进行了定轨计算，表 6-5 是实验中使用的各射电源的编号和赤经、赤纬。

射电源	赤经（h m s）			赤纬（° ′ ″）		
1753+183	17	55	59. 717 551	18	20	21. 777 56
0212+735	2	17	30. 813 363	73	49	32. 621 76
2007+777	20	05	30. 998 519	77	52	43. 247 61
1807+698	18	06	50. 680 650	69	49	28. 108 52
0003+380	0	05	57. 175 409	38	20	15. 148 57
0923+392	9	27	3. 013 916	39	02	20. 851 95
1404+286	14	07	0. 394 410	28	27	14. 689 98
0552+398	5	55	30. 805 608	39	48	49. 165 00
1641+399	16	42	58. 809 951	39	48	36. 993 95

表 6-5　　　　　　　　　　　　射电源坐标

图 6-10 和图 6-11 是不同射电源个数对应的空间 VLBI 数据用于 100km×100km 轨道和 100km×15km 轨道确定的精度。从两图可以看出，随着射电源个数的增加，两种类型轨道的定轨精度都明显提高，当射电源个数达到 7 个时，定轨精度不再明显变化，因此在后面的分析中，都使用了 7 颗射电源的空间 VLBI 观测数据进行定轨分析。

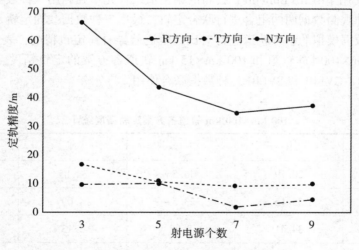

图 6-10　射电源个数对 100km×100km 轨道定轨影响

6.3.3　ERP 不参入估计时的联合数据定轨分析

为分析各类观测数据用于 CE 的定轨精度，本节设计了 7 种定轨方案：①只用 USB 数据定轨；②只用 GVLBI 数据定轨；③只利用 SVLBI 数据定轨；④联合 USB 和 GVLBI 数据定轨；⑤联合 USB 和 SVLBI 数据定轨；⑥联合 GVLBI 和 SVLBI 数据定轨；⑦联合 USB、

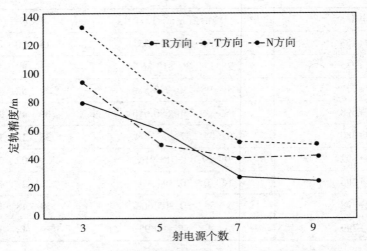

图 6-11　射电源个数对 100km×15km 轨道定轨影响

GVLBI 和 SVLBI 数据定轨。

　　分别使用 7 种定轨方案对"嫦娥"二号 100 km×100 km 轨道、100 km×15 km 轨道进行了定轨分析，各方案中除使用的数据各不相同以外，其他定轨策略都与表 6-4 中设置相同，ERP 参数使用了 IERS Bulletin B 公布的精密值。首先单独利用三种数据分别进行了定轨，然后将三种观测数据两两组合进行联合定轨，最后三种数据共同定轨。所有方案的定轨结果分别与数据模拟的参考轨道进行对比，轨道差异看作定轨精度，表 6-6 和表 6-7 分别给出了 100 km×100 km 轨道和 100 km×15 km 轨道各方案的定轨精度。两表中"USB+VLBI"表示 USB、GVLBI 和 SVLBI 三种数据联合使用。

表 6-6　　　　　　　　　　　　　　**100 km×100 km 轨道各方案定轨精度统计**

定轨方案	R	T	N	3D
USB	20. 79	46. 56	34. 85	61. 76
GVLBI	35. 15	23. 53	4. 09	42. 50
SVLBI	34. 41	8. 98	2. 13	35. 62
USB+GVLBI	21. 29	22. 37	8. 80	32. 11
USB+SVLBI	21. 89	5. 66	4. 22	23. 01
GVLBI+SVLBI	34. 58	10. 47	4. 28	36. 38
USB+VLBI	20. 39	4. 95	5. 21	21. 62

表 6-7   **100 km×15 km 轨道各方案定轨精度统计**

定轨方案	R	T	N	3D
USB	24.5	89.25	68.87	115.36
GVLBI	29.79	57.12	66.6	92.65
SVLBI	28.42	52.49	40.93	72.37
USB+GVLBI	26.19	48.36	47.1	72.41
USB+SVLBI	18.64	52.47	39.42	68.21
GVLBI+SVLBI	28.91	57.48	49.98	81.47
USB+VLBI	18.42	50.53	35.56	64.47

从表中可以看出，USB、GVLBI、SVLBI 三种技术单独进行定轨解算时，在总方向上 SVLBI 技术的定轨精度明显优于其他两种技术；在 R 方向上，USB 技术明显优于两种 VLBI 技术，但在 T、N 方向上，GVLBI 和 SVLBI 明显好于 USB，SVLBI 又优于 GVLBI。

多种技术的联合定轨能够显著提高定轨精度，USB+GVLBI 和 USB+SVLBI 的定轨结果相比单独定轨的结果，在 R、T、N 三个方向上均有了明显改进，在 100 km×100 km 轨道上，USB+SVLBI 的结果明显优于 USB+GVLBI，尤其在 T、N 方向上提升明显；而在 100 km×15 km 轨道上，USB+SVLBI 的定轨结果在 R、N 方向优于 USB+GVLBI 定轨结果。两种 VLBI 数据联合定轨的结果虽优于任何一种数据单独定轨的结果，但是在 R 方向上的精度仍然差于有 USB 数据参入的定轨结果，这也说明了 USB 数据在 R 方向上的约束作用明显。

最后，联合三种观测技术对两种轨道进行了精密定轨。结果表明，除在 100 km×100 km 轨道的 N 方向上，方案 7 的定轨精度略差于 SVLBI 和 USB+SVLBI 的结果，其他方向的结果相比其他方案均有了明显改进。

6.3.4 ERP 参入估计时的联合数据定轨分析

分析利用模拟的 USB 和空间 VLBI 数据，联合实测地面 VLBI 测轨数据，利用 ERP 预报值，通过估计 ERP，进一步研究 ERP 预报精度对定轨精度的影响。

1. 定轨精度的影响分析

单独和联合不同类型观测数据，首先利用 ERP 预报值分别进行了定轨解算，定轨结果与模拟数据时的参考轨道进行比较，得到 ERP 预报值进行定轨的外符合精度；然后将 ERP 参入到定轨估计，定轨结果与参考轨道比较，得到 ERP 参入估计的定轨结果的外符合精度。表 6-8 和表 6-9 分别给出了两种定轨结果的外符合精度 RMS 统计，同时给出了利用 ERP 精密值定轨的精度统计。

表 6-8　　　　　　　　　　**100 km×100 km 轨道各方案定轨精度统计**

定轨精度统计		定 轨 方 案						
		一	二	三	四	五	六	七
R 方向	精密 ERP	20.79	35.15	34.41	21.29	21.89	34.58	20.39
	预报 ERP	20.91	35.57	34.48	20.89	22.32	35.82	20.23
	估计 ERP	20.64	35.61	34.23	20.72	22.49	35.81	20.14
T 方向	精密 ERP	46.56	23.53	8.98	22.37	5.66	10.47	4.95
	预报 ERP	49.33	24.74	9.18	23.25	5.74	11.20	5.21
	估计 ERP	49.12	24.56	9.11	23.14	5.56	11.18	4.98
N 方向	精密 ERP	34.85	4.09	2.13	8.80	4.22	4.28	5.21
	预报 ERP	37.74	7.25	5.95	11.32	5.83	6.05	5.94
	估计 ERP	37.49	7.03	5.54	11.18	5.72	5.86	5.66

表 6-9　　　　　　　　　　**100 km×15 km 轨道各方案定轨精度统计**

定轨精度统计		定 轨 方 案						
		一	二	三	四	五	六	七
R 方向	精密 ERP	24.50	29.79	28.42	26.19	18.64	28.91	18.42
	预报 ERP	24.94	30.27	28.51	26.33	19.01	29.42	18.55
	估计 ERP	24.92	30.19	28.50	26.21	19.03	29.27	18.31
T 方向	精密 ERP	89.25	57.12	52.49	48.36	52.47	57.48	50.53
	预报 ERP	91.18	59.89	55.14	50.78	53.25	58.18	51.02
	估计 ERP	91.21	59.67	55.26	50.81	53.17	57.93	50.81
N 方向	精密 ERP	68.87	66.6	40.93	47.1	39.42	49.98	35.56
	预报 ERP	67.23	68.25	42.15	50.81	43.03	51.38	36.74
	估计 ERP	67.21	68.27	41.98	50.65	42.51	50.44	35.82

从表 6-8 和表 6-9 可以看出，在 R 方向上，利用 ERP 预报值和精密值分别进行定轨的结果相差很小，各种定轨方案下的两种定轨精度的差别在分米级；通过估计 ERP，定轨精度在 R 方向上有了一定程度的提升；在 T、N 方向上，ERP 预报值对定轨精度的影响明显增大，与精密值的结果差异为数米；而利用估计 ERP 的定轨方案，定轨精度虽有一定程度的提升，然而与使用预报值的定轨结果差异也在分米级。

因此，从定轨角度上讲，ERP 预报值对于 CE-2 环月段的定轨精度影响不大，这与前文仅用实测 VLBI 数据的分析结果是一致的。

2. ERP 估计精度分析

将 ERP 参数参入到定轨估计中，在得到精密轨道的同时还得到了 ERP 参数的估计值。表 6-10~表 6-12 给出了各定轨方案下解算的 ERP 参数估计值与精密值的差值（绝对值），以此作为 ERP 估计值的外符合精度。各表同时给出了 ERP 预报值与精密值的差值（绝对值）。

表 6-10　　　　　　　**各定轨方案下 X_p 参数的解算精度与预报值精度的比较**

精度（mas）　　解算方案	日期（2010 年 10 月）						
	23 日	24 日	25 日	26 日	27 日	28 日	29 日
预报值精度	0.073	0.099	0.331	0.381	1.686	1.787	0.633
USB	0.059	0.061	0.956	0.392	1.210	1.421	0.671
GVLBI	0.025	0.035	0.5641	0.435	0.092	1.187	0.498
SVLBI	0.036	0.032	0.236	0.375	1.269	0.464	0.591
USB+GVLBI	0.058	0.079	0.956	0.378	1.276	0.552	0.633
USB+SVLBI	0.042	0.036	0.794	0.449	1.260	0.462	0.611
GVLBI+SVLBI	0.051	0.032	0.882	0.376	1.248	0.462	0.579
USB+VLBI	0.085	0.033	0.881	0.370	1.247	0.462	0.583

表 6-11　　　　　　　**各定轨方案下 Y_p 参数的解算精度与预报值精度的比较**

精度（mas）　　解算方案	日期（2010 年 10 月）						
	23 日	24 日	25 日	26 日	27 日	28 日	29 日
预报值精度	0.757	0.649	0.072	0.205	0.465	0.913	0.132
USB	0.149	0.332	0.432	0.702	0.626	0.355	0.464
GVLBI	0.316	0.867	1.461	0.596	1.268	1.459	0.248
SVLBI	0.119	0.348	0.043	0.704	0.343	0.361	0.047
USB+GVLBI	0.302	0.263	0.138	0.808	1.150	1.779	0.734
USB+SVLBI	0.116	0.628	0.092	0.704	0.414	0.356	0.113
GVLBI+SVLBI	0.117	0.595	0.112	0.702	0.779	1.814	0.056
USB+VLBI	0.121	0.479	0.106	0.694	0.731	0.878	0.098

225

表 6-12　　　　　**各定轨方案下 dUT 参数的解算精度与预报值精度的比较**

精度（mas）　　　　　解算方案	日期（2010 年 10 月）						
	23 日	24 日	25 日	26 日	27 日	28 日	29 日
预报值精度	0.059 1	0.072 3	0.055 9	0.033 4	0.060 2	0.081 2	0.031 7
USB	0.164 5	0.027 9	0.063 5	0.033 1	0.011 9	0.043 1	0.034 0
GVLBI	0.307 3	0.083 1	0.023 8	0.053 7	0.077 6	0.027 0	0.097 0
SVLBI	0.015 4	0.029 1	0.062 5	0.010 6	0.021 1	0.053 6	0.031 7
USB+GVLBI	0.138 2	0.029 7	0.023 4	0.032 5	0.013 6	0.071 0	0.072 5
USB+SVLBI	0.075 3	0.029 3	0.042 9	0.051 2	0.020 2	0.051 4	0.031 7
GVLBI+SVLBI	0.031 9	0.023 1	0.083 2	0.017 0	0.029 1	0.049 9	0.041 0
USB+VLBI	0.034 5	0.041 3	0.070 6	0.027 2	0.047 3	0.042 5	0.046 2

从表 6-11～表 6-12 可以看出，无论使用哪种定轨方案，解算的 ERP 估计值精度相比预报值精度都有了明显变化。对于单独利用 USB 数据的解算结果，X_p 和 Y_p 参数在 25 日、26 日和 29 日的估计精度低于预报值精度，dUT 参数则在 23 日、25 日和 29 日的结果较差。GVLBI 数据的定轨解算结果也表明，每天的 ERP 参数估计精度差异较大；而利用 SVLBI 解算的 ERP 估计值精度在每天的结果均优于 ERP 预报值精度（25 日的 dUT 结果除外），这表明利用 SVLBI 数据有效提高了 ERP 参数的精度。

而联合两种或三种数据的解算结果表明，多种数据的联合解算有助于提高 ERP 参数的解算精度，而 SVLBI 数据的加入能够明显提高 ERP 参数的解算精度；SVLBI 数据单独解算的 ERP 参数精度优于或与联合数据解算的 ERP 参数精度相当，这也表明多种数据的融合数据策略还需要进一步研究。

6.4　本章小结

本章研究了联合空间 VLBI、USB 和地面 VLBI 技术用于"嫦娥"二号探测器精密定轨。首先论述了目前空间 VLBI 用于探测器精密定轨的研究现状，指出目前对空间 VLBI 用于卫星精密定轨的研究主要集中于近地卫星，由此提出将空间 VLBI 技术用于月球探测器精密定轨的思想。

在"嫦娥"二号参考轨道的基础上，结合"嫦娥"二号任务中的跟踪站和测轨技术，模拟了 USB 测距和测速数据；根据空间 VLBI 观测模型模拟了空间 VLBI 时延和时延率数据；并详细介绍了数据模拟时理论观测值的计算以及加入的相关误差。根据模拟的观测数据，结合"嫦娥"二号 VLBI 实测数据，设计了 7 种定轨方案，进行了单独或联合多种类型数据用于探测器的定轨分析，对 100 km×100 km 和 100 km×15 km 两种类型的轨道分别进行了分析。结果表明，单独使用空间 VLBI 的定轨精度高于其他两种技术单独定轨的精度，体现了空间 VLBI 数据用于探测器定轨的优势。三种技术联合定轨的方案在所有方案中的定轨精度最高。同时，利用多种数据进一步分析 ERP 参数对定轨精度的影响，结果表明，空间 VLBI 数据可有效提高 ERP 先验值的精度。

总之，空间 VLBI 由于可直接观测天球上均匀分布的射电源，因此其观测数据包含了更多的轨道方向信息，同时超长的空-地基线也显著提高了 VLBI 测角分辨率，这些优势使空间 VLBI 技术在月球探测器精密定轨方面拥有巨大的技术优势，本章模拟数据的定轨结果证明了这一点。

◎ 思考题及习题

1. 什么是深空探测中的 USB？
2. USB 系统由哪几部分组成？
3. 试述微波统一测控系统工作原理。
4. 论述 USB 定轨原理。
5. 什么是主站？什么是副站？二者有什么不同？
6. 画出 USB 多普勒测量频率流程图。
7. 了解集成 USB-VLBI 技术的应用。
8. 上网了解 USB 技术的最新进展。

◎ 参考文献

[1] Günter Seeber. Satellite geodesy[M]. Berlin：Walter de Gruyter，1993.

[2] 胡明城. 空间大地测量的最新进展[J]. 测绘科学，2001，26(4)：52-55.

[3] 陈俊勇. 空间大地测量技术对确定地面坐标框架、地形变与地球重力场的贡献和进展[J]. 地球科学进展，2005，20(10)：1053-1058.

[4] 金文敬，许冠华. 全球激光测月技术的进展[J]. 天文文献情报，1990，3(3)：45.

[5] 魏二虎，常亮，刘经南. 我国进行激光测月的研究[J]. 测绘信息与工程，2006，31(3)：1-3.

[6] 金文敬，王强国. 激光测月. 天文地球动力学讨论班资料集，1985.

[7] 谭德同. 人卫激光测距. 天文地球动力学讨论班资料集，1985.

[8] 黄珹，利用卫星激光测距资料确定地球自转参数. 天文地球动力学讨论班资料集，1985.

[9] 刘林. 人造地球卫星轨道力学[M]. 北京：高等教育出版社，1992.

[10] 彭碧波. 人卫激光测距的地球动力学应用[D]. 北京：中科院测地所，1998.

[11] 温学龄，张先觉. 宇宙大地测量学[M]. 郑州：解放军出版社，1989.

[12] 李征航，等. 空间大地测量理论基础[M]. 武汉：武汉测绘科技大学出版社，1998.

[13] 黄珹，冯初刚. SLR 数据处理及软件实现[D]. 上海：中国科学院上海天文台，2003.

[14] 吴斌，利用激光测卫技术归算地球自转参数[D]. 北京：中科院测地所，1983.

［15］秦宽，魏二虎，严韦．流动卫星激光测距技术在中国的发展［J］．测绘科学，2007，32(2)．

［16］刘经南，魏二虎，黄劲松，等．月球测绘在月球探测中的应用［J］．武汉大学学报：信息科学版，2005，30(2)：95-100.

［17］魏二虎，刘经南，黄劲松．中国深空测控网建立方案的研究［J］．武汉大学学报：信息科学版，2005，30(7)：592-596.

［18］刘爱东，张永强，杨健，等．USB 设备互连通信协议设计［J］．电光与控制，2011，01：69-72.

［19］刘嘉兴．载人航天 USB 测控系统及其关键技术［J］．宇航学报，2005，06：743-747.

［20］曹建峰，黄勇，胡小工，等．USB 与 VLBI 联合确定"嫦娥"一号卫星撞月点的位置［J］．宇航学报，2010，07：1724-1729.

［21］杨萍，孙刚，刘利生．USB 测量系统测速数据最优滤波技术研究［J］．航天控制，2010，06：77-80.

［22］王宏，董光亮，胡小工，等．USB-VLBI 综合确定 SMART-1 环月探测器轨道［J］．测绘科学，2008，01：40-42+67+246.

第7章　脉冲星测量技术及其在深空探测器自主导航中的应用

7.1　脉冲星的发现

脉冲星导航是指利用脉冲星的脉冲信号和已知的脉冲星位置，确定空间飞行航天器的轨道，为飞行器提供位置、速度、时间、姿态等丰富导航信息，实现飞行器自主导航和运行的技术。

脉冲星是大质量恒星演化、坍缩、超新星爆发的遗迹，是一种具有超高温、超高压、超高密度、超强磁场、超强电场和超强引力场等极端物理条件的天体，其典型半径约为 10 km，而质量却与太阳相当。当一颗恒星变成超新星时，经过激烈变化后，留下满天膨胀的气体和微小物质，余下的核心直径只有十几到几十公里。超新星的内爆非常强烈，恒星原子里的质子和电子被紧紧地压缩在一起，抵消了它们的电荷，形成中子。这种中子星可以达到水密度的 10^{14} 倍，有着极强的磁场，可以快速地旋转，如图 7-1 所示。因为磁轴不与旋转轴重合，二者一般具有一定的夹角，当脉冲星高速旋转时，辐射束将沿着磁场两极方向被抛出，随着脉冲星的自转，该辐射束周期性扫过探测器的视界，形成脉冲。脉冲星在射电、红外、可见光、紫外、X 射线和 γ 射线等电磁波频段产生信号辐射，通常把在射电频段上辐射信号的脉冲星叫做射电脉冲星，把在 X 射线频段上辐射信号的脉冲星叫做 X 射线脉冲星。X 射线属于高能光子，集中了脉冲星绝大部分辐射能量，易于小型化设备探测与处理，但难于穿过地球稠密大气层，因此只能在地球大气层外空间才能观测到。

一般认为，脉冲星是一种快速自转并具有强磁场的中子星，其辐射的电磁波信号在沿磁极方向的一个较窄的锥体(锥角<10 度)内向外传播，磁轴与旋转轴之间有一定夹角的脉冲星带着辐射光束在宇宙中扫过一个巨大的空心锥体。脉冲星最重要的特征是自转周期的稳定性，周期变化率($\Delta p/p$)的典型值为 10^{-15}，某些毫秒脉冲星的自转周期变化率可达 $10^{-19} \sim 10^{-21}$，被誉为"自然界最精确的频率基准"，不同频谱下观测到的脉冲星图像，如图 7-2 所示。

20 世纪 30 年代，发现中子以后，苏联理论物理学家就预言了宇宙中存在由中子组成的星体，其密度极高，体积极小，辐射很弱。当时的天文观测主要依赖于光学观测，由于中子星体积小，光度比普通恒星小几十亿倍，因此很难发现预言中的中子星。

1967 年，英国剑桥大学的休伊什教授及其博士研究生贝尔利用观测行星际闪烁的射电望远镜发现了第一颗射电脉冲星；1976 年，英国的天文观测卫星"羚羊 5 号"首次观测

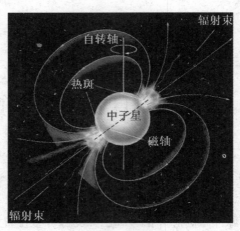

图 7-1　脉冲星的形成

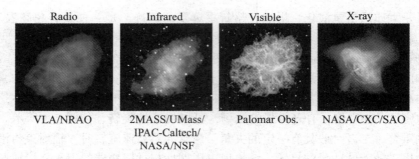

图 7-2　不同频段下的脉冲星图像

到脉冲星 X 射线辐射信号。

　　目前，已发现的射电脉冲星约有 1 800 颗，如图 7-3 所示，其中毫秒脉冲星占 10%，而已发现的 X 射线脉冲星约有 140 颗，其中 10 余颗脉冲星具有良好的 X 射线周期性稳定辐射特性。通过天文观测，我们可以确定脉冲星的相关参数，包括脉冲星的自转参数(自转的初始相位、自转频率及其导数)和天体测量参数(空间位置、自行和距离)。利用脉冲星的已知参数，我们可以建立相关模型，为空间飞行器提供导航服务。在利用脉冲星进行导航的过程中，最为重要的观测量为脉冲星脉冲信号到达航天器时间 TOA(Time of Arrival)。位置导航中利用 TOA 和预计的到达时间之差解算出真实位置和预报位置之差，从而对预报位置进行修正。

　　因此，射电脉冲星在导航领域具有很大的应用潜能。在近地轨道导航领域，射电脉冲星定位将成为 GPS 的备份与补充；脉冲星的两个磁极各有一个辐射波束，根据星体自转情况，周期性地向航天器上的探测设备发射脉冲信号，从而为那些星际旅行的航天器指引方向。脉冲星犹如太空之海永不熄灭的灯塔，是天造地设的导航标识。

　　脉冲星自转周期范围从几毫秒到 10 余秒，周期稳定性极好，毫秒级脉冲星被誉为自

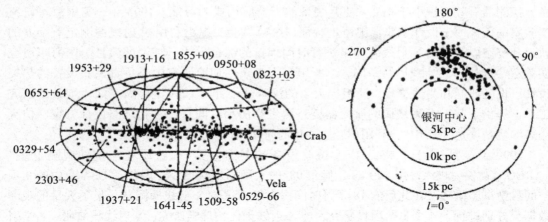

图 7-3　目前已发现和编目的脉冲星

然界最稳定的时钟。

　　近 40 年来，脉冲星一直是天文学、天体物理学、高能物理学和空间科学理论研究的热点领域。脉冲星的应用研究主要集中在两个方面：一是脉冲星时间计量方法和时频基准建立研究；二是基于 X 射线脉冲星的航天器自主导航技术研究。事实上，时间测量是导航定位的基本观测量，因而脉冲星时间计量的理论方法以及信号与数据处理技术研究，为脉冲星导航技术研究奠定了理论基础。

7.2　脉冲星导航技术研究历程

　　X 射线脉冲星导航是一种新兴的天文导航方法，目前国内外在 X 射线脉冲星导航理论、X 射线脉冲星观测与编目以及 X 射线探测器等方面开展了大量研究，实施了一系列相关科学研究计划，其中美国在此领域处于领先地位。

　　1974 年，美国喷气推进实验室的德恩斯博士首次提出基于射电脉冲星的行星际飞行航天器自主轨道确定方法，概算定轨精度达到 150 km。该方法主要存在三个方面的缺陷：一是脉冲星在射电频段辐射信号极其微弱，为了进行脉冲信号检测，需要高增益、大口径的探测设备天线，口径达到 25m；二是脉冲星射电辐射信号强度较低，要求信号积分时间长达 24h，才能获得足够的信噪比；三是绝大部分天体辐射和银河系散射信号分布于整个射电频段，掩盖了微弱的脉冲星射电信号，不利于有用信号的检测、提取和噪声剔除。尽管德恩斯的方法难于工程实现，且定轨精度较低，不能满足航天器高精度自主导航的应用需求，但是却开创了脉冲星导航技术研究的先河。对于红外、可见光和紫外脉冲星，因其数量稀少，光度较低，要求较大口径的望远镜以及较高的指向精度和信号处理技术，也不宜用于航天器的自主导航。

　　1981 年，美国通信系统研究所的切斯特和巴特曼提出利用脉冲星 X 射线源为航天器导航的构想。X 射线集中了脉冲星的绝大部分能量辐射，易于设备探测和信号处理，减少了弱信号积分时间，提高了脉冲到达时间测量分辨率。尤其是有利于设计小型化探测设备，探测器有效面积小于 1m²，使其装备航天器应用成为可能。1993 年，美国海军研究实验室的伍德博士设计了非常规恒星特征(USA)试验，提出利用 X 射线源测定航天器的轨道和姿态以及利用 X 射线脉冲星进行时间保持的综合方法。USA 试验是美国海军研究实验室"X 射线天文计划"的一部分，斯坦福大学线性加速研究中心负责试验设备的热控设计、设备研制和测试总装。斯坦福大学的汉森博士针对 USA 试验做了深入细致的研究工作，提出了基于 X 射线源的航天器姿态测量算法和时间保持锁相环路设计方案，仿真姿态测量精度达到 0.01°，利用单颗脉冲星的时间保持误差小于 1.5ms。

1999 年 2 月 23 日，搭载 USA 试验设备的美国空军"先进研究与全球观测卫星"(ARGOS)被发射进入高度 840 km、倾角 98°的太阳同步轨道，开展包括 USA 在内的 9 项空间科学试验研究。在此后的 18 个月时间内，USA 试验 X 射线探测器采集了大量的观测数据，分别进行了 4 个主题项目研究，即 X 射线天体物理学研究、X 射线导航研究、X 射线大气上层探测研究以及在空间环境条件下的信号与数据处理技术研究。USA 试验采用两台双轴平台式准直型气体正比计数探测器，探测 X 射线能量范围为 1～15keV，探测器有效面积为 0.1m²，视场为 1.2°×1.2°。

美国马里兰大学的歇克博士在广泛调研脉冲星导航技术研究的基础上，深入分析研究脉冲星的基本物理特征，建立了脉冲星导航数据库，研究脉冲到达时间(TOA)精确转换模型，提出基于 X 射线脉冲星的航天器自主定轨和定时的数学模型，仿真概算轨道确定精度为 100m。此外，美国空军技术学院的硕士研究生伍德沃克以 X 射线脉冲星到达两颗GPS 卫星的时间差为辅助观测量，研究改善 CPS 卫星轨道和时钟参数测定精度的方法。最小二乘批处理算法仿真结果表明，利用脉冲到达时间差和伪距测量数据估计 GPS 卫星轨道和时钟参数精度比单独伪距测量数据分别提高了 30.8%和 21.4%。

7.2.1　国外研究进展

1. 脉冲星导航思想的形成与导航理论的发展

(1)脉冲星导航思想的萌芽阶段

脉冲星导航思想最早于 20 世纪 70 年代提出。1971 年，Reichley，Downs 和 Morris 首次描述了把射电脉冲星作为时钟的思想。1974 年，Downs 在文献 Interplanetary Navigation Using Pulsation Radio Source 中提出一种基于射电脉冲星信号进行行星际导航的思想，标志着脉冲星导航思想的初步形成。但由于脉冲星的射电信号强度较弱，宇宙中的射电信号噪声强度大，导航中需要至少 25m 口径的天线接收信号，因此该方法很难在工程中实现。20 世纪 70 年代后期，天文观测在 X 射线波段能量范围 1～20keV、频率范围 2.5×10¹⁷～4.8×10¹⁷Hz 的进展，促进了对 X 射线脉冲星特性的研究。1980 年 Downs 和 Reichley 提出测量脉冲星脉冲到达时间的技术。1981 年 Chester 和 Butman 在国际上第一次正式提出利用 X 射线脉冲星进行航天器导航的思想。

(2)脉冲星导航理论的成长阶段

20 世纪 80 年代和 90 年代，X 射线脉冲星导航理论研究得到了长足发展，在定位、定姿和授时研究方面取得了一定成果。20 世纪 80 年代，随着天文理论的发展和观测手段的进步，人们对 X 射线脉冲星的特性有了更深刻的了解。1982 年，随着第一颗毫秒脉冲星的确认，人们发现某些毫秒脉冲星可用作天然高精度的频率标准源，据此提出了建立毫秒脉冲星时的想法。1993 年，Wood 建议研究一个广泛适用的 X 射线导航系统，包括姿态、位置、时间以及演示验证任务。John 将这方面工作继续深入，1996 年在其博士论文中详细讨论了利用 X 射线天体源来确定航天器姿态和时间的方法。在此阶段，定位研究主要集中在掩星法，精度无法满足高精度导航需求。

（3）脉冲星导航理论的初步成型阶段

进入新世纪，随着人们对脉冲星在 X 波段了解的深入，X 射线脉冲星自主导航理论初步成型。2004 年，Josep 等人在文献 Feasibility Study for a Spacecraft Navigation System relying on Pulsar Timing Informatio 中详细阐述了脉冲星导航原理和脉冲星信号模型，并分析了实现的可行性。2005 年 Dennis 在其硕士学位论文中把 X 射线脉冲星自主导航方法与 GPS 卫星轨道确定结合起来，为提高 GPS 卫星的自主性提供了新的思路。同年，Suneel 在其博士论文中系统阐述了 X 射线脉冲星自主导航方法，提出多种定位、授时方案，标志着 X 射线脉冲星自主导航理论初步成型。

（4）脉冲星导航理论的完善提高阶段

最近几年里，脉冲星导航成为国际导航界研究的热点，脉冲星导航理论得到了进一步的发展、完善和提高。2007 年 4 月，在美国马萨诸塞州剑桥市举办的第 63 届导航协会年会上设立了 X 射线脉冲星导航专题报告分会，与会学者就脉冲星导航中的一些关键问题进行了充分交流。Robert 将极大似然估计和数字锁相环相结合，提出一种适用于航天器运动情况下的信号相位跟踪算法来计算光子到达时间，并系统分析了该算法的动态跟踪能力。Emadzadeh 等人基于 IMU 系统和两个航天器上测量到的光子到达时间延迟信息，采用卡尔曼滤波算法研究了两个航天器之间的相对导航问题，并预测该种导航方式下的相对定位精度可以达到 10cm。Suneel 等人研究了脉冲星导航中的惯性参考框架和时间转换算法等时间基准问题，并且对所提出方法进行了仿真验证。针对航天器对相对导航技术的需求，Suneel 在文献中提出了基于信号相关算法的脉冲星相对导航方法，并基于 RXTE 探测器的观测数据进行了仿真分析。Graven 等人讨论了各种误差因素对脉冲星导航的影响，展望了脉冲星导航在行星际航行、深空探测以及日地平动点等不同飞行任务中的应用前景，并与 DSN 等主要深空导航手段进行了分析比较。2008 年 5 月在加利福尼亚蒙特里举办的 IEEE/ION PLANS 年会上，John 和 Emadzadeh 分别作了关于脉冲星导航的大会报告，讨论了脉冲星导航中的精度和相对导航等问题。其中，John 研究了各种噪声对脉冲星导航的影响，并建立了主要噪声的解析模型，对预测典型飞行任务下的脉冲星导航性能有一定理论参考价值。Emadzadeh 基于自适应滤波提出了一种精度高、计算量小的脉冲星相对导航信号时延在线估计算法，该算法在信号统计参数是未知或者时变情况下具有较好的估计效果。在 2008 年 GNC 学术会议上，针对脉冲星导航中的一些基本问题，Graven 等人提出了相关技术方案，分析评估了守时精度和导航性能，指出目前脉冲星导航在信号源模型、探测器、导航算法及演示验证方面尚存在一些问题有待进一步深入研究。针对基于 X 射线脉冲星的相对导航问题，2009 年在 IEEE 的决策与控制和 AIAA 的 GNC 会议上，Emadzadeh 建立了航天器在轨测量的光子到达事件数学模型，提出采用历元叠加的方法来恢复脉冲星信号，研究了基于非线性最小二乘和极大似然估计的信号时延估计算法，并将算法精度与导航精度极限 CRLB 进行了仿真比较。2010 年在文献 Relative Navigation Between Two Spacecraft Using X-ray Pulsar 中，他研究了基于 X 射线脉冲星的相对导航递推算法，分析了速度误差对信号延迟估计的影响。为保证航天器轨道机动过程中的相对导航精度，Emadzadeh 提出将 X 射线脉冲星导航和 INS 进行组合，可以有效估计出两个航天器的加速度计偏差和钟差。

2. 脉冲星导航相关科学研究计划

(1) USA 试验

从 1999 年到 2000 年，斯坦福大学线性加速器中心(Stanford Linear Accelerator Center，SLAC)和美国海军研究实验室(Naval Research Laboratory，NRL)共同设计、研制的非常规天体试验(Unconventional Stellar Aspect，USA)系统搭载在 ARGOS 卫星上升空。USA 试验在一个万向节结构上安装了两个大型 X 射线探测器，为 X 射线脉冲星导航提供了试验平台。USA 试验是 ARGOS 卫星搭载的 8 项试验中的一项，也称 NRL-801，其主要目的是验证利用空间 X 射线源进行导航的可行性。在 NRL-801 试验中，GPS 接收机一方面用于辅助记录 X 射线光子到达探测器的时间，另一方面向卫星提供精确的位置信息。ARGOS 卫星的整个任务周期为 3 年，由于搭载的探测器性能不高和运行期间星载 GPS 系统发生故障等多方面原因，导致脉冲星导航的定位精度不高。但试验结果表明，X 射线脉冲星导航这一前瞻性导航方式是可行的。

(2) XNAV 计划

2004 年，美国 DARPA 的战术技术办公室启动了 XNAV 计划(X-ray Source-based Navigation for Autonomous Position Determination)。XNAV 是一项应用空间 X 射线源进行自主定位、定姿和授时的研究和发展计划，其目标是验证利用 X 射线源进行航天器导航的可行性，研制开展空间试验所需要的有效载荷，研究成果将为近地空间和深空探测提供有效的导航手段，为 GPS 导航系统提供可靠备份。

XNAV 计划的主要任务包括：测试 X 射线探测器性能；检验 X 射线脉冲星导航精度；测定旋转供能 X 射线脉冲星参数；确定试验平台上载荷最佳方位角；为试验平台研发设计 X 射线探测器系统；为试验平台加工生产 X 射线探测器；设计适用于空间飞行任务的载荷；飞行演示试验；建立导航性能的评价机制。

XNAV 计划自 2004 年启动，分三个阶段实施。2004—2006 年是概念可行性研究阶段，主要进行脉冲星特征描述、导航算法开发、探测器原型设计、应用效果评估等；2006—2008 年是设备研发阶段，设计、开发相关硬件，并进行地面试验；2008—2009 年是演示验证阶段，通过在航天飞机、国际空间站或其他航天器上的搭载试验确认方案的有效性。2005 年 11 月，DARPA 选择鲍尔航天技术公司领导 XNAV 计划第一阶段研发工作。2006 年 2 月，XNAV 计划在 RDT&E 预算项目中申请研究经费 1 658.4 万美元。

(3) SBIR 资助计划

2006 年，在 NASA 小型企业创新研究计划(SBIR)资助下，美国 Microcosm 公司开展了脉冲星导航研究。该研究计划分为三个阶段。第一阶段，Microcosm 公司论证了 X 射线脉冲星导航的可行性，分析不同星际航行任务下 X 射线脉冲星导航可以达到的精度，对导航可用脉冲星进行了初步编目，分析了不同因素对导航误差的影响。第二阶段，

Microcosm 公司将针对 NASA 关心的一些飞行任务,详细评估 X 射线脉冲星导航的性能,开发适用于近期 XNAV 飞行演示验证使用的飞行试验软件。第三阶段,Microcosm 公司计划将研发的飞行试验软件与戈达德空间飞行中心的 GEONS(GPS Enhanced Onboard Navigation System)软件集成,研发组合导航系统以提高导航的精度和可靠性。目前该计划进展顺利,研究工作已进入第二阶段。

3. X 射线脉冲星观测及编目研究进展

脉冲星的发现源于人们对星际闪烁理论的研究。1967 年 Hewish 和他的研究生 Bell 在对射电波的大气随机折射研究中意外发现了射电脉冲星信号,并将观测结果发表在《自然》杂志上,从此揭开了人们对脉冲星探测的序幕。

基于地面射电望远镜观测脉冲星是一种十分有效的手段。由于在地面可以将射电观测系统口径做得很大,具有较高的能量和时间分辨率,因此在脉冲星巡天观测以及脉冲星位置、周期、周期变率等参数高精度观测方面有独到的优势,其中 Jodrell Bank、Los Alamos、Caltech、U. C. Berkeley、Arecibo 和 Parkes 等天文台的射电望远镜在此方面取得了丰硕的成果。

目前国际上对 X 射线的探测主要采用 X 射线天文望远镜。X 射线天文望远镜经历了几十年的发展,随着时间推移,望远镜的孔径越做越大,镜片加工精度越来越高。1977—1981 年间,NASA 发射的 HEAO-1 和 HEAO-2 两个大型科学卫星进行了 X 射线天文学研究。20 世纪 70 年代人类确认了大约 103 个 X 射线源。1987 年德国发射了 ROSAT 卫星。之后,陆续发射了 ASCA、RXTE、Chandra、XMM-Newton 等天文卫星,探测了 10 万个以上的 X 射线天体源,其中部分 X 射线脉冲星具有潜在的导航应用价值。

目前,基于地面射电望远镜和空间 X 射线天文卫星已获得了大量 X 射线脉冲星观测数据,针对 X 射线脉冲星导航这一特殊需求,国外一些组织和个人在导航脉冲星编目方面开展了一些初步工作,见表 7-1、表 7-2、表 7-3。其中,表 7-1 为美国 Microcosm 公司选择的 8 颗导航脉冲星,表 7-2 为 Josep 在文献 *Feasibility Study for a Spacecraft Navigation System relying on Pulsar Timing Informatio* 中选择的 10 颗导航脉冲星,表 7-3 为 Suneel 在其博士学位论文中基于 XNAVSC 数据库选用的 25 颗导航脉冲星。

表 7-1   美国 Microcosm 公司选择的 8 颗导航脉冲星

序号	名称	银经/°	银纬/°	流量/(ph/cm²/s)	脉冲比	周期/ms
1	B1937+21	57.5	−0.29	4.99E-5	0.86	1.56
2	J0218+4232	139.5	−17.53	6.65E-5	0.73	2.32
3	B0540-69	279.5	−31.5	5.15E-3	0.67	50.4
4	B1509-58	320.3	−1.16	1.62E-2	0.65	150
5	B1821-24	7.80	−5.58	1.93E-4	0.98	3.05
6	J1814-338	368.75	−7.59	9.97E-2	0.12	3.18
7	B0531+21	184.6	−5.78	1.54E00	0.70	33.4
8	J1808-3658	355.39	−8.15	3.29E-1	0.41	2.49

表 7-2   **ESA 可行性研究报告中选择的 10 颗导航脉冲星**

序号	名称	赤经/°	赤纬/°	周期/ms
1	J0030+0451	8.91	1.45	4.8
2	B0633+17	98.11	−5.43	237.9
3	B1509-58	242.89	−39.40	150.23
4	B1929+10	297.05	32.29	226.51
5	J0437-47	50.47	−67.87	5.75
6	B1821-24	275.56	−1.55	3.05
7	B0656+14	104.64	−8.44	384.87
8	B0540-69	301.63	−86.66	50.37
9	J2124-33	312.74	−17.82	4.93
10	B1055-52	195.77	−52.39	197.10

表 7-3   **Suneel 的博士论文中选用的 25 颗导航脉冲星**

序号	名称	银经(°)	银纬(°)	周期/s	流量/(ph/cm^2/s)
1	PSR B1937+21	57.51	−0.29	0.00156	4.99E-05
2	PSR B1957+20	59.20	−4.70	0.00160	8.31E-05
3	PSR J0218+4232	139.51	−17.53	0.00232	6.65E-05
4	PSR B1821-24	7.80	−5.58	0.00305	1.93E-04
5	PSR J0751+1807	202.73	21.09	0.00347	6.63E-06
6	PSR J0030+0451	113.14	−57.61	0.00487	1.96E-05
7	PSR J2124-3358	10.93	−45.44	0.00493	1.28E-05
8	PSR J1012+5307	160.35	50.86	0.00525	1.93E-06
9	PSR J0437-4715	253.39	−41.96	0.00575	6.65E-05
10	PSR J0537-6910	279.55	−31.76	0.01611	7.93E-05
11	PSR B0531+21	184.56	−5.78	0.03340	1.54E+00
12	PSR B1957+32	68.77	2.82	0.03953	3.15E-04
13	PSR B1259-63	304.18	−0.99	0.04776	5.10E-04
14	PSR B0540-69	279.72	−31.52	0.05037	5.15E-03
15	PSR J1811-1926	11.18	−0.35	0.06467	1.90E-03
16	PSR J0205+6449	130.72	3.08	0.06568	2.32E-03
17	PSR J1420-6048	313.54	0.23	0.06818	7.26E-04
18	PSR J1617-5055	332.50	−0.28	0.06934	1.37E-03

序号	名称	银经(°)	银纬(°)	周期/s	流量/(ph/cm²/s)
19	PSR B0833-45	263.55	-2.79	0.08929	1.59E-03
20	PSR B1823-13	18.00	-0.69	0.10145	2.63E-03
21	PSR B1706-44	343.10	-2.68	0.01245	1.59E-04
22	PSR J1124-5916	292.04	1.75	0.13531	1.70E-03
23	PSR J1930+1852	54.10	0.27	0.13686	2.16E-04
24	PSR B1509-58	320.32	-1.16	0.15023	1.62E-02
25	PSR J1846-0258	29.71	-0.24	0.32482	6.03E-03

7.2.2 国内研究进展

近几年来国内一些高校和研究院所对 X 射线脉冲星导航进行了初步研究，并取得一些研究成果。

1. X 射线脉冲星导航理论研究进展

我国对 X 射线脉冲星导航研究始于 2004 年。目前这一前瞻性导航方式已得到国内相关高校和科研单位的广泛重视，一些学者在此方面开展了相关研究，形成了良好的技术积累。

（1）基于 X 射线脉冲星的定位

在绝对定位方面，帅平、史世平、毛悦、杨廷高、费保俊和孙守明等人从 X 射线脉冲星导航的原理出发，介绍了脉冲星导航研究的重要意义及进展情况，讨论了脉冲星钟模型和脉冲星导航系统的框架结构，分析了各种误差因素对脉冲星导航精度的影响，指出脉冲星导航中的一些关键技术，展望了其在未来工程应用的良好前景。黄良伟、帅平和毛悦等人在分析利用脉冲星轨道确定原理的基础上，研究了基于 X 射线脉冲星的轨道确定方法，论证了脉冲星导航与航天器轨道力学模型的基本关系，给出了处理观测数据的基本流程，量化分析了各项因素对定轨精度的影响。费保俊提出在观测轮廓的积累过程中考虑航天器的速度和加速度，将观测轮廓与标准轮廓进行比较，可以同时获得脉冲到达航天器和太阳系质心的时间偏差和频率漂移，从而确定航天器的位置和速度。

针对编队航天器间相对导航的需要，兰盛昌利用编队航天器对同一脉冲星的观测信息，提出一种将不同航天器接收的脉冲星信号进行相关处理而获得航天器间相对距离的方法。毛悦在文献《利用 X 射线源实现航天器相对定位》中通过对周期脉冲信号和非周期时变信号的互相关时延测量仿真试算，指出信号变化幅度是影响时延测量精度的重要因素。

在脉冲星导航算法方面，熊凯和郑广楼在研究基于最小二乘、卡尔曼滤波和鲁棒滤波的导航算法基础上，验证了 X 射线脉冲星自主导航技术的可行性。李建勋以航天器初始位置估计作为脉冲星定时模型的输入，通过计算脉冲到达时间预测值和归算值的偏差对航天器的位置进行修正，提出一种脉冲星导航的迭代方法及其线性化形式，分析了建模误差和参数误差等对定位精度的影响。

　　为了提高卫星自主导航能力，刘劲将脉冲星导航分别与传统天文导航系统和多普勒导航系统进行组合，采用联邦滤波器将测量系统提供的信息进行融合，提高了传统天文导航定位精度。孙守明针对 X 射线脉冲星导航无法保证航天器机动过程中精度的问题，设计了 X 射线脉冲星/惯性组合导航方案，研究了 X 射线脉冲星/SINS 组合导航方法和相应的钟差处理方法，提高了脉冲星导航方法的适用性。

　　综上所述，国内学者从绝对定位、相对定位、滤波算法以及组合导航等方面对脉冲星导航开展了较为系统的研究并取得了大量研究成果，奠定了国内 X 射线脉冲星导航研究的理论基础，但在高精度/高可靠性的导航方法、半实物仿真以及导航方案设计等方面的研究涉及不多，有待进一步深入研究。

　　(2) 基于 X 射线脉冲星的定姿

　　曹鹤在双矢量姿态确定方法的基础上研究了基于 X 射线脉冲星的姿态确定方法并建立了相关的数学模型，设计了能够实时估计飞行器姿态的姿态角估计器，分析了基于单 X 射线脉冲星定姿的可行性。兰盛昌在文献中提出一种基于 X 射线脉冲星矢量多平面观测的姿态测量方法，其本质是通过在一个立体结构的不同法向平面上安装脉冲星传感器来计算脉冲星方位信息，从而得到航天器姿态。杨廷高在文献中介绍了常用 X 射线脉冲星扫描设备和方法，比较分析了应用单准直器和差分准直器 X 射线敏感器确定航天器姿态的模型之间的关系，简单讨论了航天器姿态参数的算法问题。

　　综上所述，虽然国内对基于 X 射线源的定姿技术开展了一些研究，但与传统星敏感器相比其定姿精度不高且对探测器的技术要求较为苛刻，暂时未见到其优势所在，因此基于 X 射线源定姿的必要性还有待进一步商榷。

　　(3) 基于 X 射线脉冲星的守时

　　X 射线脉冲星自转周期极其稳定，尤其是毫秒脉冲星的长期稳定度甚至优于原子钟，被喻为是"天然时钟"，因此可以用作时间的参考。杨廷高在文献中比较了毫秒脉冲星时最新长期观测结果和原子时频率的稳定度，指出脉冲星时频率稳定度的提高受到计时观测误差等方面因素的限制，初步探讨了提高毫秒脉冲星计时观测精度的方法。由于单脉冲星时易受噪声源的影响，其短期和长期稳定度都不是很好，为此仲崇霞指出可以采取合适的算法对多个单脉冲星时进行综合，得到组合脉冲星时，有效抑制了不同频率上噪声的影响，从而提高综合脉冲星时的长期稳定度，并基于 Arccibo 天文台数据，对经典加权算法、小波分析算法、维纳滤波算法和小波域中的维纳滤波算法等多种综合脉冲星时算法进行了系统研究。尹东山以导航用毫秒脉冲星作为高稳定度频率源，采用卡尔曼最优估计算法对星载时钟进行控制，有效提高了星载时钟的长期频率稳定度，增强了星载时钟的长期自主运行能力。孙守明提出了利用 X 射线脉冲星进行同步定位/守时的方法，分析了系统的可观性，有效抑制了钟差漂移对导航精度的影响。魏二虎在文献中展望了脉冲星时在深空探测方面的应用前景。

　　综上所述，从公开发表的文献来看，脉冲星时的稳定度、噪声有效抑制及计时算法等问题已基本得到了较好的解决，但在对航天器进行守时、同步定位/守时方面的研究尚不完善，有些问题尚待解决。

（4）时间转换方程及相对论效应

费保俊、毛悦和黄震等讨论了脉冲星导航中的广义相对论效应，分析了脉冲星信号发出与观测者接收到 X 射线的引力频移、Doppler 频移、光线弯曲和传播时间的引力延缓等因素对时间转换精度的影响，给出了高精度的脉冲星导航测量方程及其计算过程，研究了太阳系质心坐标时与航天器固有时的变换关系，建议在脉冲星导航的工程设计中可以仿照 GPS，将航天器携带时钟作频率调整从而便于工程计算。刘昊在文献中研究发现脉冲星的测量周期受到日月岁差效应的影响，随着观测精度的提高，建议在以后脉冲星参数精密测量中应对日月岁差效应进行改正。综上所述，脉冲到达时间转换方程及相对论效应是 X 射线脉冲星导航中一个极其重要的基本问题，目前国内学者已认识到该项研究工作的重要意义且提出了一些相对论修正模型，但相对论相应模型的修正精度与星上计算能力之间的权衡问题尚需进一步深入研究。

（5）脉冲星信号处理与模糊度求解

李建勋在文献中基于高阶累积量的 LMS 自适应滤波算法，对脉冲星信号进行了分析和处理，得到了较清晰的脉冲轮廓，提高了信号品质。为满足 X 射线脉冲星深空导航系统对脉冲星微弱信号周期性检测的要求，苏哲提出了一种基于离散方波变换的周期信号检测算法并证明了算法的可行性，给出了其硬件实现方案。针对脉冲星信号低信噪比且非平稳的特点，朱晓明在文献中采用小波消噪的方法对其进行处理，实现了叠加较少的信号周期就能够获得高质量的信号轮廓。为了提高脉冲星信号识别效果，刘劲通过主分量分析提取低频系数的双谱特征，用选择双谱的方法抽取高频系数的双谱特征，采用最小距离分类器对脉冲星信号进行分类，提出了一种基于小波变换和双谱分析的脉冲星信号识别算法。苏哲从分析脉冲轮廓累积过程的特点出发，提出了一种基于选择 BM 谱的脉冲星累积脉冲轮廓辨识算法，能对具有不同相位和尺度因子的累积脉冲轮廓进行有效辨识，效果优于现有辨识算法。毛悦在文献中利用信噪比估算法对脉冲星数据库中适宜导航的脉冲星进行了 TOA 估计误差计算，分析了测量误差随观测时间及探测器面积的变化情况。

吴萌和谢振华分别以三/四颗 X 射线脉冲星源作为解算脉冲整周模糊度的最小运算单元，通过引入新的 X 射线脉冲星来解算脉冲整周期数。基于正交原理建立了 TDOA 整周期数关系式，谢振华在文献中提出一种整周模糊度求解算法并分析了各种因素对其影响，给出了整周模糊度向量搜索门限的设置方法，相对传统方法有效降低了系统运算量。借鉴 GPS 载波相位模糊度的解算方法，黄震研究了基于单差搜索、最小二乘搜索和模糊度函数的脉冲星信号整周模糊度解算方法。杨博提出一种利用搜索空间方法求解脉冲整周模糊度的方法。在飞行器估计位置十分精确的假设下，郭星灿提出了一种无整周模糊度的 X 射线脉冲星迭代滤波导航方法。考虑到通过卫星轨道动力学可以预报得到的较好的卫星位置，乔黎提出直接利用该位置预报值快速确定整周模糊度的方法。毛悦在文献中研究了基于单差、先双差后单差、航天器钟差辅助检验等三种整周模糊度搜索方法，指出进行整周模糊度搜索时，应优选几何结构好、测距误差小的脉冲星组合。

综上所述，相对于卫星导航系统而言，由于 X 射线脉冲星的信号波长较长（百公里以上）且卫星导航模糊度求解算法较为成熟，目前脉冲星导航的模糊度问题已经得到了很好的解决。但由于空间脉冲星信号的信噪比不高，信号累积需要较长的时间，如何在短期内历元叠加出高质量的 X 射线脉冲星信号从而来提高 TOA 估计精度需要进一步深入研究。

2. X 射线脉冲星观测及编目研究进展

我国对射电脉冲星的观测已有十几年的历史。1990 年，北京天文台和北京大学合作，利用北京天文台的 15m 口径射电望远镜，首次进行了脉冲星观测实验，1992 年，北京天文台在国内首次观测到了射电脉冲星。1996 年，乌鲁木齐天文站开始启用 25m 口径的射电望远镜进行脉冲星观测与研究工作，目前已观测到 270 颗射电脉冲星，积累了一些观测数据。于 2016 年 9 月研制成功的贵州 500 m 口径 FAST 射电望远镜，使我国的脉冲星观测进入国际先进行列。虽然这些工作只针对射电脉冲星，但导航可用的 X 射线脉冲星绝大部分同时是射电脉冲星，它们位置相同，信号特征也有相似之处，因此可以为 X 射线脉冲星导航研究提供一定的数据支持。

3. 空间 X 射线探测器的研究进展

（1）基于高空科学气球的空间高能探测器系统

20 世纪 70 年代后期，中科院高能物理研究所和紫金山天文台开始研制高空科学气球和空间高能探测器系统。1984 年利用球载望远镜成功观测到来自 Crab 脉冲星的 X 射线脉冲辐射，后多次成功完成对中子星双星 Her X-1、黑洞双星 Cyg X-1 等硬 X 射线源的观测。

（2）X 射线望远镜

我国对 X 射线望远镜的研制始于 20 世纪 70 年代。当时中国科学院长春光机所和紫金山天文台共同开发研制了太阳 X 射线成像望远镜，该仪器计划安装在"天文一号"卫星上，但由于卫星平台无法满足望远镜的高稳定性要求而中途停止。20 世纪 90 年代，利用 FY-2 卫星的搭载机会，成功研制了太阳 X 射线流量监测器，在第 23 太阳峰年期间获得了比较好的观测结果。

（3）硬 X 射线调制望远镜 HXMT

硬 X 射线调制望远镜 HXMT（Hard X-ray Modulation Telescope）由中国科学院高能物理研究所和清华大学天体物理中心共同设计和研制，是一台世界现有计划中灵敏度最高和空间分辨最好的空间硬 X 射线望远镜。2017 年 6 月 15 日，HXMT 卫星发射成功，已开展科学观测；2018 年 1 月 30 日，中国首颗 X 射线天文卫星"慧眼"正式交付，已投入使用。其高能探测器（HE）总有效探测面积为 5 000 cm²，探测器工作在 20~250keV。随着 X 射线脉冲星导航这一前瞻性导航方式在国际上的快速发展，高能所在原有 HXMT 设计方案上增载了低能 X 射线望远镜（LE），其工作能量范围为 1.0~15keV，有效探测面积 384cm²，时间分辨率为 1ms。LE 的主要目标是验证 X 射线脉冲星观测技术，其探测器、低噪声电子学技术将为未来导航探测器的研制积累宝贵经验。

7.2.3 总结与评述

国外对 X 射线脉冲星自主导航技术及其相关支撑性基础研究投入了大量人力、物力和财力，迄今取得的研究成果充分表明脉冲星导航具有巨大发展潜力。纵观国内外脉冲星导航技术的发展和现状，总体上与国外相比，我国在技术基础、经费投入和系统集成方面还存在一定的差距，目前缺乏长远和总体规划，在 X 射线脉冲星观测与编目方面存在较大差距，空间 X 射线探测器研究方面也落后于国外。国内对 X 射线脉冲星的理论研究是通过对国外跟踪研究开始的，目前已经形成了良好的氛围，已有大量学术成果发表公布，理论研究水平与国外相差不大，在有些方面甚至达到了国际领先水平，为我国脉冲星导航的进一步发展奠定了良好的技术基础。但在有些方面国内外的研究都存在一定的不足，其中主要有：

（1）X 射线脉冲星导航的理论模型

X 射线脉冲星导航是一个比较复杂的问题，其研究涉及多学科交叉问题。经过国内外学者的多年努力，目前基于 X 射线脉冲星导航的理论体系已逐渐趋于成熟，但由于宇宙空间环境复杂，且存在一些不可预见因素的影响，当前 X 射线脉冲星导航使用的部分数学模型来自于经验公式，但模型的精度和有效性需要进一步的提高和验证。

（2）基于 X 射线脉冲星的守时

X 射线脉冲星导航作为一种全自主导航方式，与传统导航方法相比，其所独有的优势就是能够为航天器提供可用的外部时间基准，针对 X 射线脉冲星的早期应用研究也是从计时角度开展的。目前，国内外针对基于 X 射线脉冲星的计时问题开展了大量研究，但研究主要是从天文角度建立脉冲星时开展的，针对航天器的星载时钟守时问题，尤其是基于 X 射线脉冲星的同步定位/守时以及系统可行性问题涉及不多。

（3）基于 X 射线脉冲星的组合导航

随着航天技术的发展，航天器进行长航时、高动态等极端条件下运行的任务越来越多，单一的导航方式很难满足航天器对导航系统高精度和高可靠性的需求，组合导航是未来航天器导航系统发展的必然趋势。目前基于卫星导航、惯性导航、无线电导航和传统天文导航等的组合导航方式已非常成熟，国内外针对基于 X 射线脉冲星/多普勒组合也开展了一些研究，但目前对于有着广泛应用前景的 X 射线脉冲星/惯性组合导航的研究涉及不多，其中的一些问题有待进一步解决。

（4）X 射线脉冲星的星表数据精度

X 射线脉冲星导航是通过观测自然天体 X 射线脉冲星的信号，基于高精度的星表数据并结合导航算法完成的。由于这一前瞻性导航方式是最近十年才得到国内外的广泛重视，传统星表的建立是通过单一的地面测量设备完成的，精度很难满足高精度 X 射线脉冲星导航的需求。随着新技术的发展，针对 X 射线脉冲星导航这一特殊需求，目前国内外正在开展基于 VLBI 的高精度星表建立工作，这将为未来 X 射线脉冲星导航的工程应用奠定坚实的数据基础，但一些其他新的测量方法当前较为鲜见，有待国内外学者的进一步研究和发掘。

（5）X 射线脉冲星导航半实物仿真技术

X 射线脉冲星自主导航已成为国际研究的热点问题，美国和欧洲在此方面都开展了多项研究计划，其中美国率先开展了相关技术的试验验证工作。半实物仿真系统是飞行器导航方法研究的必要途径。由于保密原因，目前美国的 X 射线脉冲星导航半实物仿真技术无法从公开发表的文献中查到，但通过 ARGOS 试验和 XNAV 计划可以侧面推断出，当前美国 X 射线脉冲星导航半实物仿真技术应当已经较为成熟。近几年国内学者陆续发表了一些关于 X 射线脉冲星导航半实物仿真的文章，但研究仍然处于初级阶段，需要进一步的发展和完善。

7.3　X 射线脉冲星自主导航定位原理与方法

7.3.1　X 射线脉冲星导航的基本原理

　　传统的几类导航方法中，卫星导航或卫星/惯性组合导航是目前的主流方法，但一方面其维护和保障会耗费大量的人力物力，另一方面，这类导航系统易受到人为因素的干扰，以至于航天器无法自主导航；地磁、雷达测高等方法由于其自身的缺陷，其应用也会受到限制。相比而言，天文导航应用不受限制，导航精度高，其中利用脉冲星进行导航是天文导航的重要组成部分。X 射线脉冲星导航是通过测量脉冲星辐射的 X 射线光子到达时间和脉冲星影像角位置来更新航天器位置、速度、时间和姿态等导航参数。

　　利用脉冲星进行深空探测器自主导航的基本思想是：利用甚长基线干涉测量（VLBI）等测量手段来确定脉冲星在太阳系质心坐标系中的位置单位矢量；在深空探测器上安装 X 射线探测器来测定 X 射线脉冲到达时间；计算脉冲到达深空探测器的时间与脉冲到达太阳系质心的时间之差，并将这一差值作为基本测量值；采用相应的信号与数据处理算法，计算得到深空探测器的位置、速度、姿态和时间等导航信息，从而实现深空探测器自主导航与运行管理。

　　由于离地球最近的脉冲星也有 100 光年，根本不能准确测量，脉冲星导航定位过程不需要知道脉冲星与深空探测器的实际距离。这个过程实际上是以太阳系质心为基准，计算脉冲传播到太阳系质心和深空探测器的时间差值，由此来确定深空探测器在太阳系质心坐标系中的位置。

　　以太阳系质心 O_{SSB} 为坐标原点，X_{SSB} 轴指向标准历元 J2000.0 定义的春分点（或动力学分点），在天球赤道面内构成的太阳系质心坐标系 $O_{SSB} - X_{SSB}Y_{SSB}Z_{SSB}$，如图 7-4 所示。图中 PSR，SC，$O_E$ 和 O_S 分别表示脉冲星的位置，航天器、地球质心的位置和太阳质心的位置；λ 和 α 分别表示脉冲星 PSR 在太阳系质心坐标中的赤经和赤纬，称为脉冲星角位置；R_{SC}、R_E 和 $R_{SC/E}$ 分别表示在太阳系质心坐标系中的航天器位置矢量、地球位置矢量以及航天器相对于地球的位置矢量；b 表示太阳系质心在太阳质心坐标系 $O_S - X_SY_SZ_S$ 中的矢量位置；Q 表示卫星位置矢量在脉冲星视线方向的投影点；n 表示脉冲星的位置单位矢量，也成为角位置矢量或方向矢量，即有

$$n = \begin{bmatrix} \cos\alpha\cos\lambda & \cos\alpha\sin\lambda & \sin\alpha \end{bmatrix}^T \tag{7-1}$$

由于脉冲星距离太阳系非常遥远，可达几万光年，因此对于整个太阳系来说，一般 n 可以被视为常矢量。对于 X 射线脉冲星导航来说，脉冲星角位置矢量 n 可以直接从导航数据库中提取，是一个已知量。

　　我们知道，脉冲星总是处于高速自转运动之中，其自转轴与磁极轴之间存在一个夹角，两个磁极各有一个波束辐射 X 射线。如果我们在航天器上安装 X 射线探测器和原子时钟，那么当脉冲星自转且磁极轴扫过航天器时，其探测器就能够接收到一个 X 射线脉冲信号，并用原子时钟测量脉冲信号的到达时间 t_{SC}，而同一个脉冲信号到达太阳系质心的时间 t_{SSB} 可以利用脉冲星计时模型精确预报得到。从而，由图 7-4 中所给出的关于

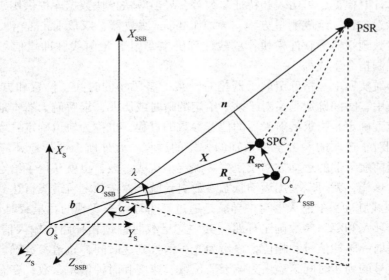

图 7-4　太阳质心坐标系中飞行器、脉冲星、地球和太阳质心的几何关系

$O_{\rm SSB}$、SC 和 Q 点之间的几何关系，可得出如下的关系式：

$$t_{\rm SSB} - t_{\rm SC} = \frac{1}{c}\boldsymbol{n} \cdot \boldsymbol{R}_{\rm SC} + \delta t_c \tag{7-2}$$

式中，$\boldsymbol{R}_{\rm SC} = \begin{bmatrix} x & y & z \end{bmatrix}^{\rm T}$；$\delta t_c$ 为星载原子时钟偏差。这就是 X 射线脉冲星导航的基本方程。这样，如果航天器能够同时探测到 4 颗以上的 X 射线脉冲星，那么就可以采用最小二乘方法来估计航天器位置和时钟偏差参数。可见，X 射线脉冲星导航的几何原理与现代卫星导航系统是类似的。

应该指出，这里的星载时钟测量脉冲信号的到达时间 $t_{\rm SC}$ 已经过了一系列的复杂时间变换过程，转换为太阳系质心力学时（TDB）或太阳系质心坐标时（TCB），才能与 $t_{\rm SSB}$ 进行比较。此外，在实际工程应用中，考虑到脉冲星信号积分时间较长，TOA 测量精度不如 GPS 时间测量精度高，以及航天器实时探测到 4 颗以上脉冲星尚有一定的困难等，而采用上述几何方法确定轨道，其精度只能达到几千米量级，甚至更低。为此一般结合航天器轨道力学模型，设计相应的 Kalman 滤波器，采用动力学方法来确定航天器轨道。这有利于提高导航参数估计精度，并实时外推计算轨道，降低同时探测 4 颗以上脉冲星的要求。

7.3.2　X 射线脉冲星导航系统组成及实现流程

基于 X 射线脉冲星的航天器自主导航系统由 X 射线探测器、星载原子时钟组、太阳系行星参数数据库、X 射线脉冲星模型及特征参数数据库、星载计算机设备和自主导航算法模块库等组成。其中，X 射线探测器包括 X 射线光子计数器和 X 射线成像仪，分别用于探测 X 射线光子数量，以及提取脉冲星影像和角位置信息；星载原子时钟组用于保持星上时间系统，记录 X 射线光子到达时间；太阳系行星参数数据库提供太阳系行星星历和引力常数、太阳引力常数以及时空基准参数等；脉冲星模型及特征参数数据库提供脉冲星标准轮廓、计时模型、星历表和特征参数等；导航算法模块数据库提供用于航天器自主导航的系统状态方程、组成测量方程、导航 Kalman 滤波器、双核 Kalman 滤波器、H_∞ 滤波器和导航参数预报器等软件模块；星载计算机主要用于 X 射线脉冲星信号处理、导航数据处理和控制指令生成等。

　　航天器导航实质上是指确定航天器相对于某一参照物的时间、位置和方向(姿态)的基本过程。其中，时间确定是指对于某一给定的瞬时或历元，求解航天器本地绝对时间参数的过程；位置确定是指求解航天器的位置参数的过程，也称为轨道确定；姿态确定是指测定航天器相对于选取的参考坐标系轴的方位的过程。此外航天器导航还应包括速度确定，即测定当前航天器的运动方向及速率。确定了这些参数，也就获得了给定瞬时的航天器运动状态。这样，就可以利用运动状态参数引导航天器按预定轨道飞行达到目的地。

　　基于 X 射线脉冲星的航天器自主导航是通过三个环路来实现的：星载时钟锁相环路、轨道参数确定环路和姿态参数确定环路。其中，星载时钟锁相环路的输入信息为 X 射线光子计数器提取的脉冲信号和相位，输出为光子信号到达时间；轨道参数确定环路的输入信息为光子信号的到达时间，输出为航天器位置、速度和时钟偏差参数；姿态参数确定环路的输入信息为 X 射线成像仪提取的脉冲星方向矢量，输出为航天器姿态角分量参数。

　　星载原子时钟由于受到环境温度、振动和局部引力场波动等因素的影响而发生漂移。X 射线脉冲星为航天器提供一种稳定的外部频率基准信号用以修正星载时钟频率漂移。这样就可以由星载时钟精确测量 X 射线光子的到达时间。X 射线脉冲星的周期变换范围一般为几毫秒至几千秒，因而通过同时探测几颗脉冲星，就能够求解本地时间的相位整周模糊度。也就是说，每颗脉冲星的周期就代表不同时间尺度的测量值，如一秒钟、一小时和一天等。通过导航参数预报器实时获取航天器轨道参数，就可以采用这种方法来自主测定航天器的本地时间。

　　应该指出，脉冲星辐射的 X 射线信号十分微弱，有用的脉冲信号被淹没到背景噪声中，因此不能直接利用单个脉冲信号来修正星载时钟频率。通常需要十几分钟甚至更长的信号积分时间，以获取高信噪比的测量脉冲轮廓，并校正时钟频率。

1. 轨道参数确定环路

　　轨道参数确定环路是以脉冲到达时间(TOA)为观测量，构造测量方程，并结合系统状态方程设计 Kalman 滤波器，估计航天器位置、速度和时间参数的基本过程。具体实现流程如下：

　　(1)X 射线光子到达时间转换

　　脉冲星辐射的 X 射线光子到达航天器的时间是在航天器本体坐标系下有原子钟记录的固有时 τ_{SC}。通过调用太阳系行星参数数据库和脉冲星模型数据库，首先将 τ_{SC} 转换为在地心参考系下的 TT，进而得到 TCG；然后将 TCG 进行四维时空变换，包括 Roemer 延迟、Shapiro 延迟和其他延迟等修正得到 TCB 或 TDB。这里将 X 射线光子到达时间归算到 TCB 称为光子时标。

　　(2)测量脉冲轮廓折叠

　　星载原子时钟记录 X 射线光子的到达时间，相应的光子流量由光子计数器得到。这样，在脉冲信号积分时间内，按设定的周期进行折叠处理，得到平均的脉冲星轮廓曲线，称为测量脉冲轮廓。

(3)脉冲轮廓互相关处理

由脉冲星模型数据库提取标准脉冲轮廓与测量脉冲轮廓进行互相关处理。选择脉冲信号积分时间中间点的脉冲尖峰点为基准点，测量得到脉冲到达时间，记为 τ_{SC}。同时识别脉冲星及数据库编号，提取相应的脉冲计时模型，预报脉冲到达时间，记为 t_{SSB}。预报脉冲到达时间与测量脉冲到达时间之差就是从太阳系质心至航天器沿脉冲星方向的时间延迟量，记为 Δt。

(4)Kalman 滤波处理

利用多颗脉冲星的 Δt 组成基本观测向量，构造脉冲星导航测量方程，调用航天器轨道力学方程和时钟系统状态方程，采用 Kalman 滤波估计航天器的位置、速度和时间等参数的偏差。

(5)导航参数预报

利用导航定位偏差估计值，可以修正卫星近似位置、速度和时间等参数，即有

$$\left.\begin{array}{l} X = X_0 + \delta X \\ V = V_0 + \delta V \\ t = t_c + \delta t_c \end{array}\right\} \tag{7-3}$$

式中，X_0，V_0 分别表示滤波时刻的航天器近似位置和速度向量；δX 和 δV 分别表示滤波估计的航天器位置和速度偏差值(改正量)；t_c 和 δt_c 分别表示星载时钟时间及其偏差估计值。采用数值积分方法和星载时钟模型短时预报航天器位置、速度和时间等导航参数，反馈到星载时钟锁相环路和轨道参数确定环路，以及输出到航天器平台控制系统中，航天器自主进行轨道控制和钟差修正。

2. 姿态参数确定环路

利用 X 射线脉冲星信号测定航天器姿态的方法与星敏感器类似，其区别在于用 X 射线代替了可见光观测。一旦 X 射线成像仪提取脉冲星影像，脉冲星在探测器平面和航天器本体坐标系的方向矢量也就随之确定。由于脉冲星相对于太阳系质心坐标系的位置已精确测定，因此可以通过航天器本体坐标系与太阳系质心坐标系之间的旋转变换来确定航天器姿态参数。具体实现流程如下：

(1)获取脉冲星方向矢量

利用脉冲星辐射的 X 射线光子，利用探测到的 X 射线光子信号折叠测量脉冲轮廓，提取脉冲星影像信息，确定脉冲星在航天器本体坐标系中的方向矢量。

(2)建立姿态测量方程

利用脉冲星在航天器本体坐标系中的方向矢量，以及精确测定的脉冲星在太阳系质心天球参考系中的角位置，可以通过坐标系变换，建立航天器姿态测量方程。

(3)姿态参量滤波估计

利用航天器姿态测量方程并采用姿态四元数方法，建立姿态四元数状态测量方程，然后进行 Kalman 滤波处理，得到航天器俯仰、滚动和偏航姿态角信息，并输出到航天器平台控制系统，自主进行飞行姿态控制。

利用 X 射线脉冲星的姿态确定精度与探测器面积、信号积分时间、探测器定位分辨

率以及探测器视场等有关数据，其精度一般能够达到角分量级或角秒量级。

7.3.3　X 射线脉冲星导航方式和观测量

1. X 射线脉冲星导航方式分类

根据导航参数确定类型和顺序的不同，X 射线脉冲星导航可以分为航天器的时间确定、姿态确定、速度确定和位置确定等导航方式。时间确定有利于提取脉冲轮廓信息、识别脉冲星特征、精确标定光子到达时标以及更新时钟参数估计值等。姿态确定是为了测定航天器相对于轨道坐标系的方位，以判别航天器是否正常旋转或翻滚。速度确定是测定航天器的运动方向及速率，有利于轨道机动以及选择垂直于轨道平面的脉冲星导航，减小多普勒频移效应等。位置确定也就是实时测定航天器的瞬时位置，用于改进位置和速度参数估计，与时间确定和时间转换密切相关。从时间到姿态、速度和位置参数的确定顺序适用于启动模式或修正模式的航天器导航系统恢复全部导航参数解。当然，有时依据实际飞行任务需要，时间和姿态确定的顺序可以调换，而有时星载时钟本身就提供足够精确的时间信息。事实上，基于 Kalman 滤波的系统状态参数估计，航天器位置和时间参数往往是相互耦合的。

根据导航参考点位置选取的不同，X 射线脉冲星导航可分为绝对导航和相对导航两种基本方式。

绝对导航方式是指直接确定航天器相对于太阳系质心参考系的三维位置和速度分量，引导航天器达到目标轨道的过程。当然，对于地球轨道航天器，也可以选择地球质心参考系作为导航基准。为了利用 X 射线脉冲星测定航天器的绝对位置坐标，首先需要确定参考系历元的整周模糊度。X 射线脉冲星整周模糊度解算方法与 GPS 载波相位测量是类似的。相比之下，由于脉冲星具有不同的脉冲周期（整周长度），其范围一般为几毫秒至几千秒，因此通过同时观测几颗脉冲星的脉冲到达时间，能够快速求解整周模糊度这是 X 射线脉冲星导航的优势所在。一旦确定了整周模糊度，也就确定了从太阳系质心至航天器沿脉冲星视线方向的距离从而求解航天器的绝对位置坐标。如果航天器运动状态的近似值可以通过其他导航方式获得，如轨道外推、传统天文导航、地面测控支持等，那么不断地测量 X 射线脉冲星的脉冲 TOA，对系统状态近似值进行修正，以满足高精度导航应用需求。这种导航参数的更新过程，无须实时观测 4 颗以上的脉冲星，从而降低了对导航系统配置的要求。

相对导航方式是求解航天器相对于某一参考对象的导航参数的过程。参考对象可以是另一个航天器、观测站、拉格朗日点或太阳系行星等。相对导航的优势在于仅需要求解航天器与参考对象的相对位置或距离差，而不是提供绝对的三维系统状态信息，由于航天器至参考对象的相对的距离较远小于航天器至太阳质心的距离，因此在相对导航中整周模糊度求解算法相对简单。

此外，以脉冲星辐射的 X 射线代替可见光，采用传统的天文导航方法，如掩星法、高度角观测法等，也能确定航天器轨道。在 ARGOS 卫星上的 X 射线脉冲星导航试验就是采用掩星法确定卫星轨道的。但是，采用这种方式的轨道确定精度较低，一般只能达到千米量级，这里就不再赘述。

2. X 射线脉冲星导航的基本观测量

利用 X 射线脉冲星对航天器进行自主导航，无论采取哪一种导航方式，都是通过安装在航天器上的 X 射线探测器，探测脉冲星辐射的 X 射线信号，以获得某种基本观测量来实现自主导航。X 射线脉冲星信号包含多种导航信息，根据不同的导航参数求解要求，可以从中提取不同的观测量，主要包括脉冲到达时间、脉冲信号的多普勒频移以及脉冲星影像的角位置等。

(1)脉冲到达时间

脉冲到达时间(TOA)是确定航天器位置和时间参数的基本观测量。当脉冲星辐射的 X 射线光子进入星载 X 射线探测器视场时，其光子计数器将记录 X 射线的光子数量，并利用星载时钟加以时间标记，因此光子的数量及其到达时间才是原始的观测量。但是，从单个光子到达时间难以获取脉冲星的基本特征信息，需要将其转换到太阳系质心参考系中进行信号处理，得到积分时间内的平均脉冲轮廓曲线，从而将接近积分时间中间点的脉冲轮廓尖峰点的测量时刻作为脉冲到达时间，脉冲轮廓尖峰点就对应着脉冲星辐射波束区域的一个固定点。

(2)脉冲信号的多普勒频移

脉冲信号的多普勒频移是确定航天器运动速度的基本观测量。脉冲星辐射周期性的脉冲信号，当航天器向着脉冲星运动时，其观测到的脉冲频率大于发射频率；当航天器背离脉冲星运动时，其观测到的脉冲频率小于发射频率。这种发射脉冲频率与接收频率存在的差异就是多普勒频移。对脉冲星计时模型求导数，就可以对脉冲频率进行预报。通过实测脉冲信号频率与预报频率的对比，从而测定多普勒频移量。利用多普勒频移就可以计算出航天器沿脉冲星视线方向的运动速率，即有

$$\dot{\rho} = \frac{c}{f_p} \cdot \mathrm{d}f \tag{7-4}$$

式中，$\dot{\rho}$ 为航天器沿脉冲星视线方向的运动速率；c 为光速；f_p 为 X 射线脉冲星的脉冲信号 频率，称为固有频率；$\mathrm{d}f$ 为多普勒频移量。于是，可以建立速度测量方程，同时观测 4 颗以上的脉冲星的脉冲信号多普勒频移量，采用最小二乘法，就可以直接估计航天器的三维运动速度。

(3)脉冲星影像的角位置

脉冲星影像的角位置是确定航天器姿态参数的基本观测量。脉冲星在探测器平面上所生成的影像角位置信息可以直接从坐标格网上读取。若探测器是安装在三轴转向平台上，则探测器坐标系相对于航天器本体坐标系的旋转角可以直接从平台框架的转动获取。这样，也就相当于测定了脉冲星影像在航天器本体坐标系中的角位置坐标。通过实测脉冲轮廓与标准轮廓的互相关处理，可以识别出脉冲星在导航数据库中的编号，并从中提取脉冲星在太阳系质心参考系中的角位置。通过坐标变换，也就得到脉冲星在轨道坐标系下的角位置。所以，从航天器本体坐标系与轨道坐标系的旋转变换矩阵中就可以得到航天器的姿态角分量。脉冲星在探测器平面上的成像时间与航天器旋转速度和探测器视场大小直接相关。航天器转动越慢，探测器视场越大，要求成像时间就越短。

3. X 射线脉冲星的脉冲轮廓提取

脉冲轮廓是由大量单个脉冲同步平均而得到的。脉冲星在某一频段上辐射信号所产生的脉冲轮廓形状具有唯一性，是识别脉冲星的标识符。在给定的观测时间内，利用星载测器探测 X 射线光子，生成 X 轮廓曲线。脉冲星的脉冲周期、脉冲振幅和脉冲峰数等基本物理特征，以及脉冲到达时间和导航相关参数都可以从脉冲轮廓曲线上测量得到。从这个意义上说脉冲轮廓也是 X 射线脉冲星导航的基本观测量，只有提取了脉冲轮廓，才能识别出所观测到的脉冲星，进而从导航数据库中获得对应的编号及相关参数，生成导航基本测量数据。

对于 X 射线波段，脉冲星信号的观测量就是脉冲星两个磁极辐射的 X 射线光子。通过测量光子到达探测器的时间和光子数量，可以提取脉冲轮廓曲线。通常，采用一个二维阵面的格网型传感器来测量光子，对进入探测器视场的光子数量和位置进行测定，光子到达时间用星载时钟来测量。实际上，每个光子就提供了一种在探测器格网内的定量化的能量单位。在 X 位时间内接收到的光子数量及能量水平，就是一个判断脉冲信号是否被探测的标志。在 X 射线脉冲星导航中，通常选择脉冲星的辐射能谱范围为 $1 \sim 15 \text{keV}$ 的软 X 射线来为航天器导航，这样在观测的单位时间内能够获得更多的光子数。为了观测到所选择的脉冲星，要求探测器大致对准脉冲星视线方向。当探测一个光子时，星载时钟就记录光子到达探测器的时间，也就是给每个光子打上一个时间标记。目前，高灵敏度的探测器系统探测光子的时间分辨率已达到 $1 \mu s$ 量级，随着探测器技术的发展，其时间分辨率和测量精度将会进一步提高。

对于某一颗脉冲星，在给定的观测时间内，若有 n 个光子的到达时间被记录，则单个光子到达探测器坐标框架的测量时间为 $\tau_0 \sim \tau_{n-1}$，并将其分别转换到太阳系质心力学时为 $t_0 \sim t_{n-1}$，这就将光子的到达时间统一归算到了相对于脉冲星静止的准惯性坐标系中。一般地，给定的观测时间远大于脉冲周期，因此探测到的每个光子跨越了无数多个脉冲周期。每个光子都是单个脉冲的组成部分，从单个光子难以立即提取脉冲轮廓的信息。可见，对于 n 个光子来说，光子测量数据实质上是一个脉冲到达时间序列表。

为了提取脉冲轮廓，所有的光子都必须按照单个脉冲的光子到达时间对齐并排列起来。我们把这种所有测量光子排列成一个脉冲轮廓的数据处理过程称为历元折叠或脉冲折叠。换句话说，历元折叠就是在一个期望的脉冲周期 $[0, 1]$ 或 $[0, 2\pi]$ 内同步平均所有光子能量的过程。如果将脉冲周期分成 n 个相等的时间间隔，那么每一个间隔就代表一个脉冲轮廓曲线的"相位盒"。将 n 个光子按折叠时序分配到相应的相位盒中，这样一些相位盒就会拥有较多的光子，表明具有较强光子辐射流量；而一些相位盒的光子数量就相对稀少，表明具有较弱光子辐射流量，从而产生了一条可识别的脉冲轮廓曲线。这就类似于在一个脉冲周期上绘制的光子直方图，相位盒越小，其直方图块就越窄，脉冲轮廓曲线的分辨率就越高；反之，分辨率就越低。在图 7-5 中展示了脉冲星 PRS B1509-58 在两个周期内的脉冲轮廓。图中脉冲星 PRS B1509-58 的周期约为 150.23ms，脉冲轮廓观测历元为 MJD48355.0，脉冲轮廓的强度是光子数量相对于平均值的比率。从图中可以看到，PRS B1509-58 的脉冲轮廓呈现出正弦波形状，在每个周期内仅有一个清晰的脉冲峰。

所以，脉冲轮廓是大量测量光子的脉冲相位同步平均而得到的，是脉冲星的唯一标识

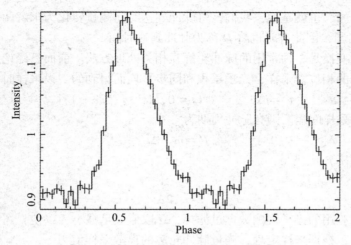

图 7-5　脉冲星 PRS B1509-58 的测量脉冲轮廓

符，脉冲振幅、脉冲峰数、脉冲周期、周期变化率以及噪声特性等都可以从脉冲轮廓上测量得到。我们把在一个较短的观测时间内(一般为几十分钟)得到的平均脉冲轮廓称为测量脉冲轮廓，而通过长期观测数据处理得到的脉冲轮廓曲线称为标准脉冲轮廓。其中，前者的信噪比较低，但已具有脉冲星的脉冲轮廓的固有特征；后者具有极高的信噪比，是 X 射线脉冲星导航的脉冲识别基准模板。

4. X 射线脉冲星的脉冲到达时间测量

在 X 射线脉冲星导航中，脉冲到达时间是确定航天器位置和时间参数的基本观测量，因此脉冲到达时间测量是利用 X 射线脉冲星为航天器导航的前提条件。只有通过对比测量的脉冲到达时间与预报的脉冲到达时间，才能获得从太阳系质心至航天器沿脉冲星视线方向的时间延迟量，进而建立导航测量方程，估计导航参数。

假设测量脉冲轮廓是在足够长的观测时间内大量单个脉冲同步平均而得到的，能够表征相同能谱范围内所生成的脉冲轮廓的固有属性。这样，通过测量脉冲轮廓与标准脉冲轮廓的互相关处理，就可以测量脉冲到达时间。实践表明，对于一颗脉冲星来说，测量脉冲轮廓是标准脉冲轮廓的最好近似，二者的差别在于：常数偏差、尺度变换因子、时间延迟和随机噪声影响等。换句话说，对于某一观测历元 t 的测量脉冲轮廓 $p(t)$ 都可以用延迟量为 D 的标准脉冲轮廓 $s(t-D)$ 来表示，即有

$$p(t) = a + b \cdot s(t - D) + g(t) \tag{7-5}$$

式中，a 为测量脉冲轮廓与标准脉冲轮廓的常数偏差；b 为脉冲轮廓尺度变换因子；D 为时间延迟量或时间原点的平移量；$g(t)$ 为 X 射线背景和探测器本底噪声，并假设加性随机噪声的过程。

将测量脉冲轮廓与标准脉冲轮廓进行互相关处理的最终目标，就是要确定三个到待定参数 a，b 和 D 的值。这样，在给定的观测时间内，将 D 增加到第一个脉冲到达时间的起始观测时刻上，使测量脉冲轮廓和标准脉冲轮廓的尖峰就对齐。在脉冲轮廓尖峰对齐的过

程中，也就获得了从太阳系质心至航天器沿脉冲星视线方向的时间延迟量，从而达到了到达时间测量的目的。也就是说，我们已将脉冲到达时间测量转化为求解两个脉冲轮廓的时间延迟量 D 的问题，因此有时也将 D 称为脉冲到达时间。

离散傅立叶变换是一种常用的脉冲轮廓互相关处理方法。前面已经论述，测量脉冲轮廓是利用等间隔的相位盒采样、光子累积和同步平均而得到的，设采样时间为

$$t_j = j\Delta t \qquad (j = 0,\ 1,\ \cdots,\ m-1) \tag{7-6}$$

式中，Δt 为采样间隔。则有脉冲周期为

$$P = m \cdot \Delta t \tag{7-7}$$

采样截止频率 f_c 应满足：

$$f_c \geqslant \frac{1}{2\Delta t} \tag{7-8}$$

为了避免将有用的光子观测数据过滤掉，Δt 取值应足够小，以使 f_c 覆盖光子测量数据最高频率。从而，根据采样定理，测量脉冲轮廓的离散采样值为

$$p_j = p(t_j) \tag{7-9}$$

同样，标准脉冲轮廓也有相应的离散采样数据，则两个脉冲轮廓的离散傅里叶变换可以分别表示为

$$P_k \exp(\mathrm{i}\theta_k) = \sum_{j=0}^{m-1} p_j \exp\left(\frac{\mathrm{i} \cdot 2\pi jk}{m}\right) \tag{7-10}$$

$$S_k \exp(\mathrm{i}\phi_k) = \sum_{j=0}^{m-1} s_j \exp\left(\frac{\mathrm{i} \cdot 2\pi jk}{m}\right) \tag{7-11}$$

式中，k 表示取值为 0 至 $m-1$ 的离散频率，P_k，S_k 分别表示测量脉冲轮廓和标准脉冲轮廓的复数傅里叶系数的振幅；θ_k，ϕ_k 分别表示测量脉冲轮廓和标准脉冲轮廓的相位。

依据傅里叶变换的线性变换关系由式(7-5)、式(7-10)和式(7-11)得到

$$P_k \exp(\mathrm{i}\theta_k) = am + bS_k \exp[\mathrm{i}(\phi_k + kD)] + G_k \qquad (k = 0,\ 1,\ \cdots,\ m-1) \tag{7-12}$$

式中，G_k 表示随机噪声，即对时域脉冲轮廓采样噪声 $g(t_j)$ 的傅里叶变换。经傅里叶变换计算可以得到两个脉冲轮廓的常数偏差值

$$a = \frac{P_0 - bS_0}{m} \tag{7-13}$$

为了求解尺度变换因子 b 和脉冲的到达时间 D，需要使用统计量 $\chi^2(b,\ D)$ 取最小值，即

$$\chi^2(b,\ D) = \sum_{k=1}^{\frac{1}{2}m} \left| \frac{P_k - bS_k \exp[\mathrm{i}(\phi_k - \theta_k + kD)]}{\sigma_k} \right|^2 = \min \tag{7-14}$$

式中，σ_k 表示频率为 k 的噪声振幅的均方根，通常被视为常数 σ。

将上式的指数函数用三角函数表示，即有

$$\chi^2 = \frac{1}{\sigma^2}\Big[\sum_{k=1}^{\frac{1}{2}m} (P_k{}^2 + b^2 S_k{}^2) - 2b \sum_{k=1}^{\frac{1}{2}m} P_k S_k \cos(\phi_k - \theta_k + kD) \Big] \tag{7-15}$$

为了使上式取最小值，可以求关于 b 和 D 的导数，并使其等于零，即

$$\frac{\partial \mathcal{X}^2}{\partial b} = \frac{1}{\sigma^2}\Big[2b\sum_{k=1}^{\frac{1}{2}m} S_k^2 - 2\sum_{k=1}^{\frac{1}{2}m} P_k S_k \cos(\phi_k - \theta_k + kD)\Big] = 0 \tag{7-16}$$

$$\frac{\partial \mathcal{X}^2}{\partial D} = \frac{2b}{\sigma^2}\sum_{k=1}^{\frac{1}{2}m} k P_k S_k \cos(\phi_k - \theta_k + kD) = 0 \tag{7-17}$$

由式(7-16)，可以直接求得尺度变换因子为

$$b = \frac{\displaystyle\sum_{k=1}^{\frac{1}{2}m} P_k S_k \cos(\phi_k - \theta_k + kD)}{\displaystyle\sum_{k=1}^{\frac{1}{2}m} S_k^2} \tag{7-18}$$

而用式(7-17)来求解到达时间 D，由于涉及三角函数，需要采用迭代逼近求解方法。根据 $\mathcal{X}^2$ 统计性质，可以评定 b 和 D 的估计精度，即有

$$\sigma^2 = \frac{1}{\sqrt{\dfrac{\partial \mathcal{X}^2}{\partial b^2}}} = \frac{\sigma}{\sqrt{2\displaystyle\sum_{k=1}^{\frac{1}{2}m} S_k^2}} \tag{7-19}$$

$$\sigma^2 = \frac{1}{\sqrt{\dfrac{\partial \mathcal{X}^2}{\partial b^2}}} = \frac{\sigma}{\sqrt{2\displaystyle\sum_{k=1}^{\frac{1}{2}m} k P_k S_k \cos(\phi_k - \theta_k + kD)}} \tag{7-20}$$

可见，在频域内对比两个脉冲轮廓，可以直接评定估计参数的精度，且与光子采样时间间隔无关。采用时域相关处理方法，也能估计脉冲到达时间，但是其精度取决于光子采样时间间隔，一般不会好于 $0.1\Delta t$ 水平。

7.3.4 X 射线光子到达时间转换的数学模型

如前所述，X 射线脉冲星的时间相位模型的时间尺度为 TDB 或 TCB，基准点一般选取太阳系质心 SSB。为了将航天器测量得到的脉冲到达时间与通过脉冲星时间相位模型得到的预估脉冲到达 SSB 时间相比较，必须将航天器测量的脉冲到达时间转换为脉冲到达 SSB 的时间。

在 TCB 时间尺度下，脉冲星在 t_T 时刻发射第 N 个脉冲信号，到达航天器接收机的时刻为 t_{SC}，其时间延迟可表示为：

$$\begin{aligned}
t_{SC} - t_T &= \frac{1}{c}\boldsymbol{n}_{SC} \cdot (D - p) - \sum_{k=1}^{mp} \frac{2\mu_k}{c^3}\left|\frac{\boldsymbol{n}_{SC} \cdot p_k + |\,p_k\,|}{\boldsymbol{n}_{SC} \cdot D_k + |\,D_k\,|}\right| \\
&+ \frac{2\mu_s^2}{c^5 D_y^2}\Bigg[\boldsymbol{n}_{SC} \cdot (D - p)\bigg(\Big(\frac{\boldsymbol{n}_{SC} \cdot D}{D}\Big)^2 + 1\bigg) + 2(\boldsymbol{n}_{SC} \cdot D)\Big(\frac{p}{D} - 1\Big)\Bigg] \\
&+ D_y \frac{2\mu_s^2}{c^5 D_y^2}\bigg(\arctan\Big(\frac{p_x}{D_y}\Big) - \arctan\Big(\frac{D_x}{D_y}\Big)\bigg)
\end{aligned} \tag{7-21}$$

式中，μ_s，μ_k 分别为太阳引力常数和太阳系行星引力常数；m_p 为太阳系行星数量；

b，p 和 D 分别表示太阳系质心、航天器和脉冲星在太阳系质心坐标系中的位置矢量；p_k，D_k 分别表示在太阳系质心坐标系中从太阳系其他行星质心至太阳系质心、航天器和脉冲星的矢量；n_s，n_{SSB} 和 n_{SC} 分别表示从太阳质心、太阳系质心和航天器至脉冲星的方向矢量。式 (7-21) 中右边第一项表示由脉冲星至航天器的几何距离产生的时间延迟；第二项表示由太阳系行星天体残生的 Shapiro 延迟效应的总和；第三项表示由太阳引力场产生的光线偏折，其时间延迟通常小于 1ns。

同理，针对第 N 个脉冲信号，从脉冲星发射时刻 t_T 与到达太阳系质心时刻 t_{SSB} 的时间延迟为：

$$
\begin{aligned}
t_{SSB} - t_T =& \frac{1}{c} n_{SSB} \cdot (D-b) - \sum_{k=1}^{m_p} \frac{2\mu_k}{c_3} \left(\frac{n_{SSB} \cdot b_k + |b_k|}{n_{SSB} \cdot D_k + |D_k|} \right) \\
&+ \frac{2\mu_S^2}{c^5 D_y^2} \left[n_{SSB} \cdot (D-\rho) \left(\left(\frac{n_{SSB} \cdot D}{D} \right)^2 + 1 \right) + 2(n_{SSB} \cdot D)\left(\frac{b}{D} - 1 \right) \right] \\
&+ D_y \frac{2\mu_S^2}{c^5 D_y^2} \left(\arctan\left(\frac{p_x}{D_y} \right) - \arctan\left(\frac{D_x}{D_y} \right) \right)
\end{aligned}
\tag{7-22}
$$

将以上两式相减，得到在航天器相对于太阳系质心的脉冲到达时间转换的数学模型为

$$
\begin{aligned}
t_{SSB} - t_{SC} =& \frac{1}{c} n_{SSB} \cdot (D-b) - \frac{1}{c} n_{SC} \cdot (D-p) \\
&- \sum_{k=1}^{m_p} \frac{2\mu_k}{c_3} \left| \frac{n_{SSB} \cdot b_k + |b_k|}{n_{SSB} \cdot D_k + |D_k|} \right| + \sum_{k=1}^{m_p} \frac{2\mu_k}{c_3} \left| \frac{n_{SC} \cdot p_k + |p_k|}{n_{SC} \cdot D_k + |D_k|} \right| \\
&+ \frac{2\mu_S^2}{c^2 D_y^2} \left[n_{SSB} \cdot (D-\rho) \left(\left(\frac{n_{SSB} \cdot D}{D} \right)^2 + 1 \right) + 2(n_{SSB} \cdot D)\left(\frac{b}{D} - 1 \right) \right] \\
&+ D_y \frac{2\mu_S^2}{c^5 D_y^2} \left(\arctan\left(\frac{p_x}{D_y} \right) - \arctan\left(\frac{D_x}{D_y} \right) \right) \\
&+ \frac{2\mu_S^2}{c^5 D_y^2} \left[n_{SC} \cdot (D-p) \left(\left(\frac{n_{SC} \cdot D}{D} \right)^2 + 1 \right) + 2(n_{SC} \cdot D)\left(\frac{p}{D} - 1 \right) \right] \\
&+ D_y \frac{2\mu_S^2}{c^5 D_y^2} \left(\arctan\left(\frac{p_x}{D_y} \right) - \arctan\left(\frac{D_x}{D_y} \right) \right)
\end{aligned}
\tag{7-23}
$$

从理论上讲，在 TCB 时间尺度下，利用上式将 X 射线光子到达航天器的坐标时转换到太阳系质心，其时间转换精度可达到 1ns 量级。

尽管利用式 (7-23) 的时间转换精度较高，但是计算过程极其复杂繁琐。因此，在实际工程中需要在精度允许的范围内进行简化处理。

$$
\begin{aligned}
t_{SSB} - t_{SC} =& \frac{1}{c} n_{SSB} \cdot (D-b) - \frac{1}{c} n_{SC} \cdot (D-p) \\
&- \sum_{k=1}^{m_p} \frac{2\mu_k}{c_3} \left| \frac{n_{SSB} \cdot b_k + |b_k|}{n_{SSB} \cdot D_k + |D_k|} \right| + \sum_{k=1}^{m_p} \frac{2\mu_k}{c_3} \left| \frac{n_{SC} \cdot p_k + |p_k|}{n_{SC} \cdot D_k + |D_k|} \right|
\end{aligned}
\tag{7-24}
$$

研究表明，利用式 (7-24) 简化模型的时间转换精度可以达到 100ns 水平，可以满足航天器高精度轨道确定对时间转换精度的要求。表 7-4 为脉冲时间转换和比对过程。

过程	步　骤
以 TDB 为尺度的光子到达量	①使用飞船上的原子钟为敏感器探测到的脉冲星 X 射线光子打上时间标记； ②使用标准改正程序并考虑飞船速度影响，将船载钟原时改正为 SSB 坐标系时间 TDB
时间转换至太阳系质心	使用飞船位置、速度和太阳系引力势，改正测量光子 TDB 到达时间，以获取探测器相对于 SSB 原点的位移
TOA 测量和位移	①连续折叠光子形成观测脉冲轮廓； ②观测脉冲轮廓和脉冲标准模板轮廓以确定检测到的脉冲在 SSB 原点的测量到达时间（TOA）； ③使用脉冲计时预报模型，比较脉冲预测 TOA 和最接近的测量 TOA，以获取二者的时间差观测量

表 7-4　　　　　　　　　　　　　　　脉冲时间转换和比对过程

7.4　基于 X 射线脉冲星的航天器轨道测量方程

7.4.1　脉冲相位测量方程

对于已发现的脉冲星，必须精确测定它们的自转参数和天体测量参数。目前，世界上许多射电望远镜都具有脉冲星计时观测能力，脉冲星的到达时间 TOA 的测量精度不低于微秒量级，有些毫秒脉冲星的 TOA 的测量精度已达到±0.2us，甚至更高。为精确计算脉冲信号到达时间，信号测量装置必须和一个惯性空间体系相关联，即这个体系相对于脉冲星没有加速运动。此处所涉及的参考体系为太阳系质心惯性参考系，其坐标系原点位于太阳系质心 SSB 处，并且使用太阳系质心力学时（Barycentric Dynamical Time，TDB）作为时间参考系。在导航中我们需将 TOA 转换到太阳系质心。

设 t 为测站观测到的 TOA 值，脉冲星脉冲到达太阳系质心的时间为 t_b，t_b 为太阳系质心力学时，则我们可利用式(7-25)将 t 转换到太阳系质心，有：

$$t - t_b = -\Delta C - \Delta t_b - ur/c + \left[r^2 - (ur)^2\right]/2cd + D/v^2 - 2\mu_b In\left|\left(\left|r\right| - ur\right)\right|/c^3$$

$$(7-25)$$

式中，t 是一脉冲信号到达观测站站心的时间，即脉冲到达时间 TOA(Time of Arrival)；t_b 是预测的脉冲到达太阳系质心的时间。d 是太阳系质心到脉冲星的距离，r 是太阳系质心到观测站的矢量，矢量 u 为脉冲星到观测站的矢量，μ_b 是太阳引力常数，Δt_b 为观测的脉冲到达时间转换至太阳系质心力学时的改正量，ΔC 为 TOA 观测时的参考原子钟的改正，v 为射电观测频率，D 为色散常数。

上式中的第 3 项称为一阶多普勒延迟，即 r 在视线矢量 u 上的投影。式中的第 4 项表示周年视差影响，第 3 项和第 4 项被合称为 Roemer 延迟，该延迟是构成脉冲星观测量的主要因素；第 5 项表示信号经过星际介质时的色散延迟，是 X 射线在星际介质中传播相对于在真空中传播的延迟；第 6 项被称为 Shapiro 延迟，是 X 射线经过大质量天体时，由于时空弯曲造成的延迟。

利用式(7-25)将脉冲到达时间 TOA 转换到太阳系质心后，脉冲星在 t(太阳系质心力学时 TDB)时刻的自转相位，即相对于太阳系质心的相位可表示为

$$\phi(t) = \phi(T_0) + f(t - T_0) + \sum_{m=1}^{M} \frac{f^{(m)}(t - T_0)^{m+1}}{(m+1)!} \tag{7-26}$$

式中，T_0 为参考时刻，$\phi(T_0)$ 为参考时刻的相位，$f^{(m)}$ 为频率 f 的 m 阶导数，一般情况下，m 取到三阶即能满足要求。利用式(7-25)和式(7-26)，对测站的计时观测得到的 TOA 资料进行拟合，最终得到脉冲星的自转参数和天体测量参数，一般拟合时间跨度为 2~3 年。由这些精确确定的参数，我们利用式(7-26)即可建立该脉冲星的自转模型，即脉冲星时钟模型。

由式(7-26)可以获得脉冲信号 ϕ_k 到达 SSB 的时间为

$$t_b = \arg(\phi_k) \tag{7-27}$$

其中，arg 是取幅角函数；从而式(7-26)和式(7-27)可以为利用脉冲星进行导航准确预报脉冲星脉冲到达太阳系质心处的时间。

7.4.2　航天器轨道测量模型

1. 脉冲星导航观测量与飞行器位置的关系

图 7-6 表示了空间飞行器 SPC 在太阳系质心坐标系中与脉冲星 PSR 的位置关系。图中 O_e 为地球质心、O_s 为太阳质心和 O_{SSB} 为太阳系质心，n 为太阳系质心到脉冲星的单位矢量。

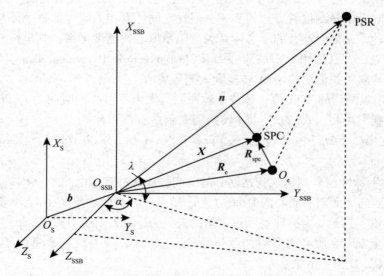

图 7-6　太阳质心坐标系中飞行器、脉冲星、地球和太阳质心的几何关系

X 为待求的飞行器 SPC 位置矢量。由于脉冲星距离太阳系非常遥远，我们因此可以把 n 看作不变量。利用脉冲星进行导航定位时，我们所需的观测量为脉冲星的脉冲信号到达飞行器的时间相对脉冲信号到达太阳系质心的时间延迟 τ。由于脉冲星在太阳系中方向矢量相同，因此飞行器的位置矢量 X、脉冲星的方向矢量 n、脉冲星信号时间延迟 τ 几何关系如图 7-7 所示。

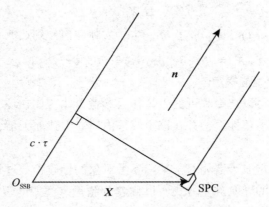

图 7-7　脉冲星信号时延几何关系图

在不考虑观测误差和系统误差的情况下，时间延迟 τ、位置矢量 X、方向矢量 n 之间存在以下关系：

$$\tau = \frac{1}{c} n \cdot X \qquad\qquad (7\text{-}28)$$

上式即为脉冲星导航定位的观测方程，式中延迟量 τ 由观测值确定，待求量为飞行器位置矢量 X，在不考虑误差的情况下，则至少需同时观测 3 颗脉冲星，才能确定飞行器在太阳系质心坐标系下的三维位置。

2. 绝对导航测量方程

脉冲星绝对导航就是利用脉冲星信标确定航天器在惯性坐标系中的三维位置和速度，从而获取航天器与附近目标的相对位置关系，控制和引导航天器沿着预定轨道飞行。通过对比同一个脉冲到达航天器的时间和到达太阳系质心的时间，就可以得到航天器相对于太阳系质心沿脉冲星视线方向的时间延迟量，也就得到距离观测量。

对于某一历元 t_k，利用脉冲星 i 的观测数据，由式(7-28)，得到航天器相对于太阳系质心的位置测量方程：

$$\delta \rho_i = n_i \cdot \delta r_{SC, k} + c\delta \tau_k + \eta_i \qquad\qquad (7\text{-}29)$$

式中，

$$\delta \rho_i = ct_{SSB} - c\tau_{SC} - c \cdot \Delta \tau - n_i \cdot \tilde{r}_{SC, k} + d_{roam} + d_{shap}$$

$$r_{SC, k} = \tilde{r}_{SC, k} + \delta r_{SC, k}$$

$$n = [\cos\alpha\cos\lambda \quad \cos\alpha\sin\lambda \quad \sin\alpha]^{T}$$

式中，$r_{SC,k}$、$\tilde{r}_{SC,k}$ 分别为 t_k 时刻航天器相对于太阳系质心的位置矢量和近似位置矢量；n_i 为太阳系质心系下描述的脉冲信号的方向矢量，$\delta r_{SC,k}$ 为历元 t_k 航天器近似位置的改正量，$\delta \tau_k$ 为星载时钟的钟差，η_i 为脉冲到达时间测量噪声。

若航天器在历元 t_k 时刻同时探测到 m 颗脉冲星，则有航天器的绝对导航测量方程可以表示成

$$Z_k = H_k X_k + V_k \tag{7-30}$$

式中，$Z_k = [\delta \rho_1 \, \delta \rho_2 \cdots \delta \rho_m \, \delta \dot{\rho}_1 \, \delta \dot{\rho}_2 \cdots \delta \dot{\rho}_m]^T$；为脉冲信号到达航天器和太阳系质心之间的距离延迟；H_k 为系数阵；$X_k = [\delta x_k \, \delta y_k \, \delta z_k \, \delta \dot{x}_k \, \delta \dot{y}_k \, \delta \dot{z}_k \, \delta \dot{\tau}_k \, \delta \ddot{\tau}_k]^T$，为航天器相对于太阳系质心的位置矢量，$V_k$ 为观测噪声。

对于深空探测器，可以选择临近的天体作为参考天体。如在环火探测器自主导航中可以建立火星中心地球赤道惯性系，并在该坐标系内建立上述航天器位置和速度测量方程。

3. 相对导航测量方程

相对导航测量是测定航天器相对于某一参考对象的导航参数过程，是一种利用距离或相位观测量的线性组合的导航测量方式，也称差分测量。类似于卫星导航系统的差分量，通常采用的差分线性组合类型有三种：单差、双差和三差。单差是对于同一颗脉冲星的航天器测量相位与定义脉冲星计时模型位置的预报相位之差；双差是航天器同步观测两颗脉冲星所得到的单差之差；三差是对于不同历元，同步观测两颗以上脉冲星的双差之差。通过观测量差分，可以消除、削弱共同的误差项和难以精确测定的参数，简化测量方程和提高系统状态参量估计精度。

通常，脉冲星计时模型是以太阳系质心为基准定义的，由此得到的单差测量方程实质上就是航天器绝对导航测量方程。为了简化数据处理过程，对于任意给定历元，可以将脉冲星计时模型在太阳系质心预报的脉冲到达时间转换到任何一个已知的参考位置，如地球、月球和火星的质量中心，地日和地月之间的拉格朗日点，或者另一个航天器或基站等。对于两个以上航天器上安装探测器，探测同一颗脉冲星辐射的 X 射线光子数据，其差分测量需要在两个航天器之间建立通信链路来传输测量数据，这是一种真正意义上的相对导航模式。而选择某一天体质心为参考点，建立差分测量方程则不需要传输测量数据，只要调用星载计算机上存储的相应模型和数据库就可以完成。

4. 航天器轨道动力学模型

(1) N 体问题的轨道力学模型

若将天体视为质点处理，则在惯性坐标系 $o\text{-}xyz$ 中由 N 个天体组成的质点系，如图 7-8 所示。根据牛顿引力定律，则有质点 j 对质点 i 的引力可以表示为

$$F_{ij} = G \frac{M_i M_j}{r_{ij}^3} r_{ij} \tag{7-31}$$

式中，$i, j = 1, 2, 3, \cdots, N$；$M_i$，$M_j$ 分别是质点 i, j 的质量；G 为万有引力常数。又由牛顿第二定律，得到

$$F_{ij} = M_i \ddot{r}_i^{(j)} \tag{7-32}$$

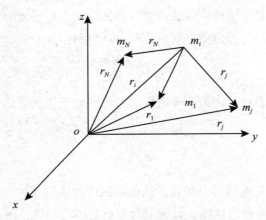

图 7-8 N 个天体组成的质点系

式中，$\ddot{r}_i^{(j)}$ 为质点 j 对质点 i 的引力加速度。由上两式可得到：

$$\ddot{r}_i^{(j)} = G \frac{M_j}{r_{ij}^3} r_{ij} \tag{7-33}$$

从而，由其余 $N-1$ 个质点对质点 i 的引力加速度为

$$\ddot{r}_i = G \sum_{\substack{j=1 \\ j \neq i}}^{N} \frac{M_j}{r_{ij}^3} r \tag{7-34}$$

假设第 N 个质点为航天器，第 1 个质点为主天体，研究航天器相对于主天体的运动规律，即有

$$\ddot{r}_{1N} = \ddot{r}_N - \ddot{r}_1 = G \left(\sum_{j=1}^{N-1} \frac{M_j}{r_{Nj}^3} r_{Nj} - \sum_{j=2}^{N} \frac{M_j}{r_{1j}^3} r_{1j} \right)$$

$$= G \left(\frac{M_1}{r_{N1}^3} r_{N1} + \sum_{j=2}^{N-1} M_j \left(\frac{r_{Nj}}{r_{Nj}^3} - \frac{r_{1j}}{r_{1j}^3} \right) - \frac{M_N}{r_{1N}^3} r_{1N} \right) \tag{7-35}$$

$$= -G \frac{M_1 + M_N}{r_{1N}^3} r_{1N} + \sum_{j=2}^{N-1} G M_j \left(\frac{r_{Nj}}{r_{Nj}^3} - \frac{r_{1j}}{r_{1j}^3} \right)$$

上式即为在多个天体引力作用下的航天器运动模型。另外，由于天体并非密度均匀的球体，因此真实的天体引力位与球对称引力位存在明显差异。对于环绕行星飞行的航天器，或靠近某一大行星的星际探测器，必须考虑非球型引力摄动作用。此外，航天器还会受到太阳辐射光压和大气阻力作用，对观测值精度要求较高时，还需要考虑广义相对论效应的影响。

(2)二体问题的轨道力学模型

如果一个天体被视为一个密度分布均匀的球体，那么其引力就等效于质量集中在质心

的质点引力，称之为天体中心引力。对于环绕天体轨道运动的航天器，尽管其受力情况比较复杂，但是所受到的主要作用力就是天体中心引力，而其他各种作用力相对于天体中心引力而言均为微小量。对于地球轨道航天器，在地球质心坐标系中，设 r 为航天器的位置矢量，若仅考虑地球中心引力作用，则由式（7-35）得到：

$$\ddot{r} = -G\frac{m+M}{r^3}r \tag{7-36}$$

式中，m 为航天器质量，M 为天体质量。考虑到航天器质量远远小于天体质量，可以忽略 m，上式可写为

$$\ddot{r} = -\frac{\mu_E}{r^3}r \tag{7-37}$$

式中，$\mu_E = GM_E$，为地球引力常数。这就是描述二体问题的力学模型。

实际上，地球是非对称的球体，且质量分布也是不均匀的，因此航天器轨道除受到地球中心引力的作用外，还受到其他摄动力的影响。若考虑其他摄动因素的影响，航天器轨道力学模型的一般形式可表示为

$$\ddot{r} = B_0(r) + B_\varepsilon(r, \dot{r}, t) \tag{7-38}$$

式中，$B_0 = -\dfrac{\mu_E}{r^3}r$，为地球中心引力加速度；$B_\varepsilon$ 为除地球中心引力加速度外的其他各种摄动加速度，且 $\dfrac{B_\varepsilon}{B_0} = O(\varepsilon)$，其中 $\varepsilon \ll 1$。

上述轨道力学模型不仅适用于描述地球轨道航天器运动规律，而且适用于环绕其他天体飞行的航天器。

（3）火星探测器转移轨道力学模型

火星探测器转移轨道段的中心天体是太阳，若采用完整模型计算，复杂程度较高，而简单的二体模型精度又低，在导航中常采用圆形限制性四体模型作为火星探测器的轨道动力学模型。

圆形限制性四体模型需要考虑太阳中心引力、火星中心引力和地球中心引力对火星探测器的作用，其他摄动的影响则不考虑。另外，选取日心黄道惯性坐标系，假定火星绕太阳作匀速圆周运动，半径为日火平均距离 r_{sm}；地球绕太阳做匀速圆周运动，半径为1AU，则火星探测器的运动方程可表示为

$$\ddot{r}_{pe} = -\mu_s\frac{r_{ps}}{r_{ps}^3} - \mu_m\left(\frac{r_{pm}}{r_{pm}^3} - \frac{r_{sm}}{r_{sm}^3}\right) - \mu_e\left(\frac{r_{pe}}{r_{pe}^3} - \frac{r_{se}}{r_{se}^3}\right) \tag{7-39}$$

式中，μ_s，μ_m，μ_e 分别为日心、火心和地心引力常数；r_{ps} 为火心到探测器的矢径；r_{pm} 为火星到探测器的矢径；r_{sm} 为火心到日心的矢径；r_{pe} 为地球到探测器的矢径；r_{se} 为地心到日心的矢径。

实际计算中，把矢量形式转化成分量形式，可得到探测器的运动方程为

$$\begin{cases} \dot{x} = v_x \\ \dot{y} = v_y \\ \dot{z} = v_z \\ \dot{v}_x = -\mu_s \dfrac{x}{r_{ps}^3} - \mu_m \left(\dfrac{x - x_1}{r_{pm}^3} + \dfrac{x_1}{r_{sm}^3} \right) - \mu_e \left(\dfrac{x - x_2}{r_{pe}^3} + \dfrac{x_2}{r_{se}^3} \right) + \omega_x \\ \dot{v}_y = -\mu_s \dfrac{y}{r_{ps}^3} - \mu_m \left(\dfrac{y - y_1}{r_{pm}^3} + \dfrac{y_1}{r_{sm}^3} \right) - \mu_e \left(\dfrac{y - y_2}{r_{pe}^3} + \dfrac{y_2}{r_{se}^3} \right) + \omega_y \\ \dot{v}_z = -\mu_s \dfrac{z}{r_{ps}^3} - \mu_m \left(\dfrac{z - z_1}{r_{pm}^3} + \dfrac{z_1}{r_{sm}^3} \right) - \mu_e \left(\dfrac{z - z_2}{r_{pe}^3} + \dfrac{z_2}{r_{se}^3} \right) + \omega_z \end{cases} \tag{7-40}$$

式中，(x_1, y_1, z_1)，(x_2, y_2, z_2) 和 (x, y, z) 分别为火星、地球和火星探测器坐标，其中火星和地球的坐标可根据时间由行星历表获得。

在实际工程应用中，基于航天器的轨道动力学模型，估计探测器所受到的摄动加速度，可以得到航天器的状态方程：

$$\dot{X} = \begin{bmatrix} v \\ a \end{bmatrix} = f(X, t) + W \tag{7-41}$$

式中，$X(t) = [x, y, z, v_x, v_y, v_z]^T$，$W$ 为状态噪声。已知航天器的初始状态 $X(t_k)$，可以利用式(7-41)通过轨道积分，计算出下一时刻的航天器状态 $X(t_{k+1})$。

7.5 X 射线脉冲星导航的模糊度解算方法

7.5.1 脉冲星相位整周模糊度的概念

X 射线脉冲星的脉冲周期是极其稳定的，这有利于提取脉冲轮廓，并进行脉冲轮廓的互关处理，获得脉冲到达时间。然而，脉冲到达时间测量却存在相位模糊问题：航天器测量到达时间是哪一个脉冲周的脉冲尖峰点呢？对于观测历元 t，总的脉冲相位可以表示为

$$\Phi(t) = N(t_0) + N(t - t_0) + \phi(t) \tag{7-42}$$

式中，t_0 为起始观测历元；$N(t_0)$ 为起始观测历元的脉冲相位整周数；$N(t - t_0)$ 为由历元 t_0 至 t 的脉冲相位整周数；$\phi(t)$ 为观测历元脉冲相位整周的小数部分。

从起始观测历元 t_0 探测到脉冲星的脉冲信号，并一直连续跟踪测量，则 $N(t - t_0)$ 可由探测器系统连续自动计数，而一个脉冲周内的相位 $\phi(t)$ 也是可观测量的。因此，只有 $N(t_0)$ 是一个与起始观测历元、脉冲星和航天器位置有关的未知数，并具有整数性质。在整个观测过程中，只要对脉冲星进行连续跟踪观测，$N(t_0)$ 总是保持为常数。

事实上，X 射线脉冲星导航中，我们并不关心从脉冲星至航天器的整周数，而是航天器相对于太阳系质心或参考点上的预报脉冲到达时间的对应点之间的脉冲相位整周未知数，称为整周模糊度。

在航天器绝对导航中，一旦解决了整周模糊度问题，就可以确保测量脉冲和预报脉冲

属于同一个脉冲周，从而测定航天器相对于太阳系质心沿脉冲星视线方向的时间延迟量，滤波估计航天器相对于太阳系质心的轨道参数。也就是说，只要有足够的观测数据和采用适当的算法求解整周未知数，就能够利用 X 射线脉冲星为近地轨道、深空和星际飞行航天器精确估计导航参数。

7.5.2　脉冲相位整周模糊度的特征

在 X 射线脉冲星导航中，整周模糊度的解算方法可以借鉴 GPS 载波相位测量整周模糊度的快速求解方法，但是具体的求解过程是不同的，这是由 X 射线脉冲星导航系统与 GPS 系统特征差异所决定的，具体表现在如下几个方面：

（1）不同的差分导航测量机理

GPS 系统可以使用多个接收天线来测定两个差分测量点位的整周模糊度 X 射线脉冲星导航系统是通过对比安装在航天器上的探测器测量脉冲到达时间与定义在太阳系质心的脉冲星计时模型预报脉冲到达时间来获取基本观测量，从而测定航天器的绝对位置坐标。事实上，在太阳系质心并未放置物理的探测器设备。当然，在两个航天器之间相对导航应用中，也可以在不同位置安装多个探测器，以测定相对位置偏差。

（2）不同的周期和波长

目前，GPS 星座的每颗卫星主要在两个中心频率 L_1（1575.42MHz）和 L_2（1227.60MHz）上播发导航信号，其波长分别为 19.0cm 和 24.4cm，利用单载波或双载波观测量来求解整周模糊度。每颗 X 射线脉冲星的脉冲轮廓具有唯一性，每颗脉冲星的脉冲周期是完全不相同，从几毫秒至几千秒，这有利于整周模糊度的求解。脉冲周的波长在几百千米以上，也有利于周跳探测。

（3）不同的系统体制

GPS 系统是人造的系统，GPS 卫星围绕地球轨道飞行，其信号强度能够满足地面和近地空间用户需求。脉冲星属于自然天体系统，虽然距离十分遥远，其辐射的信号强度也不受人为控制，但是在整个太阳系或银河系都可以探测到脉冲星辐射信号。

（4）不同的观测波段

GPS 卫星是在 L 频段上调制导航信号。脉冲星在射电、红外、可见光、紫外、X 射线和 γ 射线等电磁波频段可能产生信号辐射，对于不同波段的观测方法和硬件设备要求有所不同。其中，射电信号可以在地面和空间观测，但要求使用大口径望远镜；X 射线难以穿过地球稠密大气层，因此只能在地球大气层外空间或无稠密大气的行星表面，才能被探测到。

（5）不同的测距方式

GPS 是通过卫星播发的时标数据来测量卫星至接收机天线的距离观测量来实现导航定位的。脉冲星距离太阳系十分遥远，不提供发射脉冲信号的时标信息，脉冲星与航天器之间的距离是不能确定的。因而不能直接使用脉冲星至航天器的距离作为观测量。

（6）不同的相位测量方式

GPS 整周数可以使用载波相位信号和测距码信号组合来测定。脉冲星发射 X 射线脉冲信号，通过脉冲相位信号（非载波信号）测量来解算模糊度。

（7）不同的相位变化率

GPS 接收机能够精确跟踪卫星发射的载波信号，可以测量载波相位变化率（多普勒频移）。脉冲星发射信号的载波是不能直接跟踪测量的，因而载波相位变化率不能被测量。但是，航天器相对于脉冲星的运动将产生多普勒频移，可以测量脉冲相位的变化率。

7.5.3 模糊度搜索空间

常用的 GPS 载波相位测量整周模糊度快速解算方法，主要包括交换天线法、P 码双频技术法、模糊度函数法、最小二乘搜索法和模糊度协方差法等，其中后三种模糊度解算方法都属于模糊度空间搜索法，亦称为模糊度在航解算方法（AROF）。这也是 X 射线脉冲星导航模糊度解算的基本方法。

模糊度搜索空间是一个关于中心点对称的三维坐标空间。搜索空间中心点的选取依据实际应用情况而定，通常以定义脉冲星计时模型的位置为中心点。对于围绕地球或地月系统飞行的航天器，可以选取地心或地月系统的中心作为搜索空间中心点；对于研究太阳系行星的航天飞行任务，尤其是类地行星探测，选取太阳系质心作为搜索空间中心点；对于围绕太阳系其他行星飞行的航天器，可以选取行星体质心作为搜索空间中心点；对于迷失于宇宙空间的航天器，可以选取最后一个已知的轨道位置作为搜索空间中心点。从理论上讲，任何已知位置都可以作为搜索空间的中心点，已知位置距离航天器真实位置越近，其搜索空间的范围就越小，模糊度求解就越快。

将观测历元的脉冲星计时模型从太阳系质心（SSB）转换到地球质心（GC），在整个搜索空间内只有唯一的候选脉冲相位组，即 4 颗脉冲星的脉冲相位平面的公共交叉点是真实的航天器位置（SC）。

应该指出的是，对于利用 X 射线脉冲星的航天器自主导航来说，考虑到脉冲周波长较长，在具有其他导航方式辅助的情况下，采用 Kalman 滤波和高精度轨道力学模型外推，能够保证脉冲星的近似位置精度在一个脉冲周波长范围内，使测量脉冲到达时间和预报脉冲到达时间是针对同一个脉冲周期信号而得到的，因此一般不存在整周模糊问题。在航天器导航系统缺乏其他辅助导航手段支持，航天器迷失于宇宙空间，导航系统处于初始化或恢复的极端情况下，航天器近似位置或定义计时模型的参考点与航天器真实位置距离大于一个脉冲周波长，才会出现整周模糊问题，需要进行整周模糊度解算。

7.6 脉冲星导航的误差来源分析

根据 X 射线脉冲星导航系统的原理和实现过程，其导航误差主要来源于脉冲星的特征参数与计时模型误差、探测器系统的安装与测量误差、时间转换模型误差、太阳系行星参数误差和其他误差等。

7.6.1 脉冲星特征参数与计时模型误差

脉冲星导航是以脉冲星辐射信号作为航天器自主导航的外部时空基准信息，因此脉冲星的基本特征参数测量误差将直接影响航天器轨道、时间和姿态等导航参数的确定精度。

对于航天器导航应用，我们所关心的脉冲星特征参数主要包括脉冲星角位置、脉冲星距离、脉冲星自转周期及其各阶导数以及脉冲星自行等。

1. 脉冲星角位置误差

脉冲星角位置是指脉冲星在太阳系质心参考系中的赤经 λ 和赤纬 α。脉冲星在太阳系质心参考系中的参考方向矢量可表示为

$$\boldsymbol{n} = [\cos\alpha\cos\lambda \quad \cos\alpha\sin\lambda \quad \sin\alpha] \tag{7-43}$$

这就是航天器轨道和姿态确定的方向基准。若脉冲星角位置存在误差，式(7-43)两边求微分，得到方向矢量误差为

$$\mathrm{d}\boldsymbol{n} = \begin{bmatrix} -\sin\alpha\cos\lambda\,\mathrm{d}\alpha - \cos\alpha\sin\lambda\,\mathrm{d}\lambda \\ -\sin\alpha\sin\lambda\,\mathrm{d}\alpha + \cos\alpha\cos\lambda\,\mathrm{d}\lambda \\ \cos\alpha\,\mathrm{d}\alpha \end{bmatrix} \tag{7-44}$$

式中，$\mathrm{d}\lambda$、$\mathrm{d}\alpha$ 分别代表脉冲星的赤经误差和赤纬误差。

由时间转换方程和脉冲星导航测量方程可知，脉冲星角位置误差将会带来时间转换误差和轨道测量方程系数矩阵误差，直接影响到航天器的位置、速度和时间等参数的估计精度。对时间转换模型式的脉冲星方向矢量求微分，得到

$$\mathrm{d}(t_{\mathrm{SSB}} - t_{\mathrm{SC}}) = \left\{ \frac{\boldsymbol{r}}{c} + \frac{1}{cD_0}[(\boldsymbol{n}\cdot\boldsymbol{r})\,\boldsymbol{r} + (\boldsymbol{n}\cdot\boldsymbol{b})\,\boldsymbol{r} + \boldsymbol{b}(\boldsymbol{n}\cdot\boldsymbol{r})] \right\} \mathrm{d}\boldsymbol{n} +$$
$$\frac{2\mu s}{c^3} \left| \left[\frac{\boldsymbol{r}+\boldsymbol{b}}{\boldsymbol{n}(\boldsymbol{r}+\boldsymbol{b}) + \|\boldsymbol{r}+\boldsymbol{b}\|} - \frac{\boldsymbol{b}}{\boldsymbol{n}\cdot\boldsymbol{b}+\boldsymbol{b}} \right] \cdot \mathrm{d}\boldsymbol{n} \right| \tag{7-45}$$

上式是由脉冲星角位置误差引起的方向矢量误差对测量光子到达时间转换的一阶线性变化关系。一般地，若脉冲星的角位置误差为 10 mas，则将会产生约 10 μs 的时间转化误差。目前，大多数脉冲星角位置精度为 10 mas 量级，对于长期观测的毫秒脉冲星的角位置精度已优于 0.1 mas。

2. 脉冲星距离误差

由于脉冲星距离太阳系十分遥远，达到几万光年，因此太阳质心至脉冲星的距离难以精确测定。尽管在航天器轨道测量方程中已消除了有关脉冲星距离的项，但是在光子到达时间转换模型中仍然含有脉冲星距离参数。因此脉冲星距离误差将带来时间转换误差，进而引起脉冲到达时间测量误差，降低了航天器轨道和时间参数的估计精度。对时间转换模型的脉冲星距离求微分，得到由脉冲星距离误差引起时间转换误差的一阶线性变化关系，即

$$\mathrm{d}(t_{\mathrm{SSB}} - t_{\mathrm{SC}}) = \frac{1}{2cD_0^2}[(\boldsymbol{n}\cdot\boldsymbol{r})^2 - r^2 + 2(\boldsymbol{n}\cdot\boldsymbol{b})(\boldsymbol{n}\cdot\boldsymbol{r}) - 2(\boldsymbol{b}\cdot\boldsymbol{r})]\,dD_0 \tag{7-46}$$

尽管脉冲星距离误差对时间转换误差的影响仅含有 $\dfrac{1}{cD_0^2}$ 项的小量，但是对于高精度时间转换模型仍是不能忽略的。因而，一方面研究脉冲星距离的精确测定方法；另一方面优化时间转换模型，消除或削弱脉冲星距离误差对时间转换精度的影响。

3. 脉冲星时间相位模型误差

脉冲星时间相位模型是通过地面射电望远镜对脉冲星辐射的射电频段信号的长期观测

数据处理而建立的，它是脉冲星导航的时间测量基准，建立高精度的脉冲星时间相位模型是脉冲星自主导航的核心技术。脉冲星自转周期及其一、二阶导数参数测定误差是脉冲星时间相位模型的主要误差源。

此外，脉冲星还存在相对于太阳系质心沿赤经和赤纬方向的运动和自转周期及其一、二阶导数的误差，这些误差都会影响脉冲到达时间的预报精度。脉冲星导航是以计时模型预报的脉冲到达时间为基准，其计时模型误差直接纳入航天器轨道和时间测量方程的基本观测量。若脉冲到达时间预报误差为 $1\mu s$，将会带来 300m 的距离误差。因而，精密测定脉冲星自转周期及其一、二阶导数、脉冲星自行参数等是利用脉冲星进行航天器高精度导航的前提条件。

7.6.2　时间转换模型误差

时间转换是脉冲星导航的关键环节，完整的时间转换模型包括时间尺度转换模型和时间原点归算模型，时间转换的目的就是获得航天器轨道确定的基本观测量。其具体过程是：将光子到达航天器测量坐标系下的固有时转换为 TCB 时间尺度；在 TCB 时间尺度下将光子到达时间从航天器转换到太阳系质心或者某个参考点；在给定的测量时间内，将所有光子相对于太阳系质心的 TCB 时间序列进行折叠和同步平均处理，提取测量脉冲轮廓；将测量脉冲轮廓与标准脉冲轮廓进行相关处理，得到测量脉冲到达时间；利用脉冲星计时模型预报脉冲到达时间，并与测量脉冲到达时间进行比对，从而得到航天器轨道和时间测量的基本观测量——脉冲到达时间延迟。显然，时间转换模型误差将直接表现为基本观测量误差。

不考虑模型参数误差的情况下，时间转换模型误差主要是由相对论效应项的取舍和时空结构近似处理而造成的。高精度的时间原点归算模型可达到 0.1ns 水平，但涉及精确的脉冲星三维位置和太阳系行星相关参数，计算过程十分繁琐，实际工程难以应用。简化的时间转换模型舍去了一些难以精确测定的参数，以至降低时间转换精度。

利用 X 射线脉冲星实现航天器高精度自主导航，要求时间转换精度达到 $1\mu s$，甚至 $0.1\mu s$ 水平，因此，满足实际工程应用精度需求的时间转换模型仍然是一个有待深入研究的课题。

7.6.3　太阳系行星参数误差

在脉冲星导航中，太阳系行星参数包括太阳及太阳系行星星历和天文常数等，这些参数测定和更新属于大尺度时空基准建立与维持的基本内容，目前主要采用 JPL 编制的太阳系行星 DE 系列历表。由脉冲星导航原理、公式可知，太阳系行星参数不准确，将会带来时间尺度变换、四维时空变换和时间原点归算误差。对于地球轨道航天器来说，在太阳系质心参考系中太阳系质心和地球质心的位置和速度，以及太阳和地球的引力常数误差对于光子到达时间转换精度的影响较大，尤其是地球质心位置误差，将直接转换为时间几何延迟，影响极为显著。

采用 DE 系列历表给出的地球轨道长期预报精度只能达到 10 km 量级，显然不能满足高精度轨道确定要求。一方面，利用 DE 系列历表建立太阳系行星星历短期预报模型，通过定期更新航天器上的脉冲星导航数据库的太阳系行星参数记录表，满足航天器自主导航精度要求；另一方面，通过地面射电脉冲星计时阵与 VLBI 天体测量数据的联合处理，不仅能够测定瞬时大气延迟和电离层延迟，精确计算相对论效应改正量，而且能够提供不依赖于脉冲星到达时间的脉冲星位置和运动参数。在此基础上建立独立的高精度的地球轨道历表，得到高精度的光子到达太阳系质心的时间序列，从而近实时确定地球位置和速度参数。

7.6.4　其他误差

1. X 射线光子测量误差

X 射线测量是以高能光子为单位的，其观测量为光子的能量损失、入射方向和到达时间，或定时累计能损谱和位置分布图像等。其中，探测器测量脉冲光子能量，星载原子钟记录光子到达时刻。因此，X 射线光子测量误差将影响脉冲轮廓提取和脉冲到达时间测量精度。光子测量误差主要来源于探测器的时间分辨率、探测器效率、探测器本底噪声、探测器读出噪声、星载时钟稳定度、脉冲星辐射流量以及 X 射线背景辐射流量等。探测器基本性能是用时间分辨率、背景和本底噪声、能量分辨率以及响应矩阵、空间定位和点散布函数等特征参数来表征。因此，提高探测器系统性能和改善数据处理方法是减小 X 射线光子测量误差的主要途径。

2. 航天器轨道力学模型误差

航天器实时轨道参数是通过轨道力学模型积分计算得到的，轨道力学模型误差主要来源于建模误差、线性化误差、离散化误差以及模型参数误差等。在时间转换计算中，需要利用航天器的位置和速度参数。若时间转换精度为 $10\mu s$，则要求轨道精度达到几千米。对于短时段轨道预报，是可以满足此精度要求的。

3. 导航算法误差

在建立 X 射线脉冲星导航系统状态模型和测量模型之后，通常采用 Kalman 滤波算法估计导航参数。Kalman 滤波要求系统过程噪声和测量噪声应为零均值的高斯白噪声。在实际工程应用中，对于难以建模系统过程噪声和测量噪声的一些有色噪声分量，均被视为高斯白噪声处理。Kalman 滤波不能处理有色噪声，其误差将会被累积，降低导航参数估计精度，甚至滤波器发散。此外，对于容错自主导航滤波算法，尽管增强了导航系统的鲁棒性能，但是这类算法通常对导航误差不敏感，难以获得导航参数的最优估计值。

7.7　基于 X 射线脉冲星的航天器自主导航算法

前面几节介绍了脉冲星导航的研究现状、技术发展趋势，基于 X 射线脉冲星的深空探测器自主导航的基本原理和方法，并且对基于 X 射线脉冲星的深空探测器自主导航所涉及的数学模型进行了阐述。利用所建立的测量方程和轨道运动方程，我们就可以采用相应的导航滤波算法，估计航天器导航系统的状态参量。针对基于 X 射线脉冲星导航系统的特点，本节将重点论述目前普遍采用的扩展 Kalman 滤波和无迹 Kalman 滤波导航算法。

7.7.1 经典 Kalman 滤波算法

Kalman 滤波算法是 R. E. Kalman 于 1960 年提出的一种递推的线性最小方差估计方法，该算法具有以下基本特点：

①该算法是可递推的，是一种利用状态空间法在时域内设计的滤波器，因此 Kalman 滤波适用于多维随机过程的估计。

②该算法采用动力学方程(系统状态方程)描述被估计量的动态变化过程，被估计量的动态统计信息由激励白噪声的统计信息和动力学方程确定。由于激励白噪声是平稳过程，动力学方程是已知的，所以被估计量既可以是平稳的，也可以是非平稳的。也就是说，Kalman 滤波也适用于非平稳随即过程。

③该算法具有连续型和离散型两种表达形式，离散型算法可以直接在计算机上实现，因此在数值计算中得到普遍应用。

目前，Kalman 滤波理论作为一种重要的最有估计理论，已经成功应用于各种工程领域。在航天器自主导航应用中，由航天器轨道力学模型、姿态运动学模型和星载时钟系统模型与各种测量信息组成的一个随机线性离散系统，采用 Kalman 滤波算法能够高精度地确定航天器的导航状态参数。

1. 标准 Kalman 滤波算法

一个随机线性离散系统的运动可以用带有随机初始状态、系统过程噪声及测量噪声的差分方程和离散型测量方程来描述。设某一观测历元 t_k，一个离散型线性动力学系统的状态方程和测量方程分别表示为

$$X_k = \boldsymbol{\Phi}_{k, k-1} X_{k-1} + \boldsymbol{\Gamma}_{k-1} W_{k-1} \tag{7-47}$$

$$Z_k = H_k X_k + V_k \tag{7-48}$$

式中，X_k 为系统状态向量；$\boldsymbol{\Phi}_{k, k-1}$ 为从 t_{k-1} 到 t_k 时刻的一步状态转移矩阵；$\boldsymbol{\Gamma}_{k-1}$ 为系统噪声驱动矩阵；W_{k-1} 为系统激励噪声向量；Z_k 为测量向量；H_k 为测量矩阵；V_k 为测量噪声向量。

同时，假设系统过程噪声向量 W_k 和测量噪声向量 V_k 满足如下统计特性：

$$\left.\begin{array}{l} E(W_k) = 0 \\ E(V_k) = 0 \\ E(W_k W_j^{\mathrm{T}}) = Q_k \delta_{kj} \\ E(V_k V_j^{\mathrm{T}}) = R_k \delta_{kj} \\ E(W_k V_j^{\mathrm{T}}) = 0 \end{array}\right\} \tag{7-49}$$

式中，$\delta_{kj} = \begin{cases} 1, & k=j \\ 0, & k \neq j \end{cases}$；$Q_k$ 为系统噪声向量方差阵，且为非负正定矩阵；R_k 为测量噪声向量的方差阵，且为正定矩阵。即 W_k 和 V_k 为零均值白噪声序列，且二者互不相关。

从而，得到系统状态参量 X_k 的递推估计过程：

①系统状态参量的一步预测：

$$\hat{X}_{k/k-1} = \boldsymbol{\Phi}_{k, k-1} \hat{X}_{k-1} \tag{7-50}$$

②系统状态参量误差协方差矩阵的一步预测：

$$P_{k/k-1} = \boldsymbol{\Phi}_{k,\ k-1} P_{k-1} \boldsymbol{\Phi}_{k,\ k-1}^{\mathrm{T}} + \boldsymbol{\Gamma}_{k-1} \boldsymbol{Q}_{k-1} \boldsymbol{\Gamma}_{k-1}^{\mathrm{T}} \tag{7-51}$$

③滤波增益矩阵的计算：

$$\boldsymbol{K}_k = P_{k/k-1} \boldsymbol{H}_k^{\mathrm{T}} (\boldsymbol{H}_k P_{k/k-1} \boldsymbol{H}_k^{\mathrm{T}} + \boldsymbol{R}_k)^{-1} \tag{7-52}$$

④系统状态参量估计：

$$\hat{\boldsymbol{X}}_k = \hat{\boldsymbol{X}}_{k/k-1} + \boldsymbol{K}_k (\boldsymbol{Z}_k - \boldsymbol{H}_k \hat{\boldsymbol{X}}_{k/k-1}) \tag{7-53}$$

⑤系统状态参量误差协方差矩阵估计：

$$\boldsymbol{P}_k = (\boldsymbol{I} - \boldsymbol{K}_k \boldsymbol{H}_k) \boldsymbol{P}_{k/k-1} (\boldsymbol{I} - \boldsymbol{K}_k \boldsymbol{H}_k)^{\mathrm{T}} + \boldsymbol{K}_k \boldsymbol{R}_k \boldsymbol{K}_k^{\mathrm{T}} \tag{7-54}$$

式中，$\boldsymbol{I}$ 为单位矩阵。滤波初始估计值 $\hat{\boldsymbol{X}}_0$ 和 $\boldsymbol{P}_0$ 的选择应该满足下列条件：

$$\left.\begin{aligned} \hat{\boldsymbol{X}}_0 &= E(\boldsymbol{X}_0) \\ \boldsymbol{P}_0 &= E[(\boldsymbol{X}_0 - \hat{\boldsymbol{X}}_0)(\boldsymbol{X}_0 - \hat{\boldsymbol{X}}_0)^{\mathrm{T}}] \end{aligned}\right\} \tag{7-55}$$

此即为标准 Kalman 滤波的基本方程。根据观测历元 t_k 的测量向量 $\boldsymbol{Z}_k$，就可以递推估计该历元的系统状态参量 X_k 的无偏最小方差估计值 $\hat{X}_k$。

标准 Kalman 滤波是针对随机离散线性系统模型推导的，然而航天器导航系统通常都是非线性系统，不能直接应用 Kalman 滤波获得准确的状态估计值。目前解决非线性滤波的方法主要有两类：一类是将非线性方程线性化，这类方法以扩展 Kalman 滤波（Extended Kalman Filter，EKF）为代表；另一类是基于 Monte Carlo 打靶的思想，通过采样模拟状态的非线性函数分布特征，进而直接对非线性系统的状态进行估计，这类方法以无迹 Kalman 滤波（Unscented Kalman Filter，UKF）为代表。

2. 扩展 Kalman 滤波算法

设随机连续非线性系统的状态方程和测量方程分别为

$$\dot{\boldsymbol{X}}(t) = f[\boldsymbol{X}(t),\ t] + \boldsymbol{G}(t)\,\boldsymbol{\omega}(t) \tag{7-56}$$

$$\boldsymbol{Z}(t) = h[\boldsymbol{X}(t),\ t] + \boldsymbol{v}(t) \tag{7-57}$$

式中，$\boldsymbol{X}(t)$ 为 n 维系统状态向量；$f[\boldsymbol{X}(t),\ t]$ 为 n 维非线性向量连续函数；$\boldsymbol{G}(t)$ 为 $n \times r$ 阶噪声驱动矩阵；$\boldsymbol{\omega}(t)$ 为 r 维系统过程噪声向量；$\boldsymbol{Z}(t)$ 为 m 维测量向量；$h[\boldsymbol{X}(t),\ t]$ 为 m 维非线性向量连续函数；$\boldsymbol{v}(t)$ 为 m 维测量噪声向量。

同时，假设 $\boldsymbol{\omega}(t)$ 和 $\boldsymbol{v}(t)$ 均为彼此互不相关的零均值白噪声过程，即对于 $t \geqslant t_0$，满足如下统计特性：

$$\left.\begin{aligned} &E[\boldsymbol{\omega}(t)] = 0 \\ &E[\boldsymbol{v}(t)] = 0 \\ &E[\boldsymbol{\omega}(t) \cdot \boldsymbol{\omega}^{\mathrm{T}}(\tau)] = \boldsymbol{q}(t)\,\boldsymbol{\delta}(t-\tau) \\ &E[\boldsymbol{v}(t) \cdot \boldsymbol{v}^{\mathrm{T}}(\tau)] = \boldsymbol{r}(t)\,\boldsymbol{\delta}(t-\tau) \\ &E[\boldsymbol{\omega}(t) \cdot \boldsymbol{v}^{\mathrm{T}}(\tau)] = 0 \end{aligned}\right\} \tag{7-58}$$

式中，$q(t)$ 为过程噪声向量 $\omega(t)$ 的方差矩阵；$r(t)$ 为测量噪声向量 $v(t)$ 的方差矩阵。而初始状态为具有如下均值和方差的随机向量，即

$$\left. \begin{aligned} \hat{X}(0) &= E[X(0)] \\ P_0 &= E[(X(0) - \hat{X}(0))(X(0) - \hat{X}(0))^{\mathrm{T}}] \end{aligned} \right\} \tag{7-59}$$

且初始状态向量 $X(0)$ 与 $\omega(t)$ 和 $v(t)$ 都不相关。

对于上述连续非线性系统，一般采用近似方法来求解连续非线性系统的滤波问题。在数值计算中比较常用的近似方法是非线性系统模型的线性化和连续线性系统模型的离散化方法。

（1）非线性系统模型的线性化

对非线性系统模型的线性化是 Kalman 滤波理论能否应用于非线性系统的关键步骤，为此我们需要做这样的基本假设：非线性微分方程的理论解一定存在，而且理论解与实际解之差能够用一个线性微分方程来描述。

假设系统过程噪声 $\omega(t)$ 和测量噪声 $v(t)$ 恒为 0，我们把式（7-56）非线性微分方程的理论解称为标称轨迹或标称状态，记为 $\hat{X}^n(t)$，即有

$$\dot{\hat{X}}^n(t) = f[\hat{X}^n(t), t] \tag{7-60}$$

以初始状态的最优估计 $\hat{X}(0)$ 代入，对式（7-60）进行数值积分得到 $\hat{X}^n(t)$。令 $\hat{Z}^n(t)$ 为用标称状态 $\hat{X}^n(t)$ 计算的标称测量值，即有

$$\hat{Z}^n(t) = h[\hat{X}^n(t), t] \tag{7-61}$$

我们把非线性系统实际解称为实际轨迹或实际状态。在实际轨迹上的值为 $X(t)$ 和 $Z(t)$，则有非线性系统的实际轨迹和标称轨迹的偏差为

$$\delta X(t) = X(t) - \hat{X}^n(t) \tag{7-62}$$

$$\delta Z(t) = Z(t) - \hat{Z}^n(t) \tag{7-63}$$

由于 $\delta X(t)$ 足够小，因此将非线性系统在状态最优估计附近展开成泰勒级数，并取其一阶近似值，得到：

$$\delta \dot{X}(t) = F(t) \cdot \delta X(t) + G(t)\omega(t) \tag{7-64}$$

$$\delta Z(t) = H(t)\delta X(t) + v(t) \tag{7-65}$$

式中，$F(t) = \dfrac{\partial f[X(t), t]}{\partial X(t)}\bigg|_{X(t) = \hat{X}^n(t)}$，$H(t) = \dfrac{\partial h[X(t), t]}{\partial X(t)}\bigg|_{X(t) = \hat{X}^n(t)}$

通常称 $F(t)$ 和 $H(t)$ 为雅克比矩阵；把式（7-64）和式（7-65）称作非线性系统（7-56）和（7-57）的干扰方程或者偏差方程。

（2）连续线性系统模型的离散化

上述线性化后得到的偏差方程（7-64）、（7-65）均属于连续线性系统模型，为了利用

Kalman 滤波进行数值计算，还需要对其进行离散化处理。根据线性系统理论，系统状态方程(7-64)的离散化形式可表示为

$$\delta X_k = \boldsymbol{\Phi}_{k,\,k-1} \delta X_{k-1} + \boldsymbol{W}_{k-1} \tag{7-66}$$

式中，$\boldsymbol{\Phi}_{k,\,k-1}$ 为一步系统状态转移矩阵，即为 $\boldsymbol{\Phi}(t_k,\ t_{k-1})$，满足如下微分方程：

$$\left.\begin{aligned} \boldsymbol{\Phi}(t,\ t_k) &= \boldsymbol{F}(t)\,\boldsymbol{\Phi}(t,\ t_k) \\ \boldsymbol{\Phi}(t_k,\ t_k) &= \boldsymbol{I} \end{aligned}\right\} \tag{7-67}$$

当滤波周期较短时，求解方程(7-67)可得到 $\boldsymbol{\Phi}_{k,\,k-1}$。

连续系统的离散化还包括对激励白噪声过程 $\boldsymbol{\omega}(t)$ 的等效离散化处理。式(7-66)中

$$\boldsymbol{W}_k = \int_{t_k}^{t_{k+1}} \boldsymbol{\Phi}(t_{k+1},\ \tau)\,\boldsymbol{G}(\tau)\,\boldsymbol{\omega}(\tau)\,\mathrm{d}\tau \tag{7-68}$$

相应的离散噪声序列 $\boldsymbol{W}_k$ 的均值和方差矩阵为

$$E(\boldsymbol{W}_k) = \int_{t_k}^{t_{k+1}} \boldsymbol{\Phi}(t_{k+1},\ \tau)\,\boldsymbol{G}(\tau)\,E[\boldsymbol{\omega}(\tau)]\,\mathrm{d}\tau = 0 \tag{7-69}$$

$$E[\boldsymbol{W}_k \boldsymbol{W}_j^{\mathrm{T}}] = E\left[\int_{t_k}^{t_{k+1}} \boldsymbol{\Phi}(t_{k+1},\ \tau)\,\boldsymbol{G}(\tau)\,\omega(\tau)\,\mathrm{d}\tau \cdot \int_{t_k}^{t_{k+1}} \boldsymbol{\omega}^T(\tau)\,\boldsymbol{G}^T(\tau)\,\boldsymbol{\Phi}^{\mathrm{T}}(t_{k+1},\ \tau)\,\mathrm{d}\tau\right] \tag{7-70}$$

在实际应用中，根据计算精度要求，仅需对上式进行近似计算即可。具体推导过程可参阅相关文献资料。

考虑到实际测量系统设备采集的测量数据本身是一个离散序列，因此关于偏差测量方程(7-65)的离散化可直接写成：

$$\delta Z_k = \boldsymbol{H}_k \delta X_k + \boldsymbol{V}_k \tag{7-71}$$

式中，$\delta Z_k = Z_k - \hat{\boldsymbol{Z}}_k^n$；

而关于测量噪声序列 $\boldsymbol{V}_k$ 的方差可以直接采用 $\boldsymbol{v}(t)$ 的方差强度矩阵。

(3) 扩展 Kalman 滤波的基本方程

对于离散型线性偏差系统状态方程(7-47) 和测量方程(7-48)，其滤波基本方程如下：

$$\left.\begin{aligned} \delta \hat{\boldsymbol{X}}_{k/k-1} &= \boldsymbol{\Phi}_{k/k-1} \delta \hat{\boldsymbol{X}}_{k-1} \\ \boldsymbol{P}_{k/k-1} &= \boldsymbol{\Phi}_{k,\,k-1} \boldsymbol{P}_{k-1} \boldsymbol{\Phi}_{k,\,k-1}^{\mathrm{T}} + \boldsymbol{Q}_{k-1} \\ \boldsymbol{K}_k &= \boldsymbol{P}_{k/k-1} \boldsymbol{H}_k^{\mathrm{T}} (\boldsymbol{H}_k \boldsymbol{P}_{k/k-1} \boldsymbol{H}_k^{\mathrm{T}} + \boldsymbol{R}_k)^{-1} \\ \delta \hat{\boldsymbol{X}}_k &= \delta \hat{\boldsymbol{X}}_{k/k-1} + \boldsymbol{K}_k (\delta \boldsymbol{Z}_k - \boldsymbol{H}_k \delta \hat{\boldsymbol{X}}_{k/k-1}) \\ \boldsymbol{P}_k &= (\boldsymbol{I} - \boldsymbol{K}_k \boldsymbol{H}_k)\,\boldsymbol{P}_{k/k-1}\,(\boldsymbol{I} - \boldsymbol{K}_k \boldsymbol{H}_k)^{\mathrm{T}} + \boldsymbol{K}_k \boldsymbol{R}_k \boldsymbol{K}_k^{\mathrm{T}} \end{aligned}\right\} \tag{7-72}$$

式中，滤波初始值和滤波误差方差矩阵的初始值分别为

$$\delta \hat{\boldsymbol{X}}_0 = E[\delta \boldsymbol{X}_0],\ \boldsymbol{P}_0 = \mathrm{Var}[\delta \boldsymbol{X}_0] \tag{7-73}$$

系统状态的滤波值为

$$\hat{X}_k = \hat{X}_{k-1} + \delta\hat{X}_k \tag{7-74}$$

由上述离散型线性偏差系统的 Kalman 滤波方程可得到非线性连续系统的扩展 Kalman 滤波方程为

$$\left.\begin{aligned}
\hat{X}_{k/k-1} &= \hat{X}_{k-1} + f(\hat{X}_{k-1},\ t_{k-1})\,\Delta t \\
P_{k/k-1} &= \Phi_{k,\ k-1}P_{k-1}\Phi_{k,\ k-1}^{\mathrm{T}} + Q_{k-1} \\
K_k &= P_{k/k-1}H_k^{\mathrm{T}}\,(H_kP_{k/k-1}H_k^{\mathrm{T}} + R_k)^{-1} \\
\hat{X}_k &= \hat{X}_{k/k-1} + K_k[Z_k - h(\hat{X}_{k/k-1},\ k)] \\
P_k &= (I - K_kH_k)P_{k/k-1}(I - K_kH_k)^{\mathrm{T}} + K_kR_kK_k^{\mathrm{T}}
\end{aligned}\right\} \tag{7-75}$$

式中，初始滤波条件为

$$\left.\begin{aligned}
\hat{X}_0 &= E[X_0] \\
P_0 &= \mathrm{Var}[X_0]
\end{aligned}\right\} \tag{7-76}$$

扩展 Kalman 滤波的基础是把非线性的状态方程和测量方程在状态估计时进行泰勒级数展开，忽略二阶以及二阶以上的高阶项，将得到的一阶近似项作为原状态方程和测量方程的近似表达形式。进而采用线性问题下的卡尔曼滤波算法。

由于算法自身的原因，使得扩展 Kalman 滤波存在诸多不足之处，例如：对强非线性函数作一阶近似会产生较大的截断误差，可能导致滤波器发散；许多实际问题中很难得到非线性函数的雅克比矩阵；另外，由于扩展 Kalman 滤波需要求导，所以必须清楚地了解非线性函数的具体形式，因此难以模块化应用。尽管存在诸多不足，但是由于其原理简单，所以在科研领域得到了广泛的应用。

3. 无迹 Kalman 滤波算法

为了改善对非线性问题进行滤波的效果，Julier 等提出了基于无迹变换(简称 U 变换)的无迹 Kalman 滤波方法。该方法在处理状态方程时，首先进行 U 变换，然后利用变换后的状态变量进行滤波估计，以减小估计误差。其基本思想是：近似非线性函数的概率密度分布比近似非线性系统模型更容易，使用确定性采样方法近似非线性分布来解决非线性系统状态估计问题。UKF 算法具有以下特征：

①对非线性函数的概率密度分布进行近似，而不是对非线性函数进行近似，不需要知道非线性函数的显式表达式；

②非线性分布统计量的计算精度至少达到二阶，对于采用特殊的采样策略，如高斯分布四阶采样和偏度采样等可达到更高的精度；

③不需要求导计算雅克比矩阵；

④计算量与扩展 Kalman 滤波同阶次；

⑤由于采用了确定性采样策略，避免了粒子滤波中粒子衰退的问题。

（1）无迹变换的采样策略

无迹变换算法的核心问题在于采用何种 sigma 点采样策略，即如何确定 sigma 采样点的个数、位置以及相应的权值。选取的 sigma 点必须确保能够捕捉和反映输入向量 x 的基本特征。采样策略有对称采样、单行采样和三阶矩偏度采样等。其中，对称采样和比例对称采样策略应用最为普遍。比例对称采样策略能够有效地解决由于 sigma 点到 $\bar{x}$ 的距离随着 x 维数增加而增大引起采样非局部效应问题，并可用于修正多种采样策略，其具体算法如下：

在仅考虑 x 的均值 $\bar{x}$ 和协方差 P_{xx} 的情况下，用 $N(N = 2n + 1)$ 个对称 sigma 点采样来近似表达统计量 $\bar{x}$ 和 P_{xx}，即有 sigma 点集为 $\{S_i\}$：

$$\left.\begin{array}{l} S_0 = \bar{x} \\ S_i = \bar{x} + \gamma \left(\sqrt{P_{xx}}\right)_i \\ S_{i+n} = \bar{x} - \gamma \left(\sqrt{P_{xx}}\right)_i \end{array}\right\} \quad (7\text{-}77)$$

相应的权值为

$$\left.\begin{array}{l} W_0^m = \dfrac{\lambda}{n + \lambda} \\[2mm] W_i^m = W_{i+n}^m = \dfrac{1}{2(n + \lambda)} \\[2mm] W_0^c = \dfrac{\lambda}{n + \lambda} + (1 + \alpha^2 + \beta) \\[2mm] W_i^c = W_{i+n}^c = \dfrac{1}{2(n + \lambda)} \end{array}\right\} \quad (7\text{-}78)$$

式中，$i = 1, 2, \cdots, n$；$\gamma = \sqrt{n + \lambda}$；$\lambda = \alpha^2(n + \kappa) - n$。

比例对称采样中，总共有 3 个可调节的参数 α，β 和 κ。α 确定以 $\bar{x}$ 为中心的周围 sigma 点分布，通常取一个较小的正数，如 $10^{-4} \leqslant \alpha < 1$；$\beta$ 值可以根据 x 分布的先验知识确定，对于高斯分布，β 最优取值为 2；κ 一般取值为 0 或者 $3 - n$，应确保协方差矩阵的半正定性。一般的，参数的最优值根据问题的不同而变化。

（2）无迹 Kalman 滤波的基本方程

设某一观测历元 t_k，一个离散型非线性动力学系统的状态方程和测量方程分别表示为

$$\boldsymbol{X}_k = \boldsymbol{f}(\boldsymbol{X}_{k-1}, \boldsymbol{\mu}_{k-1}) + \boldsymbol{\omega}_{k-1} \quad (7\text{-}79)$$
$$\boldsymbol{Z}_k = \boldsymbol{h}(\boldsymbol{X}_k, \boldsymbol{\mu}'_k) + \boldsymbol{v}_{k-1} \quad (7\text{-}80)$$

式中，$\boldsymbol{X}_k$ 为 n 维系统状态向量；$\boldsymbol{Z}_k$ 为 m 维测量噪声向量；$\boldsymbol{\mu}_k$，$\boldsymbol{\mu}'_k$ 均为确定性输入控制向量；$\boldsymbol{\omega}_k$，$\boldsymbol{v}_k$ 分别为 n 维系统过程噪声向量和 m 维测量噪声向量，均为加性噪声向量，且均满足如下噪声统计特性：

$$\left.\begin{array}{l} E(\boldsymbol{\omega}_k) = 0 \\ E(\boldsymbol{v}_k) = 0 \\ E(\boldsymbol{\omega}_k \boldsymbol{\omega}_j^{\mathrm{T}}) = Q_k \delta_{kj} \\ E(\boldsymbol{v}_k \boldsymbol{v}_j^{\mathrm{T}}) = R_k \delta_{kj} \\ E(\boldsymbol{\omega}_k \boldsymbol{v}_j^{\mathrm{T}}) = 0 \end{array}\right\} \quad (7\text{-}81)$$

根据无迹变换算法原理和比例对称采样策略，以及 Kalman 滤波递推过程，从而得到

UKF 滤波算法过程如下：

1）滤波初始化

选取系统状态初值及协方差矩阵，即

$$\left.\begin{aligned} \hat{\boldsymbol{X}}_0 &= E[\boldsymbol{X}_0] \\ \boldsymbol{P}_0 &= \mathrm{Var}[\boldsymbol{X}_0] \end{aligned}\right\} \tag{7-82}$$

并确定参数 α，β 和 κ 的具体取值，计算均值和方差加权值，分别构造相应的权值向量

$$\boldsymbol{W}^m = [\boldsymbol{W}_1^m \ \boldsymbol{W}_2^m \ \cdots \ \boldsymbol{W}_{2n+1}^m]^{\mathrm{T}} \tag{7-83}$$

$$\left.\begin{aligned} \boldsymbol{W}_1^m &= \frac{\lambda}{n+\lambda} \\ \boldsymbol{W}_i^m &= \frac{1}{2(n+\lambda)} \end{aligned}\right\} \tag{7-84}$$

$$\boldsymbol{W}^c = [\boldsymbol{W}_1^c \ \boldsymbol{W}_2^c \cdots \boldsymbol{W}_{2n+1}^c]^{\mathrm{T}} \tag{7-85}$$

$$\left.\begin{aligned} \boldsymbol{W}_1^c &= \frac{\lambda}{n+\lambda} + (1+\alpha^2+\beta) \\ \boldsymbol{W}_i^c &= \frac{1}{2(n+\lambda)} \end{aligned}\right\} \tag{7-86}$$

式中，$i = 2, 3, \cdots, 2n+1$；$\lambda = \alpha^2(n+\kappa) - n$

2）构造 sigma 采样点

用一个 $n \times (2n+1)$ 阶矩阵 $\boldsymbol{S}_{k-1}$ 表示 t_{k-1} 采样点集，即

$$\boldsymbol{S}_{k-1} = [\boldsymbol{S}_{k-1}^0 \ \boldsymbol{S}_{k-1}^i \ \boldsymbol{S}_{k-1}^{i+n}] \tag{7-87}$$

式中，$\boldsymbol{S}_{k-1}^0$，$\boldsymbol{S}_{k-1}^i$ 和 $\boldsymbol{S}_{k-1}^{i+n}$ 均为 n 维列向量；

$$\left.\begin{aligned} \boldsymbol{S}_{k-1}^0 &= \hat{\boldsymbol{X}}_{k-1} \\ \boldsymbol{S}_{k-1}^i &= \hat{\boldsymbol{X}}_{k-1} + \gamma \left(\sqrt{P_{xx}}\right)_i \\ \boldsymbol{S}_{k-1}^{i+n} &= \hat{\boldsymbol{X}}_{k-1} - \gamma \left(\sqrt{P_{xx}}\right)_i \end{aligned}\right\} \tag{7-88}$$

式中，$\gamma = \sqrt{n+\lambda}$。

3）时间更新

$$(\boldsymbol{S}_{k/k-1})_j = f((\boldsymbol{S}_{k-1})_j, \boldsymbol{\mu}_{k-1}) \quad (j = 1, 2, \cdots, 2n+1) \tag{7-89}$$

$$\hat{\boldsymbol{X}}_{k/k-1} = \sum_{j=1}^{2n+1} \boldsymbol{W}_j^m (\boldsymbol{S}_{k/k-1})_j \tag{7-90}$$

$$\boldsymbol{P}_{k/k-1} = \sum_{j=1}^{2n+1} \boldsymbol{W}_j^c [(\boldsymbol{S}_{k/k-1})_j - \hat{\boldsymbol{X}}_{k/k-1}] [(\boldsymbol{S}_{k/k-1})_j - \hat{\boldsymbol{X}}_{k/k-1}]^{\mathrm{T}} + \boldsymbol{Q}_k \tag{7-91}$$

4）观测更新

$$(\boldsymbol{U}_{k/k-1})_j = h((\boldsymbol{S}_{k/k-1})_j, \boldsymbol{\mu}_k') \tag{7-92}$$

$$\hat{\boldsymbol{Z}}_{k/k-1} = \sum_{j=1}^{2n+1} \boldsymbol{W}_j^m (\boldsymbol{U}_{k/k-1})_j \tag{7-93}$$

$$P_{\hat{Z}_k \hat{Z}_k} = \sum_{j=1}^{2n+1} W_j^c \left[(U_{k/k-1})_j - \hat{Z}_{k/k-1} \right] \left[(U_{k/k-1})_j - \hat{Z}_{k/k-1} \right]^{\mathrm{T}} + R_k \tag{7-94}$$

$$P_{\hat{X}_k \hat{Z}_k} = \sum_{j=1}^{2n+1} W_j^c \left[(S_{k/k-1})_j - \hat{X}_{k/k-1} \right] \left[(U_{k/k-1})_j - \hat{Z}_{k/k-1} \right]^{\mathrm{T}} \tag{7-95}$$

5)滤波更新

$$K_k = P_{\hat{X}_k \hat{Z}_k} P_{\hat{Z}_k \hat{Z}_k}^{-1} \tag{7-96}$$

$$\hat{X}_k = \hat{X}_{k/k-1} + K_k (Z_k - \hat{Z}_{k/k-1}) \tag{7-97}$$

$$P_k = P_{k/k-1} - K_k P_{\hat{Z}_k \hat{Z}_k} K_k^{\mathrm{T}} \tag{7-98}$$

对于一步预测方程,利用无迹变换来处理均值和协方差的非线性传播,并继承了 Kalman 滤波的时间更新和观测更新的滤波增益过程,从而构成了完整的 UKF 基本方程。

经典 Kalman 滤波算法应用与深空探测器自主导航的研究已经成为诸多学者普遍关注的领域,其中,扩展 Kalman 滤波算法已经成功应用于月球探测器和火星探测器的导航,无迹 Kalman 滤波在深空探测器自主导航中的应用研究也在进行中。在应用中,Kalman 滤波也在不断发展,各种自适应算法的提出,粒子滤波和 H_∞ 滤波的发展,极大地提高了 Kalman 滤波的效率并扩大了适用范围。

7.7.2 Kalman 滤波在 X 射线脉冲星自主导航中的应用举例

在深空探测器自主导航研究领域,目前工程上应用最多的导航滤波器是扩展 Kalman 滤波器(Extended Kalman Filter,EKF),广泛应用于目前火星探测器自主导航方案的设计验证中。EKF 虽然运算量小,易于工程实现,但是线性化过程引入截断误差,精度与稳定度较低。针对 EKF 的不足,有学者提出了无迹 Kalman 滤波(Unscented Kalman Filter,UKF),并已经成功应用于火星进入段自主导航方案的设计验证中。下面以基于 X 射线脉冲星的火星探测器自主导航仿真实验为例,介绍 EKF 和 UKF 的应用。

1. 环火探测器自主导航仿真实验

以基于 X 射线脉冲星的环火探测器自主导航为例,模拟观测了 5 颗脉冲星,观测历元间隔为 500s。初始状态三个轴向分别加入了 100 km 的轴向位置偏差和 2m/s 速度偏差,然后设计了 EKF 和带自适应因子的 EKF 两款滤波器,图 7-9、图 7-10 是两款滤波器的滤波状态值与标称状态值的较差示意图。

从图 7-9 和图 7-10 中可看出自适应 EKF 滤波器相对于普通的 EKF 滤波器具有更高的精度和更快的收敛速度。AEKF 滤波轨道位置精度经过 8~10 个历元能够迅速收敛:Y、Z 方向在 8 个历元后精度稳定在 350m 以内,X 方向在 11 个历元后精度稳定在 1000m 以内;Y、Z 轴向速度的精度在 10 个历元后稳定在 0.05m/s 以内,X 方向收敛较慢,也能在 50 个历元后稳定在 0.1m/s 内。

2. "凤凰"号火星探测器巡航段自主导航仿真实验

仿真实验为"凤凰"号火星探测器巡航段自主导航,模拟观测了 3 颗脉冲星,观测历元间隔为 600s。实验中状态初始值含有 10 km 的轴向位置误差和 5m/s 的轴向速度误差,分别设计了 EKF、UKF 和带自适应因子的 UKF 滤波器,图 7-11 是三种滤波器的滤波状态值和标称状态值的较差示意图。

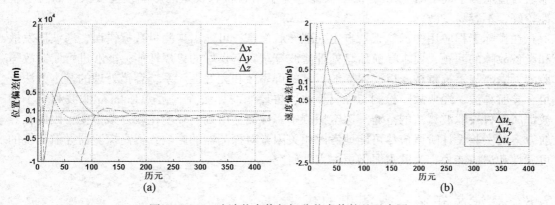

图 7-9 EKF 滤波状态值与标称状态值较差示意图

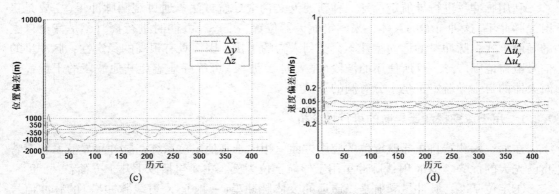

图 7-10 自适应 EKF 滤波状态值与标称状态值较差示意图

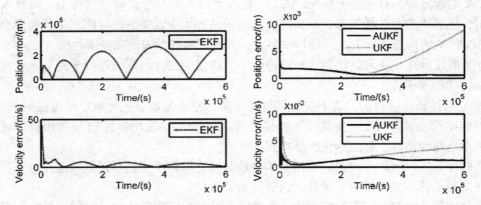

图 7-11 "凤凰"号火星探测器巡视段滤波状态参数和标称状态的较差示意图

从图 7-11 中可以看出 EKF 滤波器的滤波精度和稳定性明显差于另外两种滤波器；而普通的 UKF 滤波器由于对初始状态误差比较敏感，以至于很难获得较稳定的收敛精度；

加入自适应因子的 UKF 滤波算法不仅能够克服初始状态误差的影响快速收敛，而且稳定性较好，不容易发散。

在实际工程应用中，航天器自主处理导航信息，可能出现测量数据错误、滤波器发散和设备故障的问题，要求导航信息处理滤波算法具有良好的鲁棒性能，能够进行实时故障监测、隔离与系统重构，以确保导航信息的可靠性和完好性。系统容错处理的基本方法有组合导航算法、经典故障检测与隔离算法、鲁棒滤波算法等。无迹 Kalman 滤波和粒子滤波都属于鲁棒滤波算法的范畴。深空探测中，探测器所处的环境比较复杂多变，因此在导航方案的实验设计阶段应尽可能地考虑相关因素对探测器的影响，提高探测器导航系统的可靠性和适应能力，为此需要做更深入的研究。

7.8　脉冲星在深空探测中的应用

利用脉冲星进行导航定位是一种新的天文自主导航方法。通过观测脉冲星(主要是 X 射线脉冲星)这种自然的天体，来确定航天器位置、姿态，并同时进行授时，是完全自主的导航方式；脉冲星的运动特性不会受到人为的干扰，因而具有很高的稳定性；脉冲星的信号覆盖范围广泛，且所使用的波段(主要是 X 波段)可很好地避免其他波段的干扰，对航天器的自主导航定位是十分有利的。

7.8.1　用于深空探测器导航的可行性分析

在深空探测器自主导航定位的应用方面，相比于其他定位系统，脉冲星导航系统有着自己先天的优势。以 X 射线脉冲星用于导航定位为例，主要包括以下几个方面：

①定位基准：脉冲星导航是以遥远的天体脉冲星(一般是 X 射线脉冲星)的脉冲信号作为定位的基础和依据，具有相当高的准确性和可靠性。

②X 射线脉冲星自主导航系统(XNAV)是以太阳系为参考，可以支持中、高轨人造地球卫星，还可以为月球探测器、航天飞机、航天站等太空设备确定时间、位置和姿态。

③XNAV 的构造实际上是一种接收装置，具有非常好的安全和隐蔽性能。

④X 射线脉冲星还可以作为一种时钟标准，其精确的时间系统等价于甚至优于现在我们所使用的铯原子钟。

以 X 射线脉冲星为例，基于 X 射线脉冲星的深空探测器自主导航定位过程如下：

①脉冲到达时间测量：星载探测器接收 X 射线信号，输出脉冲信号和相位信息；同时修正本地时钟漂移，标定和输出脉冲到达时间。

②脉冲到达时间转换改正：调用基本参数和脉冲星钟模型，对误差项进行改正；转换得到在太阳系质心坐标系中的脉冲到达时间测量值。

③脉冲到达时间与预报时间对比：由脉冲计时模型预报脉冲到达时间；并且与观测到的脉冲到达时间进行对比，得到脉冲到达时间差。

④解算过程：利用多颗脉冲星组成基本观测向量，构造脉冲星导航定位测量方程，利用合适的算法公式，得到深空探测器位置、速度和相应的偏差估计。

⑤导航参数预报：利用导航定位偏差估计值，可以修正卫星近似位置、速度和时间等

参数；分别采用数值积分方法和星载时钟模型短时预报卫星位置、速度和时间等导航参数，输出到探测器平台控制系统，自主进行轨道控制和钟差修正。通过这些过程，实现深空探测器的自主导航定位。

与 GPS 相比，在导航信号数量上，GPS 导航系统是由 24 颗卫星组成的，而脉冲星导航则可以观测到 50 个甚至更多的脉冲射电源；在深空探测器的定位精度方面，GPS 可以达到低于 100m 的精度，而脉冲星导航也可达到 100m；在授时精度方面，GPS 可以达到纳秒级，脉冲星导航则低于微秒级。

可以看出，基于现有技术条件，概算 X 射线脉冲星导航精度可以接近于 GPS 水平，其中，要指出的是，脉冲星授时精度是受到脉冲星时频率稳定度的影响，虽然脉冲星的频率稳定度很高，但脉冲星时频率稳定度的提高则受到计时观测误差以及星际介质传播误差等的限制，所以才会出现授时精度的不理想。总体看来，理论上利用脉冲星可以实现深空探测器的高精度的空间定位。

7.8.2 脉冲星用于授时方面的可行性分析

传统的授时方法都是在航天器上利用一个星载的晶体振荡器提供时间，但其振荡频率也会随着环境和时间因素而发生漂移，需要由地面站周期性地进行校准。地球低轨道的飞行器虽可以利用 GPS 卫星保持精确的授时，但易受到人为因素干扰且成本高，而且 GPS 卫星信号在高轨道将变得很微弱，因此不适合高轨道或深空探测的航天器的授时。脉冲星的周期稳定度高，尤其是长期稳定度较原子钟高，而且作为遥远的自然天体，不存在人为破坏的可能，又能保持好的可见性，因而用于航天器(尤其是深空探测器)的授时可以具有更高的精度和稳定性。

脉冲星授时是利用脉冲到达时间提供的周期信号对深空探测器晶体振荡器的漂移进行校正来稳定星载时钟。在已知深空探测器位置的前提下，把用脉冲星时间相位模型推算的脉冲到达太阳系质心的质心时转化到脉冲到达深空探测器的固有时上，如果深空探测器时钟与脉冲星确定的时间有误差，测量的到达时间与期望到达时间的偏差将给出时钟误差信息。随着毫秒脉冲星计时观测的规模化，这使得脉冲星时的应用成为可能。我们可以用多种方式来实现精确的授时。

1. 脉冲星与原子钟结合授时

毫秒脉冲星长期稳定度高，而原子钟具有较高的短期稳定度，二者结合授时有利于优势互补。由某一颗毫秒脉冲星的计时观测，可得到参考原子时与脉冲星时之差，在保持该星规范的计时观测情况下，将这两种时间进行综合处理，得到改进的时间及时间尺度。如果有多颗长期观测且稳定度较高的毫秒脉冲星可用，则由这些脉冲星与原子钟结合得到的时间尺度会比原子时具有更高的长期稳定度。

2. 多个脉冲星的综合授时

观测的脉冲星时中包含有原子时误差影响，也包含有星际介质传播延迟修正模型不精确带来的误差，另外，还有 TOA 归算中所参考的太阳系行星历表误差和宇宙随机背景引力波的影响，特别是毫秒脉冲星所固有的自转不规则性会直接影响脉冲星时的稳定性。从保持长期稳定度出发，采用合适的算法，由 N 个脉冲星时构成的综合脉冲星时应该具有更高的长期稳定度。

3. 检测原子时误差

脉冲星时具有长期稳定度高等优点。利用毫秒脉冲星检测原子时误差已成为脉冲星授时的重要目标之一。长期观测一组自转稳定度较高的且在天球上有较均匀分布的毫秒脉冲星，精确测定它们的天体测量参数和自转参数。如果我们能够建立原子时误差模型，则可以由 TOA 资料同时计算出各脉冲星的天体测量参数与自转参数和表征原子时误差的多项式参数。然后，再进一步考虑表征历表误差和引力波影响的参数，分别建立合适的数学模型，从而得到以上三者的相关信息。

其中，第一种应用提到的是利用原子时与脉冲星时各自的特性来进行结合授时，使这种由脉冲星与原子钟结合得到的综合时间尺度会比原子时具有更高的长期稳定度，这个过程实际上也包含了对原子时的检测与修正过程，因此，把结合授时过程与检测过程综合起来，可以组成更为完整的授时机制。

7.9　美国的 X 射线脉冲星导航计划

2004 年初，美国国防部国防预先研究项目局（DARPA）提出了"基于 X 射线源的自主导航定位验证"（XNAV）计划，由马里兰大学资深教授皮恩斯博士全面负责。DARPA 局长特塞在犹他州立大学召开的有关微小卫星技术会上公开发言说："我们正在致力于创建一个脉冲星网络，利用脉冲星发射的 X 射线源进行卫星自主导航定位。脉冲星导航技术将适用于整个太阳系，是一种伟大而独特的导航方式。众多的脉冲星资源可供选用，能够获得较小的导航定位精度因子（DOP），提高导航定位精度。当前，我们还需要搜寻更多的脉冲星，并弄清其基本物理特征。"

2005 年 2 月，DARPA 召开年度财政预算会议，提出 2005 年、2006 年和 2007 年 XNAV 项目研究经费预算额分别为 230 万、520 万和 920 万美元。DARPA 将逐年增加项目研究经费，持续开展脉冲星导航的理论方法研究、关键技术攻关和原理样机研制等方面的研究工作。XNAV 计划分为三个阶段实施：

①可行性论证阶段（2005 年 3 月—2007 年 1 月）。完成 10 颗以上 X 射线脉冲星的优选和编目，探测 X 射线辐射能量范围为 0.1~20keV，验证脉冲星计时模型和 Allan 方差表达，并计算脉冲星几何精度因子（GDOP）。仿真分析 X 射线导航定位与姿态测量算法的可行性。研发具有较高的信噪比、灵敏度和时间分辨率的 X 射线探测器，探测辐射流量在 10^{-5}ph. cm^{-2} · s^{-1} · keV^{-1} 以上的 X 射线，读出脉冲到达时间分辨率小于 1ns。设计在国际空间站上进行飞行试验的 X 射线探测器系统以及相应的软硬件接口。

②原理样机研制阶段（2007 年 2 月—2008 年 8 月）。开展地面 X 射线识别和导航定位仿真测试，评估定位、定时和姿态测量精度指标，进一步完善导航定位和姿态测量算法。设计和研制具有宇航级水平的 3 套小型化 X 射线探测器系统，包括 X 射线成像仪、光子计数器、处理器和原子时钟等，其重量和功耗指标要求分别为 75kg 和 150W。此外，XNAV 有效载荷系统还应包括星体跟踪器、太阳敏感器和 GPS 接收机等。

③飞行演示验证阶段（2008 年 9 月—2009 年 8 月）。交付全套 X 射线探测器系统，安

装在国际空间站上进行空间飞行试验。开展软硬件接口和环路演示验证,实际测试 X 射线脉冲星绝对定位、相对定位和差分定位精度指标。

同时,美国航宇局和海军天文台等多个单位也相继拟订和启动脉冲星导航的研究计划。2006 年 2 月 3 日,微观世界公司与美国航宇局签署了有关 X 射线脉冲星导航系统的初步设计项目合同,并联合海军研究试验室开展项目研究工作。

2011 年,NASA 的戈达德航天中心(Goddard Space Flight Center,GSFC)以 XNAV 项目为基础,联合美国大学空间研究联合会,启动了"空间站 X 射线计时阵与导航技术试验"(Station Explorer for X-ray Timing and Navigation Technology,SEX-TANT)项目。根据 NASA 官网报导,该型号搭载 SpaceX-11 龙飞船于 2017 年 6 月初发射。该望远镜采用了掠入射聚焦型 X 射线光学系统和硅漂移室探测器的技术方案,有效探测面积为 1 800 cm2,时间分辨率为 200 ns 的探测阵列,搭载国际空间站在轨验证脉冲星导航、授时与通信等试验项目。

2012 年,美国发射了"核光谱望远镜阵列"NuSTAR 卫星。探测能段为 3~79keV,采用 10 米焦距的掠入射光学系统(Wolter-I)和 CdZn 探测器观测宇宙爆发的高能 X 射线。

2012 年美国发射了一种基于"龙虾眼"光学系统的宽视场 X 射线成像仪,可探测地球、月球、金星和彗星上的太阳风遇到中性气体时所产生的软 X 射线辐射,也可用于观测暂现 X 射线源。

DARPA 的最终目标是建立一个能够提供定轨精度为 $10m(3\sigma)$、定时精度为 $1ns$ (1σ)、姿态测量精度为 $3arcsec(1\sigma)$ 的脉冲星导航网络,以满足未来航天任务从近地轨道、深空至星际空间飞行的全程高精度自主导航和运行管理需求。

◎ 思考题及习题

1. 简述脉冲星脉冲发生机理。
2. 脉冲星导航相关科学研究计划有哪些?
3. 简述脉冲星导航定位的基本原理。
4. 脉冲星导航中使用的基准坐标系是什么?试叙之。
5. 脉冲星时间相位模型是如何建立的,有什么作用?
6. 试说明脉冲到达时间转换模型中各项的含义。
7. 如何理解航天器轨道动力学模型?
8. 脉冲星导航定位有哪些误差因素,如何削弱或消除这些因素的影响?
9. 如何理解脉冲星导航算法的实现方法?
10. 理解 Kalman 滤波算法的过程,简述 Kalman 滤波在 X 射线脉冲星自主导航中的作用。
11. 脉冲星在深空探测中有哪些应用?
12. 试简述基于 X 射线脉冲星的深空探测器自主导航定位过程。
13. 脉冲星导航具有哪些优势?
14. 简述脉冲星授时原理。

◎ **参考文献**

[1] 帅平，李明，陈绍龙，黄震. X 射线脉冲星导航系统原理与方法[M]. 北京：中国宇航出版社，2009.

[2] 毛悦. X 射线脉冲星导航算法研究[D]. 郑州：解放军信息工程大学测绘学院，2009.

[3] Erhu Wei, Shuanggen Jin, Qi Zhang, Jingnan Liu, Xuechuan Li, Wei Yan. Autonomous navigation of Mars probe using X-ray pulsars: Modeling and results [J]. Advances in Space Research, 51 (2013): 849 – 857.

[4] 付梦印，邓志红，闫莉萍. Kalman 滤波理论及其在导航系统中的应用[M]. 第二版. 北京：科学出版社，2010.

[5] Dongzhu, Hehe Guo, Xin Wang, Xiaoguang Yuan. Automous orbit determination and its error analysis for deep space using X-ray pulsar [J]. Aerospace Science and Technology, 32 (2014) 35-41.

[6] 王奕迪. 深空探测中 X 射线脉冲性导航滤波算法的研究[D]. 长沙：国防科技大学，2011.

[7] 李志豪. 基于 X 射线脉冲星的航天器导航滤波算法仿真分析[D]. 长沙：国防科技大学，2008.

[8] 帅平，陈绍龙，吴一凡，等. X 射线脉冲星导航技术及应用前景分析[J]. 中国航天，2006(10): 27-32.

[9] 李征航，魏二虎. 空间定位技术及应用[M]. 武汉：武汉大学出版社，2009.

[10] 马高峰，鲁强，郑勇. JPL 行星/月球星历[R]. 中国宇航学会深空探测技术专业委员会第一届学术会议，2005.1.

[11] 杨廷高. X 射线脉冲星到达航天器的时间测量[J]. 空间科学学报，2008，28(4): 330-334.

[12] 李征航，魏二虎，王正涛，彭碧波. 空间大地测量学[M]. 武汉：武汉大学出版社，2010.

[13] Cao J F, Huang Y, HuXG, et al. Mars Express tracking and orbit determination trials with Chinese VLBI network[J]. Chinese Sci. Bull, 2010, 55: 3654-3660.

[14] Graven P, Collins J, et al. XNAV Beyond the Moon [C]. In Proceedings of the 63rd Annual Meeting of the Institute of Navigation, April 23-25, 2007: 423-431.

[15] Suneel Ismail Sheikh. The Use of Variable Celestial X-ray Sources for Spacecraft Navigation [D]. Department of Aerospace Engineering University of Maryland. Maryland, 2005.

[16] P. S. Ray, S. I. Sheikh, P. H. Graven, et al. Deep Space Navigation Using Celestial X-ray Sources[J]. ION NTM, 2008, 28(30): 101-109.

[17] 郑伟，孙守明，汤建国. X 射线脉冲星的航天器自主导航数值分析研究[J]. 空间科学学报，2008，28(6): 573-577.

[18] 孙守明. 基于 X 射线脉冲星的航天器自主导航研究[D]. 长沙：国防科技大学，2011.

第8章 国内外深空探测计划

随着新世纪的到来，国外深空探测计划层出不穷，各类深空探测器不断升空，各种新型深空探测技术得以应用。本章介绍了新世纪国内外深空探测发展计划，分析了国际深空探测现状对我国的启示。

8.1 美国深空探测发展规划概况

1. 美国国家"空间探测远景规划"

2004年1月14日，布什发布了新的国家空间计划总统令"探索精神的复兴：美国空间探索远景规划"，即"空间探索新构想"（Vision for Space Exploration，VSE），其基本目标是"通过有力的空间计划推进美国的科学、安全和经济发展"，主要内容是在2020年前重返月球，随后深入太阳系进行探测，最终将人类送往火星或更远的深空。

2. 美国国家航空航天局的"空间探索计划"

根据上述VSE，2005年9月19日美国国家航空航天局（NASA）正式出台"空间探索计划"，确定了2006—2016年的战略目标和2016年以后的远景展望。2006—2016年的战略目标及其预期成果中包括空间探索、空间运输系统和重返月球等6大目标。其中，空间探索目标主要是将空间探索重新作为人类空间飞行计划的重点，制订总体计划，并确定了6个子目标：①开展天基地球研究；②认识太阳及其影响；③增加有关太阳系历史、地外生命存在可能性、探索空间面临的灾害和资源的知识；④发现宇宙的起源、结构、演化和命运并寻找类地行星；⑤增加航空知识、发展技术和增强能力；⑥认识空间环境对人类行为的影响、试验新技术、保障人类长期进行空间探测。

重返月球的目标主要为：确定重返月球计划并使其成果用于火星和其他目的地任务，首先通过机器人月球探测计划（RLEP）开展研究来确定未来任务的要求，至2008年发射月球勘测轨道器（Lunar Reconnaissance Orbiter，LRO）提供有关载人探测地点的信息，至2010年确定与开展月球和火星探测任务所需的核心技术，并实现科学与探测任务相应的空间通信和导航结构体系，至2012年发展与试验原位资源利用、发电和自主系统所需的技术。2016年以后的远景展望主要包括：从月球迈向火星、航空、认识太阳系和探测宇宙终极和寻找类地世界。2005年9月NASA公布了2015—2025年深空探测的路线图。2007年9月，又进行了更新，将载人登月时间由2018年推迟至2021年左右，载人火星探测时间推迟至2030年以后，如图8-1所示。

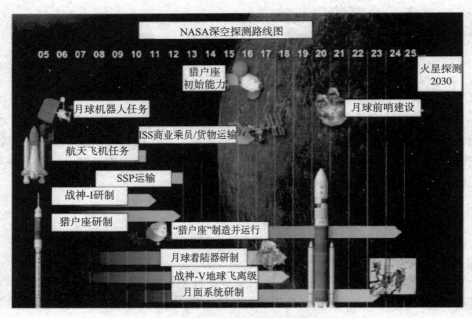

图 8-1   美国 NASA 空间探测路线图

8.2   俄罗斯深空探测发展规划概况

俄罗斯在新世纪也在酝酿着深空探测的新蓝图和新路线，但是迄今为止尚不十分明朗。

1. 俄罗斯政府的"2006—2015 年俄联邦航天发展规划"

2005 年 7 月 14 日，俄罗斯政府批准了总经费达 3050 亿卢布的"2006—2015 年俄联邦航天发展规划"。该规划曾提出 2009 年向火卫一发射探测器；以后还将向火星发射载人飞船。2005 年 10 月 22 日俄罗斯政府正式批准了"俄联邦 2006—2015 年航天规划"。该计划第一阶段（2006 年至 2010 年期间）将建成一系列航天器，包括一个用于研究太阳与日–地关系的航天器和一个用于研究火星并把火卫一的土壤送回地球的航天器；第二阶段（2010 年至 2015 年期间）要保证增加和维护轨道集群，包括三个研究太阳与日–地关系的航天器和一个研究月球的航天器。"载人轨道飞行"是该计划"航天活动"8 项优先发展方向之一，其中包括建造新一代飞船，为实现载人火星考察研制基础设备。

2. 能源火箭航天集团的"2006—2030 年俄罗斯载人航天发展规划构想"

2005 年底，俄罗斯科罗廖夫能源火箭航天集团制定并提交了"2006—2030 年俄罗斯载人航天发展规划构想"，并于 2006 年 5 月 6 日公布。该规划构想的载人航天发展阶段共分为四个，其中第三阶段是实现载人月球计划，第四阶段是进行载人火星考察。

3. 俄罗斯政府的"2006—2040 年远期航天发展规划"

2007 年 8 月，俄罗斯政府公布了"2006—2040 年远期航天发展规划"。与此同时，俄罗斯航天局局长佩尔米诺夫在谈到载人空间探测时指出，俄计划在 2019 年年底前向国际空间站再发射 3 个新舱，完成现行国际空间站俄罗斯舱段的建设。在国际空间站停止运行后，俄航天部门将以这几个舱段为基础建造新的轨道空间站，2025 年实现载人登月，2028—2032 年间建立一座有人居住的月球基地；2035 年后开展载人登陆火星任务。

8.3 欧洲深空探测发展规划概况

21 世纪欧洲的深空探测战略主要是对太阳系和适宜移居的星球进行探测，共分三步走：第一步是于 2010 年前向火星发射无人自动探测器；第二步是在 2020—2025 年向月球发射载人飞船；第三步是在 2025—2035 年向火星发射载人飞船。

1. 欧洲航天局的"曙光"计划

2001 年欧洲航天局（ESA）和欧洲研究委员会共同制订了"曙光"（Aurora）计划和原则，并于 2004 年 2 月 3 日正式公布了这项号称"欧洲阿波罗计划"的超大规模星际探测计划。该计划是一项多国计划，将确立欧洲 30 年的太阳系探测发展战略，包括 2005 年启动采用许多新技术的先期不载人火星探测任务，2020 年前后执行探测月球、火星和类似小行星的载人任务。从目前进展来看，2015 年前主要进行机器人无人探测，包括月球、火星、彗星、金星和水星探测。而此阶段的重点是火星探测，标志性任务是"火星漫步者"（ExoMars）和火星采样返回（MSR）探测器。"曙光"计划的路线如图 8-2 所示。

图 8-2 欧洲航天局（ESA）"曙光"计划路线图

2. ESA 的"2015—2025 年宇宙设想"

2005 年 4 月，ESA 公布了"2015—2025 年宇宙设想"，提出了空间探索的一系列科学目标，包括火星现场探测和取样返回、木星探测、三维太阳磁场探测、建造天基天文观测

台以及探索生命的起源和行星的形成与演化等若干项目，于 2007 年开始相关研究。上述
"曙光"计划可能作为该"设想"的一个力量倍增器。

2007 年 7 月，ESA 公布了上述"设想"最新的"宇宙研究计划"。该计划共包括 9 项将
各耗资 3.5 亿~7 亿欧元的大型（M 级）计划，其中 4 项深空探测计划是：①拉普拉斯
（Laplace）计划：目标是研究木星及其卫星（尤其是木卫二），将发射 3 个探测器；②"大力
神"和"恩科拉多斯"任务（Titan and Enceladus Mission，TandEM）计划：目标是研究土星的
卫星（包括土卫六和土卫二），探测器包括轨道器和着陆器，预计将在 10 年内向土卫六发
射一个由气球担当主要角色的自动探测器，该计划总投资将达 7 亿欧元；③X 射线放射宇
宙光谱学（X-ray Evolving Universe Spectroscopy，XEUS）计划：目标是发射由两个探测器组
成的 X 射线空间望远镜；④"角宿"（Spica）计划：目标是建造一台先进的新型红外望远
镜，以发现银河系、恒星和行星的起源，该计划将由欧洲和日本联合实行。此外，ESA 还
准备发射探测器登陆小行星，并在采集其土壤样本后返回地球。

8.4　日本深空探测发展规划

1. "空间活动长期计划"和"空间开发应用基本战略"

2003 年 9 月，日本空间活动委员会确定了为期 10 年的"空间活动长期计划"。2004 年
9 月，日本又制订了"空间开发应用基本战略"，计划今后 10 年左右推进基础研究开发工
作，20~30 年后独立开展载人空间活动。

2. 日本宇宙航空研究开发机构的"太空开发长期（远景）规划"

2005 年 1 月 6 日，日本宇宙航空研究开发机构（(JAXA)）公布了"太空开发远景规划"
草案，提出了未来 20 年日本太空开发的主要目标。同年 4 月，JAXA 向政府提交了总投资
达 570 亿美元的"JAXA 2025 年长期规划"，内容重点是"月球探测与利用"和"太阳系探
测"。其中"月球探测与利用"包括进行月球探测并建立月球基地，该计划已于 2007 年发
射第一颗探月卫星"月亮女神"，原计划于 2015 年发现的"月亮女神 2 号"并实现探测器月
球软着陆以及机器人探月，但由于财政危机目前尚未完成。计划在 2025 年前研制重复使
用载人航天器，实现载人登月和建立月球太阳能研究基地；"太阳系探测"包括行星-C 金
星轨道器、第二个隼鸟（Hayabusa）小行星探测器和贝皮·柯兰布（BepiColombo）水星轨道
器。

8.5　国外各类深空探测计划的最新进展

21 世纪，月球和火星探测成为国际深空探测活动舞台的中心，其他行星乃至整个太
阳系以及更远的深空探测也在进行或筹划之中。

1. 月球探测计划的进展状况

美国方面，启动了"NASA 重返月球"计划、"月球先驱机器人"计划以及"星座系统"
计划等多个月球探测计划。其中，NASA 重返月球计划于 2005 年公布，其主要内容包括：
① 在 2018 年前利用机器人对月球表面进行研究，选择登月地点和判定是否存在可利用资

源；② 2018 年再次实现载人登月，以后每年至少执行两次月球任务，初期宇航员在月面停留 7 天，未来延长至 6 个月，进行多项科学研究并寻找可利用资源；③ 建立月球基地，包括宇航员生活设施、发电站和通信站。执行重返月球任务的探测系统将采用航天飞机和"阿波罗"计划中成熟的、安全而可靠的设计和技术，主要包括新型"乘员探索飞行器"（CEV）、月球着陆器和"乘员运载火箭"（CLV）。2017 年 10 月，美国总统特朗普宣布重启登月活动，通过载人登月计划为今后的载人登陆火星和其他探测目标奠定基础。NASA 还在寻求商业化月球探测的途径，2017 年 NASA 重点评估了 2018—2030 年利用商业化的月球着陆器提供着陆服务的可能性，以开展月球矿物勘察、原位资源利用以及技术验证等工作。NASA 计划通过国际合作或商业着陆器在 2018—2020 年发射"资源勘探者"月球车，开展月球资源勘探。NASA 还计划在 2019 年发射"猎户座"飞船的探索任务-1（EM-1）无人绕月任务中搭载立方体卫星，后者将部署在 5 km×12 km 低高度绕月极轨道，探索月球南极区域土壤的氢含量，寻找月球水冰，以支持未来的载人探索任务。

俄罗斯方面，在 2006—2015 年航天发展规划的推动下，并于 2006 年正式启动探月计划。俄罗斯的月球探测活动将分五步进行：机器人无人月球探测；载人绕月探测；载人登月探测；建立月球基地；进行月球工业开发。根据俄罗斯 2016 年正式出台的新 10 年规划《2016—2025 年联邦航天发展规划》。未来 10 年，俄罗斯将重点开展机器人月球探测。俄罗斯还提出了建设月球基地的长远计划，2017 年 10 月，俄罗斯能源火箭航天集团宣布，将于 2040—2050 年建成月球基地。

1994 年，欧洲航天局（ESA）就提出了重返月球、建立月球基地的探测计划。21 世纪初，ESA 执行了"智慧"（SMART）系列计划，该计划以技术演示与验证为手段，为机器人登月、建立月球基地和深空探测大系统做科学技术准备。此外，一些欧洲国家如英国、德国、奥地利等也单独提出了一些以技术演示为目标的月球卫星探测计划。

"SMART-1"月球探测卫星是欧洲首个月球探测器，如图 8-3 所示，其任务是验证新型太阳能离子推进系统，探测与研究月球。它于 2003 年 9 月 27 日发射升空，并借助离子发动机于 2004 年 11 月 15 日到达近月轨道，最后进入距面 470/2 900 km 的环月轨道，在此轨道上进行了大量科学实验，完成任务后于 2006 年 9 月 3 日击中月球正面。"SMART-1"撞击月球最显著的特点是造成月表深处土石迸射，使地面科学家得以更深入广泛地观测月表物质成分，以研究月球起源和分析月球开发的前景，但是实际上并没有溅射出多少尘埃，因此地面上观测不到。在月球探测方面，ESA 正通过与俄罗斯合作积极推进月球探测，将参与俄罗斯的月球着陆任务。ESA 与俄罗斯已确定将在 2021 年合作实施月球-27（Luna-27）月球极区着陆/巡视任务，探索月球极区资源。目前，ESA 正在研制"领航者"（Pilot）月球着陆系统和月球-27 任务的先进科学载荷。欧洲还开展了立方体卫星探索月球的概念研究，旨在寻求低成本月球探测的解决方案。2017 年 5 月，ESA 选定了 4 项立方体卫星探测月球的概念进行进一步研究，这些任务概念主要是通过 1~3 颗 6U 或 12U 立方体卫星对月球环境进行探测。

日本方面，早在 20 世纪 80 年代就执行了月球探测计划，并于 1990 年发射了"飞天"号月球探测器，成为世界上第三个探测月球的国家。20 世纪 90 年代以后，日本制订的系统计划主要包括：①月球-A 计划；②月球软着陆探测与研究；③在月球表面建立月球极

图 8-3 "SMART-1" 月球探测卫星

区定位观测站。但是上述计划均未实现。1998 年，日本制订了"月女神（SELENE）"计划，目的是完成对月面进行详细观察的任务。2005 年日本的"JAXA 2025 年长期规划"给出了机器人探月、载人登月和建设月球基地的建议时间表。未来日本的月球探测路线是：未来 10 年内为月球的利用开发先进技术，首先实现包括"月女神"计划在内的月球探测计划，使日本走在世界前列，率先取得包括选择月面地形、地质、重力场等着陆点所必需的月面详细地图，同时获得对月球及更远太阳系探测所需的技术；未来 20 年内实现月球基地建设和利用所需的技术。

"月亮女神（SELENE）"计划于 1998 年被提出，它是继"阿波罗"计划之后世界上最大和最复杂的月球探测任务。其目标是全面勘察月球，包括丰富的元素资源、矿物成分、地形学、地质结构、重力场、磁场、等离子体环境和陆地大气，从而研究月球的起源和变化，测量月球和日地间的环境，研究未来利用月球的可能性；发展月球轨道进入技术以及空间飞行器的姿态和轨道控制。"月亮女神"包括主轨道器和两颗子卫星，即甚长基线干涉测量法（VLBI）射频源卫星（VRAD）和中继卫星（RSAT），携带 14 台科学仪器，总质量为 2 825kg。"月亮女神"月球轨道器如图 8-4 所示。它于 2007 年 9 月 14 日通过 H-IIA F13 运载火箭发射升空。将由"月亮女神"验证的技术包括：① 综合着陆系统；② 为达到精确着陆和自主故障排除的导航系统；③ 能够延长时间周期的发电装置；④ 支持材料取样/分析和仪器安装的月面移动性；⑤ 原位资源利用；⑥ 穿透器和地震检波器；⑦ 从月球表面的数据中继；⑧ 取样与返回。日本计划 2019 年发射"小型月球着陆探测器"（SL1M）。

关于"月亮女神"计划的详细介绍将在后面章节进行。

2. 火星探测

火星是地球轨道外侧最靠近地球的行星，其自然环境与地球最为相似，因此火星探测是太阳系行星探测的重中之重。探测的主要目标是探寻火星是否存在或曾经存在生命现象以及是否存在水体，揭示行星演化的共性和特性，探测有开发前景的有用资源，为建设火

图 8-4　"月亮女神"月球轨道器

星基地提供数据。目前和未来 10 年内的主要关注点是：火星上是否真正存在水及有多少存储量；火星上是否真的存在生命；火星是否适合人类居住等问题。20 世纪 60 年代至 2016 年底，美国、俄罗斯、日本、欧洲和印度共实施了 43 次火星探测任务。21 世纪的火星探测计划：

（1）美国的火星探索计划

2005 年 9 月，美国 NASA 出台的"空间探索计划"，进一步明确了实现载人火星探索的长期战略目标，提出了机器人探测与载人火星探测的发展途径。主要包括美国"火星探测漫游者"计划（Mars Exploration Rovers，MER）、美国"火星勘测轨道器"计划、美国"凤凰号"探测器计划、美国"火星科学实验室"计划和美国载人火星探测计划（设想）。其中，"火星探测漫游者"（图 8-5）是迄今最著名的火星表面探测器，它于 2003 年 6~7 月两次发射携带"勇气号"和"机遇号"火星车。这两个火星车的探测目的主要是考察火星是否存在水。它所携带的仪器包括：全景相机、微型热辐射光谱仪、阿尔法粒子 X 射线光谱仪和显微成像仪。2005 年，在火星上巡游的美国"勇气号"和"机遇号"火星车早已超过 90 天的设计寿命，仍继续工作并向地球送回了大量的火星全景图像和显微图像，获得了大量火星表面探测数据。目前，NASA 正在研究 40 余项用于未来火星任务的新技术，包括先进火箭技术、光通信技术、先进机器人、先进结构与材料、核动力推进系统、先进太阳帆技术、超音速减速系统、精确着陆技术、原位资源利用技术、辐射防护技术、先进热管技术、先进表面移动系统、先进观测平台技术等。美国未来计划发射的火星探测任务包括，2018 年发射"洞察"（In Sight）火星着陆器，2020 年发射"火星-2020"（Mars-2020）漫游车，2022 年发射新型轨道器"火星-2022"。其中，"火星-2020"将是未来潜在多任务火星项目（火星采样返回）的第一步，即将经过仔细选择和密封的火星样本送回地球，为将来的载人火星任务奠定技术基础。

（2）俄罗斯的火星探索计划

2005 年，俄罗斯科罗廖夫能源火箭航天集团制定并提交的《2006—2030 年俄罗斯载人

图 8-5　"火星探测漫游者"

航天发展规划构想》的第四阶段是进行载人火星研究考察，预计在 2025 年后分三个阶段实施。其中，可多次使用的火星考察综合体包括：火星轨道飞船、起飞-着陆综合体、返回地球的救生飞船、电喷发动机装置和太阳能拖船。20 世纪 90 年代以来俄罗斯仅实施了 2 次火星探测任务，均遭遇失败。俄罗斯目前正与 ESA 合作实施"火星生物学"的 2 次任务。第一次任务（轨道器/着陆器）已于 2016 年搭乘俄罗斯"质子"（Proton）运载火箭成功发射；第二次的火星着陆/巡视任务计划于 2020 年发射，由俄罗斯提供运载火箭和着陆平台，巡视器由 ESA 研制。

（3）欧洲的火星探索计划

ESA 的"曙光"探索计划是欧洲的主要火星探索计划。具体包括欧洲"火星快车"探测计划、欧洲"火星漫步者"探测计划、欧洲"火星采样返回"任务计划等。其中，欧洲"火星快车（Mars Express，ME）"于 2003 年 6 月 2 日发射升空，6 个月后到达火星。其主要目的之一是采用地下水探测雷达/高度计来寻找火星的地下水。已取得的成就包括首次对其他行星进行了地表下雷达探测，其超/高分辨率立体彩色成像仪已经成功绘制了火星北极的"冰冠"图像；并首次对一颗行星表面矿物质组成进行了全面研究。2005 年 11 月 30 日 ESA 宣布：欧洲的"火星快车"轨道器携带的 MARSIS 雷达找到了火星地下存在冰层的有力证据，并探测到火星地表下储量丰富的冰层，这些探测数据将为研究火星上是否有生命迹象提供重要资料。

2006 年 2 月，ESA 发布了"火星快车"探测器传回地球的高清晰度照片，照片显示火星的北极附近有一块直径达 1218 km 的巨大积冰。它位于"北极低地"大平原中的一处陨石坑内，由于火星的温度和气压过低，造成它终年不化。该陨石坑直径约 35 km，最深处约 2 km，在其边缘和坑壁上也有积冰的迹象。这使科学家重新燃起在火星上发现生命的希望，它将促使载人登陆火星计划加速实现。2007 年 2 月 27 日 ESA 宣布，将其"火星快车"和"金星快车"任务延长至 2009 年 5 月。目前，ESA 正稳步推进 2020 年的"火星生物学"(ExoMars)着陆/巡视任务，研制"宇宙愿景 2015—2025"框架下的空间科学任务，还提出了建造"国际月球村"的构想。ESA 正在与俄罗斯开展国际合作，已经和俄罗斯航天国家集团(ROSKOSMOS)合作于 2016 年成功发射了第一次任务"火星生物学-2016"(ExoMars-2016)，并将于 2020 年联合实施第二次任务"火星生物学-2020"火星着陆/巡视任务。此外，法国国家空间研究中心(CNES)与日本宇宙航空研究开发机构(JAXA)于 2017 年 4 月签订了合作开展"火星卫星探测"(MMX)的协议。该任务计划于 2024 年发射，将对"火卫一"和"火卫二"进行探测和采样，并于 2029 年将样本带回地球。

(4)日本的火星探索计划

日本曾于 1998 年发射"希望号(NOZOMI)"火星探测器，该探测器曾两次飞越月球，但由于轨道偏离而无法进入火星轨道，不得不于 2003 年 12 月放弃了进入火星轨道的计划。虽然也曾提出了 2017 年以后开展火星探测的设想，但只是设想，尚无明确的新的火星探测计划。

8.6 中国探月工程("嫦娥"工程)

中国对月球样品的研究始于 1978 年。当年，美国总统安全事务顾问布热津斯基送给中国政府 1 克月球样品，中科院组织全国力量对样品进行了初步研究，同时还利用月球陨石和其他途径开展了相应研究。

1994 年，我国启动了载人航天工程，当时有人提出用有限的资金发射一颗月球探测卫星，并提出一个简易的月球探测方案。但这个方案未能实现。原因是当时我国对月球探测尚未提出一个完整的发展规划，缺乏长期和有深度的科学探测目标，而且国家的航天基础还没有像今天这样扎实，当时只能做到简单的环月飞行。

从 1999 年开始，国防科工委组织有关方面系统论证了月球探测科学目标；2001 年中科院通过了对科学目标的评审，并以此科学目标为纲领，开展有效载荷研制。从 2000 年起，国防科工委组织工程技术人员和科学家研究月球探测工程的技术方案，经过两年多的努力，深化了科学目标及其实施途径，落实了探月工程的技术方案，建立了全国大协作的工程体系，提出了立足于我国现有能力的绕月探测工程方案，2004 年 1 月国家正式批准绕月探测工程立项。

中国于 2004 年 2 月 25 日宣布：我国绕月探测工程现已正式进入实施阶段，并将绕月探测工程正式命名为"嫦娥"工程。2007 年 10 月 24 日总投资约 14 亿元人民币的"嫦娥"一号绕月卫星成功发射，这标志着我国正式启动了酝酿已久的月球探测计划，填补了我国深空探测领域的空白，为未来的行星际探测活动奠定坚实的技术基础。截至 2018 年 5 月 21 日，我国"嫦娥"系列探月卫星已发射 4 颗。

1. "嫦娥"工程的三个实施阶段

绕月探测工程是一个庞大的系统工程，40 多年来，世界上很多国家共做过 80 多次月球探测。人类探月分"探"、"登"、"驻（住）"三大步，中国目前的探月工程是人类三大步中的第一步，步又分为"绕"、"落"、"回"三小步。"嫦娥奔月"尚存的三大难关，属于中国月球探测工程一期绕月工程中亟待解决的问题。根据我国的情况，并借鉴国外的经验，"嫦娥"工程将按"绕"、"落"、"回"3 个阶段实施，如图 8-6 所示。

"绕"即"环月探测"阶段。将发射第一个月球探测卫星绕月飞行，目标是获取月球表面三维影像，分析月球表面有用元素含量和物质类型的分布特点，探测月壤厚度和地月空间的环境，并将图像与数据发回地面。这一方案跨越前苏联和美国早期的硬着陆、近旁飞跃等步骤，直接进入绕月飞行探测阶段。绕月轨道为极月圆轨道，可以对月球的所有表面进行控测。第一期绕月探测卫星，即"嫦娥"一号。该星将环绕月球运行，并将获得的探测数据资料传回地面。

按照计划，"嫦娥"一号从西昌卫星发射中心升空后，首先进入周期为 16 小时的轨道。在花费 16 小时围绕地球一圈后，地面将发出加速的指令。于是"嫦娥"一号将上升到周期为 24 小时的轨道。一天之后，回到中国上空的"嫦娥"一号再次加速，并升入周期为 48 小时的轨道。在两天后，地面发出指令，卫星加速进入奔月轨道。经过 5 天的太空之旅，"嫦娥"一号将为月球引力所捕获，逐渐减速后，将最终停留在距离月球表面 200 千米的月球极地轨道上。"嫦娥奔月"的整个过程也完成了。通过这样一个过程，我们也便能了解到整个"奔月"所花的时间为：16 小时+24 小时+48 小时+5 天，共计 8 天多的时间，可实现绕月探测。目前这一计划已圆满完成。

"落"即发射月面巡视车、自动机器人登陆月球。探测着陆区岩石的化学与矿物成分，测定着陆点的热流、岩石剩磁和月表的环境，进行高分辨率摄影和月岩的现场控测或采样分析，为月球基地的选址提供月面环境、地形、月岩的化学与物理性质等数据。第二期工程月球软着陆器即"嫦娥二号"已于 2010 年 10 月 1 日成功发射。

"回"即在实现月面巡视勘察与采样后返回。发展新型月球巡视车和小型采样返回舱、月表钻岩机、月表采样器、机器人操作臂等，在月面分析取样、采集关键性样品后返回地面。同时，对着陆地区进行考察，为下一步载人登月探测及建立月球前哨站的选址提供数据。第三期工程月球软着陆器即"嫦娥"三号已于 2013 年 12 月 2 日成功发射，之后"嫦娥"四号也于 2018 年 5 月 21 日成功发射。

我国"嫦娥"五号月球探测器预计在 2019 年发射，采集月球样品并返回地球，全面实现月球探测工程"三步走"战略目标。"嫦娥"五号先试验了 T1 试验器，也即验证飞行器能否从月球轨道顺利返回、并降落在预定的位置。任务成功后，"嫦娥"五号将突破"返回"方面的多项关键技术，携带月球岩石样本回到地球，预计任务飞行时间在 13 天左右。2020 年后，中国还将继续开展新的探月任务，包括月球南极着陆和大区域月面巡视探测，以及月球北极着陆和原位资源利用关键技术验证等任务。通过对南北极的探索，我国将更全面的了解月球的资源和历史，为建设月球科考站，实现载人登月做技术储备。除此之外，我国科学家还提出在更遥远的未来进行更深入的无人月球探测，包括探测中纬度海陆交界区和月面溶洞，甚至探测溶洞内部地形，为建立溶洞式月球基地奠定基础，还有利用月球背面干净的光学和电磁环境，建立更优良的天文观测平台等。后续我国将研究载人登月发展规划，择机实施载人登月探测以及与有关国家合作共建月球基地，中国的月球探测必将取得更辉煌的成就。

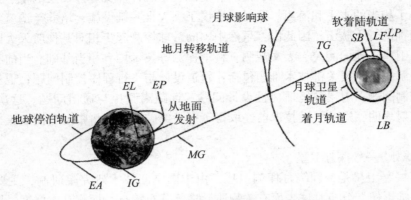

图 8-6 "嫦娥"一号探测器概略飞行程序示意图

2. "嫦娥"工程的实现目标

首先,我国月球探测的主要目的是发展航天工程技术。一是随着月球探测各期工程的分布实施,逐步突破绕月探测关键技术、月球软着陆及自动巡视勘测技术、月球自动采样及地月往返技术,研制和发射月球探测卫星、月球软着陆器和月球车、月球采样返回器,建立并逐步健全月球探测航天工程系统,为未来的深空探测活动奠定技术基础。二是随着工程的进展,航天工程系统集成、深空探测通信、新型运载和航天发射等工程技术也不断向前发展,我国的航天技术得到整体提升,实现了跨越式发展。三是带动我国信息技术、新能源和新材料技术、微机电技术等高新技术的发展。

其次,我国绕月探测工程将完成以下四大科学目标:一是获取月球表面三维影像。划分月球表面的基本地貌和构造单元,初步编制月球地质与构造纲要图,为后续优选软着陆提供参考依据。二是分析月球表面有用元素含量和物质类型的分布特点。对月球表面有用元素进行探测,初步编制各元素的月面分布图。三是探测月壤特性。探测并评估月球表面月壤层的厚度、月壤中氦-3的资源量。四是探测地月空间环境。记录原始太阳风数据,研究太阳活动对地月空间环境的影响。

最后,绕月探测工程系统届时将实现以下五项工程目标:一是研制和发射我国第一个月球探测卫星;二是初步掌握绕月探测基本技术;三是首次开展月球科学探测;四是初步构建月球探测航天工程系统;五是为月球探测后续工程积累经验。

3. 探月关键技术

我国规划了探月技术的发展思路:

(1) 探月技术基础

从20世纪50年代中叶到现在,我国依靠自己的力量,已经发射了自行研制的50多颗人造地球卫星。从应用角度说,航天器的研制已从"试验应用型"向"业务服务型"转化,在卫星通信、卫星遥感、卫星导航定位、卫星回收、卫星科学实验、无人及载人飞船等方面均取得了显著成就,获得了巨大的社会效益和经济效益。从技术角度论,我国已具备研制发射地球同步轨道、太阳同步轨道、近地返回轨道、小卫星航天器及载人航天器的能力，在卫星平台的姿轨控制、热控、推进、能源、星载计算机等方面及电子、光学有效载荷上都具备了相当的水平和潜力。同时，建设了一大批基础设施，培养与造就了一支具有载人航天精神的骨干队伍。因此说，虽然中国的月球探测起步相对其他航天大国要晚，但运载火箭、卫星、地面测控、天文观测、科学探测等技术均有相当基础。当前我国月球探测技术需要解决的主要关键技术难题包括：轨道设计与飞行程序控制问题；卫星姿态控制的三矢量控制问题；卫星环境适应性设计问题；远距离测控与通信问题。这次"嫦娥"一号的成功发射表明，这些关键技术已经取得了重大突破，这必将带动我国航天力量的整体跃升。

（2）"嫦娥"一号探月卫星

"嫦娥"一号卫星是一颗绕月探测卫星，由中国空间技术研究院研制，主要用于获取月球表面三维影像、分析月球表面有关物质元素的分布特点、探测月壤厚度、探测地月空间环境等。2007 年 10 月 24 日发射后，现已运行在距月面 200 km 高的极月圆轨道上，在轨飞行时间一年。它是在西昌卫星发射中心搭载"长征三号甲"运载火箭起程去月球的。"嫦娥"一号月球探测器选用"东方红"三号（DFH - 3）卫星平台，采用三轴稳定方式对月定向工作。星上搭载 7 种有效载荷，分别是用于月球表面三维影像探测的 CCD 相机和激光高度计，用于月表化学元素与物质探测的成像光谱 γ/X 射线仪，用于月壤厚度探测的微波探测仪，用于地月空间环境探测的太阳高能粒子探测器和太阳风粒子探测器。它是我国发射的距离地球最远的探测器，距地球最远距离超过 40 万千米。它将首先由火箭发射，成为绕地飞行的地球卫星，然后再依靠自身发动机多次加速，使其脱离地球轨道进入地月转移轨道。到达近月点时，探测器又必须依靠自身发动机反向制动使其减速，最终被月球俘获，成为月球卫星。

（3）主要关键技术

由于月球以及月球与地球、太阳的相对关系具有其固有的特点，月球探测卫星与一般的地球卫星有很大的不同。研制月球探测卫星的主要技术难点和关键表现在以下几个方面：

1）轨道设计与飞行程序控制问题

首先，为实现卫星绕月飞行，卫星必须远离地球，进入月球引力场，需要精心设计一条地-月转移轨道，这条轨道设计的理论基础是三体问题，不同于以往地球卫星的二体问题；其次，月球的赤道与绕太阳运动的黄道面基本一致，因此倾角为 90°的极月轨道的轨道面与黄道面基本垂直，阳光对轨道面的照射方向在一年内将变化 360°，这对电源和热控的设计都将产生不利的影响；最后，由于月球引力场的异常复杂性，月球卫星的轨道极不稳定，轨道高度保持的任务十分艰巨。由于上述特点，月球探测卫星的轨道设计需解决下列一些关键问题：① 地-月转移轨道的分析求解；② 中途修正的数学模型、方法和软件；③ 利用调相轨道扩大窗口的研究；④ 月球卫星轨道的长期形状研究、轨道调整的控制策略和优化设计、飞行程序控制，等等。因为在地球、月球、卫星三体运动条件下，月球探测卫星的轨道设计较以往地球、卫星相对运动条件下的设计更为复杂。但如果该技术被攻克，卫星将在地月转移轨道运行 4~ 5 天后，进入月球捕获轨道，进行 3 次制动，分别经过 3 个不同轨道阶段进入月球的目标轨道，执行预定任务。卫星从发射到进入月球目标轨道共需飞行 8~9 天。

2)卫星姿态的三矢量控制问题

因为在环月飞行期间卫星姿态要一直保持对月、地、日三个天体定向，各种探测器要保持对准月面，以完成科学探测任务。但卫星发射和接收天线要保持对地定向，以将科学数据传回地球。太阳能帆板要保持对日定向，为了使电池阵尽量获得日照。这三者之间的协调是个挑战。小动量矢量推进技术或变轨技术是克制导弹防御系统的最新技术。当宇宙飞船进入空间轨道后，可以用一点点推力使其调整姿态，甚至翻转。目前美国的导弹防御系统的最后一节火箭，就是利用这种技术在空中迅速改变轨道来拦截目标或躲避拦截的。此项技术在登月机器人或绕月卫星上的应用问题，也有许多新情况需要研究解决。

3)热控、能源技术与环境适应性设计问题

地月空间的强辐照环境会对电子器件产生很大影响；月球在对日面、背日面条件下的温度变化为 -170℃ 至 130℃，梯度很大。这些因素使得月球卫星运行的空间环境复杂，对卫星及各设备的环境适应性提出了更高的要求。

月球探测卫星在地—月转移轨道及环月轨道运行期间，在经历复杂的热环境时，保证星上所有设备在正常工作温度范围是热控系统必须完成的任务。热控系统需研究整个飞行过程中的外热流环境，拟采用被动为主、主动为辅的方式，充分利用现有成熟技术设备，适当采用百叶窗、相变材料等先进技术。由于卫星和太阳位置的 360° 变化，也给能源带来很大困难，采用的办法是控制卫星的飞行姿态，在光线入射角不满足能源要求时，让卫星偏航侧飞，从而保证能源的供应。

4)远距离测控和数据传输(通信)问题

月球探测一期工程的最大考验是测控系统。此前我国卫星到达的最远距离是地球同步轨道，约 4 万千米，而月球距地球 38 万多千米，给测控系统的传输能力带来了挑战。地球与月球间的远距离使测控信号的空间衰减明显增大。因此需研究中国现有的测控体系的适应性以及与天文测量系统联合使用的可行性，提高信号增益和信噪比，并保证一定的测控精度和数据传输量要求。在现有的地面测控网和应用地面站的支援下，测控数传的能力可以完成主动段、停泊轨道段、地-月转移轨道段和环月轨道段 4 个过程的测控任务，以及环月轨道段的科学数据传输任务。但要求卫星作较大的贡献：具备高增益两自由度定向天线；同时，配置高增益的全向天线。

5)制导、导航与控制问题

月球探测卫星从环绕地球飞行到准确进入环月轨道，需经历多次复杂的轨道和姿态机动，信息传输时延大、要求控制精度高、实时性强。卫星在绕月飞行期间，要求天线对地定向以传递信息，光学有效载荷对月定向进行探测，太阳阵对太阳定向以保证能源供应。这是一个复杂的三体定向问题。月球周围没有稳定的二氧化碳，因此无法用传统的红外敏感器来实现对月球的姿态确定。需采用其他手段，如星敏感器加陀螺再加上轨道外推的方法，或研制新型的月球紫外敏感器。GNC 系统需解决的主要关键技术为：① 卫星 GNC 系统设计；月球探测卫星的导航、制导和控制是中国航天控制的新领域。除三体定向和紫外敏感器两项关技术外，还有如下新的问题需要着重研究和精心设计：近地点变轨技术、奔月转移段的轨道和姿态控制、近月点捕获制动技术，等等。② 对月姿态确定：对月定向姿态设定了两套方案。一是紫外敏感器加陀螺，二是用星敏感器加陀螺再加轨道外推的办法。

6) 后期关键技术

可以预计，在稍后一个阶段，月球探测器及试验采集样品回收，并安全返回地球，将有一系列技术难点需要解决。另外，2020 年我国航天器发展设想和关键技术，从民用领域看，重点是发展空间基础设施的三大体系：通信广播系列；对地观测卫星系列；导航定位卫星系列。除应用卫星外，稳妥地实现载人航天工程的后续目标：建立长期自主飞行、短期有人照料的空间实验室航天系统。为此，要突破并掌握航天员出舱活动技术和交会对接技术、航天器研制和发射技术。并以飞船为天地往返运输工具，建立我国的空间实验室工程大系统，为发展空间站奠定技术基础，从而在 2020 年实现建立空间站。

◎ **思考题及习题**

1. 了解深空探测的趋势。
2. 各国都有哪些深空探测计划？
3. 深空探测对我国有哪些启示？

◎ **参考文献**

[1]王一然，刘晓川．国际深空探测技术的发展现状及展望[J]．中国航天，2003，2：12-16.

[2]汪桂华．日本深空探测与深空测探技术[J]．电讯技术，2003，3：1-5.

[3]李平，张纪生．NASA 深空网(DSN) 的现状及发展趋势[J]．飞行器测控学报，2003，22(4)：10-17 转 48.

[4]孙智信，卢绍华，林聪榕．人类探月与嫦娥工程[J]．国防科技，2007，12：13-30.

[5]舒逢春，郑为民，等．利用国内 VLBI 网站跟踪大椭圆轨道卫星[J]．天文学报，2007，48(2)：239-247.

[6]乔书波，孙付平．VLBI 在探月卫星定位中的应用分析[J]．测绘学报，2007，36(3)：262-268.

[7]叶培建，邓湘金，彭兢．国外深空探测态势特点与启示(下)[J]．航天器环境工程，2008，25(6)：501-511.

[8]卢波．2016 年国外空间探测发展回顾[J]．国际太空，2017(02)：16-23.

[9]卢波．2017 年国外空间探测发展综述[J]．国际太空，2018(02)：15-22.

[10]尹怀勤．我国探月工程的发展历程[J]．天津科技，2017，44(02)：79-87.

附录　人类月球探测大事记

1959 年 1 月 2 日，苏联发射了月球 1 号探测器。月球 1 号从距离月球表面 5000 多千米处飞过，并在飞行过程中测量了月球磁场、宇宙射线等数据，这是人类首颗抵达月球附近的探测器。

1959 年 9 月 26 日，苏联成功发射了月球 2 号探测器，它是首个落在月球上的人造物体。在撞击月球前，月球 2 号向地球发送了月球磁场和辐射带的重要信息。

1959 年 10 月 4 日，苏联发射了月球 3 号探测器，它从月球背面的上空飞过，拍摄并向地球发回了约 70% 月背面积的图片。这是首次获得月球背面图片，使人类第一次看到月球背面的景象。

1961 年 5 月 25 日，美国总统肯尼迪在国会作特别演讲时宣布，在 20 世纪 60 年代结束之前，将把人送上月球并安全返回地面，"阿波罗"计划正式启动。

1964 年 7 月，美国发射了"徘徊者"7 号硬着陆月球探测器。该探测器在撞到月球之前，成功地拍摄了 4308 张月面照片，照片显示了小到直径只有 1 米左右的撞击坑和 25 厘米大小的岩石，这是人类获得的第一批月面特写镜头。

1965 年 3 月至 1966 年 11 月，美国共发射了 1 艘两人驾驶的"双子星座"号飞船。"双子星座"号计划是"阿波罗"计划的辅助计划，用来验证载人飞船变轨道飞行、交会与对接、舱外活动等技术。

1966 年 1 月 31 日，苏联发射了月球 9 号软着陆月球探测器。三天半之后，月球 9 号成功地降落在月球表面，成为首个在月球上实现软着陆的探测器，并且在随后的 4 天中发回了包括着陆区全景图在内的高分辨率照片。

1966 年 3 月 31 日，苏联发射了月球 10 号探测器，几天后，探测器进入环绕月球飞行的椭圆轨道，成为首个环月飞行的月球探测器。

1966 年 6 月 2 日，美国发射了"勘察者"1 号探测器，该探测器是美国首次实现月球软着陆的探测器，它共发回 11 237 张高分辨率的照片。此后，美国又发射了 6 颗"勘察者"号探测器，其中 4 个取得成功。这些探测器对"阿波罗"飞船的备选着陆区进行了考察。

1966 年 8 月 10 日，美国首颗环月探测器月球轨道器 1 号发射成功，进入近月点 200 km、远月点 1 850 m 的轨道。1966 年 8 月至 1967 年 8 月，美国共发射 5 颗月球轨道器，对月表进行了大面积探测，确认了 10 个阿波罗飞船着陆点，并通过测量轨道数据，得到月球重力场详图。

1967 年 1 月 27 日，装在土星-1B 运载火箭上的"阿波罗"1 号指令舱在发射台上起火，3 名航天员在这场火灾中遇难。

1968年9月15日，苏联的探测器5号发射升空，经过7天飞行后，它的返回舱溅落在印度洋上，成为首个到达月球附近又返回地球的航天器。但因探测器5号控制系统故障，返回舱未按预定方式再入大气层并在预定地点着陆。此后发射的探测器7号顺利完成了各项任务，并以预定的跳跃方式成功返回地球。

1968年10月11日，美国"阿波罗"计划首次进行载人飞行试验，2名航天员乘坐"阿波罗"7号飞船由土星-1B火箭送入环绕地球飞行的轨道，这次飞行对飞船的指令舱与服务舱进行了验证。

1968年12月21至27日，载有3名航天员的"阿波罗"8号飞船成功飞临月球上空，这是世界上第一艘飞到月球附近的载人飞船，也是人类第一次亲临月球附近，飞船绕月飞行10圈后返回地球，在太平洋安全溅落。

1969年7月16日至24日，人类完成了首次登月任务。3名美国航天员阿姆斯特朗、奥尔德林和柯林斯乘坐的"阿波罗"11号飞船于7月16日升空，并于7月20日飞临月球，格林尼治时间7月20日20时17分，阿姆斯特朗、奥尔德林驾驶的登月舱在月面静海区着陆，然后他们先后走出登月舱，人类的足迹第一次印在了月球上。"阿波罗"11号飞船登月舱在月面停留了21小时36分，2名航天员采集了21.7千克月球样品，安装了科学仪器，在舱外活动2小时31分，然后他们驾驶登月舱离开月球，与柯林斯驾驶的绕月飞行的指令服务舱会合，并一同返回地球，最终于24日安全溅落在太平洋。此后，又有5艘"阿波罗"飞船成功完成登月任务，总共有12名航天员分6批成功登上月球。

1969年7月，苏联为载人登月计划研制的N-1重型运载火箭从拜科努尔发射场起飞66秒后炸毁，到1972年，N-1火箭4次试验发射均告失败，使苏联终止了载人登月计划。

1970年4月11日发射的"阿波罗"13号飞船，在起飞55小时55分时，服务舱2号氧贮箱爆炸，导致无法正常供电、供水、处理二氧化碳、保持舱内温度等一系列严重后果，航天员面临无法返回地球的危险。但是，在地面控制中心的正确决策和指挥下，3名航天员逐一解决了面临的难题，最终利用登月舱发动机成功返回地球，创造了人类航天史上的伟大奇迹。

1970年9月12日至24日，苏联的月球16号探测器成功完成了月面自动采样，并携带101克月球样品安全返回地球，使人类首次实现了月面自动采样并返回地球的探测活动。1970年9月至1976年8月，苏联共发射了5个自动采样探测器，其中，月球16号、20号和24号取回了月球样品。

1970年11月10日，苏联发射了携带月球车1号的月球17号探测器，7天后，月球17号成功降落在月球的雨海区域。随后，世界首个月面巡视探测器——月球车1号开始进行月面巡视考察。它在月球上工作了301天，行走10.54 km，考察了80 000 m²的月面，在500多个地点研究了月壤的物理和力学特性，在25个地点分析了月壤的化学成分，发回20 000多个测量数据。1973年1月8日，苏联又成功将月球车2号送上月面，并进行了更大范围的月面巡视考察。

1990年1月24日，日本发射了"飞天"号探测器，该探测器的主要任务是验证借助月球引力的飞行技术和进入绕月轨道的精确控制技术，飞行中"飞天"号还释放了绕月飞行的"微型羽衣"号探测器。

1994 年 1 月 21 日，美国发射了"克莱门汀"号探测器。该探测器在对月球南极进行探测时，首次发现月球南极可能存在水的直接证据。

1998 年 1 月 7 日，美国发射了月球"勘探者"环月探测器，它的主要任务是寻找月球上的水。它携带的中子谱仪的探测数据表明，月球南北两极可能存在凝结的水冰。月球"勘探者"号完成绕月探测使命后，高速撞向月球上可能存在水冰的区域，以便通过巨大撞击能量产生水汽云，以进一步证明水的存在，但最终地面和太空中的望远镜都没有观测到期待的水汽云。

2000 年 11 月，中国发表了《中国的航天》白皮书，正式提出将"开展以月球探测为主的深空探测的预先研究"。2002 年 8 月 13 日，在山东青岛召开的 2002 年深空探测技术与应用国际研讨会上，中国正式对外宣布将开展月球探测工程。

2001 年 11 月，欧洲空间局各国部长批准了旨在对太阳系进行无人和载人探索的"曙光"计划。该计划将分为 5 个阶段完成，并计划于 2024 年实现载人登月。

2003 年 1 月，印度宣布将于 2007 年发射自行研制的月球初航环月探测器，该探测器将运行在 100 千米的月球极轨道上。

2003 年 9 月 27 日，欧洲成功发射了第一颗月球探测器——"智慧"1 号，标志着欧洲探月活动正式开始。"智慧"1 号 2005 年 3 月进入预定的环月轨道，2006 年 9 月 3 日撞击月球优湖地区，在此期间取得了丰富的科学成果。该探测器采用了太阳能电火箭等多项新技术。

2004 年 1 月 14 日，时任美国总统布什在美国国家航空航天局总部发表讲话，宣布美国将在 2020 年前重新把航天员送上月球，并将以月球作为中转站，向更远的太空进发。这次讲演的主要内容，被人们称为"美国太空探索新构想"。

2004 年 1 月 23 日，中国探月一期工程——绕月探测工程正式立项，自此，中国探月工程正式启动。

2006 年 2 月 9 日，中国政府发布的《国家中长期科学技术发展规划纲要（2006—2020）》将探月工程列为国家中长期科技发展的重大专项。

2007 年 9 月 14 日，日本"月亮女神"探测器发射升空，开始为期一年的月球探测活动。

2007 年 10 月 24 日，中国首颗探月卫星"嫦娥"一号在西昌卫星发射中心成功发射，拉开了我国月球探测的序幕。

2008 年 10 月 22 日，印度空间研究组织用一枚极地卫星运载火箭将印度首个月球探测器"月船"一号发射升空。"月船"一号将对月球展开为期两年的勘测分析，为 2020 年前印度实现载人太空船登月计划迈出第一步。

2009 年 6 月 18 日，美国成功发射月球侦察轨道器/月坑观测与探测卫星（LRO/LCROSS），LRO 于 6 月 23 日到达月球附近并进入绕月轨道，它主要用于全面测量月球周围空间环境，测绘月表地形地貌与资源分布图，为未来无人和载人探测任务寻找可能的着陆点。LCROSS 在发射后先用约 110 天的时间绕地球飞行，借助地球引力把自己甩到一条撞向月球南极的飞行路线上。10 月 9 日，LCROSS 及其随行的半人马座上面级成功地对月球进行了两次撞击。

　　2010 年 10 月 1 日，中国第二颗探月卫星"嫦娥"二号发射成功，其主要目标是为中国探月工程二期"嫦娥"三号任务实现月面软着陆，验证部分关键技术，并对"嫦娥"三号预选月球虹湾着陆区进行高分辨率成像，同时继续开展月球科学的探测和研究。

　　2011 年 8 月 10 日美国"圣杯"号月球探测器在佛罗里达州的卡纳维拉尔角空军基地搭乘德尔塔-2 型运载火箭发射升空。"圣杯"号全名为"月球重力恢复和内部实验室"，其将揭示月球秘密，帮助人类认识月球、地球以及其他岩石行星是如何演化的。

　　2013 年 12 月 15 日，我国"嫦娥"三号探测器在月球登陆。这是自 1976 年之后，人类第一个软着陆月球的探测器。

　　2018 年 5 月 21 日中国"嫦娥"四号中继星发射成功，为此后发射的"嫦娥"四号与地球站之间提供通信链路。计划在 2018 下半年发射的"嫦娥"四号月球探测器将是世界首颗在月球背面软着陆和巡视探测的航天器。